GAODENG SHUXUE
JIANMING JIAOCHENG

经管类
高等数学
简明教程

主　编◇谢聪聪

副主编◇郝夏芝　马立媛　冯　缘

ZHEJIANG UNIVERSITY PRESS
浙江大学出版社
·杭州·

图书在版编目（CIP）数据

经管类高等数学简明教程/谢聪聪主编.— 杭州：
浙江大学出版社,2023.12
ISBN 978-7-308-24407-7

I. ①经 … II. ①谢 … III. ①高等数学 – 高等学校 – 教材 IV. ①O13

中国国家版本馆 CIP 数据核字 (2023) 第 225883 号

内容简介

本书结合编者多年来的教学经验,注重数学知识中所蕴含的数学思想方法的分析和理解,注重数学知识和经济管理有关内容的有机结合,培养学生用数学知识和方法解决实际问题的能力。

本书内容主要包括一元函数微积分学、多元函数微积分学、向量代数与空间解析几何、微分方程和无穷级数等,各节后配有习题,在例题和习题的选择上加强了梯度设计,加入了部分考研真题。本书内容全面,结构严谨,逻辑清晰,推理严密,例题丰富,习题足量。

本书可作为高等学校文科、经管类专业本专科学生的高等数学课程的教材或硕士研究生入学统一考试的参考书,也可供工科类专业学生选用或参考。

经管类高等数学简明教程
JINGGUAN LEI GAODENG SHUXUE JIANMING JIAOCHENG

谢聪聪　主编

责任编辑	王　波
责任校对	吴昌雷
封面设计	雷建军
出版发行	浙江大学出版社
	（杭州市天目山路 148 号　邮政编码 310007）
	（网址：http://www.zjupress.com）
排　版	杭州晨特广告有限公司
印　刷	杭州高腾印务有限公司
开　本	787mm×1092mm　1/16
印　张	20.75
字　数	532 千
版 印 次	2023 年 12 月第 1 版　2023 年 12 月第 1 次印刷
书　号	ISBN 978-7-308-24407-7
定　价	59.00 元

前　言

　　习近平总书记所作的党的二十大报告首次将"实施科教兴国战略，强化现代化建设人才支撑"作为一个单独部分，指出教育、科技、人才是全面建设社会主义现代化国家的基础性、战略性支撑，并对加快建设教育强国、科技强国、人才强国作出全面而系统的部署。教材建设是创新人才培养建设中必不可少的重要环节，同时教材的编写应根据科技进步的需要，将新理论、新知识、新技术充实到教材中去，既要注重知识的传承，还应具有一定的启发性，培养学生的独立思考能力和创造能力，更应该能够跟踪相关知识发展前沿的问题，开阔学生的思路。

　　本书是为适应我国高等教育迅速发展及多层次办学的要求，以提高学生的科学素质为前提，以为后续专业课服务为目的，并结合作者多年来为经管类学生讲授高等数学课程所积累的丰富教学经验编写而成的。

　　本书在编写过程中，参考了近年来国内外出版的同类教材，在教材体系、内容安排等方面吸取了它们的优点，同时结合编者多年来的教学经验，形成本书自己的特点：注重数学知识中所蕴含的数学思想方法的分析和理解，使学生通过本书的学习，能够掌握高等数学的基本概念、理论、运算技能，为后续专业课学习奠定基础；注重数学知识在经济问题中的应用，选取典型的经济案例，逐步提高学生分析问题和解决实际问题的能力；对有关内容进行了调整，使内容更加紧凑，加强知识间的联系；在例题和习题的选择上加强了梯度设计，加入了部分考研真题，不仅可以适应不同层次教学的实际需求，还便于学生逐步加深对知识的理解。

　　本书共 10 章，主要内容包括函数、极限与连续、导数与微分、中值定理与导数的应用、不定积分、定积分、向量代数与空间解析几何、多元函数微积分学、微分方程和无穷级数。每一小节都配备了一定量的习题，书后附有习题答案。本书第 1、2、3、4 章和第 8 章第 1、2 节由谢聪聪编写，第 5、6、7 章和第 8 章第 6～8 节由郝夏芝编写，第 8 章第 3～5 节和第 9 章由马立媛编写，第 10 章由冯缘编写。全书由谢聪聪统稿、审稿，由郝夏芝完成校对工作。感谢沈守枫教授认真审阅了全书，并对本书提出了宝贵的修改意见。

　　本书可作为高等学校文科、经管类专业本专科学生的高等数学课程的教材或硕士研究生入学统一考试的参考书，也可供工科类专业学生选用或参考。

　　由于编者水平有限，书中难免有不足之处，恳请广大读者批评指正，使本书在教学实践中不断完善。

编　者

2023 年 8 月

目　录

第 1 章 函 数

在科学及生活的各个领域内，我们会遇到很多有依赖关系的变化的量，比如圆的面积依赖于圆的半径，物体下落的距离依赖于经过的时间. 数学的一项重要任务，就是要找出反映这些实际问题中各个量之间的变化的规律. 函数是反映变量间对应关系的一种方式，也是数学中重要的基本概念之一，是高等数学的主要研究对象. 本章将介绍函数的概念和基本性质、初等函数以及经济学中常用的函数，为后面的学习打下基础.

1.1 函数的概念

一、区间与邻域

由全体实数组成的集合称为实数集，记作 $\mathbf{R}$，区间是实数集 $\mathbf{R}$ 的子集.

设 $a, b \in \mathbf{R}$ 且 $a < b$，则将满足不等式 $a < x < b$ 的所有实数组成的数集称为**开区间**，记作 (a, b)，即

$$(a, b) = \{x | a < x < b\}.$$

实数集 $\{x | a \leqslant x \leqslant b\}$ 称为**闭区间**，记作 $[a, b]$，即

$$[a, b] = \{x | a \leqslant x \leqslant b\}.$$

实数集

$$[a, b) = \{x | a \leqslant x < b\} \quad \text{和} \quad (a, b] = \{x | a < x \leqslant b\}$$

称为**半开半闭区间**. 以上这些区间都是**有限区间**，a, b 称为区间的**端点**，数 $(b - a)$ 称为这些区间的**长度**. 从图形上来看，它们都可以用数轴上长度有限的线段来表示，如图 1.1 所示.

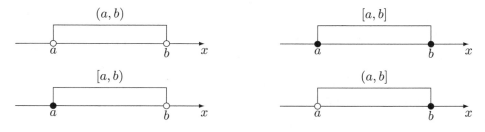

图 1.1

1

引进记号 $+\infty$(读作**正无穷大**) 和 $-\infty$(读作**负无穷大**)，可定义**无限区间**:

$$(a,+\infty) = \{x|x > a\}, \qquad\qquad [a,+\infty) = \{x|x \geqslant a\},$$
$$(-\infty,b) = \{x|x < b\}, \qquad\qquad (-\infty,b] = \{x|x \leqslant b\},$$
$$(-\infty,+\infty) = \{x| -\infty < x < +\infty\} = \mathbf{R}.$$

前四个无限区间在数轴上的表示如图 1.2所示，$(-\infty,+\infty)$ 表示整个实数轴.

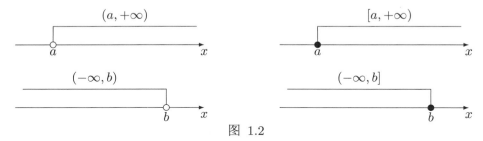

图 1.2

除了区间的概念，描述某点附近的点所构成的集合时，我们常用到邻域的概念.

设 $a \in \mathbf{R}$，$U(a)$ 表示以 a 为中心的任何一个开区间，称为**点 a 的邻域**. 设 $\delta > 0$，开区间 $(a-\delta, a+\delta)$ 称为**点 a 的 δ 邻域**，记作 $U(a,\delta)$，点 a 叫作**邻域的中心**，δ 叫作**邻域的半径**. $U(a,\delta)$ 可以用数集的形式表示为

$$U(a,\delta) = \{x|a-\delta < x < a+\delta\} = \{x||x-a| < \delta\}.$$

$U(a,\delta)$ 在数轴上表示以 a 为中心、长度为 2δ 的对称开区间，或者表示与点 a 距离小于 δ 的所有点的全体，如图 1.3所示.

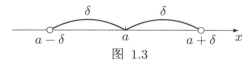

图 1.3

点 a 的 δ 邻域 $U(a,\delta)$ 去掉中心点 a 后，得到的集合 $(a-\delta,a) \cup (a,a+\delta)$ 称为**点 a 的去心 δ 邻域**，记作 $\mathring{U}(a,\delta)$，即

$$\mathring{U}(a,\delta) = \{x|0 < |x-a| < \delta\}.$$

为表述方便，有时把开区间 $(a-\delta,a)$ 称为点 a 的**左 δ 邻域**，把开区间 $(a,a+\delta)$ 称为点 a 的**右 δ 邻域**.

二、函数的概念

在科学及生活的各个领域中，往往会遇到很多有依赖关系的变化的量，这种变化的量称为**变量**. 比如，圆的面积 A 与圆半径 r 之间的关系 $A = \pi r^2$，当半径 r 变化的时候，面积 A 也随之变化；销售总收入 R 与商品的单价 P 和该商品的销售数量 Q 之间的关系 $R = PQ$. 现实世界中广泛存在着这种有依赖关系的变量，变量间的这种关系就是函数关系.

定义 1.1 设非空数集 $D \subset \mathbf{R}$，f 是一个对应法则，如果对于 D 内的每一个数 x，按照对应法则 f，都有唯一一个确定的数 $y \in \mathbf{R}$ 与之对应，那么称法则 f 为定义在 D 上的一个**函数**，记作

$$f : D \to \mathbf{R},$$

或

$$y = f(x), \quad x \in D,$$

其中 x 称为**自变量**，y 称为**因变量**，数集 D 称为这个函数的**定义域**.

当 x 取定值 $x_0 \in D$ 时，由法则 f 所对应的数值 $f(x_0)$ 称为函数 f 在点 x_0 处的**函数值**. 当 x 取遍定义域 D 中的每个数值时，对应的函数值全体组成的集合

$$R_f = f(D) = \{y | y = f(x), \, x \in D\}$$

称为函数的**值域**.

确定一个函数有两个重要的因素：定义域和对应法则. 如果两个函数的定义域相同，对应法则也相同，那么这两个函数就是相同的，否则就是不同的.

例 1.1 (1) 函数 $f(x) = x + 1$ 与 $g(x) = \dfrac{x^2 - 1}{x - 1}$ 是否是相同的函数？

(2) 函数 $\varphi(t) = \ln t^2$ 与函数 $\psi(t) = 2\ln|t|$ 是否是相同的函数？

解 (1) $f(x) = x + 1$ 的定义域是 $(-\infty, +\infty)$.

$g(x) = \dfrac{x^2 - 1}{x - 1} = x + 1$，而定义域是 $(-\infty, 1) \cup (1, +\infty)$.

这两个函数对应法则相同，定义域不同，因此它们不是相同的函数.

(2) $\varphi(t) = \ln t^2$ 的定义域是 $(-\infty, 0) \cup (0, +\infty)$.

$\psi(t) = 2\ln|t| = \ln t^2$，定义域是 $(-\infty, 0) \cup (0, +\infty)$.

这两个函数对应法则相同，定义域相同，因此它们是相同的函数.

函数的表示方法主要有解析法、表格法和图像法三种. **解析法**是用数学式子表示两个变量间的函数关系. **表格法**是把自变量所取的值与对应的函数值列成表格. **图像法**是将两个变量之间的对应关系在平面直角坐标系中用图形表示出来. 平面直角坐标系中的点集 $\{(x, y) | y = f(x), x \in D\}$ 称为**函数的图像**.

用解析法表示函数时，有时函数在其定义域的不同部分，对应法则需要用不同的数学式子表示，这样用两个或两个以上的数学式子表示的函数，称为**分段函数**. 需要注意的是，分段函数不能理解为几个不同的函数，而只是用几个解析式合起来表示一个函数. 分段函数的定义域是各段表达式定义域的并集. 求分段函数的函数值时，也应注意自变量的范围，应把自变量的值代入对应的式子中去计算.

下面是几个常用的分段函数.

例 1.2 绝对值函数

$$y = |x| = \sqrt{x^2} = \begin{cases} x, & x \geqslant 0, \\ -x, & x < 0. \end{cases}$$

它的定义域 $D = (-\infty, +\infty)$，值域 $R_f = [0, +\infty)$，图像如图 1.4 所示.

例 1.3 符号函数

$$y = \operatorname{sgn} x = \begin{cases} 1, & x > 0, \\ 0, & x = 0, \\ -1, & x < 0. \end{cases}$$

它的定义域 $D = (-\infty, +\infty)$，值域 $R_f = \{-1, 0, 1\}$，图像如图 1.5 所示. 对任意实数 x，都有 $x = \operatorname{sgn} x \cdot |x|$.

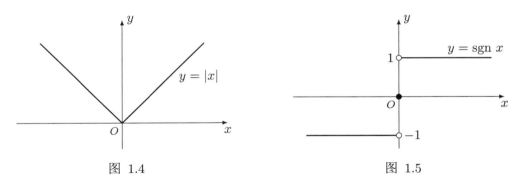

图 1.4　　　　　　　　　　　图 1.5

例 1.4 取整函数 $y = [x]$，其中 x 为任一实数，$[x]$ 表示不超过 x 的最大整数. 例如，$[3.4] = 3$，$[-3.4] = -4$，$[0.3] = 0$，$[-1] = -1$.

函数 $y = [x]$ 的定义域 $D = (-\infty, +\infty)$，值域 $R_f = \mathbf{Z}$(整数集)，图像如图 1.6所示. 在 x 的整数值处，图像发生跳跃，跃度为 1. 所以取整函数也称为**阶梯函数**.

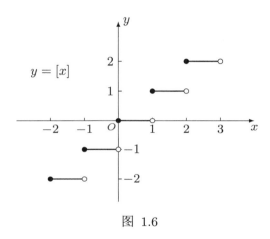

图 1.6

例 1.5 某超市在春节期间实行打折促销活动，规定如下：一次性购物低于 200 元不打折；低于 500 元但不低于 200 元打九折；500 元或超过 500 元的，其中 500 元部分打九折，超过 500 元部分打八折. 试列出某顾客在该超市一次性购物 x 元和实际付款 y 元之间的函数关系式. 若他一次性消费 850 元，最后实际支付多少元？

解 根据题意，可得一次性购物 x 元和实际付款 y 元之间的函数关系为

$$
y = \begin{cases}
x, & 0 < x < 200, \\
0.9x, & 200 \leqslant x < 500, \\
0.9 \times 500 + 0.8(x - 500), & x \geqslant 500.
\end{cases}
$$

当 $x = 850$ 时，$y = 0.9 \times 500 + 0.8 \times (850 - 500) = 730$. 所以一次性消费 850 元时，实际支付 730 元.

三、函数的几种特性

1. 单调性

设函数 $f(x)$ 的定义域为 D，区间 $I \subset D$. 如果对于区间 I 内任意两点 x_1 和 x_2，当 $x_1 < x_2$ 时，恒有

$$f(x_1) < f(x_2) \quad \text{或} \quad f(x_1) > f(x_2),$$

则称函数 $f(x)$ 在区间 I 内**单调增加 (递增)** 或**单调减少 (递减)**.

从图像上看，单调增加函数的图像是随 x 的增加而上升的曲线 (见图 1.7(a))，单调减少函数的图像是随 x 的增加而下降的曲线 (见图 1.7(b)).

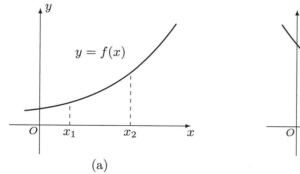
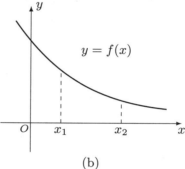

图 1.7

例如，函数 $f(x) = x^3$ 在区间 $(-\infty, +\infty)$ 内是单调增加的. 函数 $y = x^2$ 在区间 $(-\infty, 0)$ 上是单调减少的，在区间 $(0, +\infty)$ 上是单调增加的.

例 1.6 证明函数 $f(x) = x + \dfrac{1}{x}$ 在区间 $(1, +\infty)$ 上单调增加.

证 对任意 $x_1, x_2 \in (1, +\infty)$，且 $x_1 < x_2$，有

$$f(x_1) - f(x_2) = \left(x_1 + \frac{1}{x_1}\right) - \left(x_2 + \frac{1}{x_2}\right) = (x_1 - x_2) + \left(\frac{1}{x_1} - \frac{1}{x_2}\right)$$
$$= (x_1 - x_2)\left(1 - \frac{1}{x_1 x_2}\right),$$

因为 $x_1 > 1, x_2 > 1$，得 $x_1 x_2 > 1$，于是

$$1 - \frac{1}{x_1 x_2} > 0,$$

又因为 $x_1 - x_2 < 0$，所以有

$$f(x_1) - f(x_2) < 0.$$

根据单调性定义，函数 $f(x) = x + \dfrac{1}{x}$ 在区间 $(1, +\infty)$ 上单调增加.

函数的单调性与所讨论的自变量的区间有关. 对复杂的函数，直接用定义判断函数的单调性有时是比较困难的，我们将在后面运用导数的有关知识去讨论.

2. 奇偶性

设函数 $f(x)$ 的定义域 D 关于原点对称 (即若 $x \in D$，则 $-x \in D$). 如果对于任一 $x \in D$，恒有

$$f(-x) = -f(x),$$

则称 $f(x)$ 为**奇函数**；如果对于任一 $x \in D$，恒有

$$f(-x) = f(x),$$

则称 $f(x)$ 为**偶函数**. 既不是奇函数也不是偶函数的函数称为**非奇非偶函数**.

在坐标平面上，奇函数的图像是关于坐标原点对称的，偶函数的图像是关于 y 轴对称的. 例如函数 $y = x^3$ 在定义域 $(-\infty, +\infty)$ 内是奇函数，图像关于原点对称 (见图 1.8(a))；函数 $y = x^2$ 在定义域 $(-\infty, +\infty)$ 内是偶函数，图像关于 y 轴对称 (见图 1.8(b))；函数 $y = x^3 + x^2$ 是非奇非偶函数 (见图 1.8(c)).

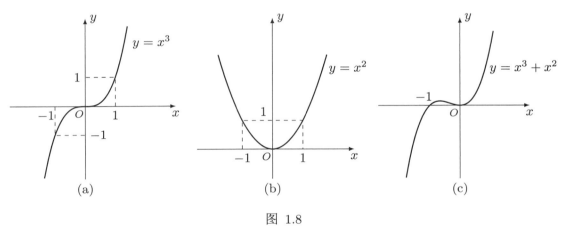

图 1.8

例 1.7 判断函数 $f(x) = \ln(\sqrt{x^2 + 1} - x)$ 的奇偶性.

解 定义域为 $(-\infty, +\infty)$，且

$$f(-x) = \ln(\sqrt{x^2 + 1} + x) = \ln \frac{(\sqrt{x^2 + 1} + x)(\sqrt{x^2 + 1} - x)}{\sqrt{x^2 + 1} - x}$$

$$= \ln \frac{1}{\sqrt{x^2 + 1} - x} = -\ln(\sqrt{x^2 + 1} - x) = -f(x),$$

所以，函数 $f(x)$ 在 $(-\infty, +\infty)$ 上是奇函数.

3. 周期性

设函数 $f(x)$ 的定义域为 D，如果存在一个不为零的数 T，使得对于任一 $x \in D$，有 $x + T \in D$，且

$$f(x + T) = f(x)$$

恒成立，则称 $f(x)$ 为**周期函数**，称 T 为 $f(x)$ 的**周期**. 如果在所有正周期中有一个最小的正数 T_0，则称它为函数 $f(x)$ 的**最小正周期**. 通常，我们说周期函数的周期是指最小正周期 (如果存在最小正周期).

例如，函数 $\sin x$ 中，$\pm 2\pi, \pm 4\pi, \pm 6\pi, \cdots$ 都是它的周期，其最小正周期为 2π. 因此，通常我们说函数 $\sin x$ 的周期为 2π；函数 $\tan x$ 的周期为 π.

注意，并非所有的周期函数都有最小正周期.

例 1.8 狄利克雷函数

$$D(x) = \begin{cases} 1, & x \in \mathbf{Q}(\text{有理数集}), \\ 0, & x \in \mathbf{R}\backslash\mathbf{Q}(\text{无理数集}). \end{cases}$$

$D(x)$ 是一个周期函数，任何正有理数都是它的周期，但是最小的正有理数不存在，故 $D(x)$ 无最小正周期.

4. 有界性

设函数 $f(x)$ 的定义域为 D，区间 $I \subset D$. 如果存在正数 M，对任一 $x \in I$，都有

$$|f(x)| \leqslant M,$$

则称函数 $f(x)$ 在区间 I 上**有界**；如果这样的 M 不存在，则称函数 $f(x)$ 在 I 上**无界**.

例如，$y = \sin x$ 在定义域 $(-\infty, +\infty)$ 内是有界的，因为 $|\sin x| \leqslant 1$；而函数 $y = \tan x$ 在 $\left(-\dfrac{\pi}{2}, \dfrac{\pi}{2}\right)$ 内是无界的.

函数的有界性还跟所选的区间有关. 有的函数可能在定义域的某一部分有界，而在另一部分无界. 因此，我们说一个函数是有界或者无界，应同时指出其自变量的相应范围.

例 1.9 讨论函数 $y = \dfrac{1}{x}$ 在区间 $(0,1)$，$(1,2)$ 和 $(2,+\infty)$ 上的有界性.

解 在 $(0,1)$ 上，当 x 无限接近于 0 时，$y = \dfrac{1}{x}$ 无限增大. 因此，不存在这样的正数 M，使得 $\left|\dfrac{1}{x}\right| \leqslant M$，故函数 $y = \dfrac{1}{x}$ 在区间 $(0,1)$ 上是无界的.

函数 $y = \dfrac{1}{x}$ 在区间 $(1,2)$ 上有界，可取 $M = 1$，使得 $\left|\dfrac{1}{x}\right| < 1$ 对一切 $x \in (1,2)$ 都成立.

函数 $y = \dfrac{1}{x}$ 在区间 $(2,+\infty)$ 上有界，可取 $M = \dfrac{1}{2}$，使得 $\left|\dfrac{1}{x}\right| < \dfrac{1}{2}$ 对一切 $x \in (2,+\infty)$ 都成立.

例 1.10 证明函数 $f(x) = x\sin x$ 在 $(0,+\infty)$ 上无界.

证 只需证明：对任意给定的常数 $M > 0$，总存在点 $x_0 \in (0,+\infty)$，使得 $|x_0 \sin x_0| > M$. 事实上，对任意给定的 $M > 0$，令

$$x_0 = \frac{\pi}{2} + 2(1 + [M])\pi \quad ([M]\text{是取整函数}),$$

则有

$$\begin{aligned} |x_0 \sin x_0| &= \left(\frac{\pi}{2} + 2(1 + [M])\pi\right)\left|\sin\left(\frac{\pi}{2} + 2(1 + [M])\pi\right)\right| \\ &= \frac{\pi}{2} + 2(1 + [M])\pi > M, \end{aligned}$$

于是，由 M 的任意性可知，函数 $f(x) = x\sin x$ 在 $(0,+\infty)$ 上无界.

另外，函数的有界性也可以等价地表述为：如果存在常数 M_1，M_2，对任一 $x \in I$，有

$$M_1 \leqslant f(x) \leqslant M_2,$$

则 $f(x)$ 在 I 上有界，M_1 称为 $f(x)$ 在 I 上的**下界**，M_2 称为 $f(x)$ 在 I 上的**上界**. **函数有界的充要条件是函数既要有上界又要有下界.**

注：(1) 上界、下界是不唯一的，比如 $\sin x$ 的上界可以是 1，也可以是 $2,3,4,\cdots$，比 1 大的数都可以是 $\sin x$ 的上界.

(2) 无界函数可能有上界而无下界，也可能有下界而无上界，或既无上界又无下界. 例如，例 1.9中函数 $y = \dfrac{1}{x}$ 在区间 $(0,1)$ 上有下界而无上界.

习　题　1.1

1. 求下列函数的定义域：

(1) $y = \sqrt{x+1} + \dfrac{1}{x-3}$;

(2) $y = \dfrac{\sqrt{x^2-9}}{1+x^2}$;

(3) $y = \ln \dfrac{1}{1-x}$;

(4) $y = \dfrac{1}{\sqrt{4-x^2}} + \lg(x-1)$;

(5) $y = 1 + \mathrm{e}^{x^2-1}$;

(6) $y = \arcsin \sqrt{\dfrac{x-1}{x+1}}$.

2. 判断下列各组中的两个函数是否相同，并说明理由：

(1) $f(x) = \sin x$ 与 $g(x) = \sqrt{1-\cos^2 x}$;

(2) $f(x) = \ln x^2$ 与 $g(t) = 2\ln t$;

(3) $y = \dfrac{1+x}{1-x}$ 与 $u = \dfrac{1-s^2}{(1-s)^2}$;

(4) $y = x$ 与 $y = \mathrm{e}^{\ln x}$.

3. 设函数 $f(x) = \begin{cases} 2^x, & -1 < x < 0, \\ 1, & 0 \leqslant x < 1, \\ x-1, & 1 \leqslant x \leqslant 3, \end{cases}$ 试画出函数的图像，并指出其定义域，求 $f(-0.5)$, $f(1)$ 和 $f(1.5)$.

4. 判断下列函数的单调性：

(1) $y = 4x - x^2$;

(2) $y = x + \ln x$;

(3) $y = 3^{x-1}$;

(4) $y = (x+1)^2$.

5. 判断下列函数中哪些是奇函数，哪些是偶函数，哪些是非奇非偶函数.

(1) $y = \dfrac{x\sin x}{1+x^2}$;

(2) $y = \dfrac{\mathrm{e}^x - 1}{\mathrm{e}^x + 1}$;

(3) $y = \sin 2x + \cos x$;

(4) $y = \ln \dfrac{1+x}{1-x}$;

(5) $y = \begin{cases} 1-x, & x < 0, \\ 1+x, & x \geqslant 0. \end{cases}$

6. 设 $f(x)$ 是定义在区间 $[-a,a]$ 内的函数，证明 $f(x)$ 可以表示成一个奇函数与一个偶函数之和.

7. 试判断 $F(x) = f(x)\left(\dfrac{1}{2} + \dfrac{1}{2^x - 1}\right)$ 的奇偶性，其中 $f(x)$ 为奇函数.

8. 设 $f(x)$ 是以 4 为周期的奇函数，且 $f(-1) = 2$，求 $f(5)$ 的值.

9. 判断下列函数的有界性:

(1) $y = \dfrac{x^2}{1 + x^2}$; (2) $y = 2 + \sin\dfrac{1}{x}$;

(3) $y = \sin 3x + 8\cos x$; (4) $y = 2^{1-x}$;

(5) $y = x + \ln x,\ x \in (1, 4)$; (6) $y = x\cos x$.

10. 设 $f(x)$ 与 $g(x)$ 在 D 上有界, 试证 $f(x) \pm g(x)$ 与 $f(x)g(x)$ 在 D 上也有界.

1.2 反函数与复合函数

一、反函数

已知函数 $y = 2x + 1$, 它的图形是一条直线 (如图 1.9所示), 解出 x 得

$$x = \frac{1}{2}y - \frac{1}{2}, \tag{1.1}$$

该式的图像仍是原来那条直线. 若从函数的角度, 将 (1.1) 式看成是以 y 为自变量、x 为因变量的函数, 则称 $x = \dfrac{1}{2}y - \dfrac{1}{2}$ 是已知函数 $y = 2x + 1$ 的反函数.

习惯上, 用 x 表示自变量, y 表示因变量, 通常把 (1.1) 式改写成

$$y = \frac{1}{2}x - \frac{1}{2},$$

而把上式看成由函数 $y = 2x + 1$ 所确定的反函数. 从图 1.9中可以看出, 函数 $y = 2x + 1$ 与其反函数 $y = \dfrac{1}{2}x - \dfrac{1}{2}$ 的图像关于直线 $y = x$ 对称.

定义 1.2 已知函数

$$y = f(x),\ \ x \in D,\ \ y \in R_f.$$

如果对任一 $y \in R_f$, 在 D 中总有唯一的 x 与之对应, 且满足 $x = \varphi(y)$, 这样得到的 x 关于 y 的函数 $x = \varphi(y)$ 称为**函数 $y = f(x)$ 的反函数**, 记作

$$x = f^{-1}(y),\ \ y \in R_f,\ \ x \in D.$$

在习惯上, 用 x 表示自变量, 用 y 表示因变量, 因此函数 $y = f(x)$ 的反函数通常表示为 $y = f^{-1}(x)$.

例如, 函数 $y = 3x$ 的反函数是 $y = \dfrac{x}{3}$; 函数 $y = 2x + 1$ 的反函数是 $y = \dfrac{1}{2}x - \dfrac{1}{2}$.

从反函数的概念可知, 如果函数 $y = f(x)$ 的反函数是 $y = f^{-1}(x)$, 则 $y = f(x)$ 也是 $y = f^{-1}(x)$ 的反函数, 也称 $y = f(x)$ 与 $y = f^{-1}(x)$ **互为反函数**.

从图像上看, 在同一直角坐标系下, 若点 $A(x, y)$ 是函数 $y = f(x)$ 上的点, 则点 $A'(y, x)$ 是反函数 $y = f^{-1}(x)$ 上的点. 反之亦然. 因此, 函数 $y = f(x)$ 与其反函数 $y = f^{-1}(x)$ 的图像关于直线 $y = x$ 对称 (见图 1.10).

需要指出, 并非所有的函数都有反函数. 例如, 函数

$$y = x^2,\ \ x \in \mathbf{R},$$

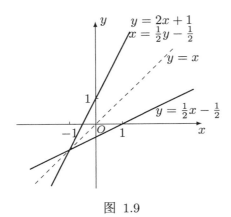

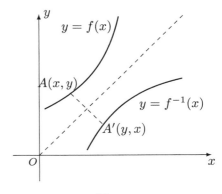

图 1.9 图 1.10

在其定义域内不存在反函数. 因为对同一个 $y_0 \in (0, +\infty)$，将有两个不同的 x 值：$x_1 = \sqrt{y_0}$，$x_2 = -\sqrt{y_0}$，都满足关系式 $x^2 = y$. 遇到这种情况，可以把函数的定义域分成若干个区间. 函数 $y = x^2$ 在 $(-\infty, 0]$ 和 $[0, +\infty)$ 上分别有反函数 $y = -\sqrt{x}$ 和 $y = \sqrt{x}$.

那么任给一个函数 $y = f(x)$，如何判断它是否存在反函数呢？

定理 1.1 若函数 $y = f(x)$ 在某个区间 $I \subset D$ 上有定义并单调 (单调增加或减少)，则它的反函数必存在，且与 $y = f(x)$ 有相同的单调性.

因为，由 $y = f(x)$ 的单调性可知，对任一 $y \in \{y | y = f(x),\ x \in I\}$，$I$ 内必定只有唯一的 x 与之对应，从而推得 $y = f(x)(x \in I)$ 的反函数必存在.

例 1.11 求 $y = \sqrt{1 + \mathrm{e}^x}$ 的反函数.

解 $y = \sqrt{1 + \mathrm{e}^x}$ 的定义域为 **R**，值域为 $(1, +\infty)$. 由 $y = \sqrt{1 + \mathrm{e}^x}$ 可解得

$$x = \ln(y^2 - 1),$$

因此，所求的反函数为

$$y = \ln(x^2 - 1),\ x \in (1, +\infty).$$

二、复合函数

定义 1.3 设函数 $y = f(u)$ 的定义域为 D_f，函数 $u = g(x)$ 的定义域为 D_g，值域为 R_g，且 $R_g \cap D_f \neq \emptyset$. 设 $D_{f \circ g} = \{x | x \in D_g,\ g(x) \in D_f\}$，那么称函数

$$y = f[g(x)],\quad x \in D_{f \circ g}$$

为由函数 $y = f(u)$ 与 $u = g(x)$ 构成的**复合函数**，其中 x 为自变量，y 为因变量，u 称为**中间变量**.

函数 f 与 g 构成的复合函数，其函数记号通常用 $f \circ g$ 表示，即

$$(f \circ g)(x) = f[g(x)].$$

特别注意，上述定义中 $u = g(x)$ 的值域 R_g 与 $y = f(u)$ 的定义域 D_f 的交集不能为空. 比如，函数 $y = \sqrt{u}$ 和 $u = -(1 + x^2)$ 就不能构成复合函数. 因为 $u = -(1 + x^2)$ 的值域 $(-\infty, -1]$ 与 $y = \sqrt{u}$ 的定义域 $[0, +\infty)$ 的交集为空集，得到的函数 $y = \sqrt{-(1 + x^2)}$ 无意义.

例 1.12 设函数 f 和 g 分别是

$$f(u) = \sqrt{u}, \quad u = g(x) = a^2 - x^2 \ (a > 0),$$

试问在什么情况下，这两个函数可以组成复合函数？

解 函数 $f(u) = \sqrt{u}$ 的定义域为 $[0, +\infty)$，函数 $u = g(x)$ 的值域为 $(-\infty, a^2]$，显然两个集合的交集为 $[0, a^2]$ 非空，故可以组成复合函数

$$(f \circ g)(x) = \sqrt{a^2 - x^2},$$

其定义域为

$$D_{f \circ g} = \{x | x \in (-\infty, +\infty), \ a^2 - x^2 \in [0, +\infty)\}$$
$$= \{x | -a \leqslant x \leqslant a\}.$$

复合函数的概念还可推广到多个中间变量的情形.

例 1.13 设 $y = u^2$，$u = \sin v$，$v = \ln x$，这三个函数可以构成复合函数

$$y = (\sin v)^2 = (\sin \ln x)^2, \quad x \in (0, +\infty).$$

例 1.14 函数 $y = \sqrt{e^{\sin \frac{1}{x}}}$ 可看成由

$$y = \sqrt{u}, \quad u = e^v, \quad v = \sin w, \quad w = \frac{1}{x}$$

四个函数复合而成，其中 u, v, w 是中间变量.

习 题 1.2

1. 求下列函数的反函数及其定义域：

(1) $y = \ln(1 - 2x)$；

(2) $y = x^3 + 2$；

(3) $y = \dfrac{e^x}{e^x + 1}$；

(4) $y = \ln(x + \sqrt{x^2 + 1})$；

(5) $y = \begin{cases} 2x - 1, & 0 < x \leqslant 1, \\ 2 - (x - 2)^2, & 1 < x \leqslant 2. \end{cases}$

2. 设 $f(x) = x^2$，$g(x) = 3^x$，求 $f[f(x)]$，$f[g(x)]$，$g[f(x)]$.

3. 设 $f(x) = \begin{cases} x^2, & x < 0, \\ -x, & x \geqslant 0, \end{cases}$ $g(x) = \begin{cases} 2 - x, & x \leqslant 0, \\ x + 2, & x > 0, \end{cases}$ 求 $f[g(x)]$.

4. 由已知条件分别求出 $f(x)$：

(1) $f(\sin x) = 2 + \cos 2x$；

(2) $f\left(\dfrac{1}{x} - 1\right) = \ln 2x$；

(3) $f(x) + 2f(1 - x) = x^2 - 2x$.

5. 指出下列函数是由哪些简单函数复合而成的：

(1) $y = \sqrt{\ln(1 + e^{2x})}$；

(2) $y = \sin^2\left(2x - \dfrac{\pi}{4}\right)$；

(3) $y = e^{\cos 3x}$；

(4) $y = \dfrac{1}{\sqrt[3]{a^2 + x^2}}$.

6. 求由下列函数复合而成的复合函数，并写出定义域.

(1) $y = \lg(1-u)$, $u = \cos x$;

(2) $y = \cos u$, $u = \sqrt{v}$, $v = 2x + 1$;

(3) $y = \sqrt{u}$, $u = \ln v$, $v = x^2 + 1$.

1.3 初等函数

一、基本初等函数

基本初等函数是指常数函数、幂函数、指数函数、对数函数、三角函数和反三角函数. 我们接触到的函数往往是由这些函数构成的，因此，熟悉和掌握这些函数的图像和性质是十分重要的.

1. **常数函数**：$y = C$ (C是常数)

常数函数 $y = C$ 是一条与 x 轴平行的直线，其定义域为 $(-\infty, +\infty)$，值域为常数 C.

2. **幂函数**：$y = x^\mu$ ($\mu \in \mathbf{R}$是常数)

幂函数的定义域依赖于 μ 的取值，但无论 μ 取何值，当 $x > 0$ 时，幂函数总是有意义的，并且其图像都经过点 $(1,1)$. 当 $\mu > 0$ 时，图像经过原点，并且在区间 $(0, +\infty)$ 上是单调增加的；当 $\mu < 0$ 时，幂函数在区间 $(0, +\infty)$ 上是单调减少的.

例如，$y = x^2$ 和 $y = x^{\frac{1}{2}}$ 的定义域分别为 $(-\infty, +\infty)$ 和 $[0, +\infty)$，其图像见图 1.11(a)；$y = x^3$ 和 $y = x^{\frac{1}{3}}$ 的定义域都是全体实数 $\mathbf{R}$，且都是奇函数，其图像见图 1.11(b)；$y = x^{-1}$ 的定义域为 $(-\infty, 0) \cup (0, +\infty)$，奇函数，其图像见图 1.11(c). 在 $(0, +\infty)$ 上，对不同的 μ 值，$y = x^\mu$ 的图像大致如图 1.11(d) 所示.

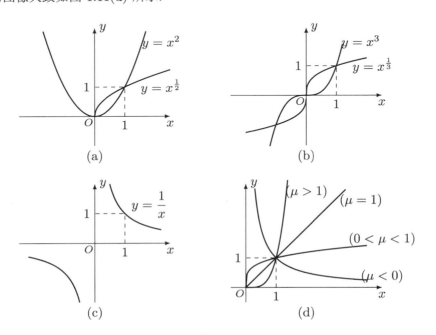

图 1.11

3. 指数函数：$y = a^x$ (a是常数，$a > 0$且$a \neq 1$)

指数函数的定义域为 $(-\infty, +\infty)$，值域为 $(0, +\infty)$. 不论 a 取何值，函数图像均在 x 轴上方且经过点 $(0,1)$. 当 $a > 1$ 时，指数函数单调递增；当 $0 < a < 1$ 时，指数函数单调递减，见图 1.12.

特别地，当 $a = \mathrm{e}$ ($\mathrm{e} = 2.7182818\cdots$ 为无理数) 时，指数函数为 $y = \mathrm{e}^x$.

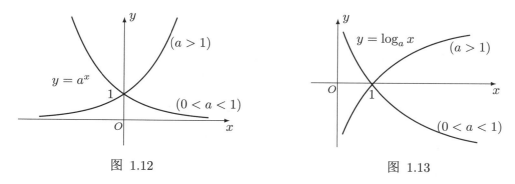

图 1.12　　　　　　　　　　　　图 1.13

4. 对数函数：$y = \log_a x$ (a是常数，$a > 0$且$a \neq 1$)

对数函数的定义域为 $(0, +\infty)$，值域为 $(-\infty, +\infty)$，它是指数函数的反函数. 函数图像均在 y 轴右侧且经过点 $(1,0)$. 当 $a > 1$ 时，对数函数单调递增；当 $0 < a < 1$ 时，对数函数单调递减，见图 1.13.

特别地，当 $a = 10$ 时，对数函数记为 $y = \lg x$，称为**常用对数函数**；当 $a = \mathrm{e}$ 时，对数函数记为 $y = \ln x$，称为**自然对数函数**.

5. 三角函数

三角函数包含以下六种.

正弦函数：$y = \sin x$，$x \in \mathbf{R}$，$y \in [-1, 1]$；

余弦函数：$y = \cos x$，$x \in \mathbf{R}$，$y \in [-1, 1]$；

正切函数：$y = \tan x$，$x \in \{x | x \neq k\pi + \dfrac{\pi}{2}, k \in \mathbf{Z}\}$，$y \in \mathbf{R}$；

余切函数：$y = \cot x$，$x \in \{x | x \neq k\pi, k \in \mathbf{Z}\}$，$y \in \mathbf{R}$；

正割函数：$y = \sec x = \dfrac{1}{\cos x}$，$x \in \{x | x \neq k\pi + \dfrac{\pi}{2}, k \in \mathbf{Z}\}$，$y \in (-\infty, -1] \cup [1, +\infty)$；

余割函数：$y = \csc x = \dfrac{1}{\sin x}$，$x \in \{x | x \neq k\pi, k \in \mathbf{Z}\}$，$y \in (-\infty, -1] \cup [1, +\infty)$.

正弦函数、余弦函数、正割函数和余割函数都是以 2π 为周期的周期函数，正切函数和余切函数的周期为 π. 正弦函数和余弦函数是有界函数，其他函数都是无界函数. 正弦函数、余割函数、正切函数和余切函数都是奇函数，余弦函数和正割函数是偶函数. 它们的图像见图 1.14.

6. 反三角函数

反三角函数是三角函数的反函数. 由于三角函数都是周期函数，故对于值域内的每个 y 与之对应的 x 值有无穷多个，在整个定义域内三角函数的反函数是不存在的，必须限制在其单调区间上才能建立反三角函数. 我们将三角函数 $y = \sin x$，$y = \cos x$，$y = \tan x$，$y = \cot x$ 的定义区间分别限定在 $\left[-\dfrac{\pi}{2}, \dfrac{\pi}{2}\right]$，$[0, \pi]$，$\left(-\dfrac{\pi}{2}, \dfrac{\pi}{2}\right)$，$(0, \pi)$ 时，上述四个函数在相应的区间上单

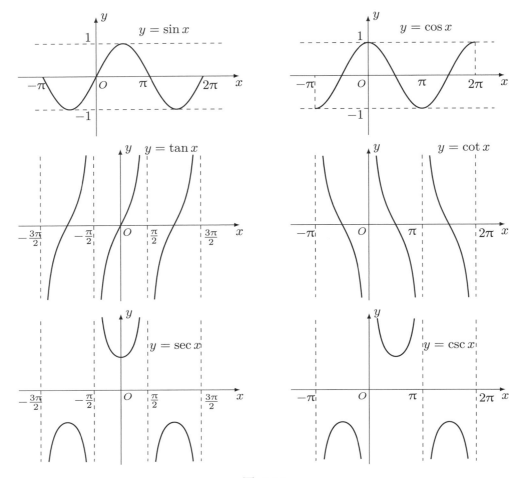

图 1.14

调，从而反函数存在. 依次定义它们的反函数为：

反正弦函数：$y = \arcsin x$，$x \in [-1, 1]$，$y \in \left[-\dfrac{\pi}{2}, \dfrac{\pi}{2}\right]$；

反余弦函数：$y = \arccos x$，$x \in [-1, 1]$，$y \in [0, \pi]$；

反正切函数：$y = \arctan x$，$x \in (-\infty, +\infty)$，$y \in \left(-\dfrac{\pi}{2}, \dfrac{\pi}{2}\right)$；

反余切函数：$y = \operatorname{arccot} x$，$x \in (-\infty, +\infty)$，$y \in (0, \pi)$.

它们的图像见图 1.15.

二、初等函数

定义 1.4 由六类基本初等函数经过有限次四则运算和有限次复合运算所得到，并且可以用一个式子来表示的函数，称为**初等函数**.

例如 $y = \sqrt{\mathrm{e}^{\sin \frac{1}{x}}}$，$y = \dfrac{\mathrm{e}^x + \mathrm{e}^{-x}}{2}$，$y = \arctan \dfrac{1 + x^2}{1 - x^2}$ 等都是初等函数. 绝对值函数 $y = |x| = \sqrt{x^2}$ 也是初等函数，而符号函数 $y = \operatorname{sgn} x$ 和取整函数 $y = [x]$ 不是初等函数.

初等函数是微积分学研究的主要对象，本书中讨论的函数主要是初等函数.

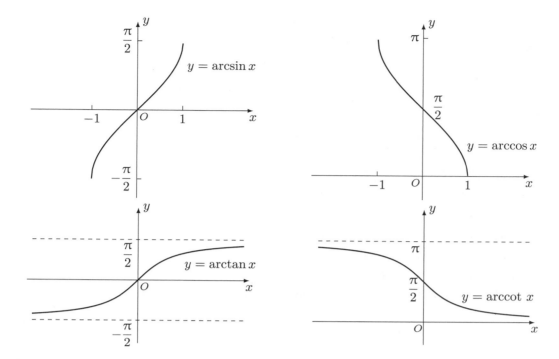

图 1.15

习 题 1.3

1. 下列哪些是初等函数？哪些不是初等函数？

(1) $y = 3^{\sin \frac{1}{x}} + \dfrac{x^2 + 1}{\arcsin x + 1}$；

(2) $y = \sqrt{2} + \sin 2x$；

(3) $y = \begin{cases} x^2, & x \leqslant 0, \\ x + 1, & x > 0; \end{cases}$

(4) $y = \dfrac{\mathrm{e}^x - \mathrm{e}^{-x}}{2}$；

(5) $y = \begin{cases} -1, & x \leqslant 0, \\ 1, & x > 0; \end{cases}$

(6) $y = \begin{cases} 2 - x, & x \leqslant 1, \\ x, & x > 1. \end{cases}$

2. 用 x 表示三角函数 $y = \sin(\arccos x)$ 的值.

1.4 常用的经济函数

在经济分析中，常常需要建立经济问题的数学模型，即建立变量间的函数关系，达到解决实际问题的目的. 下面介绍几个常用的经济函数.

一、需求函数和供给函数

商品的需求量是指在一定时期内、一定价格条件下，消费者愿意并有支付能力购买的某种商品的数量. 商品的需求量是受多种因素影响的，比如商品的价格、购买者的收入及其他商品价格等. 一般来说，价格是影响需求量的主要因素.

设 P 为商品价格，Q_d 为市场需求量，若忽略市场其他因素的影响，则 Q_d 是 P 的函数，称为**需求函数**，记为

$$Q_d = Q_d(P).$$

需求函数 Q_d 是商品价格 P 的单调递减函数. 因为价格上涨需求量减少，价格下跌需求量增加.

需求函数 $Q_d = Q_d(P)$ 的反函数称为**价格函数**，记为 $P = Q_d^{-1}(Q)$，它也反映商品的需求量与价格的关系，有时也称为需求函数.

人们根据统计数据，常用下面的函数来近似表示需求函数.

线性需求函数：$Q_d = -aP + b\ (a > 0)$；

幂函数：$Q_d = kP^{-a}\ (k > 0, a > 0)$；

指数函数：$Q_d = ae^{-bP}\ (a > 0, b > 0)$.

商品的供给量是指在一定时期内，一定价格条件下，生产者愿意生产并可供出售的某种商品的数量. 同需求量一样，供给量也受多种因素影响，比如商品的价格、生产中的投入成本等. 影响供给量的主要因素也是商品的价格. 价格上涨，刺激生产者增加供给，价格下跌则供给量减少.

设 Q_s 为市场供给量，则供给量与价格之间的关系为

$$Q_s = Q_s(P),$$

称为**供给函数**. 可知，供给函数是商品价格的单调递增函数. 根据统计数据，常用下面的函数来近似表示供给函数.

线性供给函数：$Q_s = aP + b\ (a > 0)$；

幂函数：$Q_s = kP^a\ (k > 0, a > 0)$；

指数函数：$Q_s = ae^{bP}(a > 0, b > 0)$.

需求函数与供给函数密切相关，如果把需求函数和供给函数的图像画在同一坐标系中，如图 1.16所示，由于需求函数是单调减少的，供给函数是单调增加的，那么它们的图像必相交于一点 $E(P_0, Q_0)$，则该交点称为**供需均衡点**，Q_0 称为**市场均衡交易量**，P_0 称为**均衡价格**，也就是供需平衡时的价格.

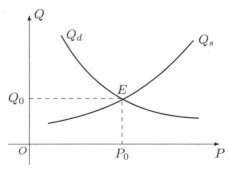

图 1.16

当价格低于均衡价格时，消费者希望购买的商品量大于生产者愿意出卖的商品量，市场上出现"供不应求"，商品短缺，最终导致价格上涨；当价格高于均衡价格时，消费者希望购买的

商品量小于生产者愿意出卖的商品量，市场上出现"供大于求"，最终导致价格下跌. 因此在市场调节下，商品价格始终在均衡价格附近上下波动.

例 1.15　考虑线性需求函数和线性供给函数:

$$Q_d = -aP + b\ (a > 0), \qquad Q_s = cP + d\ (c > 0),$$

试问 b, d 满足什么条件时，存在正的均衡价格?

解　由 $Q_d = Q_s$，得 $-aP + b = cP + d$，由此解得均衡价格为

$$P_0 = \frac{b - d}{a + c}.$$

因此，当 $b > d$ 时，存在正的均衡价格.

例 1.16　某商品的需求函数为 $Q_d = -2P + 100$，供给函数为 $Q_s = 6P - 60$，其中 P 为价格 (单位: 元)，求: (1) 市场均衡价格和市场均衡交易量; (2) 如果每销售一件商品，政府收税 1 元，求此时的均衡价格和均衡交易量.

解　(1) 由供需均衡条件 $Q_d = Q_s$，得

$$-2P + 100 = 6P - 60,$$

解得市场均衡价格 $P_0 = 20$，市场均衡交易量为 $Q_0 = 60$.

(2) 若政府征税，对生产者而言，价格由 P 变为 $P - 1$，消费者的价格还是 P. 由均衡条件，得

$$-2P + 100 = 6(P - 1) - 60,$$

解得均衡价格为 $P_0 = 20.75$，均衡交易量为 $Q_0 = 58.5$.

二、总成本、总收益和总利润函数

总成本是指生产一定数量的产品所需要的全部费用，包括**固定成本**和**可变成本**. 固定成本是指在短时间内不发生变化或不明显地随产品数量变化而变化的费用，如厂房、设备及一般管理费等. 可变成本是指随产品数量的变化而变化的费用，如原材料、生产工人的工资等. 总成本与产量有关，是产量的函数.

设 C 为总成本，C_0 为固定成本，C_1 为可变成本，Q 为产量或销售量. 可知，C_0 是一个常数，与 Q 无关，C_1 是 Q 的函数，则总成本可以表示为

$$C(Q) = C_0 + C_1(Q),$$

称为**总成本函数**. 它是 Q 的单调递增函数，且 $C_1(0) = 0$.

总收益是指产品出售后所得到的全部收入. 设 R 为总收益，则它是销售量 Q 的函数，

$$R = R(Q)$$

称为**总收益函数**. 如果商品的价格 P 保持不变，则

$$R(Q) = PQ.$$

总利润是指生产者获得的总收益与投入的总成本之差. 在产量与销售量一致的情况下，设 L 为总利润，则

$$L(Q) = R(Q) - C(Q)$$

称为**总利润函数**.

另外，我们把

$$\bar{C} = \frac{C(Q)}{Q}, \quad \bar{R} = \frac{R(Q)}{Q}, \quad \bar{L} = \frac{L(Q)}{Q}$$

分别称为**平均成本**、**平均收益**和**平均利润**.

例 1.17 某工厂生产玩具，每生产一套玩具的可变成本为 60 元，每天的固定成本为 7500 元，如果每套玩具售价 110 元. 为了不亏本，该厂每天至少要生产多少套这种玩具？

解 设每天的生产量为 Q，则每天的总成本为

$$C(Q) = 7500 + 60Q,$$

每天的总收益为

$$R(Q) = 110Q,$$

所以，每天的总利润为

$$L(Q) = R(Q) - C(Q) = 50Q - 7500.$$

若不亏本，至少 $L(Q) = 0$，即

$$50Q - 7500 = 0,$$

得 $Q = 150$. 因此，每天至少生产 150 套这种玩具才不至于亏本.

例 1.18 已知某产品的销售价格为 P，总成本函数为 $C = \frac{1}{5}Q^2 + 4Q + 20$，需求函数为 $Q = 160 - 5P$，求平均成本和最大利润.

解 根据平均成本的定义，得平均成本

$$\bar{C} = \frac{C(Q)}{Q} = \frac{1}{5}Q + 4 + \frac{20}{Q} \quad (Q > 0).$$

产品销售价格为 P，需求函数为 Q，所以当产品全部销售后获得的总收益为

$$R = PQ = P(160 - 5P) = \left(32 - \frac{Q}{5}\right)Q.$$

这样，总利润为

$$L = R(Q) - C(Q) = 32Q - \frac{Q^2}{5} - \left(\frac{1}{5}Q^2 + 4Q + 20\right)$$
$$= -\frac{2}{5}(Q - 35)^2 + 470.$$

因此，当 $Q = 35$ 时取得最大利润，最大利润为 470.

习 题 1.4

1. 已知某商品的需求函数为 $Q_d = \frac{16}{P}$，供给函数为 $Q_s = 10P - 6$，求市场均衡价格和市场均衡交易量.

2. 已知某农产品的需求函数 Q_d 和供给函数 Q_s 都是价格 P 的线性函数. 当价格为 10 元每千克时，可销售 1600 kg，但该农产品只能收购 900 kg；当价格为 15 元每千克时，可销售 1000 kg，农产品能收购 1800 kg. 试求需求函数、供给函数、市场均衡价格和市场均衡交易量.

3. 设某商品的总成本函数为线性函数，已知产量为零时的成本为 100 元，产量为 100 时的成本为 1000 元，试求总成本和平均成本.

4. 设某商品的总成本函数和总收益函数分别为 $C(Q) = 12 + 3Q + Q^2$ 和 $R(Q) = 21Q$，其中 Q 为该商品的销售量，求：

(1) 该商品的利润函数；

(2) 销售量为 20 时，是盈利还是亏损？

(3) 当销售量为多少时，利润最大？最大利润是多少？

5. 某厂有两种生产方案，现行生产方案的产品不合格率为 20%，固定成本是 2000 元，可变成本是每件 3 元，每件售价 6 元. 另一种新方案，产品的不合格率为 15%，固定成本是 3000 元，可变成本是每件 2 元. 无论哪种方案，不合格产品只需每件再花 0.5 元即可成为正品出售. 为使利润最大，在什么条件下，应采取新方案代替原方案？

第 2 章 极限与连续

随着生产实践和科学技术的发展，有很多实际问题的精确解，仅仅通过有限次的算术运算是求不出来的，必须通过分析一个无限变化过程的变化趋势才能求得，由此产生了极限概念和极限方法. 极限的概念是微积分学中最基本、最重要的概念之一，是建立微积分学其他基本概念的理论基础.

本章介绍极限的概念、性质和运算法则，以及与极限概念密切相关的无穷小量的概念和性质、两个重要的极限，在此基础上建立函数连续的概念，讨论连续函数的性质.

2.1 数列的极限

一、数列极限的概念

公元 3 世纪中期，魏晋时期的数学家刘徽成功地把极限思想应用到圆面积的计算中，即割圆术. 割圆术是利用圆内接正多边形的面积来逼近圆的面积. 他说：割之弥细，所失弥少，割之又割，以至于不可割，则与圆合体而无所失矣.

设有一半径为 R 的圆，首先作圆的内接正六边形，面积记为 A_1；再作内接正十二边形，面积记为 A_2；再作内接正二十四边形，面积记为 A_3；依此下去，每次边数加倍，内接正 $6 \times 2^{n-1}$ 边形的面积记为 A_n. 根据 n 的取值，正多边形的面积

$$A_1, A_2, A_3, \cdots, A_n, \cdots$$

构成一个数列，n 无限增大时，内接正多边形的边数无限增加，内接正多边形的面积将无限接近圆的面积.

刘徽利用圆内接正多边形的面积一直算到了 $6 \times 2^9 = 3072$ 边形，并由此而求得圆周率的近似值 3.1416. 这个结果是当时世界上圆周率计算的最精确的数据，比印度数学家得到这个结果足足早了 200 多年.

一般来说，按下标从小到大依次排列的有序数组 $x_1, x_2, \cdots, x_n, \cdots$ 称为**数列**，简记为 $\{x_n\}$，数列中每一个数叫作**数列的项**，x_n 称为**通项**或**一般项**.

首先，我们来看看数列的变化规律，即当 n 无限增大时，数列 $\{x_n\}$ 的变化趋势.

例 2.1 观察下列数列的变化趋势：

(1) $\left\{\dfrac{1}{n}\right\}$； (2) $\left\{1 + \dfrac{(-1)^{n+1}}{n}\right\}$；

(3) $\{n^2\}$； (4) $\{(-1)^{n+1}\}$.

解 (1) 数列 $\left\{\dfrac{1}{n}\right\}$ 表示为 $1, \dfrac{1}{2}, \dfrac{1}{3}, \cdots, \dfrac{1}{n}, \cdots$，随着 n 无限增大，$\dfrac{1}{n}$ 无限接近于 0；

(2) 数列 $\left\{1+\dfrac{(-1)^{n+1}}{n}\right\}$ 表示为 $1+1, 1-\dfrac{1}{2}, 1+\dfrac{1}{3}, \cdots, 1+\dfrac{(-1)^{n+1}}{n}, \cdots$，随着 n 无限增大，$1+\dfrac{(-1)^{n+1}}{n}$ 在 1 的左右交替取值并无限接近于 1；

(3) 数列 $\{n^2\}$ 表示为 $1, 4, 9, \cdots, n^2, \cdots$，随着 n 无限增大，n^2 也无限增大；

(4) 数列 $\{(-1)^{n+1}\}$ 表示为 $1, -1, 1, -1, \cdots, (-1)^{n+1}, \cdots$，随着 n 无限增大，$(-1)^{n+1}$ 始终交替取值 1 和 -1.

从上述这些数列不难看出，随着 n 不断增大，它们都有着各自的变化趋势. 例如数列 (1) 和 (2)，随着 n 无限增大，数列的项不断地趋向于某个常数；数列 (3) 当 n 无限增大时，其项也不断增大；而数列 (4)，当 n 无限增大时，数列的项不向任何常数接近. 笼统地，我们可以将数列分为两种情况：一是数列通项 x_n 随 n 无限增大时无限接近于某个确定的常数，称为**极限存在**；二是数列通项 x_n 随 n 无限增大时不接近于某个确定的常数，称为**极限不存在**.

定义 2.1 对于数列 $\{x_n\}$，如果当 n 无限增大时，对应的通项 x_n 无限接近于某一确定的常数 a，则称数列 $\{x_n\}$ **收敛**，常数 a 为数列 $\{x_n\}$ 的**极限**，或者称数列 $\{x_n\}$ **收敛于**a，记为

$$\lim_{n\to\infty} = a \quad \text{或} \quad x_n \to a(n\to\infty).$$

若不存在这样的常数 a，则称数列 $\{x_n\}$ **发散**或**不收敛**.

根据定义 2.1，例 2.1中 (1)、(2) 为收敛数列，极限分别是 0 和 1，可以写成

$$\lim_{n\to\infty}\frac{1}{n}=0, \quad \lim_{n\to\infty}1+\frac{(-1)^{n+1}}{n}=1.$$

(3)、(4) 为发散数列，极限不存在.

定义 2.1是数列极限的直观定义，为了更精确地描述数列极限的定义，下面通过分析"无限接近"的数学含义，给出另一种数列极限的定义.

例如，对数列 $\left\{\dfrac{1}{n}\right\}$ 而言，如何用精确的数学语言把"当 n 无限增大时，x_n 无限接近于常数 0"表达出来？

所谓 n 无限增大时，x_n 无限接近于 0，可以理解为当 n 充分大时，$|x_n - 0|$ 可以任意小.

例如，要使 $|x_n-0|=\left|\dfrac{1}{n}-0\right|=\dfrac{1}{n}<0.01$，只需要 $n>\dfrac{1}{0.01}=100$ 即可；

要使 $|x_n-0|=\left|\dfrac{1}{n}-0\right|=\dfrac{1}{n}<0.001$，只需要 $n>\dfrac{1}{0.001}=1000$ 即可；

要使 $|x_n-0|=\left|\dfrac{1}{n}-0\right|=\dfrac{1}{n}<0.00001$，只需要 $n>\dfrac{1}{0.00001}=100000$ 即可；

$\vdots$

不难看出，无论要使 $|x_n-0|=\left|\dfrac{1}{n}-0\right|$ 小于多么小的正数，总能找到充分大的 n，使其成立. 换句话说，对于任意小的正数 ε，总存在足够大的正整数 N，使得对 $n>N$ 的一切项 $x_{N+1}, x_{N+2}, \cdots$，都有 $|x_n-0|=\left|\dfrac{1}{n}-0\right|<\varepsilon$.

由此，给出数列极限的精确定义 (即 "$\varepsilon\text{-}N$" 定义).

定义 2.2 对于数列 $\{x_n\}$, 如果对任意给定的正数 ε, 总存在正整数 N, 使得当 $n > N$ 时, 恒有

$$|x_n - a| < \varepsilon$$

成立, 那么称常数 a 为数列 $\{x_n\}$ 的**极限**, 或者称数列 $\{x_n\}$ **收敛于** a, 记为

$$\lim_{n \to \infty} x_n = a \quad \text{或} \quad x_n \to a(n \to \infty).$$

若不存在这样的常数 a, 则称数列 $\{x_n\}$ **发散**或**不收敛**.

注: (1) 定义中的正数 ε 是任意给定的, 它可以小到任何程度, 只有这样不等式 $|x_n - a| < \varepsilon$ 才能表达出 x_n 与 a 无限趋近的意思.

(2) 定义中的正整数 N 是与 ε 有关的, 它随给定的 ε 而取定. 但是, 对于给定的 ε, 相应的正整数 N 是不唯一的.

为方便理解数列极限的概念, 我们来看一下数列极限的几何意义. 将常数 a 与数列 $x_1, x_2, \cdots, x_n, \cdots$ 在数轴上表示出来. 不等式 $|x_n - a| < \varepsilon$ 表示 x_n 落在以 a 为中心、ε 为半径的开区间内, 即邻域 $U(a, \varepsilon)$ 内. 对于任意给定的正数 ε, 一定存在相应的正整数 N, 使得从第 $N+1$ 项开始, 后面的无穷多项都落在邻域 $U(a, \varepsilon)$ 内, 而至多只有有限项 (N 项) 落在这个邻域之外 (见图 2.1).

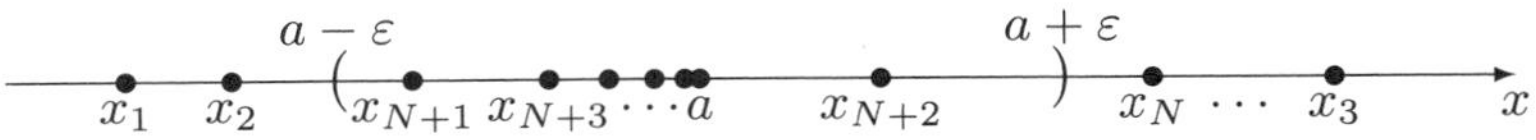

图 2.1

为表述方便, 引入记号 "$\forall$" 表示 "对任意给定的", 记号 "$\exists$" 表示 "存在". 于是, 数列极限的定义可以表述为:

$$\lim_{n \to \infty} x_n = a \Longleftrightarrow \forall \varepsilon > 0, \exists \text{正整数} N, \text{当} n > N \text{时}, \text{有} |x_n - a| < \varepsilon.$$

例 2.2 用数列极限的定义证明 $\lim_{n \to \infty} \left(1 + \dfrac{(-1)^{n+1}}{n} \right) = 1$.

证 令 $x_n = 1 + \dfrac{(-1)^{n+1}}{n}$, 对任意给定的 $\varepsilon > 0$, 要使

$$|x_n - 1| = \left| 1 + \frac{(-1)^{n+1}}{n} - 1 \right| = \frac{1}{n} < \varepsilon,$$

只要 $n > \dfrac{1}{\varepsilon}$. 因此, 对任意给定的 $\varepsilon > 0$, 取正整数 $N = \left[\dfrac{1}{\varepsilon} \right]$, 则当 $n > N$ 时, 恒有 $|x_n - 1| < \varepsilon$ 成立. 根据数列极限的定义, 证得

$$\lim_{n \to \infty} \left(1 + \frac{(-1)^{n+1}}{n} \right) = 1.$$

用数列极限的定义来证明数列 $\{x_n\}$ 的极限为 a 的关键在于, 对任意给定的 $\varepsilon > 0$, 求出一个相应的正整数 N, 使得当 $n > N$ 时, 不等式 $|x_n - a| < \varepsilon$.

例 2.3 证明 $\lim_{n \to \infty} (\sqrt{n+1} - \sqrt{n}) = 0$.

证 对任意给定的 $\varepsilon > 0$, 因为

$$|x_n - 0| = |\sqrt{n+1} - \sqrt{n}| = \frac{1}{\sqrt{n+1} + \sqrt{n}} < \frac{1}{\sqrt{n}},$$

要使 $|x_n - 0| < \dfrac{1}{\sqrt{n}} < \varepsilon$，只要 $n > \dfrac{1}{\varepsilon^2}$，即取 $N < \left[\dfrac{1}{\varepsilon^2}\right]$. 因此，当 $n > N$ 时，恒有 $|x_n - 0| < \varepsilon$. 根据极限的定义知

$$\lim_{n\to\infty}(\sqrt{n+1} - \sqrt{n}) = 0.$$

二、收敛数列的性质

定理 2.1 (极限的唯一性) 若数列 $\{x_n\}$ 收敛，则它的极限唯一.

证 用反证法. 假设数列 $\{x_n\}$ 有两个不同的极限 a, b，不妨设 $a < b$. 取 $\varepsilon = \dfrac{1}{2}(b - a)$，由数列极限的定义：

$\exists$ 正整数 N_1，当 $n > N_1$ 时，有 $|x_n - a| < \dfrac{1}{2}(b - a)$，即有 $x_n < \dfrac{1}{2}(a + b)$；

$\exists$ 正整数 N_2，当 $n > N_2$ 时，有 $|x_n - b| < \dfrac{1}{2}(b - a)$，即有 $x_n > \dfrac{1}{2}(a + b)$.

取 $N = \max\{N_1, N_2\}$，则当 $n > N$ 时，同时有

$$\frac{1}{2}(a + b) < x_n < \frac{1}{2}(a + b)$$

成立，显然这是不可能的. 说明收敛数列 $\{x_n\}$ 不可能有两个不同的极限.

定理 2.2 (收敛数列的有界性) 若数列 $\{x_n\}$ 收敛，则数列 $\{x_n\}$ 有界，即存在常数 $M > 0$，对任意的正整数 n，有 $|x_n| \leqslant M$.

证 假设数列 $\{x_n\}$ 收敛于 a，则根据数列极限的定义，取 $\varepsilon = 1$，$\exists$ 正整数 N，当 $n > N$ 时，有

$$|x_n - a| < 1, \quad 即 \quad a - 1 < x_n < a + 1.$$

取 $M = \max\{|x_1|, |x_2|, \cdots, |x_N|, |a - 1|, |a + 1|\}$，则 $\forall n$，均有 $|x_n| \leqslant M$.

例如，$\lim\limits_{n\to\infty}\dfrac{1}{n} = 0$，则对任意 n 恒有 $\dfrac{1}{n} \leqslant 1$.

然而**有界数列却不一定是收敛的**. 例如，例 2.1 中 (4)，数列 $\{(-1)^{n+1}\}$ 是有界的，但是不收敛.

定理 2.3 (收敛数列的保号性) 假设数列 $\{x_n\}$ 收敛，其极限为 a.

(1) 如果 $a > 0$ (或 $a < 0$)，则必存在正整数 N，当 $n > N$ 时，恒有 $x_n > 0$ (或 $x_n < 0$)；

(2) 若存在正整数 N，当 $n > N$ 时，有 $x_n \geqslant 0$ (或 $x_n \leqslant 0$)，则 $a \geqslant 0$ (或 $a \leqslant 0$).

证 (1) 设 $a > 0$，取 $\varepsilon = \dfrac{a}{2}$，$\exists$ 正整数 N，当 $n > N$ 时，有

$$|x_n - a| < \frac{a}{2}, \quad 即 \quad \frac{a}{2} < x_n < \frac{3}{2}a,$$

因为 $a > 0$，所以 $x_n > \dfrac{a}{2} > 0$.

(2) 反证法. 假设 $a < 0$，取 $\varepsilon = -\dfrac{a}{2}$，根据极限定义，存在正整数 N，当 $n > N$ 时，有

$$|x_n - a| < -\frac{a}{2}, \quad 即 \frac{3a}{2} < x_n < \frac{a}{2},$$

因为 $a < 0$，所以 $x_n < \dfrac{a}{2} < 0$. 这与假设 $n > N$ 时 $x_n \geqslant 0$ 相矛盾.

收敛数列的保号性意味着，如果数列的极限为正 (或负)，则该数列从某一项开始后面所有项也为正 (或负).

定理 2.4（**数列与其子数列间的关系**）若数列 $\{x_n\}$ 收敛于 a，则它的任何一个子数列也收敛，且极限也为 a.

例如 $\lim\limits_{n\to\infty} 1+\dfrac{(-1)^{n+1}}{n}=1$，则它的两个子数列 $\left\{1+\dfrac{1}{n}\right\}$ 和 $\left\{1-\dfrac{1}{n}\right\}$ 的极限都是 1.

定理 2.4 的逆否命题为：**如果数列 $\{x_n\}$ 有两个子数列收敛于不同的极限，则数列 $\{x_n\}$ 必发散**. 该命题利用反证法容易证得，我们可以通过该命题来判断一个数列是否发散. 例如，数列 $\{(-1)^n\}$ 的两个子数列分别为 $1,1,1,\cdots$ 和 $-1,-1,-1,\cdots$，子数列均收敛，极限分别为 1 和 -1，但是原数列 $\{(-1)^n\}$ 是发散的.

习 题 2.1

1. 观察下列数列的变化趋势，判别哪些数列有极限，如有极限，写出它们的极限.

(1) $x_n = \dfrac{n-1}{n+1}$；

(2) $x_n = \ln\left(1+\dfrac{1}{n}\right)$；

(3) $x_n = n(-1)^n$；

(4) $x_n = \dfrac{\sin\frac{n}{2}\pi}{n}$；

(5) $x_n = 1+\cos n\pi$；

(6) $x_n = \left(-\dfrac{3}{2}\right)^n$.

2. 利用数列极限的定义证明下列极限：

(1) $\lim\limits_{n\to\infty}\dfrac{2n-1}{3n+1}=\dfrac{2}{3}$；

(2) $\lim\limits_{n\to\infty}\dfrac{\cos n^2}{n}=0$；

(3) $\lim\limits_{n\to\infty}\left[1-\left(-\dfrac{1}{3}\right)^n\right]=1$；

(4) $\lim\limits_{n\to\infty}\dfrac{\sqrt{n^2+1}}{n}=1$；

(5) $\lim\limits_{n\to\infty}\dfrac{2^n+3^n}{3^n}=1$；

(6) $\lim\limits_{n\to\infty}\left(2+\dfrac{1}{n^2}\right)=2$.

3. 证明若 $\lim\limits_{n\to\infty}x_n=a$，则 $\lim\limits_{n\to\infty}|x_n|=|a|$. 反之是否成立？

4. 对于数列 $\{x_n\}$，证明：$\lim\limits_{n\to\infty}x_n=a$ 的充要条件是 $\lim\limits_{k\to\infty}x_{2k-1}=a$ 且 $\lim\limits_{k\to\infty}x_{2k}=a$.

5. 设 $x_n=\left(1+\dfrac{1}{n}\right)\sin\dfrac{n\pi}{2}$，证明数列 $\{x_n\}$ 没有极限.

6. 设 $a\in\mathbf{R}$，且 $a>1$，利用极限的定义证明 $\lim\limits_{n\to\infty}\dfrac{n}{a^n}=0$.

7. (算术平均收敛公式) 设 $\lim\limits_{n\to\infty}x_n=a$，令 $y_n=\dfrac{x_1+x_2+\cdots+x_n}{n}$，求证 $\lim\limits_{n\to\infty}y_n=a$.

2.2 函数的极限

一、极限的定义

数列 $\{x_n\}$ 可以看成自变量为正整数 n 的函数 $x_n=f(n)$. 数列 $\{x_n\}$ 的极限就是当自变量 n 取正整数且无限增大时，对应的函数值 $f(n)$ 无限接近于某个确定的常数. 因此数列的极限也是函数的极限的一种，只是数列极限是离散型的，n 取值正整数是跳跃的，且其自变量的变化趋势只有一种状态. 而研究函数时，往往要考虑连续型的变化过程，并且其自变量的变化趋势不像数列那样单一. 研究函数极限时，根据自变量 x 的变化不同，主要有以下两种情形：

24

(1) 自变量 x 无限接近于有限值 x_0(记为 $x \to x_0$) 时，函数 $f(x)$ 的变化趋势；

(2) 自变量 x 的绝对值 $|x|$ 无限增大或趋于无穷大 (记为 $x \to \infty$) 时，函数 $f(x)$ 的变化趋势.

1. 自变量趋于有限值 x_0 时函数的极限

我们先看下面的例子.

例 2.4 讨论当自变量 x 无限接近于 1 时，下列函数的变化趋势：

$$f_1(x) = 3x + 1, \quad f_2(x) = \frac{x^2 - 1}{x - 1}, \quad f_3(x) = \frac{1}{x - 1}.$$

解 列出自变量 x 接近于 1 时，自变量 x 和对应的函数值 $f(x)$(见表 2.1)，观察函数值的变化趋势.

表 2.1

x	0.9	0.99	0.999	0.9999	$\cdots$	1	$\cdots$	1.0001	1.001	1.01	1.1
$f_1(x)$	3.7	3.97	3.997	3.9997	$\cdots$	4	$\cdots$	4.0003	4.003	4.03	4.3
$f_2(x)$	1.9	1.99	1.999	1.9999	$\cdots$		$\cdots$	2.0001	2.001	2.01	2.1
$f_3(x)$	-10	-100	-1000	-10000	$\cdots$		$\cdots$	10000	1000	100	10

从表中可以看出，当 x 无限接近于 1 时，函数 $f_1(x)$ 与 $f_2(x)$ 分别趋向于 4 和 2，而函数 $f_3(x)$ 的绝对值将趋向于无穷大.

上述例子说明，当自变量 x 趋于有限值 x_0 时，函数值 $f(x)$ 的变化趋势有两种：一种是趋于某个确定的常数，这个确定的常数与函数在 x_0 处是否有定义没有关系，这种情况称为**极限存在**；另一种是不趋向于某个确定的常数，这种情况称为**极限不存在**.

为给出极限的精确定义，我们观察例 2.4中函数 $f_1(x)$. 当 x 无限接近 1 时，$f_1(x)$ 无限趋近 4，即当 x 充分接近 1 时，$|f_1(x) - 4|$ 可以任意小. 因此，对任意给定的 $\varepsilon > 0$，要使

$$|f_1(x) - 4| = |(3x + 1) - 4| = |3x - 3| = 3|x - 1| < \varepsilon,$$

只要满足 $|x - 1| < \dfrac{\varepsilon}{3}$，即 x 与 1 的距离小于 $\dfrac{\varepsilon}{3}$ 时，就有 $|f_1(x) - 4| < \varepsilon$.

因此，得到下述函数极限的定义：

定义 2.3 设函数 $y = f(x)$ 在点 x_0 的某去心邻域内有定义，如果存在常数 A，对任意给定的 $\varepsilon > 0$，总存在正数 δ，使得当 $0 < |x - x_0| < \delta$ 时，有

$$|f(x) - A| < \varepsilon,$$

则称常数 A 为函数 $y = f(x)$ 当 $x \to x_0$ 时的极限，记作

$$\lim_{x \to x_0} f(x) = A \quad \text{或} \quad f(x) \to A(x \to x_0).$$

如果这样的常数不存在，则称 $x \to x_0$ 时 $f(x)$ 极限不存在.

与数列的极限类似，定义 2.3可以简单地表述为：

$$\lim_{x \to x_0} f(x) = A \Longleftrightarrow \text{对} \forall \varepsilon > 0, \ \exists \delta > 0, \ \text{当} 0 < |x - x_0| < \delta \text{时}, \ \text{有} |f(x) - A| < \varepsilon.$$

注：(1) 定义中的正数 ε 是任意的，用来刻画函数 $f(x)$ 与常数 A 的接近程度，δ 用来刻画 x 与 x_0 的接近程度，并且 δ 是与 ε 有关的.

(2) 定义中 $x \to x_0$ 的含义是 x 无限接近 x_0，但并不要求 $x = x_0$. 因而，当 $x \to x_0$ 时，$f(x)$ 有无极限仅与点 x_0 附近 (即点 x_0 的某一去心邻域内) 的函数值有关，而与点 x_0 处的函数值无关，与 $f(x)$ 在 x_0 处是否有定义也无关.

函数极限的几何意义如下：对于任意给定的正数 ε，作两条平行于 x 轴的直线 $y = A + \varepsilon$ 和 $y = A - \varepsilon$. 根据函数极限的定义，对 $\varepsilon > 0$，存在点 x_0 的一个去心 δ 邻域，当 x 落入该去心邻域时，函数 $y = f(x)$ 的图像落在上面两条平行直线之间的区域内 (见图 2.2).

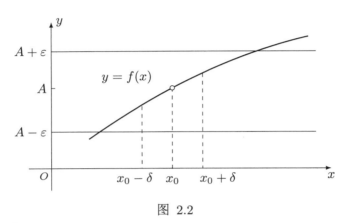

图 2.2

例 2.5 证明 $\lim\limits_{x \to 1} \dfrac{x^2 - 1}{x - 1} = 2$.

证 对任意给定的 $\varepsilon > 0$，要使

$$|f(x) - 2| = \left| \frac{x^2 - 1}{x - 1} - 2 \right| = |x - 1| < \varepsilon,$$

可取 $\delta = \varepsilon$. 因此当 $0 < |x - 1| < \delta$ 时，必有 $|f(x) - 2| < \varepsilon$，从而

$$\lim\limits_{x \to 1} \frac{x^2 - 1}{x - 1} = 2.$$

2. 单侧极限

在上述函数 $f(x)$ 的极限的定义中，x 趋于 x_0 的方式是任意的，即 x 可以从 x_0 的左侧趋于 $x_0(x < x_0$，记作$x \to x_0^-)$，也可以从 x_0 的右侧趋于 $x_0(x > x_0$，记作$x \to x_0^+)$. 但有时我们只能或只需考虑 x 仅从 x_0 的某一侧趋于 x_0 时函数 $f(x)$ 的变化趋势. 例如，有些函数仅仅在点 x_0 的某一侧有意义，或者函数虽在 x_0 的两侧都有意义，但两侧的表达式不同 (比如分段函数). 这时函数在点 x_0 处的极限只能单侧地讨论，为此引入单侧极限的概念.

定义 2.4 (1) 设 $f(x)$ 在 x_0 的某左邻域内有定义，如果存在常数 A，对任意给定的 $\varepsilon > 0$，总存在 $\delta > 0$，当 $x_0 - \delta < x < x_0$ 时，恒有

$$|f(x) - A| < \varepsilon$$

成立，则称常数 A 为函数 $f(x)$ 当 $x \to x_0^-$ 时的**左极限**，记作

$$\lim\limits_{x \to x_0^-} f(x) = A \quad \text{或} \quad f(x_0^-) = A.$$

(2) 设 $f(x)$ 在 x_0 的某右邻域内有定义, 如果存在常数 A, 对任意给定的 $\varepsilon > 0$, 总存在 $\delta > 0$, 当 $x_0 < x < x_0 + \delta$ 时, 恒有

$$|f(x) - A| < \varepsilon$$

成立, 则称常数 A 为函数 $f(x)$ 当 $x \to x_0^+$ 时的**右极限**, 记作

$$\lim_{x \to x_0^+} f(x) = A \quad \text{或} \quad f(x_0^+) = A.$$

左极限和右极限统称为**单侧极限**. 根据 $x \to x_0$ 时函数 $f(x)$ 的极限的定义以及左极限和右极限的定义, 容易证明函数的极限与函数的左、右极限之间存在下面的关系:

定理 2.5 函数 $f(x)$ 在 x_0 处极限存在的充要条件是函数 $f(x)$ 在 x_0 处的左、右极限都存在且相等, 即

$$\lim_{x \to x_0} f(x) = A \iff \lim_{x \to x_0^-} f(x) = \lim_{x \to x_0^+} f(x) = A.$$

例 2.6 设分段函数 $f(x) = \begin{cases} x - 1, & x \leqslant 0, \\ x + 1, & x > 0, \end{cases}$ 讨论当 $x \to 0$ 时, 函数 $f(x)$ 的极限.

解 函数 $f(x)$ 的图像如图 2.3 所示, 因为在 $x = 0$ 的左、右两侧函数的表达式不同, 需分别求左、右极限.

$$\lim_{x \to 0^-} f(x) = \lim_{x \to 0^-} (x - 1) = -1,$$

$$\lim_{x \to 0^+} f(x) = \lim_{x \to 0^+} (x + 1) = 1,$$

由于 $\lim\limits_{x \to 0^-} f(x) \neq \lim\limits_{x \to 0^+} f(x)$, 故极限 $\lim\limits_{x \to 0} f(x)$ 不存在.

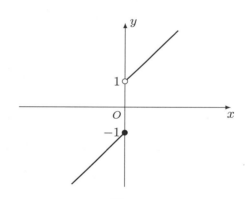

图 2.3

例 2.7 设分段函数 $f(x) = \begin{cases} x^2 + 2, & x \leqslant 1, \\ x + k, & x > 1, \end{cases}$ 确定常数 k 的值, 使极限 $\lim\limits_{x \to 1} f(x)$ 存在.

解 因为

$$\lim_{x \to 1^-} f(x) = \lim_{x \to 1^-} (x^2 + 2) = 3,$$

$$\lim_{x \to 1^+} f(x) = \lim_{x \to 1^+} (x + k) = 1 + k,$$

要使 $\lim\limits_{x \to 1} f(x)$ 存在, 则需满足 $\lim\limits_{x \to 1^-} f(x) = \lim\limits_{x \to 1^+} f(x)$, 即 $3 = 1 + k$, 所以 $k = 2$.

例 2.8 已知极限 $\lim\limits_{x \to 0} \left(\alpha \arctan \dfrac{1}{x} + \dfrac{|x|}{x} \right)$ 存在, 求 α 的值.

解 由反正切函数 $y = \arctan x$ 的图像 (见图 1.15) 可知,

$$\lim_{x \to -\infty} \arctan x = -\frac{\pi}{2}, \qquad \lim_{x \to +\infty} \arctan x = \frac{\pi}{2},$$

因此计算 $\arctan \dfrac{1}{x}$ 在 $x = 0$ 处的极限要考虑左右极限.

$$\lim_{x \to 0^-}\left(\alpha \arctan\frac{1}{x}+\frac{|x|}{x}\right)=\lim_{x \to 0^-}\left(\alpha \arctan\frac{1}{x}+\frac{-x}{x}\right)=-\frac{\pi}{2}\alpha-1,$$

$$\lim_{x \to 0^+}\left(\alpha \arctan\frac{1}{x}+\frac{|x|}{x}\right)=\lim_{x \to 0^+}\left(\alpha \arctan\frac{1}{x}+\frac{x}{x}\right)=\frac{\pi}{2}\alpha+1,$$

所以有

$$-\frac{\pi}{2}\alpha-1=\frac{\pi}{2}\alpha+1,\quad \text{即 } \alpha=-\frac{2}{\pi}.$$

3. 自变量趋于无穷大时函数的极限

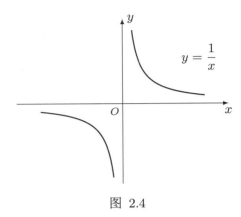

考察函数 $y=\dfrac{1}{x}$，从函数图像 (见图 2.4) 中可以看出：当 $x \to \infty$ 时，$y=\dfrac{1}{x}$ 的函数值无限接近于 0，此时我们称 0 为函数 $y=\dfrac{1}{x}$ 当 $x \to \infty$ 时的极限. 如果在 $x \to \infty$ 的过程中，对应的函数值 $f(x)$ 无限接近某个确定的常数，那么这个常数就叫作函数 $f(x)$ 当 $x \to \infty$ 时的极限，精确地，有下述定义.

图 2.4

定义 2.5 设函数 $f(x)$ 当 $|x|$ 大于某一正数时有定义，如果存在常数 A，对任意给定的 $\varepsilon>0$，总存在一个正数 X，当 $|x|>X$ 时，恒有

$$|f(x)-A|<\varepsilon,$$

则称常数 A 为函数 $y=f(x)$ 当 $x \to \infty$ 时的极限，记作

$$\lim_{x \to \infty}f(x)=A \quad \text{或} \quad f(x) \to A(x \to \infty).$$

如果这样的常数不存在，则称当 $x \to \infty$ 时 $f(x)$ 极限不存在.

因此，$y=\dfrac{1}{x}$ 当 $x \to \infty$ 时以 0 为极限，记为

$$\lim_{x \to \infty}\frac{1}{x}=0.$$

从几何上来看，$\lim\limits_{x \to \infty}f(x)=A$ 有如下的意义：对于任意给定的正数 ε，作两条平行于 x 轴的直线 $y=A+\varepsilon$ 和 $y=A-\varepsilon$. 根据极限的定义，总是存在一个正数 X，当 $x<-X$ 或 $x>X$ 时，函数 $y=f(x)$ 的图像落在这两条平行直线之间的区域内 (见图 2.5).

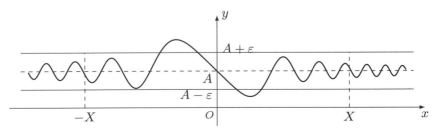

图 2.5

28

另外，与 $x \to x_0$ 时的左、右极限类似，$x \to \infty$ 也可以分为两种情况：如果当 $x > 0$ 且无限增大或趋于正无穷大 (记作 $x \to +\infty$) 时，函数值 $f(x)$ 无限接近一个确定的常数 A，则称 A 为函数 $y = f(x)$ 当 $x \to +\infty$ 时的极限，记为

$$\lim_{x \to +\infty} f(x) = A \quad 或 \quad f(x) \to A(x \to +\infty).$$

类似地，当 $x < 0$ 且绝对值无限增大或趋于负无穷大 (记作 $x \to -\infty$) 时，函数值 $f(x)$ 无限接近一个确定的常数 A，则称 A 为函数 $y = f(x)$ 当 $x \to -\infty$ 时的极限，记为

$$\lim_{x \to -\infty} f(x) = A \quad 或 \quad f(x) \to A(x \to -\infty).$$

由上面的分析不难得出下面的结论：

$$\lim_{x \to \infty} f(x) = A \iff \lim_{x \to -\infty} f(x) = \lim_{x \to +\infty} f(x) = A.$$

例 2.9 用定义证明 $\lim\limits_{x \to \infty} \dfrac{1}{x} = 0$.

证 对任意的 $\varepsilon > 0$，要使

$$\left| \frac{1}{x} - 0 \right| = \frac{1}{|x|} < \varepsilon,$$

只要满足 $|x| > \dfrac{1}{\varepsilon}$ 即可. 因此取 $X = \dfrac{1}{\varepsilon}$，当 $|x| > X$，不等式 $\left| \dfrac{1}{x} - 0 \right| < \varepsilon$ 成立，这就证明了

$$\lim_{x \to \infty} \frac{1}{x} = 0.$$

例 2.10 考察函数 $y = \mathrm{e}^x$ 在 $x \to \infty$ 时的变化趋势.

解 此时 $x \to \infty$ 得分两种情况讨论，$x \to -\infty$ 和 $x \to +\infty$. 由指数函数的图像可知

$$\lim_{x \to -\infty} \mathrm{e}^x = 0, \qquad \lim_{x \to +\infty} \mathrm{e}^x = +\infty,$$

因此，极限 $\lim\limits_{x \to \infty} \mathrm{e}^x$ 不存在.

二、函数的极限的性质

类似于数列的极限，函数的极限也有一些类似的性质，它们可以根据函数极限的定义，运用类似于证明数列极限的性质的方法加以证明.

定理 2.6 (函数极限的唯一性) 若极限 $\lim\limits_{\substack{x \to x_0 \\ (x \to \infty)}} f(x)$ 存在，则其极限必唯一.

定理 2.7 (函数极限的局部有界性) 若 $\lim\limits_{x \to x_0} f(x)$ 存在，则存在常数 $M > 0$ 和 $\delta > 0$，使得当 $0 < |x - x_0| < \delta$ 时，有 $|f(x)| \leqslant M$.

对 $x \to \infty$ 也有类似的结论. 需要注意的是，局部有界性说明在自变量的一个局部变化范围内，函数 $f(x)$ 是有界的，而不是在整个定义区间内. 例如，函数 $f(x) = \dfrac{1}{x-1}$，当 $x \to 0$ 时，极限存在，显然在 0 的某个去心邻域内有界，但是在整个区间 $(0,1)$ 内是无界的.

定理 2.8 (函数极限的局部保号性) 假设极限 $\lim\limits_{x \to x_0} f(x)$ 存在，其极限为 A.

(1) 如果 $A > 0$ (或 $A < 0$)，则存在 $\delta > 0$，使得 $f(x)$ 在点 x_0 的某个去心邻域内有 $f(x) > 0$ (或 $f(x) < 0$)；

(2) 如果在点 x_0 的某个去心邻域内 $f(x) \geqslant 0$ (或 $f(x) \leqslant 0$)，则 $A \geqslant 0$ (或 $A \leqslant 0$).

习 题 2.2

1. 观察下列函数在自变量的变化趋势下是否存在极限，若存在，写出它们的极限.

(1) $\ln x \ (x \to 1)$;

(2) $\ln x \ (x \to 0^+)$;

(3) $\dfrac{x^2 - 2x}{x - 2} \ (x \to 2)$;

(4) $\dfrac{x^2 - 2x}{x - 2} \ (x \to \infty)$;

(5) $1 - \cos x \ (x \to \infty)$;

(6) $\left(\dfrac{2}{3}\right)^x \ (x \to +\infty)$.

2. 利用函数极限的定义证明下列极限：

(1) $\lim\limits_{x \to -3} \sqrt{1 - 5x} = 4$;

(2) $\lim\limits_{x \to -1} (x^2 + 2x) = -1$;

(3) $\lim\limits_{x \to 0} \sqrt{x^2 + 4} = 2$;

(4) $\lim\limits_{x \to \infty} \dfrac{x^2 - 2}{x^2 + 1} = 1$;

(5) $\lim\limits_{x \to +\infty} \dfrac{\sin x}{\sqrt{x}} = 0$;

(6) $\lim\limits_{x \to 1} \dfrac{3x^2}{2x - 1} = 3$.

3. 对图 2.6所示的函数 $f(x)$，求 $\lim\limits_{x \to -1^+} f(x)$，$\lim\limits_{x \to 0} f(x)$，$\lim\limits_{x \to 1} f(x)$，$\lim\limits_{x \to 2} f(x)$，$\lim\limits_{x \to 3^-} f(x)$.

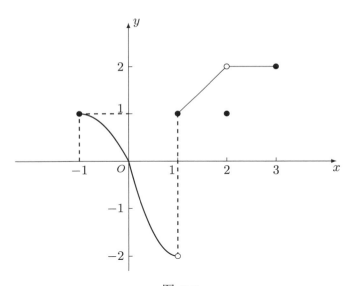

图 2.6

4. 分别讨论函数 $f(x) = \begin{cases} \sin x + 2, & x \leqslant 0, \\ 1 + \mathrm{e}^x, & 0 < x < 1, \\ x^2, & x \geqslant 1, \end{cases}$ 在 $x = 0$ 和 $x = 1$ 处的极限.

5. 求下列函数在指定点处的左、右极限，并判断函数在该点的极限是否存在：

(1) $f(x) = \dfrac{x^2 - 1}{|x| - 1} \ (x = -1)$;

(2) $f(x) = \dfrac{x^2 - 1}{|x| - 1} \ (x = 0)$;

(3) $f(x) = \dfrac{2^{\frac{1}{x}} - 1}{2^{\frac{1}{x}} + 1} \ (x = 0)$;

(4) $f(x) = \dfrac{\sqrt{2x}(x - 1)}{|x - 1|} \ (x = 1)$.

2.3　无穷小与无穷大

一、无穷小

我们常常会遇到以零为极限的一类变量 (数列或函数)，这类变量我们称之为无穷小. 无穷小是微积分中的一个非常重要的概念，许多变化状态较为复杂的变量的研究常常可以归结为相应的无穷小的研究.

定义 2.6　如果当 $x \to x_0$(或 $x \to \infty$) 时，函数 $f(x)$ 的极限为零，则称函数 $f(x)$ 为当 $x \to x_0$(或 $x \to \infty$) 时的**无穷小**或**无穷小量**.

极限为 0 的数列 $\{x_n\}$ 也称为 $n \to \infty$ 时的无穷小.

例如：$\lim\limits_{x \to 0} x^2 = 0$，函数 x^2 为当 $x \to 0$ 时的无穷小；$\lim\limits_{x \to \infty} \dfrac{1}{x} = 0$，函数 $\dfrac{1}{x}$ 为当 $x \to \infty$ 时的无穷小；$\lim\limits_{n \to \infty} \dfrac{n+1}{n^2} = 0$，数列 $\dfrac{n+1}{n^2}$ 为当 $n \to \infty$ 时的无穷小.

需要注意的是，称函数 $f(x)$ 为无穷小时，必须指明自变量 x 的变化趋势. 比如当 $x \to 0$ 时，x^2 为无穷小，而当 $x \to 1$ 时，x^2 就不是无穷小，因为此时 $x^2 \to 1$.

无穷小不是指很小的数，是以零为极限的量. 例如 10^{-100} 是一个很小的数，但是它不是一个无穷小，它的极限仍是它自己，而不是零. 能够作为无穷小的常数只有 0.

无穷小与函数极限之间有下面的关系：

定理 2.9　在自变量的某个变化过程中，$\lim\limits_{\substack{x \to x_0 \\ (x \to \infty)}} f(x) = A$ 的充分必要条件是 $f(x) = A + \alpha$，其中 α 为同一变化过程中的无穷小.

证　仅就自变量 $x \to x_0$ 的情形给出证明，其他情形可类似证明.

必要性. 若 $\lim\limits_{x \to x_0} f(x) = A$，根据极限定义，对任意给定的 $\varepsilon > 0$，存在 $\delta > 0$，当 $0 < |x - x_0| < \delta$ 时，有

$$|f(x) - A| < \varepsilon.$$

令 $\alpha = f(x) - A$，则 $|\alpha - 0| = |f(x) - A| < \varepsilon$，即 α 为 $x \to x_0$ 时的无穷小. 这就证明了 $f(x)$ 可以表示为它的极限 A 与一个无穷小 α 之和.

充分性. 若 $f(x) = A + \alpha$，其中 $\lim\limits_{x \to x_0} \alpha = 0$. 由无穷小的定义，对任意给定的 $\varepsilon > 0$，存在 $\delta > 0$，当 $0 < |x - x_0| < \delta$ 时，有

$$|\alpha - 0| < \varepsilon.$$

因为 $\alpha = f(x) - A$，所以

$$|f(x) - A| = |\alpha| = |\alpha - 0| < \varepsilon,$$

也就是

$$\lim\limits_{x \to x_0} f(x) = A.$$

这个定理说明：在自变量的同一变化过程中，具有极限的函数等于它的极限与一无穷小之和；反之，如果函数可以表示为常数与无穷小之和，那么该常数就是函数的极限.

下面给出无穷小的几条性质：

性质 2.1 有限个无穷小的和或差仍为无穷小.

证 这里给出两个无穷小的和的证明, 有限个无穷小的和可类似证明. 不妨设 α 和 β 是 $x \to x_0$ 时的无穷小, 根据极限定义:

对任意给定的 $\varepsilon > 0$, 存在 $\delta_1 > 0$, 当 $0 < |x - x_0| < \delta_1$ 时, 有 $|\alpha - 0| < \dfrac{\varepsilon}{2}$;

对任意给定的 $\varepsilon > 0$, 存在 $\delta_2 > 0$, 当 $0 < |x - x_0| < \delta_2$ 时, 有 $|\beta - 0| < \dfrac{\varepsilon}{2}$.

于是取 $\delta = \min\{\delta_1, \delta_2\}$, 则当 $0 < |x - x_0| < \delta$ 时, 有 $|\alpha| < \dfrac{\varepsilon}{2}$ 和 $|\beta| < \dfrac{\varepsilon}{2}$ 同时成立, 因此

$$|\alpha + \beta| \leqslant |\alpha| + |\beta| < \frac{\varepsilon}{2} + \frac{\varepsilon}{2} = \varepsilon,$$

这就证明了 $\alpha + \beta$ 为 $x \to x_0$ 时的无穷小.

性质 2.2 有限个无穷小的乘积仍为无穷小.

性质 2.2的证明与性质 2.1类似, 只需将证明过程中的 $\dfrac{\varepsilon}{2}$ 改为 $\sqrt{\varepsilon}$ 即可得出.

性质 2.3 有界函数与无穷小的乘积为无穷小.

证 假设 $u(x)$ 在点 x_0 的某一去心邻域内有界, 即存在 $M > 0$, 当 $0 < |x - x_0| < \delta_1$ 时, 有 $|u(x)| \leqslant M$.

又设 α 为 $x \to x_0$ 时的无穷小, 即对任意给定的 $\varepsilon > 0$, 存在 $\delta_2 > 0$, 当 $0 < |x - x_0| < \delta_2$ 时, 有 $|\alpha - 0| < \dfrac{\varepsilon}{M}$.

于是取 $\delta = \min\{\delta_1, \delta_2\}$, 则当 $0 < |x - x_0| < \delta$ 时, 有 $|u(x)| \leqslant M$ 和 $|\alpha| < \dfrac{\varepsilon}{M}$ 同时成立, 因此

$$|\alpha u(x)| = |\alpha| \cdot |u(x)| < \frac{\varepsilon}{M} \cdot M = \varepsilon,$$

这就证明了 $\alpha u(x)$ 为 $x \to x_0$ 时的无穷小.

例 2.11 求极限 $\lim\limits_{x \to 0} x \sin \dfrac{1}{x}$.

解 因为 $\left| \sin \dfrac{1}{x} \right| \leqslant 1$ 为有界函数, 又因为 $\lim\limits_{x \to 0} x = 0$, 故 x 为 $x \to 0$ 时的无穷小. 根据无穷小的性质 2.3可知

$$\lim_{x \to 0} x \sin \frac{1}{x} = 0.$$

例 2.12 求极限 $\lim\limits_{n \to \infty} \dfrac{1 + (-1)^n}{n}$.

解 因为 $|1 + (-1)^n| \leqslant 2$ 为有界函数, 又因为 $\lim\limits_{n \to \infty} \dfrac{1}{n} = 0$ 为无穷小, 因此由无穷小的性质得

$$\lim_{n \to \infty} \frac{1 + (-1)^n}{n} = 0.$$

二、无穷大

如果当 $x \to x_0$ (或 $x \to \infty$) 时, 函数 $f(x)$ 的绝对值 $|f(x)|$ 无限增大, 我们称函数 $f(x)$ 为 $x \to x_0$ (或 $x \to \infty$) 时的无穷大, 可以有下述精确的定义:

定义 2.7 设函数 $f(x)$ 在 x_0 的某一去心邻域内有定义 (或 $|x|$ 大于某一正数时有定义). 如果对任意给定的 $M > 0$, 总存在 $\delta > 0$ (或 $X > 0$), 当

$$0 < |x - x_0| < \delta \ (\text{或} |x| > X)\text{时},$$

恒有不等式

$$|f(x)| > M,$$

则称函数 $f(x)$ 为当 $x \to x_0$ (或 $x \to \infty$) 时的**无穷大**或**无穷大量**，记为

$$\lim_{x \to x_0} f(x) = \infty \quad (\text{或} \lim_{x \to \infty} f(x) = \infty).$$

定义中 $\lim\limits_{\substack{x \to x_0 \\ x \to \infty}} f(x) = \infty$ 并不意味着 $f(x)$ 在这一过程中有极限，只是借助这一记法来表示极限为无穷大的这一特殊情况，为便于叙述，有时也读作"函数 $f(x)$ 的极限为无穷大".

例 2.13 证明 $\lim\limits_{x \to 1} \dfrac{1}{x - 1} = \infty$.

证 对任意给定的 $M > 0$，要使

$$\left| \frac{1}{x - 1} \right| > M,$$

只要 $|x - 1| < \dfrac{1}{M}$. 因此，取 $\delta = \dfrac{1}{M}$，当 $0 < |x - 1| < \delta$ 时，有 $\left| \dfrac{1}{x - 1} \right| > M$. 这就证明了

$$\lim_{x \to 1} \frac{1}{x - 1} = \infty.$$

定义 2.7中，如果函数 $f(x)$ 为正且绝对值无限增大 (即 $f(x) > M$)，则称函数 $f(x)$ 为当 $x \to x_0$(或 $x \to \infty$) 时的**正无穷大**，记作 $\lim\limits_{\substack{x \to x_0 \\ (x \to \infty)}} f(x) = +\infty$. 同理，如果函数 $f(x)$ 为负且绝对值无限增大 (即 $f(x) < -M$)，则称函数 $f(x)$ 为当 $x \to x_0$(或 $x \to \infty$) 时的**负无穷大**，记作 $\lim\limits_{\substack{x \to x_0 \\ (x \to \infty)}} f(x) = -\infty$.

注：(1) 无穷大与自变量的变化过程有关，必须指明自变量 x 的变化趋势. 比如当 $x \to \infty$ 时，x^2 为无穷大，而当 $x \to 0$ 时，x^2 就不是无穷大.

(2) 无穷大不是数，不能与很大的数混为一谈，很大的常数 (如 10^{100}) 不是无穷大.

(3) 无穷大与无界是不一样的，根据无穷大的定义，必须要求在 x 的某一个范围内的所有函数值 $|f(x)|$ 都大于 M，才是无穷大. 而无界是，只需要在某一个点 x_0，满足 $|f(x_0)| > M$ 即可. 因此，无穷大一定是无界的，但是无界不一定是无穷大. 例如，数列

$$1, 0, 2, 0, 3, 0, \cdots, n, 0, \cdots$$

是无界的，但它不是 $n \to \infty$ 时的无穷大.

(4) 与无穷小不同的是，在自变量的同一变化过程中，两个无穷大相加减的结果不一定是无穷大. 例如 $\lim\limits_{x \to \infty} (x^2 + (-x^2)) = 0$.

另外，根据无穷大与无穷小的定义，不难得到下面的结论：

定理 2.10 在自变量的同一变化过程中，如果 $f(x)$ 为无穷大，则 $\dfrac{1}{f(x)}$ 为无穷小；反之，如果 $f(x)$ 为无穷小，且 $f(x) \neq 0$，则 $\dfrac{1}{f(x)}$ 为无穷大.

例如，$x + 1$ 为 $x \to \infty$ 时的无穷大，所以 $\dfrac{1}{x + 1}$ 为 $x \to \infty$ 时的无穷小；e^{x^2} 为 $x \to \infty$ 时的无穷大，所以 e^{-x^2} 为 $x \to \infty$ 时的无穷小.

习 题 2.3

1. 在下列各题中，哪些是无穷小？哪些是无穷大？

(1) $\ln x\ (x \to 0^+)$;

(2) $\sin \dfrac{1}{\sqrt{x}}\ (x \to +\infty)$;

(3) $e^{-\frac{1}{x^2}}\ (x \to 0)$;

(4) $\left(\dfrac{2}{3}\right)^x\ (x \to -\infty)$;

(5) $\dfrac{\sin x}{x}\ (x \to \infty)$;

(6) $\sec\left(\dfrac{\pi}{2} - x\right)\ (x \to 0)$;

(7) $\dfrac{x+1}{x^2}\ (x \to 0)$;

(8) $\dfrac{x^2}{x+1}\ (x \to -1)$.

2. 下列函数在自变量的哪些变化过程中为无穷小？在自变量的哪些变化过程中为无穷大？

(1) $e^{\frac{1}{x}}$;

(2) $\ln(2+x)$;

(3) $\dfrac{1}{\ln(2-x)}$;

(4) $\dfrac{x^3 - x}{x^2 - 3x + 2}$.

3. 利用无穷小的性质求下列极限：

(1) $\lim\limits_{x \to \infty} \dfrac{2\sin x + \cos x}{x}$;

(2) $\lim\limits_{x \to 0} x^2 \arctan \dfrac{1}{x}$;

(3) $\lim\limits_{x \to \infty} \dfrac{2x+3}{5x}$;

(4) $\lim\limits_{x \to \infty} \dfrac{x^3}{x+3}$;

(5) $\lim\limits_{x \to 0} \left(\dfrac{1}{x} - \dfrac{1}{\sqrt{x^2}}\right)$;

(6) $\lim\limits_{n \to \infty} \left(\dfrac{\cos 3n}{2^n} + \dfrac{1}{n^2}\right)$.

4. 证明函数 $y = x\sin x$ 在 $(-\infty, +\infty)$ 内无界，但不是 $x \to \infty$ 时的无穷大.

5. 已知 $\lim\limits_{x \to \infty} (f(x) - ax - b) = 0$，求极限 $\lim\limits_{x \to \infty} \dfrac{f(x)}{x}$.

2.4 极限的运算法则

本节讨论极限的求法，介绍极限的四则运算法则和复合函数的极限运算法则，利用这些法则，可以求某些函数极限.

一、极限的四则运算法则

为叙述方便，记号 lim 下面没有标明自变量的变化过程，可以是 $x \to x_0$ 和 $x \to \infty$ 的任意一种情况，也可以是单侧的，即 $x \to x_0^{\pm}$，$x \to \pm\infty$. 当然，在同一问题中，自变量的变化过程是相同的.

定理 2.11 若 $\lim f(x) = A$，$\lim g(x) = B$，则

(1) $\lim[f(x) \pm g(x)] = \lim f(x) \pm \lim g(x) = A \pm B$;

(2) $\lim[f(x)g(x)] = \lim f(x) \cdot \lim g(x) = AB$;

(3) $\lim \dfrac{f(x)}{g(x)} = \dfrac{\lim f(x)}{\lim g(x)} = \dfrac{A}{B}\ (B \neq 0)$.

证 因为 $\lim f(x) = A$，$\lim g(x) = B$，由定理 2.9 函数极限与无穷小的关系可得，

$$f(x) = A + \alpha, \quad g(x) = B + \beta,$$

其中 α 和 β 都是无穷小.

(1) 由于

$$f(x) \pm g(x) = (A + \alpha) \pm (B + \beta) = (A \pm B) + (\alpha \pm \beta),$$

由无穷小的性质可知 $\alpha \pm \beta$ 仍为无穷小，再由定理 2.9可得

$$\lim[f(x) \pm g(x)] = A \pm B.$$

(2) 因为

$$f(x)g(x) = (A + \alpha)(B + \beta) = AB + A\beta + B\alpha + \alpha\beta.$$

由无穷小的性质可知 $A\beta + B\alpha + \alpha\beta$ 仍为无穷小，因此 $\lim[f(x)g(x)] = AB$ 得证.

(3) 因为当 $B \neq 0$ 时，有

$$\frac{f(x)}{g(x)} = \frac{A + \alpha}{B + \beta} = \frac{A}{B} + \left(\frac{A + \alpha}{B + \beta} - \frac{A}{B}\right) = \frac{A}{B} + \frac{B\alpha - A\beta}{B(B + \beta)},$$

由无穷小的性质可知 $B\alpha - A\beta$ 为无穷小，$B(B + \beta)$ 的极限 B^2 是有界的，因此 $\dfrac{B\alpha - A\beta}{B(B + \beta)}$ 为无穷小，即

$$\lim \frac{f(x)}{g(x)} = \frac{A}{B}.$$

定理 2.11中 (1) 和 (2) 可以推广到有限个函数的情形.

推论 2.12　如果 $\lim f_1(x)$, $\lim f_2(x)$, $\cdots$, $\lim f_n(x)(n$ 是正整数) 存在，则有

(1) $\lim[f_1(x) \pm f_2(x) \pm \cdots \pm f_n(x)] = \lim f_1(x) \pm \lim f_2(x) \pm \cdots \pm \lim f_n(x)$;

(2) $\lim[f_1(x)f_2(x) \cdots f_n(x)] = \lim f_1(x) \cdot \lim f_2(x) \cdots \lim f_n(x)$;

特别地，如果 $\lim f(x)$ 存在，则有

(3) $\lim[f(x)]^n = \lim f(x) \cdot \lim f(x) \cdots \lim f(x) = [\lim f(x)]^n$;

(4) $\lim[Cf(x)] = \lim C \cdot \lim f(x) = C \lim f(x)$ $(C$ 为常数).

利用极限四则运算法则求极限时，必须满足定理的条件，即所求极限的函数应为有限个，且每个函数的极限都必须存在；利用商的极限法则时，分母的极限不为零. 函数极限的这些四则运算法则在数列极限的四则运算中同样成立.

对于多项式

$$P_n(x) = a_0 x^n + a_1 x^{n-1} + \cdots + a_n,$$

利用极限的四则运算法则，有

$$\lim_{x \to x_0} P_n(x) = a_0 x_0^n + a_1 x_0^{n-1} + \cdots + a_n = P_n(x_0).$$

对于有理分式函数 $\dfrac{P(x)}{Q(x)}$ (其中 $P(x)$ 与 $Q(x)$ 都是多项式)，当 $Q(x_0) \neq 0$ 时，有

$$\lim_{x \to x_0} \frac{P(x)}{Q(x)} = \frac{\lim\limits_{x \to x_0} P(x)}{\lim\limits_{x \to x_0} Q(x)} = \frac{P(x_0)}{Q(x_0)}.$$

例 2.14　求 $\lim\limits_{x \to 1}(x^3 + 2x^2 + 5x - 2)$.

解 由极限的四则运算法则

$$\lim_{x \to 1}(x^3 + 2x^2 + 5x - 2) = \lim_{x \to 1}x^3 + \lim_{x \to 1}2x^2 + \lim_{x \to 1}5x - \lim_{x \to 1}2$$
$$= \left(\lim_{x \to 1}x\right)^3 + 2\left(\lim_{x \to 1}x\right)^2 + 5\lim_{x \to 1}x - 2$$
$$= 1 + 2 + 5 - 2 = 6.$$

例 2.15 求 $\lim\limits_{x \to 2}\dfrac{x^3 - 2x + 5}{2x^2 - 1}$.

解 因为 $\lim\limits_{x \to 2}(2x^2 - 1) = 2 \times 2^2 - 1 = 7 \neq 0$，由商的运算法则

$$\lim_{x \to 2}\frac{x^3 - 2x + 5}{2x^2 - 1} = \frac{\lim\limits_{x \to 2}(x^3 - 2x + 5)}{\lim\limits_{x \to 2}(2x^2 - 1)} = \frac{2^3 - 2 \times 2 + 5}{7} = \frac{9}{7}.$$

注意，如果分母 $Q(x_0) = 0$，则关于商的运算法则就不能用，此时要根据分子 $P(x_0)$ 的值是否为零分两种情形.

例 2.16 求 $\lim\limits_{x \to -1}\dfrac{2x^3 + 1}{x^2 + 2x + 1}$.

解 因为

$$\lim_{x \to -1}(x^2 + 2x + 1) = 1 - 2 + 1 = 0,$$

分母极限为 0，但分子的极限 $\lim\limits_{x \to -1}(2x^3 + 1) = -1$，故考虑其倒数

$$\lim_{x \to -1}\frac{x^2 + 2x + 1}{2x^3 + 1} = \frac{0}{-1} = 0.$$

根据无穷小与无穷大的关系，有

$$\lim_{x \to -1}\frac{2x^3 + 1}{x^2 + 2x + 1} = \infty.$$

例 2.17 求 $\lim\limits_{x \to 1}\dfrac{x^2 + 2x - 3}{x^3 - 1}$.

解 因为当 $x \to 1$ 时，分母 $x^3 - 1 \to 0$，分子 $x^2 + 2x - 3 \to 0$. 观察到分子和分母均有公因式 $x - 1$，因此可以约去公因式后再求极限，于是有

$$\lim_{x \to 1}\frac{x^2 + 2x - 3}{x^3 - 1} = \lim_{x \to 1}\frac{(x-1)(x+3)}{(x-1)(x^2 + x + 1)} = \lim_{x \to 1}\frac{x+3}{x^2 + x + 1} = \frac{4}{3}.$$

以上都是当 x 趋于有限值 x_0 时的情形，下面我们来看一下当 x 趋于无穷大时的情形.

例 2.18 求 $\lim\limits_{x \to \infty}\dfrac{3x^2 + 2x + 1}{4x^2 + x + 1}$.

解 当 $x \to \infty$ 时，分子和分母都是无穷大，所以不能直接用商的极限的运算法则. 因为分子和分母关于 x 的最高次幂是 x^2，因此可将分子、分母同除以 x^2 后求极限，得到

$$\lim_{x \to \infty}\frac{3x^2 + 2x + 1}{4x^2 + x + 1} = \lim_{x \to \infty}\frac{3 + \dfrac{2}{x} + \dfrac{1}{x^2}}{4 + \dfrac{1}{x} + \dfrac{1}{x^2}} = \frac{3 + 0 + 0}{4 + 0 + 0} = \frac{3}{4},$$

这是因为当 $x \to \infty$ 时，x 和 x^2 是无穷大，所以 $\dfrac{1}{x}$ 和 $\dfrac{1}{x^2}$ 是无穷小.

例 2.19 求 $\lim\limits_{x\to\infty}\dfrac{3x^3+4x-1}{4x^4+1}$.

解 将分子、分母同除以 x^4，得到

$$\lim_{x\to\infty}\frac{3x^3+4x-1}{4x^4+1}=\lim_{x\to\infty}\frac{\dfrac{3}{x}+\dfrac{4}{x^3}-\dfrac{1}{x^4}}{4+\dfrac{1}{x^4}}=\frac{0+0-0}{4+0}=0.$$

例 2.20 求 $\lim\limits_{x\to\infty}\dfrac{4x^4+1}{3x^3+4x-1}$.

解 由例 2.19以及无穷小与无穷大的关系，易得

$$\lim_{x\to\infty}\frac{4x^4+1}{3x^3+4x-1}=\infty.$$

一般地，当 $a_0\neq 0$，$b_0\neq 0$，m、n 为非负整数时，有以下结论：

$$\lim_{x\to\infty}\frac{a_0x^n+a_1x^{n-1}+\cdots+a_n}{b_0x^m+b_1x^{m-1}+\cdots+b_m}=\begin{cases}0, & n<m,\\[2mm]\dfrac{a_0}{b_0}, & n=m,\\[2mm]\infty, & n>m.\end{cases}$$

例 2.21 求极限 $\lim\limits_{x\to-1}\left(\dfrac{1}{x+1}-\dfrac{1}{x^3+1}\right)$.

解 因为当 $x\to-1$ 时，$\dfrac{1}{x+1}\to\infty$，$\dfrac{1}{x^3+1}\to\infty$，两个无穷大的差是不确定的，因此针对这类极限，我们可以通过通分进行求解，

$$\lim_{x\to-1}\left(\frac{1}{x+1}-\frac{1}{x^3+1}\right)=\lim_{x\to-1}\frac{x^2+x+1-1}{(x+1)(x^2+x+1)}=\lim_{x\to-1}\frac{x(x+1)}{(x+1)(x^2+x+1)},$$

所求极限变为例 2.17的形式，分子、分母同除以公因式，得到

$$\lim_{x\to-1}\left(\frac{1}{x+1}-\frac{1}{x^3+1}\right)=\lim_{x\to-1}\frac{x}{x^2+x+1}=-1.$$

我们不加证明地给出，对于在定义域内的基本初等函数，有下面的结论：**若 $f(x)$ 是基本初等函数，定义域为 D，则对 $x_0\in D$，有**

$$\lim_{x\to x_0}f(x)=f(x_0).$$

例如，$\sin x$，$\cos x$，$\sqrt{x}$ 在其定义域内是基本初等函数，因此有

$$\lim_{x\to 0}\sin x=0,\quad \lim_{x\to 0}\cos x=1,\quad \lim_{x\to 4}\sqrt{x}=2.$$

例 2.22 求极限 $\lim\limits_{x\to 0}\dfrac{\sqrt{x+4}-2}{x}$.

解 当 $x\to 0$ 时，分子、分母的极限都为零，因此不能用商的运算法则来求解. 我们可以对函数进行分子有理化，得到

$$\lim_{x\to 0}\frac{\sqrt{x+4}-2}{x}=\lim_{x\to 0}\frac{(\sqrt{x+4}-2)(\sqrt{x+4}+2)}{x(\sqrt{x+4}+2)}=\lim_{x\to 0}\frac{1}{\sqrt{x+4}+2}=\frac{1}{4}.$$

对于数列的极限，也可以用上面的各种方法进行求解.

例 2.23 求极限 $\lim\limits_{n \to \infty} (\sqrt{n+1} - \sqrt{n})$.

解 对所求函数进行分子有理化，再利用无穷大与无穷小的关系，得

$$\lim_{n \to \infty} (\sqrt{n+1} - \sqrt{n}) = \lim_{n \to \infty} \frac{1}{\sqrt{n+1} + \sqrt{n}} = \lim_{n \to \infty} \frac{\dfrac{1}{\sqrt{n}}}{\sqrt{1 + \dfrac{1}{n}} + 1} = \frac{0}{1} = 0.$$

例 2.24 求极限 $\lim\limits_{n \to \infty} \left(\dfrac{1}{n^2} + \dfrac{2}{n^2} + \cdots + \dfrac{n}{n^2} \right)$.

解 虽然每一项都是无穷小，但是有限个无穷小的和才是无穷小，无限个无穷小的和是不确定的，我们可以这样求解：

$$\lim_{n \to \infty} \left(\frac{1}{n^2} + \frac{2}{n^2} + \cdots + \frac{n}{n^2} \right) = \lim_{n \to \infty} \frac{1 + 2 + \cdots + n}{n^2} = \lim_{n \to \infty} \frac{n(n+1)}{2n^2} = \frac{1}{2}.$$

二、复合函数的极限运算法则

定理 2.13 设函数 $y = f(u)$ 与 $u = g(x)$ 构成复合函数 $y = f[g(x)]$，且 $\lim\limits_{x \to x_0} g(x) = u_0$，函数 $y = f(u)$ 在点 $u = u_0$ 有定义且 $\lim\limits_{u \to u_0} f(u) = f(u_0)$，那么复合函数 $y = f[g(x)]$ 当 $x \to x_0$ 时极限存在，且有

$$\lim_{x \to x_0} f[g(x)] = \lim_{u \to u_0} f(u) = f(u_0).$$

因为 $\lim\limits_{x \to x_0} g(x) = u_0$，定理中的式子也可以写成

$$\lim_{x \to x_0} f[g(x)] = f[\lim_{x \to x_0} g(x)].$$

上式表明求复合函数极限时，若满足定理中的条件，则函数符号 f 与极限符号 $\lim$ 可以交换.

例 2.25 求 $\lim\limits_{x \to 0} \sqrt{x^3 - 2x + 5}$.

解 由复合函数求极限定理

$$\lim_{x \to 0} \sqrt{x^3 - 2x + 5} = \sqrt{\lim_{x \to 0} (x^3 - 2x + 5)} = \sqrt{5}.$$

例 2.26 求 $\lim\limits_{x \to \frac{1}{2}} \ln \dfrac{2x^2 - x}{2x^2 + 5x - 3}$.

解 有

$$\lim_{x \to \frac{1}{2}} \ln \frac{2x^2 - x}{2x^2 + 5x - 3} = \ln \left(\lim_{x \to \frac{1}{2}} \frac{2x^2 - x}{2x^2 + 5x - 3} \right) = \ln \left(\lim_{x \to \frac{1}{2}} \frac{x}{x + 3} \right) = -\ln 7.$$

习 题 2.4

1. 求下列极限：

(1) $\lim\limits_{x \to 3} \dfrac{x^2 + x - 6}{x + 3}$;

(2) $\lim\limits_{x \to 3} \left(\dfrac{x}{x + 3} + \dfrac{x - 3}{x^2 - 9} \right)$;

(3) $\lim\limits_{x \to -2} \dfrac{x^2 + 4}{x + 2}$;

(4) $\lim\limits_{x \to 1} \dfrac{x^n - 1}{x - 1}$;

(5) $\lim\limits_{x \to 2} \left(\dfrac{1}{x - 2} - \dfrac{4}{x^2 - 4} \right)$;

(6) $\lim\limits_{x \to 0} \dfrac{\sqrt{1 + x} - \sqrt{1 - x}}{x}$;

(7) $\lim\limits_{x\to 4}\dfrac{\sqrt{2x+1}-3}{\sqrt{x}-2}$;

(8) $\lim\limits_{x\to -\infty}x(\sqrt{x^2+10}+x)$;

(9) $\lim\limits_{x\to\infty}(3x^3-5x^2-2)$;

(10) $\lim\limits_{x\to +\infty}\dfrac{4x^3+3x^2+1}{\sqrt{x^6+1}}$;

(11) $\lim\limits_{x\to\infty}\dfrac{x^2+x\arctan x}{2x^2+3x+1}$;

(12) $\lim\limits_{x\to\infty}\dfrac{x-\cos x}{x+\sin x}$.

2. 求下列极限:

(1) $\lim\limits_{n\to\infty}\dfrac{2n^3+1}{3n^3+4n-1}$;

(2) $\lim\limits_{n\to\infty}\dfrac{4n^2-1}{2n^4+1}$;

(3) $\lim\limits_{n\to\infty}\dfrac{2^n+1}{3^n-1}$;

(4) $\lim\limits_{n\to\infty}\dfrac{2n+1}{\sqrt{n^2+n}}$;

(5) $\lim\limits_{n\to\infty}(\sqrt{n^2+n}-n)$;

(6) $\lim\limits_{n\to\infty}\dfrac{n\arctan n}{\sqrt{n^2+1}}$;

(7) $\lim\limits_{n\to\infty}\left(\dfrac{1}{n^2}+\dfrac{3}{n^2}+\cdots+\dfrac{2n-1}{n^2}\right)$;

(8) $\lim\limits_{n\to\infty}\left(\dfrac{1}{1\cdot 2}+\dfrac{1}{2\cdot 3}+\cdots+\dfrac{1}{n\cdot(n+1)}\right)$;

(9) $\lim\limits_{n\to\infty}\left(\dfrac{1^2}{n^3}+\dfrac{2^2}{n^3}+\cdots+\dfrac{n^2}{n^3}\right)$.

3. 设 $\lim\limits_{x\to -1}\dfrac{x^3-ax^2-2x+b}{x+1}=5$, 求常数 a 和 b.

4. 设 $\lim\limits_{x\to\infty}\left(\dfrac{x^2+1}{2x+1}-ax-b\right)=2$, 求常数 a 和 b.

5. 设 $\lim\limits_{x\to +\infty}(3x-\sqrt{ax^2-bx+1})=2$, 求常数 a 和 b.

6. 设 $\lim\limits_{x\to 2}f(x)$ 存在, 且 $f(x)=3x^2-x\lim\limits_{x\to 2}f(x)$, 求 $\lim\limits_{x\to 2}f(x)$ 和 $f(x)$.

2.5　极限存在准则和两个重要的极限

这一节我们将给出判定极限存在的两个准则, 以及利用这两个准则给出两个重要极限:

$$\lim_{x\to 0}\frac{\sin x}{x}=1\quad\text{和}\quad\lim_{x\to\infty}\left(1+\frac{1}{x}\right)^x=\text{e}.$$

一、夹逼准则

准则 I (数列收敛的夹逼准则)　如果数列 $\{x_n\}$, $\{y_n\}$, $\{z_n\}$ 满足下列条件:

(1) $y_n\leqslant x_n\leqslant z_n\ (n=1,2,\cdots)$,

(2) $\lim\limits_{n\to\infty}y_n=\lim\limits_{n\to\infty}z_n=a$,

则数列 $\{x_n\}$ 的极限存在, 且 $\lim\limits_{n\to\infty}x_n=a$.

证　因为 $\lim\limits_{n\to\infty}y_n=\lim\limits_{n\to\infty}z_n=a$, 根据数列极限的定义, 对任意给定的 $\varepsilon>0$, 存在正整数 N_1, 当 $n>N_1$ 时, 有 $|y_n-a|<\varepsilon$; 又存在正整数 N_2, 当 $n>N_2$ 时, 有 $|z_n-a|<\varepsilon$. 所以取 $N=\max\{N_1,N_2\}$, 当 $n>N$ 时, 有

$$|y_n-a|<\varepsilon\ \text{和}\ |z_n-a|<\varepsilon$$

同时成立，即

$$a - \varepsilon < y_n < a + \varepsilon, \quad a - \varepsilon < z_n < a + \varepsilon.$$

因为 $y_n \leqslant x_n \leqslant z_n$，所以当 $n > N$ 时，有

$$a - \varepsilon < y_n \leqslant x_n \leqslant z_n < a + \varepsilon,$$

即 $|x_n - a| < \varepsilon$，这就证明了 $\lim\limits_{n \to \infty} x_n = a$.

利用夹逼准则求数列极限时，关键是要找到满足条件 $y_n \leqslant x_n \leqslant z_n$ 的数列 $\{y_n\}$ 和 $\{z_n\}$，并且这两个数列的极限要比较容易求得.

例 2.27 求极限 $\lim\limits_{n \to \infty} \sqrt{1 + \dfrac{1}{n}}$.

解 因为

$$1 < \sqrt{1 + \frac{1}{n}} < 1 + \frac{1}{n},$$

且 $\lim\limits_{n \to \infty} \left(1 + \dfrac{1}{n}\right) = 1$，根据夹逼定理，$\lim\limits_{n \to \infty} \sqrt{1 + \dfrac{1}{n}} = 1$.

例 2.28 求极限 $\lim\limits_{n \to \infty} \left(\dfrac{n}{n^2 + 1} + \dfrac{n}{n^2 + 2} + \cdots + \dfrac{n}{n^2 + n}\right)$.

解 因为

$$n \frac{n}{n^2 + n} < \frac{n}{n^2 + 1} + \frac{n}{n^2 + 2} + \cdots + \frac{n}{n^2 + n} < n \frac{n}{n^2 + 1},$$

且 $\lim\limits_{n \to \infty} \dfrac{n^2}{n^2 + n} = \lim\limits_{n \to \infty} \dfrac{n^2}{n^2 + 1} = 1$，根据夹逼定理，得

$$\lim_{n \to \infty} \left(\frac{n}{n^2 + 1} + \frac{n}{n^2 + 2} + \cdots + \frac{n}{n^2 + n}\right) = 1.$$

数列极限的夹逼准则可以推广到函数的极限.

准则 I′ (**函数收敛的夹逼准则**) 设在自变量 x 的同一变化过程中，函数 $f(x)$，$g(x)$，$h(x)$ 满足下列条件：

(1) $g(x) \leqslant f(x) \leqslant h(x)$，

(2) $\lim g(x) = \lim h(x) = A$，

则函数 $f(x)$ 的极限存在，且 $\lim f(x) = A$.

作为准则 I′ 的应用，给出**第一个重要极限**：

$$\lim_{x \to 0} \frac{\sin x}{x} = 1.$$

首先作以 O 为圆心、半径为 1 的单位圆，如图 2.7 所示. 设 $\angle AOB = x \left(0 < x < \dfrac{\pi}{2}\right)$，点 A 处的切线与 OB 的延长线相交于 D，连接 AB. 因为 $\triangle AOB$ 的面积 $<$ 扇形 AOB 的面积 $< \triangle AOD$ 的面积，所以

$$\frac{1}{2} \sin x < \frac{1}{2} x < \frac{1}{2} \tan x,$$

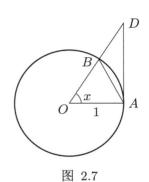

图 2.7

即

$$\sin x < x < \tan x.$$

不等式各端除以 $\sin x$，得到

$$1 < \frac{x}{\sin x} < \frac{1}{\cos x},$$

上式可以写成

$$\cos x < \frac{\sin x}{x} < 1. \tag{2.1}$$

而当 $x < 0$ 时，因为 $\cos(-x) = \cos x$，$\dfrac{\sin(-x)}{-x} = \dfrac{\sin x}{x}$，所以式 (2.1) 仍然成立. 又因为 $\lim\limits_{x \to 0} \cos x = 1$，根据夹逼准则得 $\lim\limits_{x \to 0} \dfrac{\sin x}{x} = 1$.

例 2.29 求极限 $\lim\limits_{x \to 0} \dfrac{\tan x}{x}$.

解 $\lim\limits_{x \to 0} \dfrac{\tan x}{x} = \lim\limits_{x \to 0} \left(\dfrac{\sin x}{x} \cdot \dfrac{1}{\cos x} \right) = \lim\limits_{x \to 0} \dfrac{\sin x}{x} \cdot \lim\limits_{x \to 0} \dfrac{1}{\cos x} = 1.$

第一个重要极限可以作如下推广：

$$\lim_{\alpha(x) \to 0} \frac{\sin \alpha(x)}{\alpha(x)} = 1.$$

例 2.30 求 $\lim\limits_{x \to 0} \dfrac{1 - \cos x}{x^2}$.

解 $\lim\limits_{x \to 0} \dfrac{1 - \cos x}{x^2} = \lim\limits_{x \to 0} \dfrac{2 \sin^2 \dfrac{x}{2}}{x^2} = \dfrac{1}{2} \lim\limits_{x \to 0} \dfrac{\sin^2 \dfrac{x}{2}}{\left(\dfrac{x}{2} \right)^2} = \dfrac{1}{2} \lim\limits_{x \to 0} \left(\dfrac{\sin \dfrac{x}{2}}{\dfrac{x}{2}} \right)^2 = \dfrac{1}{2} \cdot 1^2 = \dfrac{1}{2}.$

例 2.31 求极限 $\lim\limits_{x \to 1} \dfrac{\sin(x^2 - 1)}{x - 1}$.

解 $\lim\limits_{x \to 1} \dfrac{\sin(x^2 - 1)}{x - 1} = \lim\limits_{x \to 1} \left[\dfrac{\sin(x^2 - 1)}{x^2 - 1} \cdot \dfrac{x^2 - 1}{x - 1} \right] = 1 \cdot \lim\limits_{x \to 1} (x + 1) = 2.$

二、单调有界准则

准则 II (单调有界准则) 单调有界数列必有极限.

如果数列 $\{x_n\}$ 满足条件

$$x_1 \leqslant x_2 \leqslant x_3 \leqslant \cdots \leqslant x_n \leqslant \cdots,$$

就称数列 $\{x_n\}$ 是单调递增的；如果数列 $\{x_n\}$ 满足条件

$$x_1 \geqslant x_2 \geqslant x_3 \geqslant \cdots \geqslant x_n \geqslant \cdots,$$

就称数列 $\{x_n\}$ 是单调递减的. 单调递增和单调递减的数列统称为**单调数列**.

准则 II 表明，如果一个数列是单调的，并且是有界的，那么此数列一定收敛. 从数轴上看，单调数列的点 x_n 只能向一个方向移动，所以当 n 趋向于无穷大时，只可能有两种趋势：点 x_n 沿数轴趋向于无穷大或者趋向于某一个定点 A. 但现在假设数列是有界的，所以不能趋向于无穷大，只能趋向于某一个定点，也就是数列 $\{x_n\}$ 有极限.

以单调递增数列为例，给出准则 II 的几何解释. 假设存在正数 M，使得 $|x_n| \leqslant M$. 因为数列 $\{x_n\}$ 是单调递增的，此时点 x_n 沿数轴正方向向右移动，而数列 $\{x_n\}$ 有界，所以点 x_n 不会趋向于无穷大，而是趋向于某一个常数 A，并且这个常数 A 不会超过数列的界 M(见图 2.8).

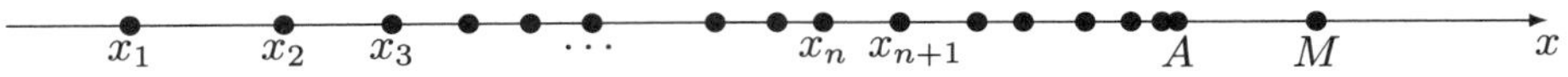

图 2.8

显然，若数列 $\{x_n\}$ 单调递增且有上界，则该数列必有极限；若数列 $\{x_n\}$ 单调递减且有下界，则该数列必有极限.

例 2.32 设 $x_n = \left(1 + \dfrac{1}{n}\right)^n$，证明极限 $\lim\limits_{n \to \infty} x_n$ 存在.

证 利用均值不等式 $\sqrt[n]{x_1 x_2 \cdots x_n} \leqslant \dfrac{x_1 + x_2 + \cdots + x_n}{n}$，得

$$x_n = \left(1 + \frac{1}{n}\right)^n = \left(1 + \frac{1}{n}\right)\left(1 + \frac{1}{n}\right) \cdots \left(1 + \frac{1}{n}\right) \cdot 1$$

$$\leqslant \left[\frac{\left(1 + \dfrac{1}{n}\right) + \cdots + \left(1 + \dfrac{1}{n}\right) + 1}{n + 1}\right]^{n+1}$$

$$= \left(1 + \frac{1}{n+1}\right)^{n+1} = x_{n+1},$$

所以数列 $\{x_n\}$ 单调递增. 另外，根据二项展开式

$$x_n = \left(1 + \frac{1}{n}\right)^n = 1 + 1 + \frac{n(n-1)}{2!} \cdot \frac{1}{n^2} + \cdots + \frac{n(n-1)(n-2)\cdots 1}{n!} \cdot \frac{1}{n^n},$$

将分子中 $n-1$，$n-2$ 等放大到 n，得到

$$x_n < 1 + 1 + \frac{n^2}{2!} \cdot \frac{1}{n^2} + \frac{n^3}{3!} \cdot \frac{1}{n^3} + \cdots + \frac{n^n}{n!} \cdot \frac{1}{n^n} = 1 + 1 + \frac{1}{2!} + \frac{1}{3!} + \cdots + \frac{1}{n!},$$

继续放大

$$x_n = 1 + 1 + \frac{1}{2!} + \frac{1}{3!} + \cdots + \frac{1}{n!}$$

$$< 1 + 1 + \frac{1}{2} + \frac{1}{2^2} + \cdots + \frac{1}{2^{n-1}}$$

$$= 1 + \frac{1 - \left(\dfrac{1}{2}\right)^n}{1 - \dfrac{1}{2}} = 1 + 2\left[1 - \left(\frac{1}{2}\right)^n\right] < 3.$$

所以数列 $\{x_n\}$ 单调递增且有上界，根据准则 II，极限 $\lim\limits_{n \to \infty} x_n$ 存在. 假设这个极限为 e，经过计算，e $= 2.718281828 \cdots$.

综上，有

$$\lim_{n \to \infty} \left(1 + \frac{1}{n}\right)^n = \mathrm{e}.$$

将上式极限中的 n 换成实数 x 时，同样有

$$\lim_{x \to \infty} \left(1 + \frac{1}{x}\right)^x = \mathrm{e} \quad 或 \quad \lim_{x \to 0}(1 + x)^{\frac{1}{x}} = \mathrm{e}, \tag{2.2}$$

这个式子称为**第二个重要极限**.

事实上，当 $x \to +\infty$ 时，设 $n \leqslant x < n+1$，则有

$$\left(1 + \frac{1}{n+1}\right)^n < \left(1 + \frac{1}{x}\right)^x < \left(1 + \frac{1}{n}\right)^{n+1}.$$

因为

$$\lim_{n \to \infty} \left(1 + \frac{1}{n+1}\right)^n = \lim_{n \to \infty} \frac{\left(1 + \frac{1}{n+1}\right)^{n+1}}{1 + \frac{1}{n+1}} = \frac{\mathrm{e}}{1} = \mathrm{e},$$

$$\lim_{n \to \infty} \left(1 + \frac{1}{n}\right)^{n+1} = \lim_{n \to \infty} \left[\left(1 + \frac{1}{n}\right)^n \cdot \left(1 + \frac{1}{n}\right)\right] = \mathrm{e} \cdot 1 = \mathrm{e},$$

由夹逼准则，即得

$$\lim_{x \to +\infty} \left(1 + \frac{1}{x}\right)^x = \mathrm{e}.$$

当 $x \to -\infty$ 时，令 $x = -(t+1)$，则 $t \to +\infty$，从而

$$\lim_{x \to -\infty} \left(1 + \frac{1}{x}\right)^x = \lim_{t \to +\infty} \left(1 - \frac{1}{t+1}\right)^{-(t+1)} = \lim_{t \to +\infty} \left(\frac{t}{t+1}\right)^{-(t+1)}$$

$$= \lim_{t \to +\infty} \left(1 + \frac{1}{t}\right)^{t+1} = \lim_{t \to +\infty} \left[\left(1 + \frac{1}{t}\right)^t \cdot \left(1 + \frac{1}{t}\right)\right] = \mathrm{e}.$$

于是公式 (2.2) 的前一式得证. 令 $t = \frac{1}{x}$，即得后一式.

图 2.9 (a)、(b) 分别画出函数 $y = \left(1 + \frac{1}{x}\right)^x$ $(x > 0)$ 和 $y = (1+x)^{\frac{1}{x}}$ （x在0的附近）的图像. 从图中可看出函数的变化趋势.

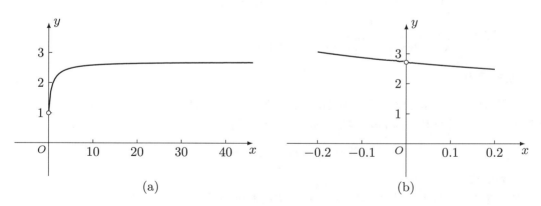

(a)   (b)

图 2.9

例 2.33 求 $\lim\limits_{x \to \infty} \left(1 - \frac{1}{x}\right)^x$.

解 令 $t = -x$，则

$$\lim_{x \to \infty} \left(1 - \frac{1}{x}\right)^x = \lim_{t \to \infty} \left[\left(1 + \frac{1}{t}\right)^t\right]^{-1} = \mathrm{e}^{-1}.$$

第二个重要极限可以作如下推广:

$$\lim_{\alpha(x)\to\infty}\left[1+\frac{1}{\alpha(x)}\right]^{\alpha(x)}=\mathrm{e} \quad 和 \quad \lim_{\alpha(x)\to0}[1+\alpha(x)]^{\frac{1}{\alpha(x)}}=\mathrm{e}.$$

例 2.34 求 $\lim\limits_{x\to0}(1+2x)^{\frac{1}{x}}$.

解 $\lim\limits_{x\to0}(1+2x)^{\frac{1}{x}}=\lim\limits_{x\to0}(1+2x)^{\frac{1}{2x}\cdot2}=\mathrm{e}^2$.

例 2.35 求 $\lim\limits_{x\to\infty}\left(\dfrac{x+3}{x+1}\right)^x$.

解 $\lim\limits_{x\to\infty}\left(\dfrac{x+3}{x+1}\right)^x=\lim\limits_{x\to\infty}\left(1+\dfrac{2}{x+1}\right)^x=\lim\limits_{x\to\infty}\left[\left(1+\dfrac{2}{x+1}\right)^{\frac{x+1}{2}}\right]^{\frac{2}{x+1}\cdot x}=\mathrm{e}^2$.

例 2.36 求 $\lim\limits_{x\to0}(\cos x)^{-\frac{1}{x^2}}$.

解 由于

$$\lim_{x\to0}(\cos x)^{-\frac{1}{x^2}}=\lim_{x\to0}\left\{[1+(\cos x-1)]^{\frac{1}{\cos x-1}}\right\}^{\frac{1-\cos x}{x^2}}=\mathrm{e}^{\lim\limits_{x\to0}\frac{1-\cos x}{x^2}},$$

再由例 2.30，可得

$$\lim_{x\to0}(\cos x)^{-\frac{1}{x^2}}=\mathrm{e}^{\frac{1}{2}}.$$

例 2.37 求 $\lim\limits_{n\to\infty}\left[\dfrac{1}{1\cdot2}+\dfrac{1}{2\cdot3}+\cdots+\dfrac{1}{n(n+1)}\right]^n$.

解
$$\lim_{n\to\infty}\left[\frac{1}{1\cdot2}+\frac{1}{2\cdot3}+\cdots+\frac{1}{n(n+1)}\right]^n$$
$$=\lim_{n\to\infty}\left[\left(1-\frac{1}{2}\right)+\left(\frac{1}{2}-\frac{1}{3}\right)+\cdots+\left(\frac{1}{n}-\frac{1}{n+1}\right)\right]^n$$
$$=\lim_{n\to\infty}\left(1-\frac{1}{n+1}\right)^n=\lim_{n\to\infty}\left(1-\frac{1}{n+1}\right)^{-(n+1)\cdot\frac{n}{-(n+1)}}=\mathrm{e}^{-1}.$$

三、连续复利

在经济学中，经常会遇到复利问题. 设数额为 A_0 元的款项 (本金) 存入银行，年利率为 r，存期 t 年. 若不计复利，则 t 年后的本利和 (本金 + 利息)

$$A=A_0+rA_0t=A_0(1+rt),$$

称为**单利公式**.

若考虑复利，且每年结算一次，上一年的本利和作为下一年的本金，设一年后本利和为 A_1，则有

$$A_1=A_0(1+r).$$

两年后的本利和

$$A_2=A_1(1+r)=A_0(1+r)^2.$$

一般地，t 年后的本利和

$$A_t=A_{t-1}(1+r)=A_0(1+r)^t,$$

称为 (离散) 复利公式.

如果一年分 n 期计息，则每期利率为 $\dfrac{r}{n}$，上期的本利和为下期的本金，故一年后本利和

$$A_1 = A_0 \left(1 + \frac{r}{n}\right)^n,$$

t 年后的本利和

$$A_t = A_0 \left(1 + \frac{r}{n}\right)^{nt}.$$

如果一年内的计息期数 $n \to \infty$，则 t 年后的本利和

$$A_t = \lim_{n\to\infty} A_0 \left(1 + \frac{r}{n}\right)^{nt} = A_0 \lim_{n\to\infty} \left[\left(1 + \frac{r}{n}\right)^{\frac{n}{r}}\right]^{rt} = A_0 \mathrm{e}^{rt}$$

称为**连续复利公式**.

例 2.38　已知年利率为 6%，如果按年复利和连续复利两种计息方式，希望 10 年后得到本利和 20 万元，问现在需要各存入多少元？

解　设现在需要存入 A_0 元，若按年复利计息，则有

$$A_0(1 + 0.06)^{10} = 200000, \qquad 解得 A_0 \approx 111678.96.$$

若按年连续复利，则有

$$A_0\mathrm{e}^{0.06\times10} = 200000, \qquad 解得 A_0 \approx 109762.33.$$

所以，按年复利计息，现在大约需要存入 111678.96 元；按年连续复利计息，现在大约需要存入 109762.33 元.

习　题　2.5

1. 利用夹逼准则证明下列极限：

(1) $\displaystyle\lim_{n\to\infty} \frac{n!}{n^n} = 0$;

(2) $\displaystyle\lim_{n\to\infty} \sqrt[n]{1 + 3^n + 5^n} = 5$;

(3) $\displaystyle\lim_{n\to\infty} \left(\frac{n}{n^2 + \pi} + \frac{n}{n^2 + 2\pi} + \cdots + \frac{n}{n^2 + n\pi}\right) = 1$;

(4) $\displaystyle\lim_{n\to\infty} \left(\frac{1}{n^2 + 1} + \frac{2}{n^2 + 2} + \cdots + \frac{n}{n^2 + n}\right) = \frac{1}{2}$.

2. 求下列极限：

(1) $\displaystyle\lim_{x\to0} \frac{\sin 4x}{\tan 3x}$;

(2) $\displaystyle\lim_{x\to0} \frac{\sin x^2}{\sin^2(2x)}$;

(3) $\displaystyle\lim_{n\to\infty} 2^n \sin\frac{x}{2^n} \ (x \neq 0)$;

(4) $\displaystyle\lim_{x\to\pi} (\pi - x)\tan\frac{x}{2}$;

(5) $\displaystyle\lim_{x\to0^+} \frac{3x}{\sqrt{1 - \cos 2x}}$;

(6) $\displaystyle\lim_{x\to0} \frac{3x - \sin x}{x^2 + \sin 2x}$;

(7) $\displaystyle\lim_{x\to0} \frac{\tan x - \sin 2x}{x}$;

(8) $\displaystyle\lim_{x\to0} \frac{\tan x - \sin x}{x^3}$;

(9) $\displaystyle\lim_{x\to1} \frac{\sin(x - 1)}{x^2 + 4x - 5}$;

(10) $\displaystyle\lim_{x\to\infty} \frac{3x^2 + 5}{5x + 3}\tan\frac{2}{x}$.

3. 求下列极限：

(1) $\lim\limits_{x\to\infty}\left(1+\dfrac{3}{x}\right)^{3x}$;

(2) $\lim\limits_{x\to\infty}\left(1-\dfrac{2}{x}\right)^{2-x}$;

(3) $\lim\limits_{x\to0}(1+3\tan^2 x)^{\csc x}$;

(4) $\lim\limits_{x\to0}(1+x\mathrm{e}^x)^{\frac{1}{x}}$;

(5) $\lim\limits_{x\to0}\left(\dfrac{1+x}{1-x}\right)^{\frac{1}{x}}$;

(6) $\lim\limits_{x\to\infty}\left(\dfrac{2x+1}{2x-1}\right)^{x}$;

(7) $\lim\limits_{x\to0}\dfrac{\ln(1-3x)}{\sin 2x}$;

(8) $\lim\limits_{n\to\infty}n(\ln\sqrt{n+2}-\ln\sqrt{n})$;

(9) $\lim\limits_{x\to\mathrm{e}}(\ln x)^{\frac{1}{1-\ln x}}$;

(10) $\lim\limits_{x\to0}\left(\dfrac{\cos 2x}{\cos^2 x}\right)^{\frac{2}{x^2}}$.

4. 利用单调有界准则证明下列数列极限存在，并求出其极限值：

(1) 数列 $x_1=\sqrt{2}$，$x_2=\sqrt{2+\sqrt{2}}$，$x_3=\sqrt{2+\sqrt{2+\sqrt{2}}}$，$\cdots$；

(2) $x_1=6$，$x_{n+1}=\sqrt{3x_n+10}\ (n=1,2,\cdots)$；

(3) $x_1>0$，$x_{n+1}=\dfrac{1}{2}\left(x_n+\dfrac{4}{x_n}\right)\ (n=1,2,\cdots)$.

5. 设函数 $f(x)=\begin{cases}\dfrac{\tan 2x}{x}, & x\geqslant 0,\\ (1+ax)^{\frac{1}{x}}, & x<0,\end{cases}\ (a\neq 0)$ 在 $x=0$ 处有极限，求常数 a.

6. 某人打算用 20 万元作为投资，年利率为 6%，期望将来连本带利收回 30 万元，如果按年复利和连续复利两种计息方式，问：各需要多少年后才能满足这一要求？哪一种计息方式回报更高？

2.6 无穷小的比较

两个无穷小的和、差、积仍是无穷小，那么两个无穷小的商还是无穷小吗？例如，当 $x\to0$ 时，$x,2x,x^2$ 都是无穷小，而这时

$$\lim_{x\to0}\frac{x^2}{2x}=0,\quad \lim_{x\to0}\frac{x}{x^2}=\infty,\quad \lim_{x\to0}\frac{x}{2x}=\frac{1}{2}.$$

两个无穷小的商的极限会出现不同的情况．这是因为同一变化过程中的无穷小，尽管都是以零为极限，但是它们趋于零的速度各不一样，表 2.2 给出 $x,2x,x^2$ 趋于零的速度.

表 2.2

x	±0.1	±0.01	±0.001	±0.0001	±0.00001	$\cdots$
$2x$	±0.2	±0.02	±0.002	±0.0002	±0.00002	$\cdots$
x^2	0.01	0.0001	0.000001	0.00000001	0.0000000001	$\cdots$

很明显，在 $x\to0$ 的过程中，x^2 趋于零的速度比 $2x$ 要"快得多"；而 x 趋于零的速度比 x^2 要"慢"；x 与 $2x$ 趋于零的速度"差不多"．为刻画两个无穷小趋于零的"快慢"，我们引进无穷小阶的概念.

定义 2.8 设 α 和 β 是同一变化过程中的无穷小，且 $\alpha\neq0$，

(1) 如果 $\lim \dfrac{\beta}{\alpha} = 0$，则称$\beta$ **是比 α 高阶的无穷小**，记作 $\beta = o(\alpha)$；

(2) 如果 $\lim \dfrac{\beta}{\alpha} = \infty$，则称$\beta$ **是比 α 低阶的无穷小**；

(3) 如果 $\lim \dfrac{\beta}{\alpha} = c$(常数$c \neq 0$)，则称 β 与 α 是**同阶无穷小**；特别地，如果 $c = 1$，则称 β 与 α 是**等价无穷小**，记作 $\beta \sim \alpha$.

如果 β 是比 α 低阶的无穷小，即 $\lim \dfrac{\beta}{\alpha} = \infty$，由无穷大与无穷小的关系，有 $\lim \dfrac{\alpha}{\beta} = 0$，所以 α 是比 β 高阶的无穷小，即有 $\alpha = o(\beta)$.

根据定义 2.8可知，当 $x \to 0$ 时，x^2 是比 $2x$ 高阶的无穷小，x 是比 x^2 低阶的无穷小，x 与 $2x$ 是同阶无穷小.

例 2.39　证明当 $x \to 0$ 时，有

(1) $\arcsin x \sim x$；
(2) $\ln(1+x) \sim x$；

(3) $\mathrm{e}^x - 1 \sim x$；
(4) $a^x - 1 \sim x \ln a \ (a > 0, a \neq 1)$.

证　(1) 令 $\arcsin x = t$，则 $x = \sin t$，且当 $x \to 0$ 时，$t \to 0$，则有

$$\lim_{x \to 0} \frac{\arcsin x}{x} = \lim_{t \to 0} \frac{t}{\sin t} = 1,$$

所以 $\arcsin x \sim x$.

(2) 因为

$$\lim_{x \to 0} \frac{\ln(1+x)}{x} = \lim_{x \to 0} \ln(1+x)^{\frac{1}{x}} = \ln \lim_{x \to 0} \left[(1+x)^{\frac{1}{x}} \right] = \ln \mathrm{e} = 1,$$

所以 $\ln(1+x) \sim x$.

(3) 令 $\mathrm{e}^x - 1 = t$，则 $x = \ln(1+t)$，且当 $x \to 0$ 时，$t \to 0$，则有

$$\lim_{x \to 0} \frac{\mathrm{e}^x - 1}{x} = \lim_{t \to 0} \frac{t}{\ln(1+t)} = \lim_{t \to 0} \frac{1}{\ln(1+t)^{\frac{1}{t}}} = \frac{1}{\ln \mathrm{e}} = 1,$$

所以 $\mathrm{e}^x - 1 \sim x$.

(4) 因为

$$a^x - 1 = \mathrm{e}^{\ln a^x} - 1 = \mathrm{e}^{x \ln a} - 1,$$

令 $t = x \ln a$，当 $x \to 0$ 时，$t \to 0$，利用结果 (3) 得

$$\lim_{x \to 0} \frac{a^x - 1}{x \ln a} = \lim_{x \to 0} \frac{\mathrm{e}^{x \ln a} - 1}{x \ln a} = \lim_{t \to 0} \frac{\mathrm{e}^t - 1}{t} = 1.$$

在这里，我们列出一些常用的等价无穷小，当 $x \to 0$ 时，

$$\sin x \sim x, \qquad \tan x \sim x, \qquad 1 - \cos x \sim \frac{1}{2}x^2,$$

$$\ln(1+x) \sim x, \qquad \mathrm{e}^x - 1 \sim x, \qquad a^x - 1 \sim x \ln a \ (a > 0, a \neq 1),$$

$$\arcsin x \sim x, \qquad \arctan x \sim x, \qquad (1+x)^a - 1 \sim ax \ (a \neq 0).$$

若在某一极限过程中，$\alpha(x) \to 0$，则上述等价无穷小中将 x 替换成 $\alpha(x)$ 也同样成立，即 $\sin \alpha(x) \sim \alpha(x)$，下同.

关于等价无穷小，有一个非常重要的定理.

定理 2.14 (等价无穷小替换原理) 设 α, α', β, β' 为同一过程中的无穷小, $\alpha \sim \alpha'$, $\beta \sim \beta'$, 且 $\lim \dfrac{\beta'}{\alpha'}$ 存在, 则

$$\lim \frac{\beta}{\alpha} = \lim \frac{\beta'}{\alpha'}.$$

证 因为 $\alpha \sim \alpha'$, $\beta \sim \beta'$, 得

$$\lim \frac{\alpha'}{\alpha} = 1, \quad \lim \frac{\beta}{\beta'} = 1.$$

于是

$$\lim \frac{\beta}{\alpha} = \lim \left(\frac{\beta}{\beta'} \cdot \frac{\beta'}{\alpha'} \cdot \frac{\alpha'}{\alpha} \right) = \lim \frac{\beta}{\beta'} \cdot \lim \frac{\beta'}{\alpha'} \cdot \lim \frac{\alpha'}{\alpha} = \lim \frac{\beta'}{\alpha'}.$$

定理 2.14 表明, 求两个无穷小之比的极限时, 分子、分母可用等价的无穷小来代替, 如果选择适当, 可使计算过程得到简化.

例 2.40 证明 $(1+x)^a - 1 \sim ax(a \neq 0)$.

证 因为

$$(1+x)^a = e^{\ln(1+x)^a} = e^{a\ln(1+x)},$$

当 $x \to 0$ 时, $a\ln(1+x) \to 0$, 由 $e^{\alpha(x)} - 1 \sim \alpha(x)$, 有 $e^{a\ln(1+x)} - 1 \sim a\ln(1+x)$, 因此

$$\lim_{x \to 0} \frac{(1+x)^a - 1}{ax} = \lim_{x \to 0} \frac{e^{a\ln(1+x)} - 1}{ax} = \lim_{x \to 0} \frac{a\ln(1+x)}{ax} = 1.$$

例 2.41 求 $\lim\limits_{x \to 0} \dfrac{\tan mx}{\sin nx}(n \neq 0)$.

解 因为当 $x \to 0$ 时, $\tan mx \sim mx$, $\sin nx \sim nx$, 所以

$$\lim_{x \to 0} \frac{\tan mx}{\sin nx} = \lim_{x \to 0} \frac{mx}{nx} = \frac{m}{n}.$$

例 2.42 求 $\lim\limits_{x \to 1} \dfrac{\ln x}{x^3 - 1}$.

解 因为当 $x \to 1$ 时, $\ln x = \ln[1 + (x-1)] \sim x - 1$, 所以

$$\lim_{x \to 1} \frac{\ln x}{x^3 - 1} = \lim_{x \to 1} \frac{\ln[1 + (x-1)]}{x^3 - 1} = \lim_{x \to 1} \frac{x-1}{(x-1)(x^2 + x + 1)} = \lim_{x \to 1} \frac{1}{x^2 + x + 1} = \frac{1}{3}.$$

例 2.43 求 $\lim\limits_{x \to 0} \dfrac{\sin x - \tan x}{\sin^3 x}$.

解 因为当 $x \to 0$ 时, $\tan x \sim x$, $\cos x - 1 \sim -\dfrac{x^2}{2}$, $\sin^3 x \sim x^3$, 所以

$$\lim_{x \to 0} \frac{\sin x - \tan x}{\sin^3 x} = \lim_{x \to 0} \frac{\tan x \cdot (\cos x - 1)}{\sin^3 x} = \lim_{x \to 0} \frac{x \cdot \left(-\dfrac{x^2}{2} \right)}{x^3} = -\frac{1}{2}.$$

需要注意的是: 利用等价无穷小替换求极限, 一般是乘积或者商运算时进行整体替换, 而在和或差运算时要慎重. 例如, 上例中直接将分子中的 $\sin x$, $\tan x$ 都替换成 x, 即

$$\lim_{x \to 0} \frac{\sin x - \tan x}{\sin^3 x} = \lim_{x \to 0} \frac{x - x}{x^3} = \lim_{x \to 0} \frac{0}{x^3} = 0,$$

计算会得到一个错误的结果.

例 2.44 求 $\displaystyle\lim_{x\to 0}\dfrac{\sqrt[5]{1+x\tan 2x}-1}{(\mathrm{e}^{\sin x}-1)\arctan x}$.

解 因为 $\sqrt[5]{1+x\tan 2x}-1\sim\dfrac{1}{5}x\tan 2x$，$\mathrm{e}^{\sin x}-1\sim\sin x$，$\arctan x\sim x$，所以

$$\lim_{x\to 0}\frac{\sqrt[5]{1+x\tan 2x}-1}{(\mathrm{e}^{\sin x}-1)\arctan x}=\lim_{x\to 0}\frac{\dfrac{1}{5}x\tan 2x}{\sin x\cdot x}=\lim_{x\to 0}\frac{\dfrac{2}{5}x^2}{x^2}=\frac{2}{5}.$$

例 2.45 求 $\displaystyle\lim_{x\to 0}\dfrac{\mathrm{e}-\mathrm{e}^{\cos x}}{\sqrt[3]{1+x^2}-1}$.

解 $\displaystyle\lim_{x\to 0}\frac{\mathrm{e}-\mathrm{e}^{\cos x}}{\sqrt[3]{1+x^2}-1}=\lim_{x\to 0}\frac{\mathrm{e}(1-\mathrm{e}^{\cos x-1})}{\dfrac{1}{3}x^2}=\lim_{x\to 0}\mathrm{e}\frac{-(\cos x-1)}{\dfrac{1}{3}x^2}=\lim_{x\to 0}\mathrm{e}\frac{\dfrac{1}{2}x^2}{\dfrac{1}{3}x^2}=\frac{3}{2}\mathrm{e}.$

例 2.46 当 $x\to 0^+$ 时，若 $\ln^\alpha(1+2x)$，$(1-\cos x)^{\frac{1}{\alpha}}$ 均是比 x 高阶的无穷小，求 α 的取值范围.

解 因为 $\ln(1+2x)\sim 2x$，$1-\cos x\sim\dfrac{1}{2}x^2$，所以

$$\ln^\alpha(1+2x)\sim 2^\alpha x^\alpha,\qquad(1-\cos x)^{\frac{1}{\alpha}}\sim 2^{-\frac{1}{\alpha}}x^{\frac{2}{\alpha}},$$

要使 $\ln^\alpha(1+2x)$，$(1-\cos x)^{\frac{1}{\alpha}}$ 均是比 x 高阶的无穷小，则 α 需同时满足

$$\alpha>1 \text{ 和 } \frac{2}{\alpha}>1,$$

即 $1<\alpha<2$.

习　题　2.6

1. 当 $x\to 0$ 时，$\alpha(x)$，$\beta(x)$ 是非零无穷小量，给出以下四个命题：

(1) 若 $\alpha(x)\sim\beta(x)$，则 $\alpha^2(x)\sim\beta^2(x)$；

(2) 若 $\alpha^2(x)\sim\beta^2(x)$，则 $\alpha(x)\sim\beta(x)$；

(3) 若 $\alpha(x)\sim\beta(x)$，则 $\alpha(x)-\beta(x)=o(\alpha(x))$；

(4) 若 $\alpha(x)-\beta(x)=o(\alpha(x))$，则 $\alpha(x)\sim\beta(x)$；

真命题的序号是（　　　）

　　A. (1)(3)　　　　B. (1)(4)　　　C. (1)(3)(4)　　　D. (2)(3)(4)

2. 求 n 的值，分别满足下列条件：

(1) 当 $x\to 0$ 时，x^4+3x^2-5 与 x^n 是同阶无穷小；

(2) 当 $x\to 0^+$ 时，$\sqrt{3x^4+x}$ 与 x^n+1 是同阶无穷小；

(3) 当 $x\to 0$ 时，$x\sin x$ 与 $(1-nx^2)^{\frac{1}{4}}-1$ 是等价无穷小；

(4) 当 $x\to 0$ 时，$x\sin^n x$ 是 $1-\cos x^2$ 的低阶无穷小，$x\sin^n x$ 又是 $\mathrm{e}^{x^2}-1$ 的高阶无穷小.

3. 根据 x 的变化过程，证明下列各题：

(1) $\sin\dfrac{x}{x^2+1}\sim\dfrac{1}{x}\ (x\to\infty)$；　　　　　(2) $\sqrt{1+x^2}-\sqrt{1-x^2}\sim x^2\ (x\to 0)$；

(3) $\mathrm{e}^x-\mathrm{e}^{x\cos x}\sim\dfrac{1}{2}x^3\ (x\to 0)$；　　　　(4) $\sec x-1\sim\dfrac{1}{2}x^2\ (x\to 0)$.

4. 利用等价无穷小的替换原理，求下列极限：

(1) $\lim\limits_{x\to 0}\dfrac{x\sin 2x}{\tan x^2}$;

(2) $\lim\limits_{x\to 0}\dfrac{\mathrm{e}^{2x}-1}{\ln(1-x)}$;

(3) $\lim\limits_{x\to 0}\dfrac{\ln(1+2x)}{\arctan 3x}$;

(4) $\lim\limits_{x\to 0}\dfrac{\tan 3x-\cos x+1}{\sin 2x}$;

(5) $\lim\limits_{x\to 0}\dfrac{\sqrt{1+x^2}-1}{1-\cos x}$;

(6) $\lim\limits_{x\to\infty}x^2\left(1-\cos\dfrac{2}{x}\right)$;

(7) $\lim\limits_{x\to 0}\dfrac{2^x-1}{\sqrt[3]{x+8}-2}$;

(8) $\lim\limits_{x\to 1}\dfrac{\mathrm{e}^x-\mathrm{e}}{\ln x}$;

(9) $\lim\limits_{x\to\infty}\dfrac{3x^2+5}{5x+3}\sin\dfrac{2}{x}$;

(10) $\lim\limits_{x\to 0^+}\dfrac{1-\sqrt{\cos x}}{x(1-\cos\sqrt{x})}$;

(11) $\lim\limits_{n\to\infty}\left(n-\sqrt[3]{n^3-n^2}\right)$;

(12) $\lim\limits_{x\to+\infty}\ln(1+2^x)\ln(1+\dfrac{3}{x})$;

(13) $\lim\limits_{x\to 2\pi}(\cos x)^{\sec^2\frac{x}{4}}$;

(14) $\lim\limits_{x\to 0}\dfrac{\ln(1+x+x^2)+\ln(1-x+x^2)}{\sin^2 x}$.

5. 已知实数 a,b 满足 $\lim\limits_{x\to+\infty}\left[(ax+b)\mathrm{e}^{\frac{1}{x}}-x\right]=2$，求 a,b.

2.7 函数的连续性

一、函数连续的定义

自然界中很多现象都是连续变化的，比如植物的生长、温度的变化等都是随时间变化而连续变化的. 从几何上看，一个连续变化的函数的图像是一条连续不间断的曲线，即既无断裂，又无空隙. 例如温度，温度连续变化是指当时间变化很微小时，相应的温度的变化也是很微小的. 也就是说，当自变量产生微小变化时，因变量的变化也很微小. 如何用数学语言来描述连续变化？我们通过引入增量的概念，来描述函数的连续性.

设变量 t 从它的初值 t_0 变到终值 t_1，令

$$\Delta t = t_1 - t_0,$$

叫作变量 t 在 t_0 的**改变量**或**增量**. 增量 Δt 可以是正的，也可以是负的.

现在假设函数 $y=f(x)$ 在 x_0 的某个邻域内有定义，当自变量 x 在这个邻域内从 x_0 变到 $x_0+\Delta x$ 时，函数值相应地从 $f(x_0)$ 变到 $f(x_0+\Delta x)$（见图 2.10），函数 y 的对应增量为

$$\Delta y = f(x_0+\Delta x)-f(x_0).$$

函数 $y=f(x)$ 在点 x_0 连续，就是 $y=f(x)$ 的图形在点 x_0 处是不间断的. 如图 2.10，如果 $y=f(x)$ 在点 x_0 处自变量 x 的增量 Δx 趋向于零时，函数 y 的相应增量 Δy 也趋向于零，则 $y=f(x)$ 的图像在 x_0 点不间断. 而对图 2.11中的函数，在点 x_0 不满足这个条件，当 Δx 趋向于零时，Δy 总是大于 a，不会趋向于零，所以它在这个点处不连续. 因此，有如下定义：

定义 2.9 设函数 $y=f(x)$ 在 x_0 的某个邻域内有定义，如果

$$\lim_{\Delta x\to 0}\Delta y = \lim_{\Delta x\to 0}[f(x_0+\Delta x)-f(x_0)]=0, \tag{2.3}$$

则称函数 $y=f(x)$ 在点 x_0 **连续**，x_0 称为函数 $y=f(x)$ 的**连续点**.

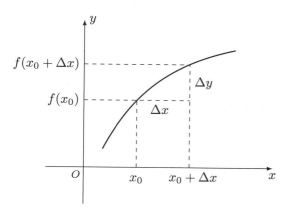

图 2.10

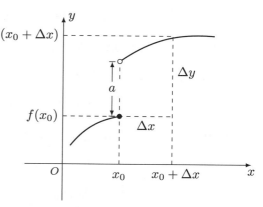

图 2.11

例 2.47 证明函数 $y = 2x + 1$ 在点 x_0 处连续.

解 因为

$$\Delta y = f(x_0 + \Delta x) - f(x_0) = [2(x_0 + \Delta x) + 1] - [2x_0 + 1] = 2\Delta x,$$

显然

$$\lim_{\Delta x \to 0} \Delta y = \lim_{\Delta x \to 0} 2\Delta x = 0,$$

所以 $y = 2x + 1$ 在 x_0 处连续.

例 2.48 证明 $y = \sin x$ 在定义域 $(-\infty, +\infty)$ 上连续.

证 任取 $x \in (-\infty, +\infty)$，则

$$\Delta y = \sin(x + \Delta x) - \sin(x) = 2\cos\left(x + \frac{\Delta x}{2}\right) \sin\frac{\Delta x}{2}.$$

由于 $\left|\cos\left(x + \frac{\Delta x}{2}\right)\right| \leqslant 1$ 且 $\sin\dfrac{\Delta x}{2} \sim \dfrac{\Delta x}{2}$ 是无穷小，得到

$$\lim_{\Delta x \to 0} \Delta y = 0,$$

所以函数 $y = \sin x$ 在 x 处连续. 由 x 的任意性，可得 $f(x) = \sin x$ 在 $(-\infty, +\infty)$ 上连续.

连续的定义还可以写成另外一种形式. 在公式 (2.3) 中，令 $x = x_0 + \Delta x$，因为 x_0 是固定的，所以 $\Delta x \to 0$ 意味着 $x \to x_0$，所以式 (2.3) 可以写成

$$\lim_{x \to x_0} f(x) = f(x_0).$$

可知，函数 $f(x)$ 在点 x_0 连续，必须满足三个条件：

(1) 函数 $f(x)$ 在 x_0 有定义；

(2) 极限 $\lim\limits_{x \to x_0} f(x)$ 存在，即 $f(x_0^-) = f(x_0^+)$；

(3) 函数 $f(x)$ 在 x_0 处的极限值等于在该点的函数值，即 $\lim\limits_{x \to x_0} f(x) = f(x_0)$.

例 2.49 证明函数 $f(x) = \begin{cases} x\sin\dfrac{1}{x}, & x \neq 0, \\ 0, & x = 0 \end{cases}$ 在 $x = 0$ 处连续.

证 因为 $f(0) = 0$，又有

$$\lim_{x \to 0} f(x) = \lim_{x \to 0} x\sin\frac{1}{x} = 0,$$

所以 $\lim\limits_{x \to 0} f(x) = f(0)$，即该函数在 $x = 0$ 处连续.

下面介绍一下单侧连续的概念.

定义 2.10 设函数 $f(x)$ 在点 x_0 的左 δ 邻域 $(x_0 - \delta, x_0]$ 内有定义，且

$$\lim_{x \to x_0^-} f(x) = f(x_0), \quad \text{或 } f(x_0^-) = f(x_0)$$

则称函数 $y = f(x)$ 在点 x_0 **左连续**；设函数 $f(x)$ 在点 x_0 的右 δ 邻域 $[x_0, x_0 + \delta)$ 内有定义，且

$$\lim_{x \to x_0^+} f(x) = f(x_0), \quad \text{或 } f(x_0^+) = f(x_0)$$

则称函数 $y = f(x)$ 在点 x_0 **右连续**.

在区间上每一点都连续的函数叫作**函数在该区间上连续**. 如果区间包括端点，如闭区间 $[a, b]$，那么在左端点连续是指右连续，即 $\lim\limits_{x \to a^+} f(x) = f(a)$；在右端点连续是指左连续，即 $\lim\limits_{x \to b^-} f(x) = f(b)$. 在考虑分段函数在分段点的连续性时，也常常需要考虑左右连续. 根据函数在 x_0 处极限存在的充分必要条件，容易得到下面的定理.

定理 2.15 函数 $y = f(x)$ 在 $x = x_0$ 处连续的充分必要条件是函数 $y = f(x)$ 在 $x = x_0$ 处既左连续又右连续，即

$$\lim_{x \to x_0} f(x) = f(x_0) \iff \lim_{x \to x_0^-} f(x) = \lim_{x \to x_0^+} f(x) = f(x_0).$$

例 2.50 判断函数 $f(x) = \begin{cases} 2x^2 + 1, & 0 \leqslant x < 1, \\ 4 + x, & 1 \leqslant x \leqslant 2 \end{cases}$ 在 $x = 1$ 处的连续性.

解 因为 $f(1) = 5$，而

$$\lim_{x \to 1^-} f(x) = \lim_{x \to 1^-} (2x^2 + 1) = 3,$$
$$\lim_{x \to 1^+} f(x) = \lim_{x \to 1^+} (4 + x) = 5,$$

则有 $f(1^-) \neq f(1)$，$f(1^+) = f(1)$，该函数在 $x = 1$ 处右连续但不左连续，因此函数在 $x = 1$ 处不连续.

例 2.51 设函数 $f(x) = \begin{cases} x^2 + 1, & |x| \leqslant c, \\ \dfrac{2}{|x|}, & |x| > c \end{cases}$ 在 $(-\infty, +\infty)$ 内连续，求常数 c.

解 因为

$$\lim_{x \to c^-} f(x) = \lim_{x \to c^-} (x^2 + 1) = c^2 + 1,$$
$$\lim_{x \to c^+} f(x) = \lim_{x \to c^+} \frac{2}{|x|} = \frac{2}{|c|},$$

则有 $c^2 + 1 = \dfrac{2}{|c|}$，而 $c \geqslant 0$，解得 $c = 1$.

二、函数的间断点

如果函数 $y = f(x)$ 在点 x_0 不满足连续性定义，则称函数 $f(x)$ 在点 x_0 **不连续**或**间断**，x_0 称为函数 $f(x)$ 的**间断点**.

由上述间断点的定义，点 x_0 成为函数 $y = f(x)$ 的间断点有下列三种情形：

(1) 函数 $f(x)$ 在 x_0 没有定义；

(2) 函数 $f(x)$ 在 x_0 有定义，但极限 $\lim\limits_{x \to x_0} f(x)$ 不存在；

(3) 函数 $f(x)$ 在 x_0 有定义，极限 $\lim\limits_{x \to x_0} f(x)$ 存在，但 $\lim\limits_{x \to x_0} f(x) \neq f(x_0)$.

通常我们根据函数 $f(x)$ 在间断点处左极限和右极限的存在情况，可以把间断点分为两类：第一类间断点和第二类间断点.

如果函数 $f(x)$ 在间断点 $x = x_0$ 处的左、右极限都存在，则称 $x = x_0$ 为**第一类间断点**. 特别地，如果左、右极限存在且相等，则称该间断点为**可去间断点**；如果左、右极限都存在但不相等，则称该间断点为**跳跃间断点**.

如果函数 $f(x)$ 在间断点 $x = x_0$ 处的左、右极限至少有一个不存在，那么称 $x = x_0$ 为**第二类间断点**. 特别地，如果左右极限中至少有一个为无穷大，则称该间断点为**无穷间断点**.

例 2.52 讨论函数 $f(x) = \dfrac{x^2 - 1}{x - 1}$ 在 $x = 1$ 处的连续性，并判断间断点的类型.

解 因为 $f(x)$ 在 $x = 1$ 处没有定义，所以 $x = 1$ 是它的间断点. 根据

$$\lim_{x \to 1} \frac{x^2 - 1}{x - 1} = \lim_{x \to 1}(x + 1) = 2,$$

函数在 $x = 1$ 处的极限存在，故 $x = 1$ 为可去间断点.

从图 2.13可以看出，如果补充函数在 $x = 1$ 处的定义，即

$$f(x) = \begin{cases} \dfrac{x^2 - 1}{x - 1}, & x \neq 1, \\ 2, & x = 1, \end{cases}$$

那么函数在点 $x = 1$ 就是连续的.

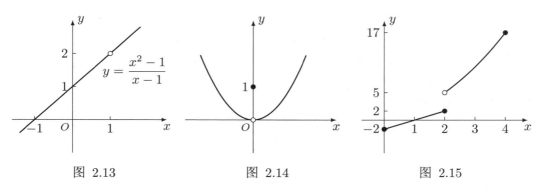

图 2.13　　　　　　图 2.14　　　　　　图 2.15

例 2.53 讨论函数 $f(x) = \begin{cases} x^2, & x \neq 0, \\ 1, & x = 0 \end{cases}$ 在 $x = 0$ 处的连续性.

解 因为

$$\lim_{x \to 0} f(x) = \lim_{x \to 0} x^2 = 0 \neq f(0),$$

所以 $x = 0$ 是间断点，为可去间断点.

在这里，如果改变定义 $f(0) = \lim\limits_{x \to 0} x^2 = 0$，则 $f(x)$ 在 $x = 0$ 处连续 (见图 2.14).

由此可见，对于可去间断点，我们总是可以通过补上间断点处的函数值或者改变间断点处的函数值，使得函数成为连续函数.

例 2.54 讨论函数 $f(x) = \begin{cases} 2x-2, & 0 \leqslant x \leqslant 2, \\ x^2+1, & 2 < x \leqslant 4 \end{cases}$ 在 $x=2$ 处的连续性.

解 因为
$$\lim_{x \to 2^-} f(x) = \lim_{x \to 2^-}(2x-2) = 2,$$
$$\lim_{x \to 2^+} f(x) = \lim_{x \to 2^+}(x^2+1) = 5,$$

函数在 $x=2$ 处的左右极限都存在，但 $\lim_{x \to 2^-} f(x) \neq \lim_{x \to 2^+} f(x)$，故 $x=2$ 为跳跃间断点. 从图像上看，函数 $f(x)$ 在 $x=2$ 处产生跳跃现象 (见图 2.15)，故此得名.

例 2.55 讨论函数 $f(x) = \dfrac{1}{x-1}$ 在 $x=1$ 处的连续性.

解 因为 $\lim\limits_{x \to 1} f(x) = \infty$，故 $x=1$ 为无穷间断点.

例 2.56 讨论函数 $f(x) = \dfrac{(x+1)\sin x}{|x|(x^2-1)}$ 的间断点并判别其类型.

解 根据 $f(x)$ 的定义域，函数在 $x=0$ 和 $x=\pm 1$ 处没有定义，所以 $x=0$ 和 $x=\pm 1$ 是间断点.

在 $x=0$ 处，有
$$\lim_{x \to 0^-} f(x) = \lim_{x \to 0^-} \frac{(x+1)\sin x}{(-x)(x^2-1)} = -\lim_{x \to 0^-} \frac{\sin x}{x(x-1)} = 1,$$
$$\lim_{x \to 0^+} f(x) = \lim_{x \to 0^+} \frac{(x+1)\sin x}{x(x^2-1)} = \lim_{x \to 0^+} \frac{\sin x}{x(x-1)} = -1,$$

所以 $f(0^-) \neq f(0^+)$，故 $x=0$ 为跳跃间断点.

在 $x=-1$ 处，有
$$\lim_{x \to -1} f(x) = \lim_{x \to -1} \frac{(x+1)\sin x}{(-x)(x^2-1)} = -\lim_{x \to -1} \frac{\sin x}{x(x-1)} = \frac{\sin 1}{2},$$

所以 $x=-1$ 为可去间断点.

在 $x=1$ 处，有
$$\lim_{x \to 1} f(x) = \lim_{x \to 1} \frac{(x+1)\sin x}{x(x^2-1)} = \lim_{x \to 1} \frac{\sin x}{x(x-1)} = \infty,$$

所以 $x=1$ 为无穷间断点.

例 2.57 讨论函数 $f(x) = \lim\limits_{t \to 0} \left(1 + \dfrac{\sin t}{x}\right)^{\frac{x^2}{t}}$ 在 $(-\infty, +\infty)$ 内的连续性.

解 显然函数 $f(x)$ 在 $x=0$ 时无意义，而当 $x \neq 0$ 时，有
$$f(x) = \lim_{t \to 0}\left(1+\frac{\sin t}{x}\right)^{\frac{x^2}{t}} = \lim_{t \to 0}\left(1+\frac{\sin t}{x}\right)^{\frac{x}{\sin t} \cdot \frac{\sin t}{x} \cdot \frac{x^2}{t}} = \mathrm{e}^{\lim_{t \to 0} x \frac{\sin t}{t}} = \mathrm{e}^x,$$

且
$$\lim_{x \to 0} f(x) = \lim_{x \to 0} \mathrm{e}^x = 1,$$

所以函数 $f(x)$ 在 $(-\infty, +\infty)$ 内不连续，且 $x=0$ 为可去间断点.

三、连续函数的性质和初等函数的连续性

函数连续的概念是建立在极限理论基础上的，由极限的四则运算法则、反函数和复合函数的极限运算法则可以得到连续函数的下述定理.

定理 2.16　如果函数 $f(x)$ 和 $g(x)$ 在点 x_0 连续，那么函数 $f(x) \pm g(x)$，$f(x)g(x)$，$\dfrac{f(x)}{g(x)}$（$g(x) \neq 0$）也在点 x_0 连续.

定理 2.17　如果函数 $f(x)$ 在区间 I 上单调递增（或递减）且连续，那么它的反函数 $x = f^{-1}(y)$ 在对应的区间上单调递增（或递减）且连续.

定理 2.18　如果函数 $u = g(x)$ 在点 x_0 连续，且 $u_0 = g(x_0)$，函数 $y = f(u)$ 在 u_0 连续，那么复合函数 $y = f[g(x)]$ 在点 x_0 也连续.

例如，$\sin x$ 和 $\cos x$ 在 $(-\infty, +\infty)$ 内连续，所以

$$\tan x = \frac{\sin x}{\cos x}, \quad \cot x = \frac{\cos x}{\sin x}, \quad \sec x = \frac{1}{\cos x}, \quad \csc x = \frac{1}{\sin x}$$

在它们各自的定义域内都是连续的.

又如，$y = \sin x$ 在闭区间 $\left[-\dfrac{\pi}{2}, \dfrac{\pi}{2} \right]$ 上单调增加且连续，所以它的反函数 $y = \arcsin x$ 在闭区间 $[-1, 1]$ 上也是单调增加且连续的.

例 2.58　讨论函数 $y = \sin \dfrac{1}{x}$ 的连续性.

解　函数 $y = \sin \dfrac{1}{x}$ 是由函数 $y = \sin u$ 和函数 $u = \dfrac{1}{x}$ 复合而成的. $\sin u$ 在 $(-\infty, +\infty)$ 上是连续的，$\dfrac{1}{x}$ 在 $(-\infty, 0)$ 和 $(0, +\infty)$ 上是连续的. 根据复合函数的连续性，函数 $y = \sin \dfrac{1}{x}$ 在 $(-\infty, 0)$ 和 $(0, +\infty)$ 上是连续的.

可以证明，**基本初等函数在其定义域内是连续的**. 根据初等函数的定义及连续函数的性质，不难得到：**一切初等函数在其定义域内都是连续的**.

这个重要结论提供了初等函数求极限的一种方法，如果 x_0 是初等函数 $f(x)$ 的定义区间内的一点，那么函数 $f(x)$ 在点 x_0 的极限就等于该点的函数值，即

$$\lim_{x \to x_0} f(x) = f(x_0).$$

例 2.59　求 $\lim\limits_{x \to 1} \sin e^{2x+1}$.

解　因为 $\sin e^{2x+1}$ 是初等函数，其定义域为 $(-\infty, +\infty)$，所以有

$$\lim_{x \to 1} \sin e^{2x+1} = \sin e^{2 \times 1 + 1} = \sin e^3.$$

四、闭区间上连续函数的性质

先介绍最大值和最小值的概念. 设函数 $y = f(x)$ 在区间 I 上有定义，若存在 $x_0 \in I$，使得对于任一 $x \in I$ 都有

$$f(x) \leqslant f(x_0) \qquad (或 f(x) \geqslant f(x_0)),$$

则称 $f(x_0)$ 是函数 $f(x)$ 在 I 上的**最大**（或**最小**）**值**，x_0 称为函数 $f(x)$ 的**最大**（或**最小**）**值点**.

例如，函数 $y = \sin x$ 在 $(-\infty, +\infty)$ 上有最大值 1 和最小值 -1；函数 $y = x^2$ 在 $[1, +\infty)$ 上有最小值 1，没有最大值；而函数 $y = x^2$ 在 $(1, +\infty)$ 上没有最小值也没有最大值.

定理 2.19 (最值定理) 设函数 $y = f(x)$ 在闭区间 $[a,b]$ 上连续，那么 $y = f(x)$ 在 $[a,b]$ 上必有最大值和最小值.

这就是说，如果函数 $f(x)$ 在闭区间 $[a,b]$ 上连续，那么在 $[a,b]$ 上至少存在一点 x_1，使得对任意 $x \in [a,b]$，有 $f(x) \leqslant f(x_1)$，即 $f(x_1)$ 是最大值；又至少存在一点 x_2，使得对任意 $x \in [a,b]$，有 $f(x) \geqslant f(x_2)$，即 $f(x_2)$ 是最小值 (见图 2.15). 例如，连续函数 $y = x^2$ 在 $[1,3]$ 上有最小值 1 和最大值 9.

需要注意的是，闭区间和连续两个条件缺一不可. 例如 $y = \tan x$ 在开区间 $\left(-\dfrac{\pi}{2}, \dfrac{\pi}{2}\right)$ 上没有最大值和最小值；函数 $y = \dfrac{1}{x}$ 在闭区间 $[-1,1]$ 内 $x = 0$ 处不连续，它在该区间上没有最大值和最小值.

由最值定理，容易得到下面的推论.

推论 2.20 (有界性定理) 设函数 $y = f(x)$ 在闭区间 $[a,b]$ 上连续，则 $f(x)$ 在 $[a,b]$ 上必有界.

撇开闭区间上连续函数这个条件，对一般的函数，如果存在最大值和最小值，那么函数一定是有界的. 但是，反过来不一定成立. 函数有界不一定能推出函数存在最大值和最小值.

例如，函数 $f(x) = \begin{cases} -x, & -1 \leqslant x < 0, \\ 1, & x = 0, \\ x, & 0 < x \leqslant 1 \end{cases}$ 有界，并且有最大值 1，但是没有最小值 (见图 2.16).

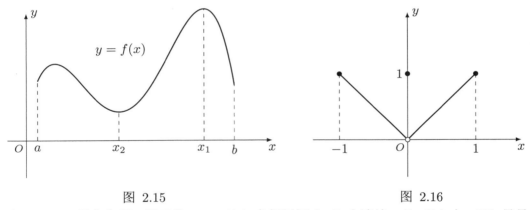

图 2.15　　　　　　　　　　图 2.16

定理 2.21 (零点定理) 设函数 $y = f(x)$ 在闭区间 $[a,b]$ 上连续，且 $f(a)$ 与 $f(b)$ 异号，即 $f(a)f(b) < 0$，则至少存在一点 $\xi \in (a,b)$，使得 $f(\xi) = 0$.

如果对 x_0 有 $f(x_0) = 0$，则 x_0 称为函数 $f(x)$ 的**零点**. 从几何上看，这个结论是很明显的. 如果 $f(a)f(b) < 0$，表示点 $(a, f(a))$ 和点 $(b, f(b))$ 分别位于 x 轴的不同侧，那么连接 $(a, f(a))$ 和 $(b, f(b))$ 的连续曲线 $y = f(x)$ 与 x 轴至少有一个交点 (见图 2.17). 因此，可以根据零点定理判断方程 $f(x) = 0$ 的根是否存在.

例 2.60 证明方程 $x = \mathrm{e}^{x-3} + 1$ 至少有一个不超过 4 的正根.

证 设 $f(x) = x - \mathrm{e}^{x-3} - 1$，在闭区间 $[0,4]$ 上连续，并且

$$f(0)f(4) = (-\mathrm{e}^{-3} - 1)(3 - \mathrm{e}) < 0,$$

根据零点定理，在 $(0,4)$ 内至少存在一个根.

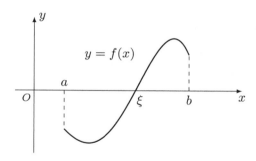

图 2.17

例 2.61　设 $f(x)$ 在 $[0,1]$ 上连续，且 $0 \leqslant f(x) \leqslant 1$，则至少有一点 $\xi \in [0,1]$ 使得 $f(\xi) = \xi$.

证　设 $F(x) = f(x) - x$，显然 $F(x)$ 在闭区间 $[0,1]$ 上连续，且

$$F(0)F(1) = f(0)(f(1) - 1).$$

当 $0 < f(x) < 1$ 时，可知 $f(0) > 0$，$f(1) - 1 < 0$，故 $F(0)F(1) < 0$. 由零点定理，至少存在一点 $\xi \in (0,1)$，使得

$$F(\xi) = f(\xi) - \xi = 0,$$

即 $f(\xi) = \xi$.

当 $f(x) = 0$ 或 $f(x) = 1$ 时，可取 $\xi = 0$ 或 $\xi = 1$，此时有 $f(0) = 0$ 或 $f(1) = 1$ 恒成立.

综上，至少存在一点 $\xi \in [0,1]$，使得 $f(\xi) = \xi$ 成立.

利用零点定理，可以得到下面的介值定理.

定理 2.22 (介值定理)　设函数 $y = f(x)$ 在闭区间 $[a,b]$ 上连续，且 $f(a) \neq f(b)$，则介于 $f(a)$ 与 $f(b)$ 之间任意的一个实数 C，在 (a,b) 内至少存在一点 ξ，使得 $f(\xi) = C$.

证　设 $F(x) = f(x) - C$，因为 $f(x)$ 在闭区间 $[a,b]$ 上连续，所以 $F(x)$ 在闭区间 $[a,b]$ 上连续，且

$$F(a)F(b) = (f(a) - C)(f(b) - C) < 0.$$

根据零点定理，在开区间 (a,b) 内至少有一点 ξ，使得 $F(\xi) = 0$，即 $f(\xi) = C$ 成立.

介值定理的几何意义是说，若 C 介于 $f(a)$ 与 $f(b)$ 之间，则在 $[a,b]$ 上的连续曲线 $y = f(x)$ 与直线 $y = C$ 至少有一个交点 (如图 2.18).

推论 2.23　闭区间上的连续函数必取得介于最大值与最小值之间的任何值.

例 2.62　设函数 $f(x)$ 在区间 $[a,b]$ 上连续，且 $a < x_1 < x_2 < \cdots < x_n < b$. 证明：至少存在一点 $\xi \in (a,b)$，使得

$$f(\xi) = \frac{f(x_1) + f(x_2) + \cdots + f(x_n)}{n}.$$

解　因为 $f(x)$ 在区间 $[a,b]$ 上连续，故 $f(x)$ 必存在最大值 M 和最小值 m. 于是

$$m = \frac{n \cdot m}{n} < \frac{f(x_1) + f(x_2) + \cdots + f(x_n)}{n} < \frac{n \cdot M}{n} = M,$$

由上面的推论知，至少存在一点 $\xi \in (a,b)$，使得

$$f(\xi) = \frac{f(x_1) + f(x_2) + \cdots + f(x_n)}{n}.$$

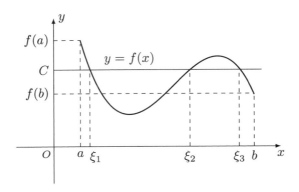

图 2.18

习 题 2.7

1. 研究下列函数的连续性，并画出图像.

(1) $f(x) = \begin{cases} x^2, & x \leqslant 1, \\ 3 - x, & x > 1; \end{cases}$

(2) $f(x) = |\sin x|,\ x \in \left[-\dfrac{\pi}{2}, \dfrac{\pi}{2}\right].$

2. 确定常数 a, b 使下列函数连续:

(1) $f(x) = \begin{cases} \mathrm{e}^{x^2}, & x \leqslant 0, \\ x + a - 1, & x > 0; \end{cases}$

(2) $f(x) = \begin{cases} \dfrac{(a+b)x + b}{\sqrt{3x+1} - \sqrt{x+3}}, & x \neq 1, \\ 4, & x = 1; \end{cases}$

(3) $f(x) = \begin{cases} (1-x)^{\frac{b}{x}}, & x < 0, \\ 2, & x = 0, \\ \dfrac{\sin ax}{x}, & x > 0; \end{cases}$

(4) $f(x) = \begin{cases} 2^{\frac{1}{x}} - 1, & x < 0, \\ 2x + b, & 0 \leqslant x < 1, \\ ax^2 - 3x, & x \geqslant 1. \end{cases}$

3. 写出下列函数的间断点，并判断其类型:

(1) $f(x) = \dfrac{x^2 - 1}{x^2 + 3x - 4};$

(2) $f(x) = \arctan \dfrac{1}{x};$

(3) $f(x) = \dfrac{1}{\mathrm{e} - \mathrm{e}^{\frac{1}{x-1}}};$

(4) $f(x) = \dfrac{2}{\ln|x-1|};$

(5) $f(x) = \dfrac{x^2 - x}{x^2 - 1}\sqrt{1 + \dfrac{1}{x^2}};$

(6) $f(x) = \dfrac{\sqrt{1+4x} - 1}{2\sin x};$

(7) $f(x) = \begin{cases} \dfrac{\sin x}{x} + 2, & x < 0, \\ 3 - x^2, & 0 \leqslant x < 1, \\ x^3 - x + 1, & x \geqslant 1; \end{cases}$

(8) $f(x) = \begin{cases} \dfrac{\mathrm{e}^{\frac{1}{x}} - 1}{\mathrm{e}^{\frac{1}{x}} + 1}, & x \neq 0, \\ 0, & x = 1. \end{cases}$

4. 讨论函数 $f(x) = \lim\limits_{n \to \infty} \dfrac{n^x - n^{-x}}{n^x + n^{-x}} \mathrm{e}^{-x}$ 的连续性. 若有间断点，请指出其类型.

5. 求函数 $f(x) = \dfrac{x^3 - 7x - 6}{x^2 - 4x + 3}$ 的连续区间，并求极限 $\lim\limits_{x \to 1} f(x)$，$\lim\limits_{x \to 2} f(x)$，$\lim\limits_{x \to 3} f(x)$.

6. 证明方程 $\mathrm{e}^x + 1 = x^2$ 在区间 $[-2, -1]$ 内至少有一个实根.

7. 证明方程 $x^3 - 5x + 1 = 0$ 恰有 3 个实根.

8. 证明方程 $x = a\sin x + b\ (a > 0, b > 0)$ 至少有一个不超过 $a + b$ 的正根.

9. 证明奇次多项式

$$P(x) = a_0 + a_1 x + \cdots + a_{2n} x^{2n} + a_{2n+1} x^{2n+1} \ (a_{2n+1} \neq 0)$$

至少存在一个零点.

第 3 章   导数与微分

导数和微分是微分学中两个重要的基本概念，它们在科学、工程技术和经济等领域中有着广泛的应用. 导数反映了函数相对于自变量变化而变化的快慢程度，即函数的变化率；微分则反映了当自变量发生微小改变时，函数相应变化量的近似值. 本章将以极限的方法研究函数的变化率，给出导数与微分的概念和计算方法、隐函数和参数方程的导数以及导数在经济学中的应用.

3.1   导数的概念

一、引例

1. 速度问题

设一质点作变速直线运动，其走过的路程 s 与时间 t 的关系为 $s = s(t)$，求在 t_0 时刻的瞬时速度 $v(t_0)$.

为求 t_0 时刻的瞬时速度，可以考虑 t_0 附近很短一段时间内运动速度的情况. 任取接近 t_0 的时刻 $t_0 + \Delta t$，当 t 从 t_0 增加到 $t_0 + \Delta t$ 时，s 相应地从 $s(t_0)$ 变到 $s(t_0 + \Delta t)$. 这段时间内，质点经过的路程为

$$\Delta s = s(t_0 + \Delta t) - s(t_0),$$

在 Δt 内质点的平均速度为

$$\bar{v} = \frac{\Delta s}{\Delta t} = \frac{s(t_0 + \Delta t) - s(t_0)}{\Delta t}.$$

一般地，当时间间隔很小时，由于质点在该时间间隔内的运动状况来不及发生大的变化，可以把平均速度 $\bar{v}$ 近似看成是质点在 t_0 时刻的速度. 显然，时间间隔越小，平均速度 $\bar{v}$ 就越接近 t_0 时刻的瞬时速度. 为此我们采用极限的方法，如果平均速度 $\bar{v}$ 当 $\Delta t \to 0$ 时的极限存在，我们就把该极限称为质点在 t_0 时刻的瞬时速度，即

$$v(t_0) = \lim_{\Delta t \to 0} \frac{\Delta s}{\Delta t} = \lim_{\Delta t \to 0} \frac{s(t_0 + \Delta t) - s(t_0)}{\Delta t}.$$

2. 切线问题

设平面曲线的方程为 $y = f(x)$，$P_0(x_0, y_0)$ 为曲线上的一个定点，求 P_0 处的切线方程.

为求曲线 $y = f(x)$ 在点 P_0 处的切线，可在曲线上取邻近于 P_0 的点 $P(x_0 + \Delta x, y_0 + \Delta y)$，连接 P_0 和 P 得割线 $P_0 P$，当点 P 沿曲线无限接近于 P_0 时，割线 $P_0 P$ 的极限位置 $P_0 T$ 就是曲线 $y = f(x)$ 在点 P_0 处的切线 (见图 3.1). 设 β 为割线 $P_0 P$ 的倾角，α 为切线 $P_0 T$ 的倾角，

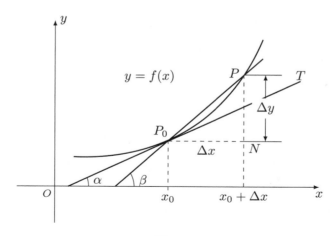

图 3.1

则

$$\tan \beta = \frac{PN}{P_0 N} = \frac{\Delta y}{\Delta x} = \frac{f(x_0 + \Delta x) - f(x_0)}{\Delta x}.$$

当点 P 沿曲线无限接近于点 P_0 时，即 $\Delta x \to 0$ 时，此时 $\beta \to \alpha$，$\tan \beta \to \tan \alpha$，所以切线 $P_0 T$ 的斜率为

$$\tan \alpha = \lim_{\Delta x \to 0} \tan \beta = \lim_{\Delta x \to 0} \frac{\Delta y}{\Delta x} = \lim_{\Delta x \to 0} \frac{f(x_0 + \Delta x) - f(x_0)}{\Delta x}.$$

瞬时速度和切线斜率虽然是两个不同的问题，但是从抽象的数量关系来看，它们的实质是一样的，在计算上都归结为同一个极限形式：

$$\lim_{\Delta x \to 0} \frac{f(x_0 + \Delta x) - f(x_0)}{\Delta x},$$

即求函数的增量和自变量增量的比值的极限问题. 比值 $\dfrac{f(x_0 + \Delta x) - f(x_0)}{\Delta x}$ 称为函数 $f(x)$ 的平均变化率，当 $\Delta x \to 0$ 时平均变化率的极限就是函数 $f(x)$ 在点 x_0 处的变化率，称为函数在这一点的导数.

二、导数的定义

定义 3.1　设函数 $y = f(x)$ 在 x_0 的某个邻域内有定义，当自变量 x 在 x_0 处取得增量 Δx 时 (点 $x_0 + \Delta x$ 仍在该邻域内)，函数 y 相应地取得增量

$$\Delta y = f(x_0 + \Delta x) - f(x_0).$$

如果当 $\Delta x \to 0$ 时，极限

$$\lim_{\Delta x \to 0} \frac{\Delta y}{\Delta x} = \lim_{\Delta x \to 0} \frac{f(x_0 + \Delta x) - f(x_0)}{\Delta x} \tag{3.1}$$

存在，则称函数 $y = f(x)$ 在点 x_0 处**可导**，并称这个极限为函数 $y = f(x)$ 在点 x_0 处的**导数**，记作

$$f'(x_0), \quad y'|_{x=x_0}, \quad \frac{\mathrm{d}y}{\mathrm{d}x}\Big|_{x=x_0} 或 \frac{\mathrm{d}f(x)}{\mathrm{d}x}\Big|_{x=x_0}.$$

如果 (3.1) 式的极限不存在，则称函数 $y = f(x)$ 在点 x_0 处**不可导**，称点 x_0 为 $y = f(x)$

的**不可导点**. 如果不可导的原因是当 $\Delta x \to 0$ 时, $\dfrac{\Delta y}{\Delta x} \to \infty$, 此时导数不存在, 但是为了方便, 可以说 $y = f(x)$ 在点 x_0 处的导数为无穷大, 并记作 $f'(x_0) = \infty$.

若令 $x = x_0 + \Delta x$, 则 $\Delta x = x - x_0$, 且当 $\Delta x \to 0$ 时, $x \to x_0$, 于是得到一个与 (3.1) 式等价的定义

$$f'(x_0) = \lim_{x \to x_0} \frac{f(x) - f(x_0)}{x - x_0}.$$

如果函数 $y = f(x)$ 在开区间 I 内的每一点都可导, 就称函数 $y = f(x)$ 在**开区间 I 内可导**. 这时对每一个 $x \in I$, 都有导数 $f'(x)$ 与之相对应, 从而在 I 内确定了一个新的函数, 称为 $y = f(x)$ 的**导函数**, 简称**导数**, 记作

$$y', \quad f'(x), \quad \frac{\mathrm{d}y}{\mathrm{d}x} \text{ 或 } \frac{\mathrm{d}f(x)}{\mathrm{d}x}.$$

下面利用导数的定义来求一些基本初等函数的导数.

例 3.1 求常函数 $f(x) = C$ 的导数.

解 因为 $\Delta y = f(x + \Delta x) - f(x) = C - C = 0$, 有 $\dfrac{\Delta y}{\Delta x} = 0$, 因此

$$f'(x) = \lim_{\Delta x \to 0} \frac{\Delta y}{\Delta x} = 0,$$

即

$$(C)' = 0.$$

例 3.2 求幂函数 $f(x) = x^n$ (n为正整数) 的导数.

解 利用导数定义和牛顿二项展开式, 可得

$$f'(x) = \lim_{\Delta x \to 0} \frac{f(x + \Delta x) - f(x)}{\Delta x} = \lim_{\Delta x \to 0} \frac{(x + \Delta x)^n - x^n}{\Delta x}$$

$$= \lim_{\Delta x \to 0} \frac{nx^{n-1}\Delta x + \dfrac{n(n-1)}{2}x^{n-2}(\Delta x)^2 + \cdots + (\Delta x)^n}{\Delta x}$$

$$= \lim_{\Delta x \to 0} \left[nx^{n-1} + \frac{n(n-1)}{2}x^{n-2}\Delta x + \cdots + (\Delta x)^{n-1} \right]$$

$$= nx^{n-1},$$

即

$$(x^n)' = nx^{n-1}.$$

后面将会证明, 对于一般的幂函数 $y = x^\mu$ (μ为任意实数), 也有相同的求导形式:

$$(x^\mu)' = \mu x^{\mu-1}.$$

例 3.3 求指数函数 $f(x) = a^x$ ($a > 1, a \neq 1$) 的导数.

解 因为

$$f'(x) = \lim_{\Delta x \to 0} \frac{f(x + \Delta x) - f(x)}{\Delta x} = \lim_{\Delta x \to 0} \frac{a^{x+\Delta x} - a^x}{\Delta x}$$

$$= \lim_{\Delta x \to 0} a^x \cdot \frac{a^{\Delta x} - 1}{\Delta x} = a^x \lim_{\Delta x \to 0} \frac{\mathrm{e}^{\Delta x \ln a} - 1}{\Delta x},$$

当 $\Delta x \to 0$ 时，$\Delta x \ln a \to 0$，所以 $\mathrm{e}^{\Delta x \ln a} - 1 \sim \Delta x \ln a$，因此有

$$f'(x) = a^x \lim_{\Delta x \to 0} \frac{\Delta x \ln a}{\Delta x} = a^x \ln a,$$

即

$$(a^x)' = a^x \ln a.$$

特别地，当 $a = \mathrm{e}$ 时，有 $(\mathrm{e}^x)' = \mathrm{e}^x$.

例 3.4　求正弦函数 $f(x) = \sin x$ 的导数.

解　$\displaystyle f'(x) = \lim_{\Delta x \to 0} \frac{f(x + \Delta x) - f(x)}{\Delta x} = \lim_{\Delta x \to 0} \frac{\sin(x + \Delta x) - \sin x}{\Delta x}$

$$= \lim_{\Delta x \to 0} \frac{2 \cos \left(x + \dfrac{\Delta x}{2} \right) \sin \left(\dfrac{\Delta x}{2} \right)}{\Delta x} = \lim_{\Delta x \to 0} \frac{2 \cos \left(x + \dfrac{\Delta x}{2} \right) \cdot \dfrac{\Delta x}{2}}{\Delta x}$$

$$= \cos x,$$

即

$$(\sin x)' = \cos x.$$

用类似的方法可以求得

$$(\cos x)' = -\sin x.$$

例 3.5　求对数函数 $f(x) = \log_a x \ (a > 0, a \neq 1)$ 的导数.

解　$\displaystyle f'(x) = \lim_{\Delta x \to 0} \frac{f(x + \Delta x) - f(x)}{\Delta x} = \lim_{\Delta x \to 0} \frac{\log_a(x + \Delta x) - \log_a x}{\Delta x}$

$$= \lim_{\Delta x \to 0} \frac{\log_a \left(1 + \dfrac{\Delta x}{x} \right)}{\Delta x} = \lim_{\Delta x \to 0} \log_a \left(1 + \frac{\Delta x}{x} \right)^{\frac{x}{\Delta x} \cdot \frac{1}{x}}$$

$$= \log_a \mathrm{e}^{\frac{1}{x}} = \frac{1}{x \ln a},$$

即

$$(\log_a x)' = \frac{1}{x \ln a}.$$

特别地，当 $a = \mathrm{e}$ 时有

$$(\ln x)' = \frac{1}{x}.$$

例 3.6　设函数 $f(x) = (\mathrm{e}^x - 1)(\mathrm{e}^{2x} - 2) \cdots (\mathrm{e}^{nx} - n)$，其中 n 为正整数，求 $f'(0)$.

解　$\displaystyle f'(0) = \lim_{x \to 0} \frac{f(x) - f(0)}{x - 0} = \lim_{x \to 0} \frac{(\mathrm{e}^x - 1)(\mathrm{e}^{2x} - 2) \cdots (\mathrm{e}^{nx} - n) - 0}{x - 0}$

$$= \lim_{x \to 0} \frac{x(\mathrm{e}^{2x} - 2) \cdots (\mathrm{e}^{nx} - n)}{x} = \lim_{x \to 0} (\mathrm{e}^{2x} - 2) \cdots (\mathrm{e}^{nx} - n)$$

$$= (1 - 2)(1 - 3) \cdots (1 - n) = (-1)^{n-1}(n-1)!.$$

对于分段函数，求它的导数时需要分段进行，特别是在求分界点处的导数时，类似于单侧极限，这里需要讨论它的单侧导数，为此引进左导数和右导数的概念.

定义 3.2 设函数 $y = f(x)$ 在 x_0 的某个邻域内有定义，如果极限

$$\lim_{\Delta x \to 0^-} \frac{f(x_0 + \Delta x) - f(x_0)}{\Delta x}$$

存在，则称该极限为函数 $y = f(x)$ 在 x_0 处的**左导数**，记作 $f'_-(x_0)$；若极限

$$\lim_{\Delta x \to 0^+} \frac{f(x_0 + \Delta x) - f(x_0)}{\Delta x}$$

存在，则称该极限为函数 $y = f(x)$ 在 x_0 处的**右导数**，记作 $f'_+(x_0)$.

根据极限存在的充分必要条件可得，**函数 $y = f(x)$ 在点 x_0 处可导的充分必要条件是左导数 $f'_-(x_0)$ 和右导数 $f'_+(x_0)$ 存在且相等**.

例 3.7 讨论函数 $f(x) = |x|$ 在 $x = 0$ 处的可导性.

解 根据左、右导数的定义，有

$$f'_-(0) = \lim_{\Delta x \to 0^-} \frac{f(0 + \Delta x) - f(0)}{\Delta x} = \lim_{\Delta x \to 0^-} \frac{-(0 + \Delta x) - 0}{\Delta x} = -1,$$

$$f'_+(0) = \lim_{\Delta x \to 0^+} \frac{f(0 + \Delta x) - f(0)}{\Delta x} = \lim_{\Delta x \to 0^+} \frac{(0 + \Delta x) - 0}{\Delta x} = 1,$$

由 $f'_-(0) \neq f'_+(0)$，所以函数 $f(x) = |x|$ 在 $x = 0$ 处不可导.

例 3.8 已知 $f(x) = \begin{cases} x^2, & x \leqslant 0, \\ \sin x, & x > 0, \end{cases}$ 求 $f'(x)$.

解 当 $x < 0$ 时，$f'(x) = (x^2)' = 2x$；当 $x > 0$ 时，$f'(x) = (\sin x)' = \cos x$.
当 $x = 0$ 时，根据定义

$$f'_-(0) = \lim_{x \to 0^-} \frac{f(x) - f(0)}{x - 0} = \lim_{x \to 0^-} \frac{x^2 - 0}{x - 0} = 0,$$

$$f'_+(0) = \lim_{x \to 0^+} \frac{f(x) - f(0)}{x - 0} = \lim_{x \to 0^+} \frac{\sin x - 0}{x - 0} = 1$$

可知，函数 $f(x)$ 在 $x = 0$ 不可导，所以

$$f'(x) = \begin{cases} 2x, & x < 0, \\ \cos x, & x > 0. \end{cases}$$

三、导数的几何意义

由引例中切线问题的讨论我们知道,导数 $f'(x_0)$ 在几何上表示曲线 $y = f(x)$ 在点 $P_0(x_0, f(x_0))$ 处切线的斜率，即

$$f'(x_0) = \tan \alpha \quad (\alpha \text{为切线的倾角}).$$

根据直线的点斜式方程，可知曲线 $y = f(x)$ 在点 $P_0(x_0, f(x_0))$ 处的切线方程为

$$y - f(x_0) = f'(x_0)(x - x_0).$$

过切点 P_0 且与切线垂直的直线称为曲线 $y = f(x)$ 在点 P_0 处的**法线**. 当 $f'(x_0) \neq 0$ 时，法线的斜率为 $-\dfrac{1}{f'(x_0)}$，因此法线方程为

$$y - f(x_0) = -\frac{1}{f'(x_0)}(x - x_0).$$

注：(1) 如果 $f'(x_0) = 0$，切线的斜率为零，倾角 $\alpha = 0$，切线与 x 轴平行，所以此时

$$\text{切线方程为}\quad y = f(x_0),\qquad \text{法线方程为}\quad x = x_0.$$

(2) 如果 $f'(x_0) = \infty$，切线与 x 轴垂直，倾角 $\alpha = \dfrac{\pi}{2}$，所以此时

$$\text{切线方程为}\quad x = x_0,\qquad \text{法线方程为}\quad y = f(x_0).$$

例 3.9　求曲线 $y = \dfrac{1}{x^2}$ 在 $(1,1)$ 处的切线方程和法线方程.

解　点 $(1,1)$ 在曲线 $y = \dfrac{1}{x^2}$ 上，根据导数的几何意义，所求切线的斜率为

$$k = y'|_{x=1} = -\frac{2}{x^3}\Big|_{x=1} = -2.$$

所以切线方程为

$$y - 1 = -2(x - 1),\quad \text{即}\quad y = -2x + 3,$$

法线方程为

$$y - 1 = \frac{1}{2}(x - 1),\quad \text{即}\quad y = \frac{1}{2}x + \frac{1}{2}.$$

例 3.10　求曲线 $y = x^{\frac{3}{2}}$ 过点 $(0, -4)$ 的切线方程.

解　点 $(0, -4)$ 不在曲线 $y = x^{\frac{3}{2}}$ 上，不妨设切点为 (x_0, y_0)，所求切线的斜率为

$$k = y'|_{x=x_0} = \frac{3}{2}x^{\frac{1}{2}}\Big|_{x=x_0} = \frac{3}{2}x_0^{\frac{1}{2}}.$$

切线方程为

$$y - y_0 = \frac{3}{2}x_0^{\frac{1}{2}}(x - x_0),$$

因为切线过点 $(0, 4)$，且 $y_0 = x_0^{\frac{3}{2}}$，因此求得 $x_0 = 4$，$y_0 = 8$，所求切线方程为

$$y = 3x - 4.$$

例 3.11　曲线 $y = x^2$ 与曲线 $y = a\ln x\,(a \neq 0)$ 相切，求常数 a.

解　设切点为 (x_0, y_0)，根据题意，两曲线在该点处的斜率相等，即

$$2x_0 = \frac{a}{x_0}\ (x_0 > 0),$$

解得 $x_0 = \sqrt{\dfrac{a}{2}}$. 又因为切点 (x_0, y_0) 同时满足两曲线方程，所以

$$\frac{a}{2} = a\ln\sqrt{\frac{a}{2}},$$

解得 $a = 2\mathrm{e}$.

四、函数的可导与连续的关系

函数的连续和可导是微分学中的两个重要概念，它们之间有下列定理.

定理 3.1　如果函数 $y = f(x)$ 在点 x_0 处可导，那么函数在点 x_0 处必连续.

证　如果函数 $y = f(x)$ 在点 x_0 处可导，则有

$$f'(x_0) = \lim_{\Delta x \to 0}\frac{\Delta y}{\Delta x},$$

由极限运算法则可得

$$\lim_{\Delta x \to 0} \Delta y = \lim_{\Delta x \to 0} \frac{\Delta y}{\Delta x} \Delta x = \lim_{\Delta x \to 0} \frac{\Delta y}{\Delta x} \cdot \lim_{\Delta x \to 0} \Delta x = 0,$$

所以函数 $y = f(x)$ 在 x_0 处连续.

上述定理的逆命题不一定成立, 即函数 $f(x)$ 在 x_0 处连续, 但在该点不一定可导. 上述定理的逆否命题一定成立, 即**若函数 $f(x)$ 在 x_0 处不连续, 则函数在该点一定不可导**.

例 3.12 证明函数 $f(x) = |x|$ 在 $x = 0$ 处连续但不可导.

证 因为 $\lim\limits_{x \to 0} |x| = 0 = f(0)$, 故函数 $f(x) = |x|$ 在 $x = 0$ 处连续. 然而

$$f'_-(0) = \lim_{x \to 0^-} \frac{-x - 0}{x - 0} = -1, \quad f'_+(0) = \lim_{x \to 0^+} \frac{x - 0}{x - 0} = 1,$$

即 $f'_-(0) \neq f'_+(0)$, 所以函数 $f(x) = |x|$ 在 $x = 0$ 处不可导.

例 3.13 讨论函数 $f(x) = \begin{cases} x^2 \sin \dfrac{1}{x}, & x \neq 0, \\ 0, & x = 0 \end{cases}$ 在 $x = 0$ 处的可导性.

解 因为

$$\lim_{x \to 0} \frac{x^2 \sin \dfrac{1}{x} - 0}{x - 0} = \lim_{x \to 0} x \sin \frac{1}{x} = 0,$$

所以函数 $f(x)$ 在 $x = 0$ 处可导.

例 3.14 求常数 a, b, 使得函数 $f(x) = \begin{cases} ax + b, & x < 0, \\ \mathrm{e}^x, & x \geqslant 0 \end{cases}$ 在 $x = 0$ 处可导.

解 根据题意, 要使函数 $f(x)$ 在 $x = 0$ 处可导, 则函数 $f(x)$ 在 $x = 0$ 处必须连续, 所以

$$f(0^-) = f(0^+) = f(0), \quad 即 b = 1.$$

根据函数在 $x = 0$ 处可导, 可知 $f'_-(0) = f'_+(0)$, 即

$$\lim_{x \to 0^-} \frac{ax + b - 1}{x - 0} = \lim_{x \to 0^+} \frac{\mathrm{e}^x - 1}{x - 0},$$

求得 $a = 1$.

习 题 3.1

1. 按定义求下列函数在指定点处的导数:

(1) $y = x^3 - 2x$, $x = 1$;　　　　　(2) $y = \sqrt[3]{x - 1}$, $x = 2$.

2. 设 $f'(x_0)$ 存在, 根据导数定义求下列极限:

(1) $\lim\limits_{\Delta x \to 0} \dfrac{f(x_0 - 2\Delta x) - f(x_0)}{\Delta x}$;　　　　　(2) $\lim\limits_{\Delta x \to 0} \dfrac{f(x_0 + \Delta x) - f(x_0 - \Delta x)}{\Delta x}$;

(3) $\lim\limits_{h \to 0} \dfrac{f(x_0 + h^2) - f(x_0)}{h}$;　　　　　(4) $\lim\limits_{h \to 0} \dfrac{f(x_0 + ah) - f(x_0 - bh)}{h}$;

(5) $\lim\limits_{x \to x_0} \dfrac{f^2(x) - f^2(x_0)}{x - x_0}$;　　　　　(6) $\lim\limits_{x \to 0} \dfrac{f(x_0 - \sin x^2) - f(x_0)}{\sqrt[3]{1 + x^2} - 1}$.

3. 求下列函数的导数：

(1) $y = \sqrt[5]{x^2}$;

(2) $y = \left(\dfrac{1}{3}\right)^x$;

(3) $y = \lg x$;

(4) $y = \dfrac{x^2}{\sqrt{x\sqrt{x}}}$;

(5) $y = \tan x$;

(6) $y = 2^x \cdot 3^x$.

4. 讨论下列函数在 $x = 0$ 处的连续性与可导性：

(1) $f(x) = x|x|$;

(2) $f(x) = \sqrt{1 - \cos^2 x}$;

(3) $f(x) = \begin{cases} 3x^2 + 1, & x \leqslant 0, \\ 3x - 1, & x > 0; \end{cases}$

(4) $f(x) = \begin{cases} x, & x < 0, \\ \ln(1 + x), & x \geqslant 0; \end{cases}$

(5) $f(x) = \begin{cases} x \arctan \dfrac{1}{x}, & x \neq 0, \\ 0, & x = 0; \end{cases}$

(6) $f(x) = \begin{cases} \dfrac{x e^{\frac{1}{x}}}{1 + e^{\frac{1}{x}}}, & x \neq 0, \\ 0, & x = 0. \end{cases}$

5. 设函数

$$f(x) = \begin{cases} ax^2 + b, & x < 1, \\ x + 3\ln x, & x \geqslant 1, \end{cases}$$

为使 $f(x)$ 在 $x = 1$ 处可导，求常数 a 和 b.

6. 设函数 $f(x) = \begin{cases} x^3, & x < 0, \\ \sin x, & x \geqslant 0, \end{cases}$ 求导函数 $f'(x)$.

7. 设函数 $f(x)$ 在 $x = 1$ 处连续，且 $\lim\limits_{x \to 1} \dfrac{f(x) + 2}{e^x - e} = 2$, 求 $f(1)$ 和 $f'(1)$.

8. 设非零函数 $f(x)$ 对任意 x, y 有 $f(x + y) = f(x)f(y)$ 且 $f'(0) = 1$, 证明 $f'(x) = f(x)$.

9. 求曲线 $y = 1 + 2\ln x$ 在点 $(1, 1)$ 处的切线方程和法线方程.

10. 设函数 $f(x)$ 在 $(-\infty, +\infty)$ 内可导，且满足 $f(1 + x) - 2f(1 - x) = 3x + o(x)$, 其中 $o(x)$ 是 x $(x \to 0)$ 的高阶无穷小，求曲线 $y = f(x)$ 在 $x = 1$ 对应点处的切线方程.

3.2　求导法则与基本初等函数求导公式

在这一节中，我们将根据导数的定义，推导导数的四则运算、反函数和复合函数的求导法则，给出基本初等函数的求导公式. 利用这些求导法则和基本初等函数的求导公式，就能方便地计算初等函数的导数.

一、导数的四则运算

定理 3.2 设函数 $u = u(x)$, $v = v(x)$ 在点 x 处可导，则它们的和、差、积、商 (分母不为零) 在点 x 处也可导，且

(1) $[k_1 u(x) \pm k_2 v(x)]' = k_1 u'(x) \pm k_2 v'(x)$ $(k_1, k_2$ 为常数$)$;

(2) $[u(x)v(x)]' = u'(x)v(x) + u(x)v'(x)$;

(3) $\left[\dfrac{u(x)}{v(x)}\right]' = \dfrac{u'(x)v(x) - u(x)v'(x)}{v^2(x)}$ $(v(x) \neq 0)$.

证 (1) 根据导数定义，有

$$\lim_{\Delta x \to 0} \frac{[k_1 u(x + \Delta x) \pm k_2 v(x + \Delta x)] - [k_1 u(x) \pm k_2 v(x)]}{\Delta x}$$

$$= \lim_{\Delta x \to 0} \frac{k_1[u(x + \Delta x) - u(x)] \pm k_2[v(x + \Delta x) - v(x)]}{\Delta x}$$

$$= k_1 \lim_{\Delta x \to 0} \frac{u(x + \Delta x) - u(x)}{\Delta x} \pm k_2 \lim_{\Delta x \to 0} \frac{v(x + \Delta x) - v(x)}{\Delta x}$$

$$= k_1 u'(x) \pm k_2 v'(x),$$

所以 $k_1 u(x) \pm k_2 v(x)$ 在点 x 处可导，且

$$[k_1 u(x) \pm k_2 v(x)]' = k_1 u'(x) \pm k_2 v'(x).$$

(2) 因为

$$\frac{u(x + \Delta x)v(x + \Delta x) - u(x)v(x)}{\Delta x}$$

$$= \frac{u(x + \Delta x)v(x + \Delta x) - u(x)v(x + \Delta x) + u(x)v(x + \Delta x) - u(x)v(x)}{\Delta x}$$

$$= \frac{u(x + \Delta x) - u(x)}{\Delta x} \cdot v(x + \Delta x) + u(x) \cdot \frac{v(x + \Delta x) - v(x)}{\Delta x},$$

由 $v(x)$ 在点 x 处可导，得到 $v(x)$ 在点 x 处连续，因此当 $\Delta x \to 0$ 时，$v(x + \Delta x) \to v(x)$，从而有

$$\lim_{\Delta x \to 0} \frac{u(x + \Delta x)v(x + \Delta x) - u(x)v(x)}{\Delta x}$$

$$= \lim_{\Delta x \to 0} \frac{u(x + \Delta x) - u(x)}{\Delta x} \cdot \lim_{\Delta x \to 0} v(x + \Delta x) + u(x) \cdot \lim_{\Delta x \to 0} \frac{v(x + \Delta x) - v(x)}{\Delta x}$$

$$= u'(x)v(x) + u(x)v'(x),$$

所以 $u(x)v(x)$ 在点 x 处可导，且

$$[u(x)v(x)]' = u'(x)v(x) + u(x)v'(x).$$

(3) 设 $g(x) = \dfrac{1}{v(x)}$，则此处 $\dfrac{u(x)}{v(x)}$ 的导数可以看成 $u(x)g(x)$ 的导数. 因为

$$\frac{g(x + \Delta x) - g(x)}{\Delta x} = \frac{\dfrac{1}{v(x + \Delta x)} - \dfrac{1}{v(x)}}{\Delta x} = \frac{v(x) - v(x + \Delta x)}{v(x + \Delta x)v(x)\Delta x}$$

$$= -\frac{v(x + \Delta x) - v(x)}{\Delta x} \cdot \frac{1}{v(x + \Delta x)v(x)},$$

根据条件 $v(x)$ 在 x 处可导，可导必连续，所以 $\lim\limits_{\Delta x \to 0} v(x + \Delta x) = v(x)$，从而有

$$\lim_{\Delta x \to 0} \frac{g(x + \Delta x) - g(x)}{\Delta x} = -\frac{v'(x)}{v^2(x)},$$

所以 $g(x) = \dfrac{1}{v(x)}$ 在点 x 处可导，且 $g'(x) = -\dfrac{v'(x)}{v^2(x)}$. 最后根据乘积的求导运算，得到

$$\left[\frac{u(x)}{v(x)}\right]' = (u(x)g(x))' = u'(x)g(x) + u(x)g'(x)$$

$$= u'(x)\cdot\frac{1}{v(x)} + u(x)\cdot\left[-\frac{v'(x)}{v^2(x)}\right]$$

$$= \frac{u'(x)v(x) - u(x)v'(x)}{v^2(x)}.$$

定理 3.2中法则 (1) 和法则 (2) 可以推广到有限个可导函数上去.

例如，设函数 $u_1(x), u_2(x), \cdots, u_n(x)$ 都在点 x 处可导，$k_1, k_2, \cdots, k_n$ 为常数，则函数

$$f(x) = k_1u_1(x) + k_2u_2(x) + \cdots + k_nu_n(x)$$

在点 x 处可导，且其导数为

$$f'(x) = k_1u_1'(x) + k_2u_2'(x) + \cdots + k_nu_n'(x).$$

乘积 $u_1(x)u_2(x)u_3(x)$ 的导数为 (可以简写为 $u_1u_2u_3$)

$$(u_1u_2u_3)' = u_1'u_2u_3 + u_1u_2'u_3 + u_1u_2u_3'.$$

法则 (2) 中，当 $v(x) = C$ (C 为常数) 时，有

$$(Cu)' = Cu'.$$

例 3.15 求 $y = \dfrac{1}{x^2} - \dfrac{1}{\sqrt{x}} + 2\cos x + \sqrt{2}$ 的导数.

解

$$y' = \left(\frac{1}{x^2} - \frac{1}{\sqrt{x}} + 2\cos x + \sqrt{2}\right)'$$

$$= \left(x^{-2}\right)' - \left(x^{-\frac{1}{2}}\right)' + 2(\cos x)' + (\sqrt{2})'$$

$$= -2x^{-3} + \frac{1}{2}x^{-\frac{3}{2}} - 2\sin x.$$

例 3.16 求 $y = \dfrac{x^5 - 5x - 1}{x^3}$ 的导数.

解

$$y' = \left(\frac{x^5 - 5x - 1}{x^3}\right)' = \left(x^2 - 5\frac{1}{x^2} - \frac{1}{x^3}\right)'$$

$$= (x^2)' - 5\left(x^{-2}\right)' - \left(x^{-3}\right)'$$

$$= 2x + 10x^{-3} + 3x^{-4}.$$

例 3.17 求 $y = \mathrm{e}^x\sin x$ 的导数.

解 $\quad y' = (\mathrm{e}^x\sin x)' = (\mathrm{e}^x)'\sin x + \mathrm{e}^x(\sin x)' = \mathrm{e}^x\sin x + \mathrm{e}^x\cos x.$

例 3.18 求 $y = \dfrac{x+1}{x^2+1}$ 的导数.

解

$$y' = \frac{(x+1)'(x^2+1) - (x+1)(x^2+1)'}{(x^2+1)^2}$$

$$= \frac{1\cdot(x^2+1) - (x+1)\cdot 2x}{(x^2+1)^2}$$

$$= \frac{-x^2 - 2x + 1}{\left(x^2 + 1\right)^2}.$$

例 3.19 求下列函数的导数：

(1) $y = \tan x$；   (2) $y = \cot x$；

(3) $y = \sec x$；   (4) $y = \csc x$.

解   (1) $(\tan x)' = \left(\dfrac{\sin x}{\cos x}\right)' = \dfrac{\cos x \cos x - \sin x(-\sin x)}{\cos^2 x} = \dfrac{1}{\cos^2 x} = \sec^2 x$；

(2) $(\cot x)' = \left(\dfrac{\cos x}{\sin x}\right)' = \dfrac{(-\sin x)\sin x - \cos x \cos x}{\sin^2 x} = \dfrac{-1}{\sin^2 x} = -\csc^2 x$；

(3) $(\sec x)' = \left(\dfrac{1}{\cos x}\right)' = \dfrac{0 \cdot \cos x - 1 \cdot (-\sin x)}{\cos^2 x} = \dfrac{\sin x}{\cos^2 x} = \tan x \sec x$；

(4) $(\csc x)' = \left(\dfrac{1}{\sin x}\right)' = \dfrac{0 \cdot \sin x - 1 \cdot \cos x}{\sin^2 x} = -\cot x \csc x.$

二、反函数的求导法则

定理 3.3 设 $y = f(x)$ 为 $x = \varphi(y)$ 的反函数. 如果 $x = \varphi(y)$ 在某区间 I_y 内严格单调、可导且 $\varphi'(y) \neq 0$，则它的反函数 $y = f(x)$ 也在对应区间 I_x 内可导，且有

$$f'(x) = \frac{1}{\varphi'(y)} \quad \text{或} \quad \frac{\mathrm{d}y}{\mathrm{d}x} = \frac{1}{\dfrac{\mathrm{d}x}{\mathrm{d}y}}.$$

证 由于 $x = \varphi(y)$ 在 I_y 内单调、可导，由定理 2.17可知，反函数 $y = f(x)$ 存在，且在 I_x 内单调、连续.

任取 $x \in I_x$，设增量为 Δx $(\Delta x \neq 0)$，由 $y = f(x)$ 的单调性可知

$$\Delta y = f(x + \Delta x) - f(x) \neq 0,$$

所以有

$$\frac{\Delta y}{\Delta x} = \frac{1}{\dfrac{\Delta x}{\Delta y}}.$$

根据 $y = f(x)$ 的连续性，当 $\Delta x \to 0$ 时，$\Delta y \to 0$，再根据 $x = \varphi(y)$ 可导且 $\varphi'(y) \neq 0$，可得

$$\lim_{\Delta x \to 0} \frac{\Delta y}{\Delta x} = \frac{1}{\lim\limits_{\Delta y \to 0} \dfrac{\Delta x}{\Delta y}} = \frac{1}{\varphi'(y)},$$

即 $y = f(x)$ 在对应区间 I_x 内也可导，且 $f'(x) = \dfrac{1}{\varphi'(y)}$.

下面用上述定理来推导反三角函数和对数函数的导数公式.

例 3.20 求 $y = \arcsin x$，$x \in (-1, 1)$ 的导数.

解 因为 $y = \arcsin x$ 是 $x = \sin y$ 在 $\left(-\dfrac{\pi}{2}, \dfrac{\pi}{2}\right)$ 上的反函数，且此时 $x = \sin y$ 是单调递增、可导，且

$$(\sin y)' = \cos y > 0.$$

由定理 3.3 得

$$(\arcsin x)' = \frac{1}{(\sin y)'} = \frac{1}{\cos y}.$$

因为当 $-\dfrac{\pi}{2} < y < \dfrac{\pi}{2}$ 时，$\cos y > 0$，所以

$$\cos y = \sqrt{1 - \sin^2 y} = \sqrt{1 - x^2},$$

即

$$(\arcsin x)' = \frac{1}{(\sin y)'} = \frac{1}{\sqrt{1 - x^2}}.$$

用类似的方法可得反余弦函数的导数公式为

$$(\arccos x)' = -\frac{1}{\sqrt{1 - x^2}}.$$

例 3.21 求 $y = \text{arccot}\, x$, $x \in (-\infty, \infty)$ 的导数.

解 因为 $y = \text{arccot}\, x$ 是 $x = \cot y$ 在 $(0, \pi)$ 上的反函数，且此时 $x = \cot y$ 是单调递减、可导，由定理 3.3 得

$$(\text{arccot}\, x)' = \frac{1}{(\cot y)'} = \frac{1}{-\csc^2 y} = -\frac{1}{1 + \cot^2 y} = -\frac{1}{1 + x^2}.$$

同理可得

$$(\arctan x)' = \frac{1}{1 + x^2}.$$

例 3.22 求 $y = \log_a x$ $(x > 0, a > 0, a \neq 1)$ 的导数.

解 因为 $y = \log_a x$ 是 $x = a^y$, $y \in (-\infty, \infty)$ 的反函数，且此时 $x = a^y$ 是单调、可导的，所以由定理 3.3 得

$$(\log_a x)' = \frac{1}{(a^y)'} = \frac{1}{a^y \ln a} = \frac{1}{x \ln a}.$$

三、复合函数的求导法则

到目前为止我们已经给出了大部分基本初等函数的求导公式，但是对于多个基本初等函数复合的函数，例如 $y = \ln \tan x$ 这样的函数是否可导？如果可导，如何求它们的导数？要解决这些问题，我们给出复合函数的求导法则.

定理 3.4 设函数 $u = g(x)$ 在点 x 处可导，函数 $y = f(u)$ 在对应点 $u = g(x)$ 处可导，则复合函数 $y = f[g(x)]$ 在点 x 处可导，且有

$$(f[g(x)])' = f'(u) \cdot g'(x) = f'[g(x)] \cdot g'(x) \quad \text{或} \quad \frac{\mathrm{d}y}{\mathrm{d}x} = \frac{\mathrm{d}y}{\mathrm{d}u} \cdot \frac{\mathrm{d}u}{\mathrm{d}x}.$$

证 因为函数 $y = f(u)$ 在 $u = g(x)$ 处可导，有

$$\lim_{\Delta u \to 0} \frac{\Delta y}{\Delta u} = f'(u),$$

根据极限与无穷小的关系，有

$$\frac{\Delta y}{\Delta u} = f'(u) + \alpha,$$

其中 $\lim\limits_{\Delta u \to 0} \alpha = 0$. 当 $\Delta u \neq 0$ 时，有

$$\Delta y = f'(u)\Delta u + \alpha \Delta u. \tag{3.2}$$

而当 $\Delta u = 0$ 时，因为 $\Delta y = f(u + \Delta u) - f(u) = 0$，故式 (3.2) 同样成立. 用 $\Delta x \neq 0$ 除式 (3.2) 的两边，得

$$\frac{\Delta y}{\Delta x} = f'(u)\frac{\Delta u}{\Delta x} + \alpha\frac{\Delta u}{\Delta x},$$

下面要研究当 $\Delta x \to 0$ 时上式的极限. 因为 $u = g(x)$ 在 x 处可导，故在点 x 处连续，可知当 $\Delta x \to 0$ 时，$\Delta u \to 0$，所以 $\lim\limits_{\Delta x \to 0} \alpha = \lim\limits_{\Delta u \to 0} \alpha = 0$. 于是有

$$\begin{aligned}
\lim_{\Delta x \to 0} \frac{\Delta y}{\Delta x} &= \lim_{\Delta x \to 0}\left[f'(u)\frac{\Delta u}{\Delta x} + \alpha\frac{\Delta u}{\Delta x}\right] \\
&= f'(u) \cdot \lim_{\Delta x \to 0}\frac{\Delta u}{\Delta x} + \lim_{\Delta x \to 0}\alpha \cdot \lim_{\Delta x \to 0}\frac{\Delta u}{\Delta x} \\
&= f'(u)g'(x).
\end{aligned}$$

定理表明，复合函数 $f[g(x)]$ 对 x 的导数等于函数 $f[g(x)]$ 对中间变量 $u = g(x)$ 的导数乘以中间变量 $u = g(x)$ 对自变量 x 的导数.

定理 3.4 可以推广到任意有限个可导函数的复合函数. 例如，设 $y = f(u), u = g(v), v = h(x)$ 均为相应区间内的可导函数，且可以复合成函数 $y = f[g(h(x))]$，则

$$\frac{\mathrm{d}y}{\mathrm{d}x} = \frac{\mathrm{d}y}{\mathrm{d}u} \cdot \frac{\mathrm{d}u}{\mathrm{d}v} \cdot \frac{\mathrm{d}v}{\mathrm{d}x} = f'(u) \cdot g'(v) \cdot h'(x).$$

例 3.23 求幂函数 $y = x^\mu$ $(x > 0, \mu \text{为任意实数})$ 的导数.

解 由于 $y = x^\mu = \mathrm{e}^{\mu \ln x}$ 可以看成由指数函数 $y = \mathrm{e}^w$ 与对数函数 $w = \mu \ln x$ 复合而成的函数，根据复合函数求导定理，

$$y' = \frac{\mathrm{d}y}{\mathrm{d}x} = \frac{\mathrm{d}y}{\mathrm{d}w} \cdot \frac{\mathrm{d}w}{\mathrm{d}x} = \mathrm{e}^w \cdot \mu\frac{1}{x} = \mathrm{e}^{\mu \ln x} \cdot \mu\frac{1}{x} = \mu x^{\mu-1}.$$

例 3.24 求 $y = \ln|x|(x \neq 0)$ 的导数.

解 因为

$$\ln|x| = \begin{cases} \ln x, & x > 0, \\ \ln(-x), & x < 0. \end{cases}$$

当 $x > 0$ 时，

$$y' = (\ln|x|)' = (\ln x)' = \frac{1}{x}.$$

当 $x < 0$ 时，$y = \ln|x| = \ln(-x)$ 可看成由 $y = \ln u(u > 0)$ 和 $u = -x(x < 0)$ 复合而成，则

$$y' = \frac{\mathrm{d}y}{\mathrm{d}u} \cdot \frac{\mathrm{d}u}{\mathrm{d}x} = \frac{1}{u} \cdot (-1) = \frac{1}{x}.$$

综上，$(\ln|x|)' = \dfrac{1}{x}$.

例 3.25 求 $y = \ln\cos\mathrm{e}^x$ 的导数.

解 $y = \ln\cos(\mathrm{e}^x)$ 可看成由 $y = \ln u$，$u = \cos v$ 和 $v = \mathrm{e}^x$ 复合而成的复合函数，则有

$$y' = \frac{\mathrm{d}y}{\mathrm{d}u} \cdot \frac{\mathrm{d}u}{\mathrm{d}v} \cdot \frac{\mathrm{d}v}{\mathrm{d}x} = \frac{1}{u} \cdot (-\sin v) \cdot \mathrm{e}^x = -\frac{\mathrm{e}^x \sin\mathrm{e}^x}{\cos\mathrm{e}^x}.$$

复合函数求导时，首先要分析清楚所给的复合函数是由哪些基本初等函数复合而成的，然后利用复合函数的链式法则，按由外到里的顺序逐次求导. 在运算比较熟练后，可以不必再写出中间变量.

例 3.26 求 $y = \arctan \dfrac{1}{x}$ 的导数.

解　$y' = \left(\arctan \dfrac{1}{x}\right)' = \dfrac{1}{1 + \left(\dfrac{1}{x}\right)^2} \cdot \left(\dfrac{1}{x}\right)' = \dfrac{x^2}{1 + x^2} \cdot \dfrac{-1}{x^2} = -\dfrac{1}{1 + x^2}.$

例 3.27 求 $y = \cos(\mathrm{e}^{-\sqrt{x}})$ 的导数.

解　$y' = -\sin(\mathrm{e}^{-\sqrt{x}}) \cdot \left(\mathrm{e}^{-\sqrt{x}}\right)' = -\sin(\mathrm{e}^{-\sqrt{x}}) \cdot \mathrm{e}^{-\sqrt{x}} \cdot (-\sqrt{x})' = \dfrac{1}{2\sqrt{x}} \mathrm{e}^{-\sqrt{x}} \sin(\mathrm{e}^{-\sqrt{x}}).$

例 3.28 设函数 $y = f(u)$ 可导，求 $y = f(x^2)$ 的导数.

解　$y' = [f(x^2)]' = f'(x^2) \cdot (x^2)' = 2x f'(x^2).$

需要注意的是，这里 $[f(x^2)]'$ 与 $f'(x^2)$ 是不同的，前者是对自变量 x 求导，后者是对中间变量 x^2 求导.

例 3.29 设函数 $f(x) = \begin{cases} \ln \sqrt{x}, & x \geqslant 1, \\ 2x - 1, & x < 1, \end{cases}$ $y = f[f(x)]$，求 $\dfrac{\mathrm{d}y}{\mathrm{d}x}\Big|_{x=\mathrm{e}}$.

解　因为

$$f(\mathrm{e}) = \ln \sqrt{\mathrm{e}} = \frac{1}{2},$$

$$f'(\mathrm{e}) = (\ln \sqrt{x})' \Big|_{x=\mathrm{e}} = \frac{1}{2} \cdot \frac{1}{x}\Big|_{x=\mathrm{e}} = \frac{1}{2\mathrm{e}},$$

$$f'\left(\frac{1}{2}\right) = (2x - 1)'\Big|_{x=\frac{1}{2}} = 2,$$

有　$\dfrac{\mathrm{d}y}{\mathrm{d}x}\Big|_{x=\mathrm{e}} = f'[f(x)] \cdot f'(x)\Big|_{x=\mathrm{e}} = f'[f(\mathrm{e})] \cdot f'(\mathrm{e}) = f'\left(\frac{1}{2}\right) \cdot f'(\mathrm{e}) = \frac{1}{\mathrm{e}}.$

四、基本初等函数求导公式

至此，我们已经给出常函数、幂函数、三角函数、反三角函数、指数函数和对数函数的导数公式，基本初等函数的求导公式在后面导数的运算中至关重要，必须要熟练掌握它们. 现将这些导数公式集中如下，以便查阅.

(1) $(C)' = 0$ (C 为常数)；　　　　　　(2) $(x^\mu)' = \mu x^{\mu-1}$ (μ 为任意常数)；

(3) $(a^x)' = a^x \ln a$ ($a > 0, a \neq 1$)；　　(4) $(\mathrm{e}^x)' = \mathrm{e}^x$；

(5) $(\log_a x)' = \dfrac{1}{x \ln a}$ ($a > 0, a \neq 1$)；　(6) $(\ln x)' = \dfrac{1}{x}$；

(7) $(\sin x)' = \cos x$；　　　　　　　(8) $(\cos x)' = -\sin x$；

(9) $(\tan x)' = \sec^2 x$；　　　　　　(10) $(\cot x)' = -\csc^2 x$；

(11) $(\sec x)' = \sec x \tan x$；　　　　(12) $(\csc x)' = -\csc x \cot x$；

(13) $(\arcsin x)' = \dfrac{1}{\sqrt{1 - x^2}}$；　　(14) $(\arccos x)' = -\dfrac{1}{\sqrt{1 - x^2}}$；

(15) $(\arctan x)' = \dfrac{1}{1 + x^2}$；　　(16) $(\mathrm{arccot}\, x)' = -\dfrac{1}{1 + x^2}.$

初等函数的求导主要利用上面这些基本初等函数的导数公式以及四则运算求导法则和复合函数的求导法则来运算.

例 3.30 求 $y = \ln(3 + 7x - 5x^2) + x \arccos 2x$ 的导数.

解
$$y' = \frac{1}{3 + 7x - 5x^2} \cdot (3 + 7x - 5x^2)' + 1 \cdot \arccos 2x + x \cdot (\arccos 2x)'$$
$$= \frac{7 - 10x}{3 + 7x - 5x^2} + \arccos 2x + x \cdot \left[-\frac{1}{\sqrt{1 - (2x)^2}} \right] \cdot (2x)'$$
$$= \frac{7 - 10x}{3 + 7x - 5x^2} + \arccos 2x - \frac{2x}{\sqrt{1 - 4x^2}}.$$

例 3.31 设函数 $y = f(u)$ 可导，求 $y = \ln[1 + f^2(x)] + f(\sin 2x)$ 的导数.

解
$$y' = \frac{1}{1 + f^2(x)} \cdot [1 + f^2(x)]' + f'(\sin 2x) \cdot (\sin 2x)'$$
$$= \frac{1}{1 + f^2(x)} \cdot 2f(x)f'(x) + f'(\sin 2x) \cdot \cos 2x \cdot 2$$
$$= \frac{2f(x)f'(x)}{1 + f^2(x)} + 2\cos 2x f'(\sin 2x).$$

例 3.32 已知一个长方形的长 l 以 2m/s 的速率增加，宽 w 以 3m/s 的速率增加，当长和宽分别为 12m 和 5m 时，求它的对角线增加的速率.

解 设 $l = x(t)$，$w = y(t)$，由题意可知，在 $t = t_0$ 时刻，
$$x(t_0) = 12, \quad y(t_0) = 5, \quad \text{且} \ x'(t) = 2, \quad y'(t) = 3.$$
对角线记为 $s(t)$，则 $s(t) = \sqrt{x^2(t) + y^2(t)}$，当长、宽分别为 12m 和 5m 时，求它的对角线增加的速率即求 $s'(t_0)$ 的值，因为
$$s'(t) = \frac{x(t)x'(t) + y(t)y'(t)}{\sqrt{x^2(t) + y^2(t)}},$$
所以 $s'(t_0) = \frac{12 \times 2 + 5 \times 3}{\sqrt{12^2 + 5^2}} = 3$，即对角线增加的速率为 3m/s.

习 题 3.2

1. 求下列函数在指定点处的导数:

(1) $y = \frac{x-1}{x+1} - \log_2 x$，求 $y'|_{x=1}$；

(2) $f(x) = e^{\tan x} + \cos^2 x$，求 $f'\left(\frac{\pi}{4}\right)$；

(3) $f(x) = \sqrt[3]{x} \sin x$，求 $f'(0)$；

(4) $f(x) = (x-a)\varphi(x)$，其中 $\varphi(x)$ 在 $x = a$ 处连续，求 $f'(a)$.

2. 求下列函数的导数:

(1) $y = \frac{x^4 - \sqrt[3]{x} + 4}{x^3}$；

(2) $y = 6x^2 + \frac{5}{x} - \frac{1}{\sqrt{x}}$；

(3) $y = x^2 \ln x + \log_2 x$；

(4) $y = x \tan x - \cot x$；

(5) $y = 3^x + 3e^x$；

(6) $y = \arcsin x + \arccos x$；

(7) $y = \frac{x^3}{4^x}$；

(8) $y = x^2 \cos x \ln x$；

(9) $y = \dfrac{1 - \sin x}{1 + \cos x}$;

(10) $y = \dfrac{1 - \ln x}{1 + \ln x}$.

3. 求下列函数的导数:

(1) $y = \sqrt{1 + x^2}$;

(2) $y = (\arcsin x)^2$;

(3) $y = \mathrm{e}^{x^2} + \cos x^2$;

(4) $y = \sin^2 x \sin 2x$;

(5) $y = x \arccos \sqrt{x}$;

(6) $y = \sqrt{x + \sqrt{x}}$;

(7) $y = \arctan \dfrac{1}{x} + x \ln \sqrt{x}$;

(8) $y = \ln \dfrac{1 - x}{1 + x}$;

(9) $y = \mathrm{e}^{\arctan \sqrt{x}}$;

(10) $y = \ln(x + \sqrt{x^2 + 1})$;

(11) $y = \ln \ln \ln x$;

(12) $y = \ln|\sin x| + 2^{x+1}$;

(13) $y = \sec^2 \dfrac{x}{2} + \csc^2 \dfrac{x}{2}$;

(14) $y = \mathrm{e}^{\frac{x}{\ln x}}$;

(15) $y = \ln(\sec x + \tan x)$;

(16) $y = \sin(\cos(2x - 5))$.

4. 设 $f(x)$ 可导, 求下列函数的导数:

(1) $y = f^3(x)$;

(2) $y = \mathrm{e}^{f(x)}$;

(3) $y = \arctan[2f(x)]$;

(4) $y = \ln f(2x)$;

(5) $y = f^2(1 + x^2)$;

(6) $y = f(\sin^2 x) + f(\cos^2 x)$.

3.3　高阶导数

我们知道, 质点做变速直线运动的瞬时速度 $v(t)$ 是路程函数 $s(t)$ 对时间 t 的导数, 即

$$v(t) = s'(t).$$

当时间由 t 变到 $t + \Delta t$ 时, 速度 v 的改变量

$$\Delta v = v(t + \Delta t) - v(t) = s'(t + \Delta t) - s'(t),$$

比值

$$\frac{\Delta v}{\Delta t} = \frac{s'(t + \Delta t) - s'(t)}{\Delta t}$$

就是在 Δt 时间内质点的平均加速度. 当 $\Delta t \to 0$ 时, 这个极限

$$\lim_{\Delta t \to 0} \frac{\Delta v}{\Delta t} = \lim_{\Delta t \to 0} \frac{s'(t + \Delta t) - s'(t)}{\Delta t}$$

就是质点在 t 时刻的瞬时加速度 $a(t)$, 于是有

$$a(t) = v'(t) = (s'(t))'.$$

这里导数的导数 $(s'(t))'$ 称为 $s(t)$ 对 t 的二阶导数, 记作 $s''(t)$. 所以直线运动的加速度就是路程函数 $s(t)$ 对时间 t 的二阶导数.

一般地, 函数 $y = f(x)$ 的导数 $y' = f'(x)$ 仍是 x 的函数. 如果 $f'(x)$ 在点 x 的某个邻域内有定义, 且极限

$$\lim_{\Delta x \to 0} \frac{f'(x + \Delta x) - f'(x)}{\Delta x}$$

存在，则称此极限值为函数 $y = f(x)$ 在点 x 处的**二阶导数**，记作

$$y'', \quad f''(x), \quad \frac{\mathrm{d}^2 y}{\mathrm{d} x^2} \ \text{或} \ \frac{\mathrm{d}^2 f}{\mathrm{d} x^2}.$$

类似地，如果二阶导数 $y'' = f''(x)$ 的导数存在，那么称这个导数为函数 $y = f(x)$ 的**三阶导数**，记作

$$y''', \quad f'''(x), \quad \frac{\mathrm{d}^3 y}{\mathrm{d} x^3} \ \text{或} \ \frac{\mathrm{d}^3 f}{\mathrm{d} x^3}.$$

依此类推，函数 $y = f(x)$ 的 $(n-1)$ 阶导数 $f^{(n-1)}(x)$ 的导数，称为函数 $y = f(x)$ 的 n **阶导数**，记作

$$y^{(n)}, \quad f^{(n)}(x), \quad \frac{\mathrm{d}^n y}{\mathrm{d} x^n} \ \text{或} \ \frac{\mathrm{d}^n f}{\mathrm{d} x^n}.$$

二阶及二阶以上的导数统称为**高阶导数**. 相对于高阶导数来说，函数 $f(x)$ 的导数 $f'(x)$ 就称为函数 $y = f(x)$ 的**一阶导数**，并且我们约定 $f^{(0)}(x) = f(x)$. 由此可见，计算高阶导数并不需要新的方法和公式，只需对函数由低到高逐阶求导即可. 因此，前面介绍的导数运算法则仍然适用于高阶导数的计算.

例 3.33 设 $y = 2x^3 + 3x^2 - 4x + 1$，求 y''，y'''，$y^{(4)}$.

解 $y' = (2x^3 + 3x^2 - 4x + 1)' = 6x^2 + 6x - 4,$

$\qquad y'' = (y')' = (6x^2 + 6x - 4)' = 12x + 6,$

$\qquad y''' = (y'')' = (12x + 6)' = 12,$

$\qquad y^{(4)} = (y''')' = (12)' = 0.$

例 3.34 设 $y = x^2 \mathrm{e}^{2x}$，求 y''.

解 $y' = (x^2 \mathrm{e}^{2x})' = 2x \cdot \mathrm{e}^{2x} + x^2 \cdot 2\mathrm{e}^{2x} = \mathrm{e}^{2x}(2x + 2x^2),$

$\qquad y'' = 2\mathrm{e}^{2x} \cdot (2x + 2x^2) + \mathrm{e}^{2x} \cdot (2 + 4x) = 2(1 + 4x + 2x^2)\mathrm{e}^{2x}.$

例 3.35 设 $f''(x)$ 可导，求 $y = f(\ln x)$ 的二阶导数.

解 $y' = f'(\ln x) \cdot \dfrac{1}{x} = \dfrac{f'(\ln x)}{x},$

$$y'' = \frac{f''(\ln x) \cdot \dfrac{1}{x} \cdot x - f'(\ln x) \cdot 1}{x^2} = \frac{f''(\ln x) - f'(\ln x)}{x^2}.$$

下面介绍几个常用的初等函数的 n 阶导数.

例 3.36 设 n 次多项式

$$y = x^n + a_1 x^{n-1} + a_2 x^{n-2} + \cdots + a_{n-1} x + a_n,$$

其中 $a_1, a_2, \cdots, a_n$ 都是常数，n 为正整数，求函数 y 的 n 阶导数和 $n+1$ 阶导数.

解 $y' = nx^{n-1} + (n-1)a_1 x^{n-2} + (n-2)a_2 x^{n-3} + \cdots + 2a_{n-2}x + a_{n-1},$

$\qquad y'' = n(n-1)x^{n-2} + (n-1)(n-2)a_1 x^{n-3} + (n-2)(n-3)a_2 x^{n-4} + \cdots + 2a_{n-2},$

$\qquad \vdots$

$$y^{(n-1)} = n(n-1)(n-2)\cdots 2x + (n-1)(n-2)\cdots 2 \cdot 1 \cdot a_1,$$
$$y^{(n)} = n(n-1)(n-2)\cdots 2 \cdot 1 = n!,$$
$$y^{(n+1)} = 0.$$

例 3.37　求 $y = a^x$ 的 n 阶导数.

解　$y' = a^x \ln a,\ y'' = a^x \ln^2 a,\ y''' = a^x \ln^3 a,\ \cdots$，所以有

$$y^{(n)} = a^x \ln^n a.$$

特别地，当 $a = \mathrm{e}$ 时，有

$$(\mathrm{e}^x)^{(n)} = \mathrm{e}^x.$$

例 3.38　求 $y = \sin x$ 和 $y = \cos x$ 的 n 阶导数.

解　$(\sin x)' = \cos x = \sin\left(x + \dfrac{\pi}{2}\right),$

$$(\sin x)'' = -\sin x = \sin\left(x + 2 \cdot \frac{\pi}{2}\right),$$

$$(\sin x)''' = -\cos x = \sin\left(x + 3 \cdot \frac{\pi}{2}\right),$$

$$(\sin x)^{(4)} = \sin x = \sin\left(x + 4 \cdot \frac{\pi}{2}\right),$$

由数学归纳法可得

$$(\sin x)^{(n)} = \sin\left(x + n \cdot \frac{\pi}{2}\right).$$

类似可求得 $\cos x$ 的 n 阶导数为

$$(\cos x)^{(n)} = \cos\left(x + n \cdot \frac{\pi}{2}\right).$$

例 3.39　求 $y = \ln(x+1)$ 的 n 阶导数.

解　$y' = \dfrac{1}{1+x}, \quad y'' = -\dfrac{1}{(1+x)^2}, \quad y''' = \dfrac{1 \cdot 2}{(1+x)^3}, \quad y^{(4)} = -\dfrac{1 \cdot 2 \cdot 3}{(1+x)^4}, \quad \cdots$

从而推得

$$y^{(n)} = (-1)^{n-1} \frac{(n-1)!}{(1+x)^n}.$$

如果函数 $u = u(x)$ 与 $v = v(x)$ 都在点 x 处具有 n 阶导数，那么显然它们的和差在 x 处也具有 n 阶导数，且

$$(u \pm v)^{(n)} = u^{(n)} \pm v^{(n)}.$$

但是乘积 uv 的 n 阶导数并不是这么简单. 例如，求解例 3.34中两个函数的乘积的 10 阶导数，如果是一步一步从低到高逐阶求导，计算量会非常大. 下面我们将介绍一个非常重要的高阶导数计算公式.

因为

$$(uv)' = u'v + uv',$$

$$(uv)'' = u''v + u'v' + u'v' + uv'' = u''v + 2u'v' + uv'',$$

$$(uv)''' = u'''v + u''v' + 2u''v' + 2u'v'' + u'v'' + uv'''$$

$$= u'''v + 3u''v' + 3u'v'' + uv'''.$$

由数学归纳法可以证明

$$
\begin{aligned}
(uv)^{(n)} &= u^{(n)}v + nu^{(n-1)}v' + \frac{n(n-1)}{2!}u^{(n-2)}v'' + \cdots \\
&\quad + \frac{n(n-1)\cdots(n-k+1)}{k!}u^{(n-k)}v^{(k)} + \cdots + uv^{(n)},
\end{aligned}
\tag{3.3}
$$

即

$$
(uv)^{(n)} = \sum_{k=0}^{n} \mathrm{C}_n^k u^{(n-k)} v^{(k)},
$$

这里 $\mathrm{C}_n^k = \dfrac{n!}{k!(n-k)!}$，$u^{(0)} = u$，$v^{(0)} = v$.

公式 (3.3) 称为**莱布尼茨公式**，可以按多项式的二项展开式加以记忆.

例 3.40 设 $y = x^2\mathrm{e}^{2x}$，求 $y^{(20)}$.

解 令 $u(x) = \mathrm{e}^{2x}$，$v(x) = x^2$，则

$$
u'(x) = 2\mathrm{e}^{2x},\ u''(x) = 2^2\mathrm{e}^{2x},\ u^{(k)}(x) = 2^k\mathrm{e}^{2x}\ (k = 1, 2, \cdots, 20),
$$
$$
v'(x) = 2x,\ v''(x) = 2,\ v^{(k)}(x) = 0(k \geqslant 3).
$$

根据莱布尼茨公式

$$
\begin{aligned}
y^{(20)} &= \sum_{k=0}^{20} \mathrm{C}_{20}^k u^{(20-k)}(x)v^{(k)}(x) \\
&= \mathrm{C}_{20}^0 u^{(20)}(x)v(x) + \mathrm{C}_{20}^1 u^{(19)}(x)v'(x) + \mathrm{C}_{20}^2 u^{(18)}(x)v''(x) \\
&= 2^{20}\mathrm{e}^{2x} \cdot x^2 + 20 \cdot 2^{19}\mathrm{e}^{2x} \cdot 2x + 190 \cdot 2^{18}\mathrm{e}^{2x} \cdot 2 \\
&= 2^{20}\mathrm{e}^{2x}(x^2 + 20x + 95).
\end{aligned}
$$

例 3.41 已知函数 $f(x) = x^2\ln(1-x)$，当 $n \geqslant 3$ 时，求 $f^{(n)}(0)$.

解 由莱布尼茨公式

$$
f^{(n)}(x) = x^2[\ln(1-x)]^{(n)} + n \cdot (x^2)' \cdot [\ln(1-x)]^{(n-1)} + \frac{n(n-1)}{2} \cdot (x^2)'' \cdot [\ln(1-x)]^{(n-2)},
$$

又因为

$$
[\ln(1-x)]' = -\frac{1}{1-x},\quad [\ln(1-x)]'' = -\frac{1}{(1-x)^2},\quad [\ln(1-x)]''' = -\frac{1\cdot 2}{(1-x)^3},\quad \cdots
$$

从而推得

$$
[\ln(1-x)]^{(n)} = -\frac{(n-1)!}{(1-x)^n},
$$

所以

$$
f^{(n)}(x) = -\frac{(n-1)!x^2}{(1-x)^n} - \frac{2n(n-2)!x}{(1-x)^{n-1}} - \frac{n(n-1)(n-3)!}{(1-x)^{n-2}},
$$
$$
f^{(n)}(0) = -n(n-1)(n-3)! = -\frac{n!}{n-2}.
$$

$$\text{习 题 } 3.3$$

1. 求下列函数的二阶导数：

(1)　$y = \ln\sin x$；

(2)　$y = x\arctan\dfrac{1}{x}$；

(3)　$y = (x-1)\sqrt[3]{x}$；

(4)　$y = \ln(x+\sqrt{x^2+1})$；

(5)　$y = (1+x^2)\arctan x$；

(6)　$y = x\arcsin\dfrac{x}{2}+\sqrt{4-x^2}$；

(7)　$y = \ln\sqrt{\dfrac{1-x}{1+x}}$；

(8)　$y = x^3\mathrm{e}^{2x}$.

2. 求下列函数的 n 阶导数：

(1)　$y = 3x^n + 3^x$；

(2)　$y = \dfrac{1}{\sqrt{1+x}}$；

(3)　$y = \sin^2 x$；

(4)　$y = \dfrac{1-x}{1+x}$；

(5)　$y = \ln(x^2-x-6)$；

(6)　$y = \sin^4 x - \cos^4 x$.

3. 设 $f''(x)$ 可导，求下列函数的二阶导数：

(1)　$y = \mathrm{e}^{f(x)}$；

(2)　$y = \ln f(x)$；

(3)　$y = xf\left(\dfrac{1}{x}\right)$；

(4)　$y = f(\sin^2 x)$.

4. 求下列函数所指定阶的导数：

(1)　$y = \mathrm{e}^x\cos x$，求 $y^{(4)}$；

(2)　$y = x^2\sin 2x$，求 $y^{(20)}$；

(3)　$f(x) = \mathrm{e}^{\sin x} + \mathrm{e}^{-\sin x}$，求 $f'''(2\pi)$.

3.4　隐函数与参数方程确定的函数的导数

一、隐函数的导数

前面讨论的函数，例如 $y = \sin x, y = x^2\mathrm{e}^{2x}$ 等，这些函数的特点是直接用自变量 x 的关系式 $f(x)$ 来表示因变量 y，用这种方式表示的函数称为**显函数**. 但是有时候也会遇到另外一类函数，例如 $\sin(x+y) = x^2 y$，它们的特点是因变量 y 很难直接用自变量的表达式 $f(x)$ 来表示，这类函数可以用 $F(x,y) = 0$ 的形式来表示.

一般地，如果变量 x 和 y 之间的函数关系是由一个方程 $F(x,y) = 0$ 确定的，并且当 x 取区间 I 内的任一值时，相应地总有满足这个方程的唯一的 y 与之对应，那么就说方程 $F(x,y) = 0$ 在 I 内确定了一个**隐函数**.

如果能够把隐函数化为显函数，那么隐函数的求导问题就解决了. 但是在不少情况下，隐函数是很难甚至是无法化为显函数的. 因此，我们需要一种不经过化为显函数就可以直接求隐函数导数的方法，这就是隐函数的求导法. 下面通过例子来说明这种方法.

例 3.42　求由方程 $x^3 + y^3 - 3xy = 0$ 所确定的隐函数的导数 y'.

解　需要注意的是，方程中 y 是关于 x 的函数 $y(x)$，y^3 表示 $[y(x)]^3$，所以是 x 的复合函数，求

导时，必须用复合函数的求导法则. 现对方程两边关于 x 求导，得

$$3x^2 + 3y^2 y' - 3y - 3xy' = 0,$$

解得

$$y' = \frac{y - x^2}{y^2 - x}.$$

例 3.43 设 $y = y(x)$ 是由方程 $\mathrm{e}^y + xy - \mathrm{e} = 0$ 所确定的隐函数，求曲线 $y = y(x)$ 在点 $(0, 1)$ 处的切线方程.

解 对方程 $\mathrm{e}^y + xy - \mathrm{e} = 0$ 两边关于 x 求导，得

$$\mathrm{e}^y y' + y + xy' = 0,$$

解得

$$y' = -\frac{y}{\mathrm{e}^y + x}.$$

因为点 $(0, 1)$ 在曲线 $y = y(x)$ 上，所以过该点的切线的斜率为

$$k = y'|_{(0,1)} = -\frac{1}{\mathrm{e}},$$

所以所求切线方程为 $y - 1 = -\dfrac{1}{\mathrm{e}} x$，即 $y = -\dfrac{1}{\mathrm{e}} x + 1$.

例 3.44 设 $y = y(x)$ 是由方程 $y = \dfrac{1}{2} x^2 + \cos y$ 所确定的隐函数，求 y', y''.

解 对方程 $y = \dfrac{1}{2} x^2 + \cos y$ 两边关于 x 求导，得

$$y' = x - \sin y \cdot y',$$

解得

$$y' = \frac{x}{1 + \sin y}.$$

上式两边再对 x 求导，得

$$\begin{aligned}
y'' &= \frac{(x)' \cdot (1 + \sin y) - x \cdot (1 + \sin y)'}{(1 + \sin y)^2} \\
&= \frac{1 + \sin y - x \cos y \cdot y'}{(1 + \sin y)^2} \\
&= \frac{1 + \sin y - x \cos y \cdot \dfrac{x}{1 + \sin y}}{(1 + \sin y)^2} \\
&= \frac{(1 + \sin y)^2 - x^2 \cos y}{(1 + \sin y)^3}.
\end{aligned}$$

二、对数求导法

对某些类型的函数，可先在方程 $y = f(x)$ 两边取对数，将其化为隐函数，再利用隐函数的求导方法求出其导数，我们把这种求导数的方法称为**对数求导法**.

形如 $y = f(x)^{g(x)}$ 的函数称为**幂指函数**. 对于这类函数，可以利用对数求导法进行求解. 具体求解过程如下：对 $y = f^g$ 两边取对数，得

$$\ln y = g \ln f,$$

上式两端再对 x 求导

$$\frac{1}{y}y' = g'\ln f + g \cdot \frac{1}{f} \cdot f',$$

即

$$y' = y\Big[g'\ln f + \frac{gf'}{f}\Big] = f^g\Big[g'\ln f + \frac{gf'}{f}\Big].$$

例 3.45　求幂指函数 $y = x^x\ (x > 0)$ 的导数.

解　两边取对数，得

$$\ln y = x\ln x,$$

上式两边对 x 求导

$$\frac{1}{y}y' = \ln x + x \cdot \frac{1}{x},$$

所以

$$y' = y(\ln x + 1) = x^x(\ln x + 1).$$

例 3.46　求幂指函数 $y = (1 + x^2)^{\tan x}$ 的导数.

解　两边取对数，得

$$\ln y = \tan x \ln(1 + x^2),$$

上式两边对 x 求导

$$\frac{1}{y}y' = \sec^2 x \ln(1 + x^2) + \tan x \cdot \frac{2x}{1 + x^2},$$

所以

$$y' = (1 + x^2)^{\tan x}\Big[\sec^2 x \ln(1 + x^2) + \tan x \cdot \frac{2x}{1 + x^2}\Big].$$

　　除了幂指函数，在求由若干个函数乘、除、乘方、开方表示的复杂函数的导数时，也可以采取对数求导法，它将使求导过程大为简化.

例 3.47　求 $y = \dfrac{x\sqrt{x^2 + 1}}{(x - 1)^2}$ 的导数.

解　直接利用商的求导法则，会使得求导过程很烦琐. 利用对数求导法，两边取对数，得

$$\ln|y| = \ln|x| + \frac{1}{2}\ln(x^2 + 1) - 2\ln|x - 1|,$$

上式两边对 x 求导

$$\frac{1}{y}y' = \frac{1}{x} + \frac{1}{2}\frac{2x}{x^2 + 1} - 2\frac{1}{x - 1},$$

所以

$$y' = \frac{x\sqrt{x^2 + 1}}{(x - 1)^2}\left(\frac{1}{x} + \frac{x}{x^2 + 1} - \frac{2}{x - 1}\right).$$

三、参数方程所确定的函数的导数

　　若参数方程

$$\begin{cases} x = \varphi(t), \\ y = \psi(t) \end{cases} \tag{3.4}$$

确定了 x 与 y 间的函数关系，则称此函数关系所表达的函数为**由参数方程所确定的函数**.

在实际问题中，会遇到需要计算由参数方程 (3.4) 所确定的函数的导数. 但是很多时候，直接从参数方程 (3.4) 中消去 t，得到 y 与 x 之间的关系是困难的. 例如

$$\begin{cases} x = \sin t^2, \\ y = t + \mathrm{e}^t, \end{cases}$$

很难从中将 t 消去. 因此，我们需要寻找一种方法，能够直接通过参数方程 (3.4) 求出它所确定的函数的导数.

假设 $x = \varphi(t)$ 具有反函数 $t = \varphi^{-1}(x)$，则由参数方程 (3.4) 所确定的函数 $y = y(x)$ 可以看成是由函数 $y = \psi(t)$ 和 $t = \varphi^{-1}(x)$ 复合而成的函数 $y = \psi[\varphi^{-1}(x)]$. 再设 $y = \psi(t), x = \varphi(t)$ 均可导，且 $\varphi'(t) \neq 0$，由复合函数和反函数求导法则，得到

$$\frac{\mathrm{d}y}{\mathrm{d}x} = \frac{\mathrm{d}y}{\mathrm{d}t} \cdot \frac{\mathrm{d}t}{\mathrm{d}x} = \frac{\mathrm{d}y}{\mathrm{d}t} \cdot \frac{1}{\dfrac{\mathrm{d}x}{\mathrm{d}t}} = \frac{\psi'(t)}{\varphi'(t)},$$

上式也可以写成

$$\frac{\mathrm{d}y}{\mathrm{d}x} = \frac{\dfrac{\mathrm{d}y}{\mathrm{d}t}}{\dfrac{\mathrm{d}x}{\mathrm{d}t}}.$$

如果假设 $y = \psi(t), x = \varphi(t)$ 具有二阶导数，我们可以从上面的式子中求得 y 对 x 的二阶导数，

$$\frac{\mathrm{d}^2y}{\mathrm{d}x^2} = \frac{\mathrm{d}}{\mathrm{d}x}\left(\frac{\mathrm{d}y}{\mathrm{d}x}\right) = \frac{\mathrm{d}}{\mathrm{d}x}\left(\frac{\psi'(t)}{\varphi'(t)}\right) = \frac{\mathrm{d}}{\mathrm{d}t}\left(\frac{\psi'(t)}{\varphi'(t)}\right) \cdot \frac{\mathrm{d}t}{\mathrm{d}x}$$

$$= \frac{\psi''(t)\varphi'(t) - \psi'(t)\varphi''(t)}{[\varphi'(t)]^2} \cdot \frac{1}{\varphi'(t)},$$

即

$$\frac{\mathrm{d}^2y}{\mathrm{d}x^2} = \frac{\psi''(t)\varphi'(t) - \psi'(t)\varphi''(t)}{[\varphi'(t)]^3}.$$

例 3.48 已知参数方程 $\begin{cases} x = \sqrt{t^2 + 1}, \\ y = \ln(t + \sqrt{t^2 + 1}), \end{cases}$ 求 $\dfrac{\mathrm{d}^2y}{\mathrm{d}x^2}\bigg|_{t=1}$.

解 $\dfrac{\mathrm{d}y}{\mathrm{d}x} = \dfrac{\dfrac{\mathrm{d}y}{\mathrm{d}t}}{\dfrac{\mathrm{d}x}{\mathrm{d}t}} = \dfrac{[\ln(t + \sqrt{t^2+1})]'}{(\sqrt{t^2+1})'} = \dfrac{\dfrac{1}{t + \sqrt{t^2+1}}\left(1 + \dfrac{2t}{2\sqrt{t^2+1}}\right)}{\dfrac{2t}{2\sqrt{t^2+1}}} = \dfrac{1}{t}$,

$\dfrac{\mathrm{d}^2y}{\mathrm{d}x^2} = \dfrac{\mathrm{d}}{\mathrm{d}x}\left(\dfrac{1}{t}\right) = \dfrac{\mathrm{d}}{\mathrm{d}t}\left(\dfrac{1}{t}\right) \cdot \dfrac{1}{\dfrac{\mathrm{d}x}{\mathrm{d}t}} = -\dfrac{1}{t^2} \cdot \dfrac{1}{\dfrac{2t}{2\sqrt{t^2+1}}} = -\dfrac{\sqrt{t^2+1}}{t^3}$,

所以 $\dfrac{\mathrm{d}^2y}{\mathrm{d}x^2}\bigg|_{t=1} = -\sqrt{2}$.

例 3.49 已知椭圆的参数方程为

$$\begin{cases} x = a\cos t, \\ y = b\sin t, \end{cases}$$

求椭圆在 $t = \dfrac{\pi}{4}$ 的相应点处的切线方程.

解　当 $t = \dfrac{\pi}{4}$ 时，椭圆上相应点的坐标为 $\left(\dfrac{\sqrt{2}}{2}a, \dfrac{\sqrt{2}}{2}b \right)$，该点处切线的斜率为

$$\left. \frac{\mathrm{d}y}{\mathrm{d}x} \right|_{t=\frac{\pi}{4}} = \left. \frac{\dfrac{\mathrm{d}y}{\mathrm{d}t}}{\dfrac{\mathrm{d}x}{\mathrm{d}t}} \right|_{t=\frac{\pi}{4}} = \left. \frac{(b\sin t)'}{(a\cos t)'} \right|_{t=\frac{\pi}{4}} = \left. \frac{b\cos t}{-a\sin t} \right|_{t=\frac{\pi}{4}} = -\frac{b}{a}.$$

所以所得的切线方程为

$$y - \frac{\sqrt{2}}{2}b = -\frac{b}{a}\left(x - \frac{\sqrt{2}}{2}a \right),$$

即

$$y = -\frac{b}{a}x + \sqrt{2}b.$$

例 3.50　计算由星形线的参数方程

$$\begin{cases} x = a\cos^3\theta, \\ y = a\sin^3\theta, \end{cases}$$

所确定的函数的二阶导数.

解
$$\frac{\mathrm{d}y}{\mathrm{d}x} = \frac{\dfrac{\mathrm{d}y}{\mathrm{d}\theta}}{\dfrac{\mathrm{d}x}{\mathrm{d}\theta}} = \frac{(a\sin^3\theta)'}{(a\cos^3\theta)'} = \frac{3a\sin^2\theta\cos\theta}{-3a\cos^2\theta\sin\theta} = -\tan\theta,$$

$$\frac{\mathrm{d}^2y}{\mathrm{d}x^2} = \frac{\mathrm{d}}{\mathrm{d}x}(-\tan\theta) = \frac{\mathrm{d}}{\mathrm{d}\theta}(-\tan\theta) \cdot \frac{1}{\dfrac{\mathrm{d}x}{\mathrm{d}\theta}} = \frac{(-\tan\theta)'}{(a\cos^3\theta)'}$$

$$= \frac{-\sec^2\theta}{-3a\cos^2\theta\sin\theta} = \frac{1}{3a\cos^4\theta\sin\theta} \ \left(\theta \neq \frac{n\pi}{2}, n \in \mathbf{Z}\right).$$

习　题　3.4

1. 求由下列方程所确定的隐函数的导数：

(1) $\ln y + xy + x^3 - 2 = 0$；

(2) $x + y = \tan y$；

(3) $\cos(x-y) - y^2 = x$；

(4) $\mathrm{e}^{x+y} + \cos(xy) = 0$.

2. 求曲线 $x^{\frac{2}{3}} + y^{\frac{2}{3}} = a^{\frac{2}{3}}$ 在点 $\left(\dfrac{\sqrt{2}}{4}a, \dfrac{\sqrt{2}}{4}a \right)$ 处的切线方程和法线方程.

3. 曲线 $\sin(xy) + \ln(y-x) = x$ 在点 $(0,1)$ 处的切线方程.

4. 求由下列方程所确定的隐函数的二阶导数：

(1) $x^3 - y^3 - 6x - 3y = 0$；

(2) $y = \sin(x+y)$；

(3) $y = 1 + x\mathrm{e}^y$；

(4) $\arctan \dfrac{x}{y} = \ln\sqrt{x^2+y^2}$.

5. 用对数求导法求下列函数的导数：

(1) $y = x^{\sqrt{x}}$；

(2) $y = (\sin x)^{\frac{1}{x}}$；

(3) $y = \dfrac{(x-5)(x-1)^2}{\sqrt{x-3}}$；

(4) $y = \sqrt[3]{\dfrac{(x+1)\sqrt{x^2+1}}{(2x+1)^2}}$.

6. 求下列参数方程所确定的函数的一阶和二阶导数：

(1) $\begin{cases} x = te^{-t}, \\ y = e^t; \end{cases}$ 　　　　　(2) $\begin{cases} x = \dfrac{1}{2}t^2, \\ y = t^3 + t; \end{cases}$

(3) $\begin{cases} x = \ln(1 + t^2), \\ y = t - \arctan t; \end{cases}$ 　　　　(4) $\begin{cases} x = e^\theta \sin\theta, \\ y = e^\theta \cos\theta; \end{cases}$

(5) $\begin{cases} x = f'(t), \\ y = tf'(t) - f(t), \end{cases}$ $f''(t)$ 存在且不为零.

7. 求曲线 $\begin{cases} x = 1 + t^2, \\ y = t^3 \end{cases}$ 在点 $(2,1)$ 处的切线方程和法线方程.

8. 求摆线 $\begin{cases} x = a(t - \sin t), \\ y = a(1 - \cos t) \end{cases}$ 在 $t = \dfrac{\pi}{2}$ 处相应点的切线方程和法线方程.

3.5　函数的微分

一、微分的定义

为了引入微分的定义，我们先分析一个具体的例子：金属薄片的面积随温度变化的影响. 设正方形金属薄片的边长为 x_0，假设金属薄片密度均匀，受热膨胀后，薄片的边长从 x_0 变到 $x_0 + \Delta x$，问：金属薄片的面积改变了多少？

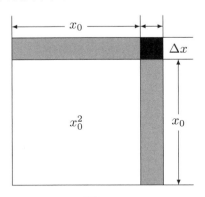

图 3.2

记边长为 x_0 时的面积为 S，则 $S = x_0^2$. 当金属薄片边长从 x_0 变到 $x_0 + \Delta x$ 时，该金属薄片的面积有改变量 ΔS(如图 3.2阴影部分所示)，即

$$\Delta S = (x_0 + \Delta x)^2 - x_0^2 = 2x_0\Delta x + (\Delta x)^2.$$

上式中，$2x_0\Delta x$ 是关于 Δx 的线性函数，图中灰色阴影表示的两个矩形的面积之和，是 ΔS 中的主要部分；$(\Delta x)^2$ 是图中右上角黑色阴影表示的小正方形的面积，当 $\Delta x \to 0$ 时，$(\Delta x)^2$ 是

比 Δx 高阶的无穷小. 此时 ΔS 可以表示成

$$\Delta S = 2x_0\Delta x + o(\Delta x).$$

由此可见，如果边长改变很微小，$o(\Delta x)$ 可以忽略不计，ΔS 可用 $2x_0\Delta x$ 近似代替.

对一般的函数，也有类似于上面的结论，为此，引入微分定义.

定义 3.3 设函数 $y = f(x)$ 在 x_0 的某个邻域内有定义，$x_0 + \Delta x$ 在该邻域内，如果函数的增量

$$\Delta y = f(x_0 + \Delta x) - f(x_0)$$

可以表示为

$$\Delta y = A\Delta x + o(\Delta x),$$

其中 A 是不依赖于 Δx 的常数，$o(\Delta x)$ 是比 Δx 高阶的无穷小，则称函数 $y = f(x)$ 在点 x_0 处**可微**，且称 $A\Delta x$ 为函数 $y = f(x)$ 在点 x_0 的**微分**，记作 $\mathrm{d}y|_{x=x_0}$，即

$$\mathrm{d}y|_{x=x_0} = A\Delta x.$$

下面讨论常数 A 的值，给出下面的定理.

定理 3.5 函数 $y = f(x)$ 在 x_0 处可微的充分必要条件是函数 $y = f(x)$ 在 x_0 处可导，且

$$\mathrm{d}y|_{x=x_0} = f'(x_0)\Delta x.$$

证 充分性 如果函数 $y = f(x)$ 在 x_0 处可导，由导数定义有

$$\lim_{\Delta x \to 0} \frac{\Delta y}{\Delta x} = f'(x_0).$$

根据极限与无穷小的关系，上式可以写成

$$\frac{\Delta y}{\Delta x} = f'(x_0) + \alpha,$$

其中 $\lim\limits_{\Delta x \to 0} \alpha = 0$，所以

$$\Delta y = f'(x_0)\Delta x + \alpha\Delta x.$$

显然 $\alpha\Delta x = o(\Delta x)$，且 $f'(x_0)$ 是不依赖于 Δx 的常数，满足微分定义的要求，所以函数 $y = f(x)$ 在 x_0 处可微.

必要性 因为 $y = f(x)$ 在 x_0 处可微，由微分的定义 $\Delta y = A\Delta x + o(\Delta x)$，两边同除以 $\Delta x(\Delta x \neq 0)$ 得

$$\frac{\Delta y}{\Delta x} = A + \frac{o(\Delta x)}{\Delta x}.$$

因为 $o(\Delta x)$ 是比 Δx 高阶的无穷小，所以当 $\Delta x \to 0$ 时，$\dfrac{o(\Delta x)}{\Delta x} \to 0$，从而

$$\lim_{\Delta x \to 0} \frac{\Delta y}{\Delta x} = A,$$

这说明函数 $y = f(x)$ 在 x_0 处可导，且 $f'(x_0) = A$，即 $\mathrm{d}y|_{x=x_0} = f'(x_0)\Delta x$.

定理 3.5表明，一元函数的可导性与可微性是等价的，利用定理中的关系式，我们可以快速地写出函数的微分.

例 3.51 已知 $y = x^2$，计算函数在 $x = 2$ 处的微分，并分别写出当 Δx 等于 $1, 0.1, 0.01, -0.01$ 时函数 y 的改变量 Δy 及微分 $\mathrm{d}y$ 的值.

解 因为 $y' = (x^2)' = 2x$，所以

$$\mathrm{d}y|_{x=2} = (2x)|_{x=2}\Delta x = 4\Delta x.$$

当 $\Delta x = 1$ 时，$\Delta y = (2+1)^2 - 2^2 = 5$，$\mathrm{d}y = 4 \times 1 = 4$.

当 $\Delta x = 0.1$ 时，$\Delta y = (2+0.1)^2 - 2^2 = 0.41$，$\mathrm{d}y = 4 \times 0.1 = 0.4$.

当 $\Delta x = 0.01$ 时，$\Delta y = (2+0.01)^2 - 2^2 = 0.0401$，$\mathrm{d}y = 4 \times 0.01 = 0.04$.

当 $\Delta x = -0.01$ 时，$\Delta y = (2-0.01)^2 - 2^2 = -0.0399$，$\mathrm{d}y = 4 \times (-0.01) = -0.04$.

可见，当 $|\Delta x|$ 很小时，$\Delta y \approx \mathrm{d}y$.

例 3.52 求函数 $y = \ln\sin x$ 的微分.

解 $\mathrm{d}y = \mathrm{d}(\ln\sin x) = (\ln\sin x)'\mathrm{d}x = \dfrac{\cos x}{\sin x}\mathrm{d}x.$

下面我们从几何的角度理解一下微分的意义. 在直角坐标系中，函数 $y = f(x)$ 的图像是一条曲线 (见图 3.3)，P_0T 是曲线上点 $P_0(x_0, y_0)$ 处的切线，α 为其倾角. 当自变量 x 从 x_0 变到 $x_0 + \Delta x$ 时，曲线上相应点纵坐标的改变量为

$$PN = f(x_0 + \Delta x) - f(x_0) = \Delta y.$$

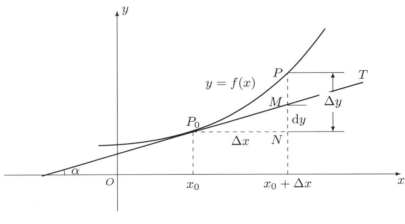

图 3.3

切线相应纵坐标的改变量为

$$MN = P_0N \cdot \tan\alpha = \Delta x \cdot f'(x_0) = \mathrm{d}y,$$

PN 与 MN 的差 PM 为

$$PM = \Delta y - \mathrm{d}y = o(\Delta x).$$

由此可知，函数 $y = f(x)$ 在点 x_0 处的微分 $\mathrm{d}y$ 的几何意义是，当曲线 $y = f(x)$ 的横坐标 x 从 x_0 变到 $x_0 + \Delta x$ 时，曲线在点 $P_0(x_0, y_0)$ 处切线上相应点纵坐标的改变量. 当 $|\Delta x|$ 很小时，$PN \approx MN$，其差 PM 是 P_0N 的高阶无穷小. 因此当 $|\Delta x|$ 很小时，在点 P_0 附近，可以用切线段 P_0M 来近似代替曲线弧 $\overset{\frown}{P_0P}$.

函数 $y = f(x)$ 在任意点 x 处的微分，称为**函数的微分**，记作 $\mathrm{d}y$ 或 $\mathrm{d}f(x)$，函数 $f(x)$ 也称为**可微函数**，且

$$\mathrm{d}y = f'(x)\Delta x.$$

通常把自变量 x 的增量 Δx 称为**自变量的微分**，记作 dx，所以函数 $y = f(x)$ 的微分又可写作

$$dy = f'(x)dx. \tag{3.5}$$

二、微分的运算法则

1. 微分的基本公式

由函数的微分表达式可知，要计算函数的微分，只需要求出函数的导数再乘以 dx 即可. 这样在所有的导数基本公式中乘以 dx，就可以得到微分的基本公式.

(1)　$d(C) = 0$ （C为常数）;

(2)　$d(x^\mu) = \mu x^{\mu-1}dx$ （μ为任意常数）;

(3)　$d(a^x) = a^x \ln a dx$ （$a > 0, a \neq 1$）;

(4)　$d(e^x) = e^x dx$;

(5)　$d(\log_a x) = \dfrac{1}{x \ln a}dx$ （$a > 0, a \neq 1$）;

(6)　$d(\ln x) = \dfrac{1}{x}dx$;

(7)　$d(\sin x) = \cos x dx$;

(8)　$d(\cos x) = -\sin x dx$;

(9)　$d(\tan x) = \sec^2 x dx$;

(10)　$d(\cot x) = -\csc^2 x dx$;

(11)　$d(\sec x) = \sec x \tan x dx$;

(12)　$d(\csc x) = -\csc x \cot x dx$;

(13)　$d(\arcsin x) = \dfrac{1}{\sqrt{1-x^2}}dx$;

(14)　$d(\arccos x) = -\dfrac{1}{\sqrt{1-x^2}}dx$;

(15)　$d(\arctan x) = \dfrac{1}{1+x^2}dx$;

(16)　$d(\text{arccot}\, x) = -\dfrac{1}{1+x^2}dx$.

2. 微分函数和、差、积、商的微分运算法则

同样，由函数的求导法则可得到相应的微分法则，假设 $u = u(x)$ 和 $v = v(x)$ 都是可微函数，则有：

(1)　$d(Cu) = Cdu$ （C为常数）;

(2)　$d(u \pm v) = du \pm dv$;

(3)　$d(uv) = vdu + udv$;

(4)　$d\left(\dfrac{u}{v}\right) = \dfrac{vdu - udv}{v^2}$ （$v \neq 0$）.

例如，函数乘积的微分法则的证明. 乘积的求导法则为

$$(uv)' = u'v + uv',$$

根据微分的定义

$$d(uv) = (uv)'dx = (u'v + uv')dx = vu'dx + uv'dx.$$

又因为

$$u'dx = du, \quad v'dx = dv,$$

得到

$$d(uv) = vdu + udv.$$

类似地，可以证明另外几个微分公式.

3. 复合函数的微分法则

从复合函数的求导法则可以推出复合函数的微分法则. 设 $y = f[g(x)]$ 是由可微函数 $y = f(u)$ 和 $u = g(x)$ 复合而成，则 $y = f[g(x)]$ 对 x 可微，且根据复合函数导数的链式法则有

$$\mathrm{d}y = \frac{\mathrm{d}y}{\mathrm{d}x} \cdot \mathrm{d}x = \frac{\mathrm{d}y}{\mathrm{d}u} \cdot \frac{\mathrm{d}u}{\mathrm{d}x} \cdot \mathrm{d}x = f'(u)g'(x)\mathrm{d}x = f'[g(x)]g'(x)\mathrm{d}x.$$

由于 $u = g(x)$，$\mathrm{d}u = g'(x)\mathrm{d}x$，所以复合函数 $y = f[g(x)]$ 的微分公式也可以写成

$$\mathrm{d}y = f'(u)\mathrm{d}u.$$

这与 (3.5) 式在形式上完全相同，可见无论 u 是自变量还是中间变量，其微分形式 $\mathrm{d}y = f'(u)\mathrm{d}u$ 保持不变，微分的这一性质称为**一阶微分形式的不变性**.

例 3.53　求 $y = \mathrm{e}^{2x+1}$ 的微分.

解　方法一　按微分定义求微分

$$\mathrm{d}y = (\mathrm{e}^{2x+1})'\mathrm{d}x = \mathrm{e}^{2x+1}(2x+1)'\mathrm{d}x = 2\mathrm{e}^{2x+1}\mathrm{d}x.$$

方法二　按一阶微分形式不变性

$$\mathrm{d}y = \mathrm{e}^{2x+1}\mathrm{d}(2x+1) = \mathrm{e}^{2x+1} \cdot 2\mathrm{d}x = 2\mathrm{e}^{2x+1}\mathrm{d}x.$$

例 3.54　求 $y = \mathrm{e}^x \sin x$ 的微分.

解　利用函数乘积的微分法则

$$\mathrm{d}y = \mathrm{e}^x\mathrm{d}(\sin x) + \sin x\mathrm{d}(\mathrm{e}^x) = \mathrm{e}^x \cdot \cos x\mathrm{d}x + \sin x \cdot \mathrm{e}^x\mathrm{d}x = \mathrm{e}^x(\cos x + \sin x)\mathrm{d}x.$$

例 3.55　求 $y = \dfrac{\tan x}{1-x^2}$ 的微分.

解　利用函数商的微分法则

$$
\begin{aligned}
\mathrm{d}y &= \frac{(1-x^2) \cdot \mathrm{d}(\tan x) - \tan x \cdot \mathrm{d}(1-x^2)}{(1-x^2)^2} \\
&= \frac{(1-x^2) \cdot \sec^2 x\mathrm{d}x - \tan x \cdot (-2x)\mathrm{d}x}{(1-x^2)^2} \\
&= \frac{(1-x^2)\sec^2 x + 2x\tan x}{(1-x^2)^2}\mathrm{d}x.
\end{aligned}
$$

三、微分在近似计算中的应用

1. 计算函数增量的近似值

在实际问题中，往往会遇到计算函数的增量. 对于可微函数，通常利用微分去近似替代增量，从而使计算变得简单.

由前面的讨论知道，当 $|\Delta x|$ 很小时，如果函数 $y = f(x)$ 在 x_0 可微，且 $f'(x_0) \neq 0$，有近似公式

$$\Delta y \approx \mathrm{d}y = f'(x_0)\Delta x.$$

例 3.56　假设有一批半径为 1cm 的金属球，为了提高球面的光洁度，需要在表面镀上一层铜，厚度为 0.01cm，试估计一下，每只小球需要用铜多少克？(铜的密度为 8.9g/cm^3)

解 设球的半径为 R, 则球的体积为 $V = \dfrac{4}{3}\pi R^3$. 所求镀层的体积是两个球体体积之差, 即球半径 R 在 1 有改变量 $\Delta R = 0.01$ 时球体积的增量 ΔV,

$$\Delta V \approx \mathrm{d}V\Big|_{\substack{R=1\\\Delta R=0.01}} = 4\pi R^2 \Delta R\Big|_{\substack{R=1\\\Delta R=0.01}} = 0.04\pi \approx 0.13 \ (\mathrm{cm}^3),$$

因此每只小球需要用铜 $8.9 \times 0.13 \approx 1.16(\mathrm{g})$.

2. 计算函数的近似值

因为

$$\Delta y = f(x_0 + \Delta x) - f(x_0) \approx f'(x_0)\Delta x,$$

令 $x = x_0 + \Delta x$, 得到下面的近似公式

$$f(x) \approx f(x_0) + f'(x_0)(x - x_0). \tag{3.6}$$

利用公式 (3.6) 可以近似计算点 x_0 邻近的函数值 $f(x_0 + \Delta x)$ (或 $f(x)$). 这种近似计算的实质是用 x 的线性函数 $f(x_0) + f'(x_0)(x - x_0)$ 来近似表示函数 $f(x)$. 从几何上看, 式 (3.6) 的右端正是曲线 $y = f(x)$ 在 x_0 处的切线, 表示在 x_0 附近可以用切线近似代替曲线, 这就是 "以直代曲" 的近似思想.

例 3.57 利用微分计算 $\tan 45°10'$ 的近似值.

解 设 $f(x) = \tan x$, 则 $f'(x) = \sec^2 x$, 取 $x_0 = 45° = \dfrac{\pi}{4}$, $\Delta x = 10' = \dfrac{\pi}{1080}$, 利用近似计算公式 (3.6)

$$\tan 45°10' = \tan\left(\frac{\pi}{4} + \frac{\pi}{1080}\right) \approx \tan\frac{\pi}{4} + \sec^2\frac{\pi}{4} \cdot \frac{\pi}{1080}$$

$$= 1 + 2 \times \frac{\pi}{1080} \approx 1.00582.$$

例 3.58 计算 $\sqrt{1.01}$ 的近似值.

解 设 $f(x) = \sqrt{x}$, 则 $f'(x) = \dfrac{1}{2\sqrt{x}}$, 取 $x_0 = 1$, $\Delta x = 0.01$, 有

$$\sqrt{1.01} = \sqrt{1 + 0.01} \approx \sqrt{1} + \frac{1}{2\sqrt{1}} \times 0.01 = 1.005.$$

例 3.59 计算 $28^{\frac{1}{3}}$ 的近似值.

解 因为

$$28^{\frac{1}{3}} = (27 + 1)^{\frac{1}{3}} = 3 \times \left(1 + \frac{1}{27}\right)^{\frac{1}{3}},$$

设 $f(x) = x^{\frac{1}{3}}$, 则 $f'(x) = \dfrac{1}{3}x^{-\frac{2}{3}}$, 取 $x_0 = 1$, $\Delta x = \dfrac{1}{27}$, 有

$$28^{\frac{1}{3}} \approx 3 \times \left(1^{\frac{1}{3}} + \frac{1}{3} \times 1^{-\frac{2}{3}} \times \frac{1}{27}\right) = \frac{82}{27} \approx 3.037\dot{0}3\dot{7}.$$

<h3 style="text-align:center">习 题 3.5</h3>

1. 设函数 $y = x^2 - 3x + 5$, 计算在 $x = 1$ 处, Δx 分别等于 -0.1, 0.1, 0.01 时的增量 Δy, 微分 $\mathrm{d}y$ 及 $|\Delta y - \mathrm{d}y|$.

2. 求下列函数的微分：

(1) $y = \ln^2(1+x)$;

(2) $y = \ln(\sin 2x)$;

(3) $y = \arcsin\sqrt{x}$;

(4) $y = e^{2x}\sin(1-x)$;

(5) $y = \dfrac{1}{x} + 2\sqrt{x} + x^2$;

(6) $y = \dfrac{1+x^2}{2x+1}$.

3. 将适当的函数填入下列括号内，使等号成立.

(1) $\mathrm{d}(\qquad) = 2\mathrm{d}x$;

(2) $\mathrm{d}(\qquad) = -\dfrac{1}{x^2}\mathrm{d}x$;

(3) $\mathrm{d}(\qquad) = \dfrac{1}{2\sqrt{x}}\mathrm{d}x$;

(4) $\mathrm{d}(\qquad) = \dfrac{1}{(1+x)^2}\mathrm{d}x$;

(5) $\mathrm{d}(\qquad) = \csc^2 2x\,\mathrm{d}x$;

(6) $\mathrm{d}(\qquad) = e^{-3x}\mathrm{d}x$;

(7) $\mathrm{d}(\sqrt{1-x^2}) = (\qquad)\mathrm{d}(1-x^2)$;

(8) $\mathrm{d}(e^{x^2}) = (\qquad)\mathrm{d}(\ln x)$.

4. 利用微分求下列各数的近似值：(1) $\sqrt[6]{0.95}$; (2) $\arctan 1.002$; (3) $\cos 151^{\circ}$; (4) $e^{1.05}$.

5. 水管壁的正截面是一个圆环，设它的内半径为 R，壁厚为 h，试利用微分计算这个圆环面积的近似值.

6. 一个内直径为 10cm 的球，球壳厚度为 0.05cm，求球壳体积的近似值.

3.6　导数与微分在经济学中的应用

一、边际分析

在经济分析中，常常会碰到变化率的问题，通常用"边际"这个概念来描述因变量相对于自变量变化的快慢情况.

定义 3.4 设经济函数 $y = f(x)$ 在点 x 处可导，反映一个经济变量 y 相对于另一个经济变量 x 的变化率，即

$$\lim_{\Delta x \to 0}\frac{\Delta y}{\Delta x} = \lim_{\Delta x \to 0}\frac{f(x+\Delta x) - f(x)}{\Delta x}$$

称为 $f(x)$ 的**边际函数**. $f'(x)$ 在点 $x = x_0$ 处的值 $f'(x_0)$ 称为 $f(x)$ 在点 $x = x_0$ 处的**边际函数值**.

边际函数值 $f'(x_0)$ 表示当 $x = x_0$ 时，x 改变一个单位，y 改变 $f'(x_0)$ 个单位.

在经济学中，通常把代表成本、收益、利润等经济变量称之为**总函数**，如总成本函数 $C(Q)$、总收益函数 $R(Q)$、总利润函数 $L(Q)$ 等，而对应的导数就称为**总函数的边际函数**. 要对企业的经营管理进行量化分析，边际是一个重要的概念. 下面我们针对几个常用的边际进行分析.

1. **边际成本**

设某产品产量为 Q 单位时的总成本函数 $C = C(Q)$，则总成本函数的导数 $C'(Q)$ 称为**边际成本**，记作

$$MC = C'(Q).$$

当 ΔQ 很小时，有近似公式

$$C(Q + \Delta Q) - C(Q) \approx C'(Q)\Delta Q.$$

令 $\Delta Q = 1$ 时，有

$$C(Q + 1) - C(Q) \approx C'(Q).$$

因此，边际成本 $MC = C'(Q)$ 的经济意义是指，在产量为 Q 个单位的基础上再生产 1 个单位产品时所增加的成本.

由于产量为 Q 时的边际成本近似等于多生产 1 个单位产品 (第 $Q + 1$ 件产品) 的成本，所以，将边际成本与平均成本 $\bar{C} = \dfrac{C(Q)}{Q}$ 相比较，若边际成本小于平均成本，则可以考虑增加产量以降低单位产品的成本；若边际成本大于平均成本，则可以考虑减少产量以降低单位产品的成本.

例 3.60 设生产某种产品 Q 个单位的总成本为

$$C(Q) = 0.001Q^3 - 0.3Q^2 + 40Q + 2000,$$

求：(1) 当 $Q = 50$、100、200 时的边际成本，并指出它们的经济意义；

(2) 生产 100 个单位产量时的平均成本，并判断此时可以增产还是减产.

解 (1) 边际成本为

$$MC = C'(Q) = \left(0.001Q^3 - 0.3Q^2 + 40Q + 2000\right)' = 0.003Q^2 - 0.6Q + 40.$$

产量 Q 分别为 50、100、200 时的边际成本分别为

$$MC|_{Q=50} = C'(50) = 0.003 \times 50^2 - 0.6 \times 50 + 40 = 17.5,$$

$$MC|_{Q=100} = C'(100) = 0.003 \times 100^2 - 0.6 \times 100 + 40 = 10,$$

$$MC|_{Q=200} = C'(200) = 0.003 \times 200^2 - 0.6 \times 200 + 40 = 40.$$

它们表示当产量分别为 50、100、200 时的基础上再生产 1 个单位产品，总成本将分别增加 17.5、10、40 个单位.

(2) 生产 100 个单位时的平均成本为

$$\bar{C}|_{Q=100} = \frac{C(Q)}{Q} = \left(0.001Q^2 - 0.3Q + 40 + \frac{2000}{Q}\right)\bigg|_{Q=100} = 40,$$

此时平均成本大于边际成本，因此可以增加产量以降低单位产品的成本.

2. 边际收益

设某产品销售量为 Q 单位时的总收益函数为 $R = R(Q)$，则总收益函数的导数 $R'(Q)$ 称为**边际收益**，记作

$$MR = R'(Q).$$

它的经济意义是指，在销售量为 Q 个单位的基础上再销售 1 个单位产品时所增加的总收益.

例 3.61 已知某商品价格与销售量的关系为 $P = 10 - \dfrac{Q}{5}$，其中 P 为价格，Q 为销售量，求当销售量为 20 时的总收益和边际收益.

解 总收益为

$$R(Q) = Q \cdot P(Q) = Q\left(10 - \frac{Q}{5}\right),$$

则边际收益为

$$MR = R'(Q) = 10 - \frac{2Q}{5}.$$

当 $Q = 20$ 时，总收益为 $R(20) = 120$，边际收益为 $MR = 2$. 说明当产量为 20 时，每增加 1 个单位产品，总收益增加 2 个单位.

例 3.62 设某产品的收益函数为 $R(Q) = 200Q - 0.01Q^2$(元)，求边际收益函数，并研究当产量分别为 9000、10000、11000 时的边际收益，并指出它们的经济意义.

解 边际收益函数为

$$MR = R'(Q) = \left(200Q - 0.01Q^2\right)' = 200 - 0.02Q.$$

产量 Q 分别为 9000、10000、11000 时的边际收益为

$$MR|_{Q=9000} = R'(9000) = 200 - 0.02 \times 9000 = 20,$$

$$MR|_{Q=10000} = R'(10000) = 200 - 0.02 \times 10000 = 0,$$

$$MR|_{Q=11000} = R'(11000) = 200 - 0.02 \times 11000 = -20.$$

它们表示当产量为 9000 时，若再增加 1 个单位产品，总收益将增加 20 元；当产量为 10000 时，若再增加 1 个单位产品，总收益没有增加；当产量为 11000 时，若再增加 1 个单位产品，总收益将减少 20 元.

3. 边际利润

设某产品销售量为 Q 单位时的总利润函数为 $L = L(Q)$，则总利润函数的导数 $L'(Q)$ 称为**边际利润**，记作

$$ML = L'(Q).$$

它的经济意义是指，在销售量为 Q 个单位的基础上再销售 1 个单位产品时所增加的总利润.

一般情况下，总利润函数等于总收益函数与总成本函数之差，即

$$L(Q) = R(Q) - C(Q),$$

则边际利润为

$$ML = L'(Q) = R'(Q) - C'(Q).$$

例 3.63 某厂生产某种产品的固定成本为 60000 元，可变成本为 20 元/件，价格函数 $P = 60 - \frac{Q}{1000}$ (Q 为销售量). 已知产销平衡，求该产品的边际利润，以及当销售量分别为 10000 和 20000 时的边际利润，并解释其经济意义.

解 总成本函数 $\quad C(Q) = 60000 + 20Q$，

总收益函数 $\quad R(Q) = QP = Q\left(60 - \frac{Q}{1000}\right)$，

总利润函数 $\quad L(Q) = R(Q) - C(Q) = -\frac{Q^2}{1000} + 40Q - 60000$，边际利润函数 $\quad ML = L'(Q) = -\frac{Q}{500} + 40$.

当销售量 $Q = 10000$ 时，边际利润为 $ML|_{Q=10000} = 20$；当销售量 $Q = 20000$ 时，边际利润为 $ML|_{Q=20000} = 0$. 这说明当产量为 10000 时，若再增加 1 个单位产品，总利润将增加 20 元；当产量为 20000 时，若再增加 1 个单位产品，总利润没有增加也没有减少.

这个例子告诉我们，生产决策者不能盲目地追求产量，还需根据利润的变化情况，确定适当的产量指标.

二、弹性分析

1. 弹性的概念

弹性是经济学中的另一个重要概念，用来描述一个经济变量对另一个经济变量变化的敏感程度，即一个经济变量变动 1% 会使另一个变量变动百分之几.

定义 3.5　设函数 $y = f(x)$ 在点 x_0 处可导，函数的相对改变量

$$\frac{\Delta y}{y_0} = \frac{f(x_0 + \Delta x) - f(x_0)}{f(x_0)}$$

与自变量相对改变量 $\dfrac{\Delta x}{x_0}$ 之比

$$\frac{\Delta y/y_0}{\Delta x/x_0}$$

称为函数 $f(x)$ 在 x_0 与 $x_0 + \Delta x$ **两点间的平均相对变化率**，或者称为**两点间的弹性**.

当 $\Delta x \to 0$ 时，如果 $\dfrac{\Delta y/y_0}{\Delta x/x_0}$ 的极限存在，则该极限称为函数 $f(x)$ 在点 x_0 处的**相对变化率**，或称为在点 x_0 的**点弹性**，记作 $\dfrac{Ey}{Ex}\Big|_{x=x_0}$ 或 $\dfrac{E}{Ex}f(x_0)$，即

$$\frac{Ey}{Ex}\Big|_{x=x_0} = \lim_{\Delta x \to 0} \frac{\Delta y/y_0}{\Delta x/x_0} = \lim_{\Delta x \to 0} \frac{\Delta y}{\Delta x} \cdot \frac{x_0}{y_0} = f'(x_0)\frac{x_0}{f(x_0)}.$$

对一般的 x，若 $f(x)$ 可导且 $f'(x) \neq 0$，则称

$$\frac{Ey}{Ex} = f'(x)\frac{x}{f(x)}$$

为函数 $y = f(x)$ 的**弹性函数** (简称弹性).

2. 需求的价格弹性

假设人们对某商品的需求函数为 $Q = Q(P)$，其中 P 为价格，则人们对该商品的**需求价格弹性** (简称**需求弹性**) 为

$$E_P = \frac{EQ}{EP} = \lim_{\Delta P \to 0} \frac{\Delta Q/Q}{\Delta P/P} = \frac{P}{Q}\frac{\mathrm{d}Q}{\mathrm{d}P}.$$

需求弹性 E_P 表示某商品需求量 Q 对价格 P 变动的敏感程度. 一般来说，需求量 Q 是价格 P 的单调递减函数，因此 E_P 一般为负数，即

$$|E_P| = -\frac{P}{Q}\frac{\mathrm{d}Q}{\mathrm{d}P}.$$

需求弹性价格 E_P 的经济意义表示在价格为 P 时，当价格上涨 (或下降) 一个百分点时，需求量将减少 (或增加)$|E_P|$ 个百分点.

在经济学中，当 $E_P < -1$ 时，称为**高弹性**，此时商品需求量变化的百分比高于价格变化的百分比，也就是表示价格的变动对需求量的影响较大，例如奢侈品；当 $-1 < E_P < 0$ 时，称为

低弹性，此时商品需求量变化的百分比低于价格变化的百分比，这时价格的变动对需求量的影响不大，例如必需品；当 $E_P = -1$ 时，称为**单位弹性**，这时商品需求量变化的百分比等于价格变化的百分比.

例 3.64 已知某商品的需求价格函数为 $Q = 1400\left(\dfrac{1}{4}\right)^P$，求该商品的需求弹性函数及当 $P = 20$ 时的需求弹性，并说明其经济意义.

解 根据需求弹性定义，有

$$E_P = \frac{P}{Q}\frac{\mathrm{d}Q}{\mathrm{d}P} = \frac{P}{1400\left(\frac{1}{4}\right)^P}\left(1400\left(\frac{1}{4}\right)^P\right)' = -P\ln 4.$$

所以当 $P = 20$ 时，需求弹性为 $E_P\big|_{P=20} = -20\ln 4$. 这说明，当价格上涨 1% 时，需求量将减少 $20\ln 4$ 个百分点，是高弹性，价格的变动对需求量的影响较大.

3. 边际与弹性的关系

在商品经济中，商品经营者关心的是价格的变动对销售总收益的影响. 利用需求弹性的概念可以分析价格变动是如何影响销售收益的，由此可得出相应的销售策略.

假设某厂商生产某种产品，其需求量对价格的函数 $Q = Q(P)$ 可导，P 为商品价格，则厂商的收益函数为

$$R(Q) = P \cdot Q(P),$$

边际收益为

$$\frac{\mathrm{d}R}{\mathrm{d}P} = Q(P) + PQ'(P) = Q(P)\left[1 + Q'(P)\frac{P}{Q(P)}\right]$$

$$= Q(P)(1 + E_P) = Q(P)(1 - |E_P|).$$

另外，利用弹性定义，可以推导出收益对价格的弹性与需求弹性的关系

$$\frac{ER}{EP} = \frac{P}{R}\frac{\mathrm{d}R}{\mathrm{d}P} = \frac{P}{P \cdot Q(P)}Q(P)(1 - |E_P|) = 1 - |E_P|.$$

当 $E_P < -1$，$|E_P| > 1$ 时，边际收益和收益弹性均小于零，说明价格上涨 1%，需求量减少 $|E_P|$%，收益将减少 $(|E_P| - 1)$%，此时需要通过降价使收益增加.

当 $-1 < E_P < 0$，$|E_P| < 1$ 时，边际收益和收益弹性均大于零，说明价格上涨 1%，需求量减少 $|E_P|$%，收益将增加 $(1 - |E_P|)$%.

当 $E_P = -1$ 时，收益弹性等于零，说明价格上涨或下跌对收益没有影响.

例 3.65 设某商品的需求价格函数为 $Q = 42 - 5P$，求边际需求函数和需求价格弹性，当 $P = 6$ 时，若价格上涨 1%，总收益是增加还是减少？

解 边际需求函数为 $Q' = -5$，需求弹性

$$E_P = \frac{P}{Q}\frac{\mathrm{d}Q}{\mathrm{d}P} = \frac{-5P}{42 - 5P}.$$

当 $P = 6$ 时，需求弹性为

$$E_P\big|_{P=6} = \frac{-5P}{42 - 5P}\Big|_{P=6} = -2.5 < -1,$$

收益弹性为

$$\frac{ER}{EP}\Big|_{P=6} = 1 + E_P|_{P=6} = -1.5 < 0,$$

所以当价格上涨 1% 时，收益将减少 1.5%.

由于需求价格弹性 E_P 总为负值，所以为了讨论方便，也可以记 $\eta = -E_P = -\dfrac{P}{Q}\dfrac{\mathrm{d}Q}{\mathrm{d}P}$ 为需求价格弹性.

例 3.66　设某产品的需求函数为 $Q = Q(P)$，其对价格 P 的弹性 $\eta = 0.2$，则当需求量为 10000 件时，价格增加 1 元会使产品收益增加多少元？

解　因为边际收益与需求弹性之间有如下关系：

$$\frac{\mathrm{d}R}{\mathrm{d}P} = Q(P)(1 - \eta),$$

所以

$$\left.\frac{\mathrm{d}R}{\mathrm{d}P}\right|_{Q=10000} = Q(P)(1 - \eta)\Big|_{Q=10000} = 10000 \times (1 - 0.2) = 8000,$$

即价格增加 1 元会使产品收益增加 8000 元.

习　题　3.6

1. 求下列函数的边际函数与弹性函数：

(1) $y = x^2 \mathrm{e}^{-\frac{x}{5}}$；

(2) $y = \dfrac{\mathrm{e}^x}{x}$；

(3) $y = kx^a$；

(4) $y = 9\sqrt{4 - x}$.

2. 某企业生产某产品的总成本函数和总收益函数分别为

$$C(Q) = 100 + 2Q + 0.02Q^2(\text{元}), \qquad R(Q) = 7Q + 0.01Q^2(\text{元}).$$

(1) 分别求出边际成本、边际收益和边际利润函数；

(2) 求当日产量 Q 分别为 200，250 和 300 时的边际利润，并说明其经济意义.

3. 若某商品的需求函数为 $Q = 10(120 - P)$，P 为单价 (万元)，求当 $P = 100$ 万元时的边际收益，并说明其经济意义.

4. 某商品的需求量 Q 是价格 P 的函数，$Q = 150 - 2P^2$. 求：

(1) 当 $P = 6$ 时的边际需求，并说明其经济意义；

(2) 当 $P = 6$ 时的需求弹性，并说明其经济意义；

(3) 当 $P = 6$ 时，若价格下降 2%，总收益将变化百分之几？是增加还是减少？

5. 已知某产品需求弹性为 2.1，如果该产品明年准备降价 10%，问这种商品的销售预期会增加多少？收益预期会增加多少？

6. 设 R、P、Q 分别表示销售总收益、商品价格和销售量，试推导收益的销售弹性 $\dfrac{ER}{EQ}$ 与需求价格弹性 E_P 之间的关系.

第 4 章 中值定理与导数的应用

在上一章里，我们学习了导数和微分的概念，并讨论了导数和微分的计算法则. 本章将介绍微分学中的重要理论——微分中值定理，并将继续利用导数来进一步研究函数及其图像的性态，利用这些知识解决一些实际问题. 本章还将研究利用导数求未定式的极限，函数的单调性与极值、曲线的凹凸性与拐点，函数的最值，并探讨最值在经济中的应用.

4.1 微分中值定理

我们已经知道闭区间上连续函数具有的性质 (零点定理、最值定理和介值定理). 在本节中，我们将讨论可导函数所具有的性质：罗尔定理、拉格朗日中值定理和柯西中值定理.

一、罗尔定理

定理 4.1 (费马引理) 设函数 $f(x)$ 在 x_0 的某邻域 $U(x_0)$ 内有定义并且在 x_0 处可导，若对任意的 $x \in U(x_0)$，有

$$f(x) \leqslant f(x_0) \quad (\text{或} f(x) \geqslant f(x_0)),$$

则 $f'(x_0) = 0$.

证 设对任意的 $x \in U(x_0)$，有 $f(x) \leqslant f(x_0)$(如果 $f(x) \geqslant f(x_0)$，可以完全类似地证明)，因此当 $x < x_0$ 时，有

$$\frac{f(x) - f(x_0)}{x - x_0} \geqslant 0;$$

而当 $x > x_0$ 时，有

$$\frac{f(x) - f(x_0)}{x - x_0} \leqslant 0.$$

由于函数 $f(x)$ 在 x_0 处可导，故由极限的局部保号性得到

$$f'(x_0) = f'_-(x_0) = \lim_{x \to x_0^-} \frac{f(x) - f(x_0)}{x - x_0} \geqslant 0,$$

及

$$f'(x_0) = f'_+(x_0) = \lim_{x \to x_0^+} \frac{f(x) - f(x_0)}{x - x_0} \leqslant 0,$$

所以 $f'(x_0) = 0$ 得证.

习惯上，我们称使得 $f'(x_0) = 0$ 的点 x_0 为 $f(x)$ 的**驻点**.

定理 4.2 (罗尔定理)　如果函数 $f(x)$ 满足

(1) 在闭区间 $[a, b]$ 上连续;

(2) 在开区间 (a, b) 内可导;

(3) 在区间端点的函数值相等, 即 $f(a) = f(b)$,

则在 (a, b) 内至少存在一点 ξ, 使得 $f'(\xi) = 0$.

证　因为函数 $f(x)$ 在闭区间 $[a, b]$ 上连续, 由闭区间上连续函数的性质可知, 函数 $y = f(x)$ 在 $[a, b]$ 上必取得最大值 M 和最小值 m.

若 $M = m$, 则 $f(x)$ 在 $[a, b]$ 上是常值函数, 所以 $f'(x) = 0$, 这时在 (a, b) 内任取一点作为 ξ, 都有 $f'(\xi) = 0$.

若 $M \neq m$, 则由 $f(a) = f(b)$ 可知, 最大值 M 和最小值 m 至少有一个在区间 (a, b) 内部取得. 不妨设最大值 M 在 $\xi \in (a, b)$ 处取得, 即

$$M = f(\xi) \geqslant f(x), \ x \in [a, b],$$

根据费马引理得到 $f'(\xi) = 0$.

罗尔定理的**几何意义**: 如图 4.1所示, 如果连续曲线 $y = f(x)$ 在两端点 A、B 的纵坐标相等, 且除端点外, 处处都有不垂直于 x 轴的切线, 那么在这条曲线上至少有一个点处的切线是水平的 (平行于 x 轴或弦 AB).

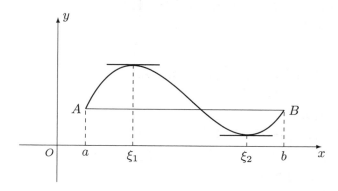

图 4.1

注: 罗尔定理中的三个条件缺一不可, 有一个条件不满足, 结论可能就不成立.

(1) 不满足罗尔定理的第一个条件: 函数 $f(x) = \begin{cases} x, & 0 \leqslant x < 1, \\ 0, & x = 1 \end{cases}$ 在 $(0, 1)$ 内可导, $f(0) = f(1)$, 但是在 $x = 1$ 处不连续. 此时对任意的 $x \in (0, 1)$, 皆有 $f'(x) = 1$, 因此罗尔定理不成立.

(2) 不满足罗尔定理的第二个条件: 函数 $f(x) = |x|$, $x \in [-1, 1]$, 在 $x = 0$ 处不可导. 容易看出, 这个函数在 $(-1, 1)$ 内不存在使导数成为零的点.

(3) 不满足罗尔定理的第三个条件: 函数 $f(x) = x$, $x \in [1, 2]$, 此时 $f(1) \neq f(2)$. 这里 $f'(x) = 1$, 因此罗尔定理不成立.

例 4.1　设函数 $f(x) = 1 - x^2$, 检验它在区间 $[-1, 1]$ 上是否满足罗尔定理的条件, 如果满足, 求出 ξ 的值, 使 $f'(\xi) = 0$.

解　(1) 因为 $f(x) = 1 - x^2$ 是初等函数, 所以在 $[-1, 1]$ 内连续;

(2) $f'(x) = -2x$ 在 $(-1, 1)$ 内存在，所以 $f(x)$ 在 $(-1, 1)$ 内可导；

(3) $f(-1) = f(1) = 0$；

所以函数满足罗尔定理的三个条件. 令 $f'(\xi) = -2\xi = 0$，解得 $\xi = 0$ 为所求.

例 4.2 不求出函数的导数，判别函数 $f(x) = x(x-1)(x-2)(x-3)$ 的导数 $f'(x) = 0$ 有几个实根，并指出它们所在的位置.

解 因为 $f(x)$ 是 $(-\infty, +\infty)$ 内的连续、可导函数，且

$$f(0) = f(1) = f(2) = f(3) = 0,$$

故 $f(x)$ 在闭区间 $[0,1]$、$[1,2]$、$[2,3]$ 上分别满足罗尔定理的条件，从而推出至少存在 $\xi_1 \in (0,1)$、$\xi_2 \in (1,2)$、$\xi_3 \in (2,3)$，使得 $f'(\xi_i) = 0$ $(i = 1, 2, 3)$.

又因为 $f'(x) = 0$ 是三次代数方程，它最多只有 3 个实根，因此 $f'(x) = 0$ 有且仅有三个实根，分别位于区间 $(0,1)$、$(1,2)$、$(2,3)$ 内.

例 4.3 证明方程 $x^5 - 5x + 1 = 0$ 有且仅有一个小于 1 的正实根.

证 存在性 设 $f(x) = x^5 - 5x + 1$，则 $f(x)$ 在 $[0,1]$ 上连续，且

$$f(0) = 1 > 0, \quad f(1) = -3 < 0,$$

满足零点定理的条件，故在 $(0,1)$ 内存在一点 ξ，使得 $f(\xi) = 0$.

唯一性 用反证法. 假设 $f(x) = 0$ 有两个实根，且 $0 < x_1 < x_2 < 1$. 因为 $f(x)$ 在 $[x_1, x_2]$ 上连续，在 (x_1, x_2) 内可导，且

$$f(x_1) = f(x_2) = 0,$$

所以 $f(x)$ 在 $[x_1, x_2]$ 上满足罗尔定理，至少存在一点 $\eta \in (x_1, x_2) \subset (0,1)$，使得 $f'(\eta) = 0$. 而在 $(0,1)$ 内，$f'(x) = 5x^4 - 5$ 恒小于零，与 $f'(\eta) = 0$ 矛盾. 因此，方程 $x^5 - 5x + 1 = 0$ 在 $(0,1)$ 内不可能有两个不同的实根.

综上，方程 $x^5 - 5x + 1 = 0$ 有且仅有一个小于 1 的正实根.

例 4.4 设奇函数 $f(x)$ 在区间 $[-1, 1]$ 上具有二阶导数，且 $f(1) = 1$，证明：

(1) 存在 $\xi \in (0,1)$，使得 $f'(\xi) = 1$；

(2) 存在 $\eta \in (-1, 1)$，使得 $f''(\eta) + f'(\eta) = 1$.

证 (1) 设辅助函数

$$F(x) = f(x) - x,$$

因为 $f(x)$ 是奇函数，有

$$f(0) = -f(0), \quad \text{即} f(0) = 0,$$

所以 $F(0) = 0 = F(1)$，可得 $F(x)$ 满足罗尔定理的三个条件，因此存在 $\xi \in (0,1)$，使得

$$F'(\xi) = 0, \quad \text{即} f'(\xi) = 1.$$

(2) 设辅助函数

$$G(x) = f'(x) + f(x) - x,$$

因为 $f(x)$ 是奇函数，所以 $f'(x)$ 是偶函数，因此有

$$G(1) = f'(1) + f(1) - 1 = f'(1),$$

$$G(-1) = f'(-1) + f(-1) + 1 = f'(1) - f(1) + 1 = f'(1),$$

即 $G(1) = G(-1)$，对 $G(x)$ 利用罗尔定理，可得存在 $\eta \in (-1, 1)$，使得

$$G'(\eta) = 0, \quad 即 f''(\eta) + f'(\eta) = 1.$$

二、拉格朗日中值定理

罗尔定理中的第三个条件 $f(a) = f(b)$ 是比较特殊，它使罗尔定理的应用受到限制. 如果去掉这个条件而保留其余两个条件，就得到微分学中更为广泛的拉格朗日中值定理，也称为微分中值定理.

定理 4.3 (拉格朗日中值定理)　如果函数 $f(x)$ 满足

(1)　在闭区间 $[a, b]$ 上连续，

(2)　在开区间 (a, b) 内可导，

则在 (a, b) 内至少存在一点 ξ，使得

$$f'(\xi) = \frac{f(b) - f(a)}{b - a}. \tag{4.1}$$

证　定理需要证明

$$f'(\xi) - \frac{f(b) - f(a)}{b - a} = 0.$$

在此可以考虑构造一个辅助函数 $F(x)$，使得 $F'(\xi) = f'(\xi) - \dfrac{f(b) - f(a)}{b - a}$. 不妨设

$$F(x) = f(x) - \frac{f(b) - f(a)}{b - a}x,$$

因为 $f(x)$ 在 $[a, b]$ 上连续，在 (a, b) 内可导，故 $F(x)$ 也在 $[a, b]$ 上连续，在 (a, b) 内可导，且

$$F(a) = f(a) - \frac{f(b) - f(a)}{b - a}a = \frac{bf(a) - af(b)}{b - a},$$

$$F(b) = f(b) - \frac{f(b) - f(a)}{b - a}b = \frac{bf(a) - af(b)}{b - a},$$

即 $F(a) = F(b)$. 由罗尔定理，至少存在一点 $\xi \in (a, b)$ 使得 $F'(\xi) = 0$，即

$$f'(\xi) = \frac{f(b) - f(a)}{b - a}.$$

在拉格朗日中值定理中，如果令 $f(a) = f(b)$，那么 $f'(\xi) = 0$. 所以罗尔定理是拉格朗日中值定理的一种特殊情形.

从几何上可以这样来理解拉格朗日中值定理，将图 4.1中的一个端点 A 固定，整个图像绕着点 A 逆时针旋转一定的角度，得到图 4.2. 此处，区间两端点的函数值不相等，即 $f(a) \neq f(b)$，曲线 $f(x)$ 的图像性态不变. 观察到，区间内部点 ξ_1 和 ξ_2 处的切线与弦 AB 的平行关系也没有改变. 也就是说，如果在闭区间 $[a, b]$ 上的连续曲线 $y = f(x)$ 上的每一点 (除端点外) 处都有不垂直于 x 轴的切线，那么曲线 $y = f(x)$ 上至少存在一点，在这点处的切线与弦 AB 平行.

公式 (4.1) 也称为**拉格朗日公式**，左端表示在区间 $[a, b]$ 内某点 ξ 的瞬时变化率，而右端表示在区间 $[a, b]$ 上的平均变化率. 拉格朗日中值定理表明，在闭区间上的平均变化率一定等于区间内某点处的瞬时变化率. 因此，拉格朗日中值定理是联结局部与整体的一个纽带.

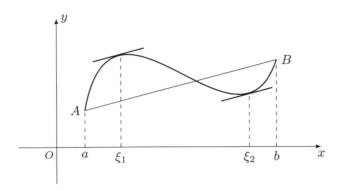

图 4.2

在使用上常把它写成如下形式：

$$f(b) - f(a) = f'(\xi)(b - a),$$

它对于 $b < a$ 也成立. 若令 $b = x + \Delta x$, $a = x$, 则得

$$f(x + \Delta x) - f(x) = f'(\xi)\Delta x,$$

或

$$f(x + \Delta x) - f(x) = f'(x + \theta\Delta x)\Delta x, \quad (0 < \theta < 1),$$

这个公式称为**有限增量公式**. 我们知道, 函数的微分 $\mathrm{d}y = f'(x)\Delta x$ 是函数增量 Δy 的近似表示式, 一般来说, 只有当 $\Delta x \to 0$ 时, $f'(x)\Delta x$ 才会无限接近 Δy. 然而在有限增量公式中, 精确地表达了函数在一个区间上的增量与函数在这个区间内的某点处的导数之间的关系.

应用拉格朗日中值定理, 可以推导出下面两个非常有用的推论.

推论 4.4 如果函数 $f(x)$ 在区间 I 上的导数恒为零, 那么 $f(x)$ 在区间 I 上是一个常数.

证 设 x_1, x_2 是 I 上的任意两点, 不妨设 $x_1 < x_2$, 则 $f(x)$ 在 $[x_1, x_2]$ 上应用拉格朗日中值定理, 得到

$$f(x_2) - f(x_1) = f'(\xi)(x_2 - x_1), \ \xi \in (x_1, x_2).$$

由于 $f'(\xi) \equiv 0$, 故得 $f(x_1) = f(x_2)$. 又因为 x_1、x_2 是任意的, 这就说明 $f(x)$ 在区间 I 上恒为常数.

推论 4.5 如果函数 $f(x)$, $g(x)$ 在区间 I 上均可导, 且有 $f'(x) = g'(x)$, 则 $f(x)$ 与 $g(x)$ 至多相差一个常数, 即 $f(x) = g(x) + C$ (C 为常数).

例 4.5 证明恒等式 $\arcsin x + \arccos x = \dfrac{\pi}{2}$, $x \in [-1, 1]$.

解 设 $f(x) = \arcsin x + \arccos x$, 因为 $f(x)$ 在 $[-1, 1]$ 上连续, 在 $(-1, 1)$ 内可导, 且

$$f'(x) = \frac{1}{\sqrt{1 - x^2}} - \frac{1}{\sqrt{1 - x^2}} = 0,$$

由推论 4.4 得, 在 $(-1, 1)$ 内 $f(x)$ 恒为常数. 令 $x = 0$, 则

$$f(x) = f(0) = \arcsin 0 + \arccos 0 = \frac{\pi}{2}.$$

而在端点 -1、1 处，因为 $f(x)$ 在端点的连续性，所以 $(\arcsin x + \arccos x)\big|_{x=\pm 1} = \dfrac{\pi}{2}$. 综上

$$\arcsin x + \arccos x = \frac{\pi}{2}, \ x \in [-1,1].$$

例 4.6 设函数 $f(x)$ 在闭区间 $[0,1]$ 上连续，在开区间 $(0,1)$ 内可导，且 $f(0)=0$，$f(1)=\dfrac{1}{3}$，证明存在 $\xi \in \left(0,\dfrac{1}{2}\right)$，$\eta \in \left(\dfrac{1}{2},1\right)$，使得 $f'(\xi)+f'(\eta)=\xi^2+\eta^2$.

证 设辅助函数

$$F(x) = f(x) - \frac{1}{3}x^3,$$

显然 $F(x)$ 在闭区间 $\left[0,\dfrac{1}{2}\right]$ 上连续，在开区间 $\left(0,\dfrac{1}{2}\right)$ 内可导，应用拉格朗日中值定理，可得至少存在一点 $\xi \in \left(0,\dfrac{1}{2}\right)$，使得

$$F\left(\frac{1}{2}\right) - F(0) = \frac{1}{2}F'(\xi), \quad 即 f\left(\frac{1}{2}\right) - \frac{1}{24} = \frac{1}{2}\left[f'(\xi) - \xi^2\right].$$

同理，在 $\left[\dfrac{1}{2},1\right]$ 上运用拉格朗日中值定理，可得至少存在一点 $\eta \in \left(\dfrac{1}{2},1\right)$，使得

$$F(1) - F\left(\frac{1}{2}\right) = \frac{1}{2}F'(\eta), \quad 即 -f\left(\frac{1}{2}\right) + \frac{1}{24} = \frac{1}{2}\left[f'(\eta) - \eta^2\right].$$

综上，可得

$$\frac{1}{2}\left[f'(\xi) - \xi^2\right] = -\frac{1}{2}\left[f'(\eta) - \eta^2\right], \quad 即 f'(\xi) + f'(\eta) = \xi^2 + \eta^2.$$

微分中值定理还可以应用在求函数的极限和不等式的证明中.

例 4.7 求极限 $\lim\limits_{x \to +\infty} x^2\left[\arctan\dfrac{a}{x} - \arctan\dfrac{a}{x+1}\right]$.

解 因为

$$\arctan\frac{a}{x} - \arctan\frac{a}{x+1} = \frac{1}{1+\xi^2}\left(\frac{a}{x} - \frac{a}{x+1}\right), \quad \xi 介于 \frac{a}{x} 与 \frac{a}{x+1} 之间,$$

显然当 $x \to +\infty$ 时，$\xi \to 0$，所以有

$$\lim_{x \to +\infty} x^2\left[\arctan\frac{a}{x} - \arctan\frac{a}{x+1}\right] = \lim_{x \to +\infty} x^2 \cdot \frac{1}{1+\xi^2} \cdot \frac{a}{x(x+1)} = a.$$

例 4.8 证明对任意实数 a,b，有不等式 $|\sin a - \sin b| \leqslant |a-b|$.

证 设 $f(x) = \sin x$，在 $[a,b]$ 或 $[b,a]$ 上 $f(x)$ 满足拉格朗日中值定理的条件，则在 a, b 之间存在一点 ξ 使得

$$f(a) - f(b) = f'(\xi)(a-b),$$

即

$$\sin a - \sin b = \cos \xi \cdot (a-b).$$

因为 $|\cos\xi| \leqslant 1$，得

$$|\sin a - \sin b| = |\cos\xi||a-b| \leqslant |a-b|.$$

例 4.9 证明不等式 $\dfrac{x}{1+x} < \ln(1+x) < x \ (x>0)$.

证 设 $f(x) = \ln(1+x)$，对任意 $x>0$，$f(x)$ 在 $[0,x]$ 上满足拉格朗日中值定理，从而推出至

少存在一点 $\xi \in (0, x)$ 使得

$$f(x) - f(0) = f'(\xi)x,$$

即

$$\ln(1+x) = \frac{x}{1+\xi}.$$

又因为 $0 < \xi < x$, 可得

$$\frac{x}{1+x} < \frac{x}{1+\xi} < x,$$

因此当 $x > 0$ 时, 有

$$\frac{x}{1+x} < \ln(1+x) = \frac{x}{1+\xi} < x.$$

三、柯西中值定理

考虑由参数方程

$$\begin{cases} x = x(t), \\ y = y(t) \end{cases} \quad (\alpha \leqslant t \leqslant \beta)$$

所表示的曲线, 它的两个端点连线的斜率为

$$\frac{y(\beta) - y(\alpha)}{x(\beta) - x(\alpha)}.$$

若该曲线是连续且可导的, 满足拉格朗日中值定理的条件, 则存在某一点处的切线与端点连线的弦平行, 即

$$\left.\frac{\mathrm{d}y}{\mathrm{d}x}\right|_{t=\xi} = \frac{y'(\xi)}{x'(\xi)} = \frac{y(\beta) - y(\alpha)}{x(\beta) - x(\alpha)}.$$

与此几何阐述密切相关的是柯西中值定理.

定理 4.6 (柯西中值定理) 如果函数 $f(x)$, $g(x)$ 满足

(1) 在闭区间 $[a, b]$ 上连续;

(2) 在开区间 (a, b) 内可导;

(3) 对任意 $x \in (a, b)$, $g'(x) \neq 0$,

那么在 (a, b) 内至少存在一点 ξ, 使得

$$\frac{f'(\xi)}{g'(\xi)} = \frac{f(b) - f(a)}{g(b) - g(a)}.$$

证 由罗尔定理可知 $g(b) - g(a) \neq 0$, 因为如若不然, 则必存在一点 $\eta \in (a, b)$ 使得 $g'(\eta) = 0$, 这与假设条件 $g'(x) \neq 0$ 矛盾.

作辅助函数

$$F(x) = f(x) - \frac{f(b) - f(a)}{g(b) - g(a)} g(x),$$

因为 $f(x)$, $g(x)$ 在 $[a, b]$ 上连续, 在 (a, b) 内可导, 故 $F(x)$ 也在 $[a, b]$ 上连续, 在 (a, b) 内可导, 且

$$F(a) = \frac{f(a)g(b) - f(b)g(a)}{g(b) - g(a)} = F(b).$$

因此 $F(x)$ 在 $[a,b]$ 上满足罗尔定理的条件，从而得到至少存在一点 $\xi \in (a,b)$，使得

$$F'(\xi) = f'(\xi) - \frac{f(b) - f(a)}{g(b) - g(a)}g'(\xi) = 0,$$

即

$$\frac{f'(\xi)}{g'(\xi)} = \frac{f(b) - f(a)}{g(b) - g(a)}.$$

当 $g(x) = x$ 时，柯西中值定理即为拉格朗日中值定理，所以柯西中值定理是拉格朗日中值定理的推广.

例 4.10 设 $f(x)$ 在 $[a,b]$ 上连续，在 (a,b) 内可导，又 $0 < a < b$，证明在 (a,b) 内存在一点 ξ，使得

$$f(b) - f(a) = \xi f'(\xi) \ln \frac{b}{a}.$$

证 首先对要证明的结论进行恒等变形，得到

$$\frac{f(b) - f(a)}{\ln b - \ln a} = \frac{f'(\xi)}{\dfrac{1}{\xi}},$$

由此可知运用柯西中值定理.

设 $g(x) = \ln x$，函数 $f(x)$，$g(x)$ 在 $[a,b]$ 上连续，在 (a,b) 内可导，对 $f(x)$，$g(x)$ 运用柯西中值定理，得到在 (a,b) 内存在一点 ξ，使得

$$\frac{f(b) - f(a)}{\ln b - \ln a} = \frac{f'(\xi)}{g'(\xi)} = \frac{f'(\xi)}{\dfrac{1}{\xi}} = \xi f'(\xi),$$

即

$$f(b) - f(a) = \xi f'(\xi) \ln \frac{b}{a}.$$

习　题　4.1

1. 验证函数 $f(x) = x\sqrt{3-x}$ 在区间 $[0,3]$ 上是否满足罗尔定理的条件，若满足，求出 ξ 的值，使 $f'(\xi) = 0$.

2. 验证函数 $f(x) = \begin{cases} 1 - x^2, & -1 \leqslant x < 0, \\ 1 + x^2, & 0 \leqslant x \leqslant 1 \end{cases}$ 在 $[-1,1]$ 上是否满足拉格朗日中值定理的条件，若满足，求出结论中的 ξ.

3. 验证函数 $f(x) = x^2 + 1$，$g(x) = x^3$ 在区间 $[1,2]$ 上是否满足柯西中值定理的条件，若满足，求出结论中的 ξ.

4. 设 $f(x) = a_1 \cos x + a_2 \cos 2x + \cdots + a_n \cos nx$（$a_1, a_2, \cdots, a_n$ 为常数），证明 $f(x)$ 在 $(0,\pi)$ 内至少有一个零点.

5. 设函数 $f(x)$ 在区间 $[0,1]$ 上具有二阶导数，且 $f(1) > 0$，$\displaystyle\lim_{x \to 0^+} \frac{f(x)}{x} < 0$，证明：

   (1) 方程 $f(x) = 0$ 在区间 $(0,1)$ 内至少存在一个实根；

   (2) 方程 $f(x)f''(x) + (f'(x))^2 = 0$ 在区间 $(0,1)$ 内至少存在两个不同实根.

6. 证明下列恒等式:

(1) $\arctan x + \arctan \dfrac{1}{x} = \dfrac{\pi}{2} \ (x > 0)$;

(2) $\arctan x = \arcsin \dfrac{x}{\sqrt{1 + x^2}} \ (-\infty < x < +\infty)$;

(3) $2\arctan x + \arcsin \dfrac{2x}{1 + x^2} = \pi \ (x \geqslant 1)$.

7. 证明下列不等式:

(1) $|\arcsin a - \arcsin b| \geqslant |a - b|, \ a, b \in (-1, 1)$;

(2) $\dfrac{b - a}{b} \leqslant \ln \dfrac{b}{a} \leqslant \dfrac{b - a}{a}, \ 0 < a \leqslant b$;

(3) $\mathrm{e}^x > \mathrm{e}x, \ x > 1$.

8. 如果 $f(x)$ 在区间 $[0, 1]$ 上连续, $(0, 1)$ 内可导, 且 $f(0) = f(1) = 0$, $f\left(\dfrac{1}{2}\right) = 1$, 证明:
(1) 存在 $\eta \in \left(\dfrac{1}{2}, 1\right)$, 使 $f(\eta) = \eta$; (2) 存在 $\xi \in (0, \eta)$, 使 $f'(\xi) = 1$.

9. 如果 $f(x)$ 在区间 $[a, b]$ 上连续, (a, b) 内可导, 且 $f(a) = f(b) = 0$, 证明在 (a, b) 内至少存在一点 ξ, 使得 $f(\xi) + f'(\xi) = 0$.

10. 如果 $f(x)$ 在区间 $[0, \pi]$ 上连续, $(0, \pi)$ 内可导, 证明在 $(0, \pi)$ 内至少存在一点 ξ, 使得 $f'(\xi) = -f(\xi) \cot \xi$.

11. 设函数 $f(x)$ 在区间 $[0, 2]$ 上具有连续导数, $f(0) = f(2) = 0$, $M = \max\limits_{x \in [0, 2]} \{|f(x)|\}$, 证明存在 $\xi \in (0, 2)$, 使得 $|f'(\xi)| \geqslant M$.

12. 如果 $f(x)$ 在区间 $[a, b] \ (a > 0)$ 上连续, (a, b) 内可导, 证明在 (a, b) 内至少存在一点 ξ, 使得 $2\xi[f(b) - f(a)] = (b^2 - a^2)f'(\xi)$.

4.2 洛必达法则

在这一节中, 我们将介绍如何利用导数求函数的极限. 如果当 $x \to x_0$(或 $x \to \infty$) 时, 两个函数 $f(x)$ 与 $g(x)$ 都趋于零或者都趋于无穷大, 那么极限 $\lim\limits_{\substack{x \to x_0 \\ (x \to \infty)}} \dfrac{f(x)}{g(x)}$ 可能存在、也可能不存在. 例如 $\lim\limits_{x \to 0} \dfrac{\sin x}{x} = 1$, $\lim\limits_{x \to 0} \dfrac{\sin x}{x^2} = \infty$.

这里两个无穷小或者无穷大的商的极限 $\lim\limits_{\substack{x \to x_0 \\ (x \to \infty)}} \dfrac{f(x)}{g(x)}$, 通常称之为**未定式**, 分别记为 $\dfrac{0}{0}$ 或 $\dfrac{\infty}{\infty}$ **型未定式**. 对于未定式的极限, 不能直接运用极限的四则运算法则. 本节将利用柯西中值定理来得到求解这类极限的一种简便又重要的方法——洛必达法则.

一、$\dfrac{0}{0}$、$\dfrac{\infty}{\infty}$ 型未定式

定理 4.7 (洛必达法则) 若函数 $f(x)$ 与 $g(x)$ 满足下列条件:

(1) $\lim\limits_{x \to x_0} f(x) = \lim\limits_{x \to x_0} g(x) = 0$;

(2) $f(x)$ 与 $g(x)$ 在 x_0 的某个去心邻域 $\mathring{U}(x_0)$ 内可导, 且 $g'(x) \neq 0$;

(3) $\lim\limits_{x \to x_0} \dfrac{f'(x)}{g'(x)}$ 存在 (或为 ∞),

则

$$\lim_{x \to x_0} \frac{f(x)}{g(x)} = \lim_{x \to x_0} \frac{f'(x)}{g'(x)}.$$

证 设

$$F(x) = \begin{cases} f(x), & x \neq x_0, \\ 0, & x = x_0, \end{cases} \qquad G(x) = \begin{cases} g(x), & x \neq x_0, \\ 0, & x = x_0. \end{cases}$$

由条件 (1) 和 (2) 知道,$F(x)$ 与 $G(x)$ 在 x_0 的某个邻域 $U(x_0)$ 内连续,在去心邻域 $\mathring{U}(x_0)$ 内可导,且 $G'(x) = g'(x) \neq 0$.

设 $x \in \mathring{U}(x_0)$,则在 x 与 x_0 为端点组成的闭区间上,$F(x)$ 与 $G(x)$ 满足柯西中值定理的条件,从而有

$$\frac{F(x) - F(x_0)}{G(x) - G(x_0)} = \frac{F'(\xi)}{G'(\xi)} = \frac{f'(\xi)}{g'(\xi)} \quad (\xi 在 x 与 x_0 之间).$$

因为 $F(x_0) = G(x_0) = 0$,且当 $x \neq x_0$ 时,$F(x) = f(x)$,$G(x) = g(x)$,所以有

$$\frac{f(x)}{g(x)} = \frac{f'(\xi)}{g'(\xi)},$$

注意到 $x \to x_0$ 时,$\xi \to x_0$,对上式取极限,有

$$\lim_{x \to x_0} \frac{f(x)}{g(x)} = \lim_{x \to x_0} \frac{f'(\xi)}{g'(\xi)} = \lim_{\xi \to x_0} \frac{f'(\xi)}{g'(\xi)} = \lim_{x \to x_0} \frac{f'(x)}{g'(x)}.$$

对于 $\dfrac{\infty}{\infty}$ 型未定式,也有类似的定理.

定理 4.8 若函数 $f(x)$ 与 $g(x)$ 满足下列条件:

(1) $\lim\limits_{x \to x_0} f(x) = \lim\limits_{x \to x_0} g(x) = \infty$;

(2) $f(x)$ 与 $g(x)$ 在 x_0 的某个去心邻域 $\mathring{U}(x_0)$ 内可导,且 $g'(x) \neq 0$;

(3) $\lim\limits_{x \to x_0} \dfrac{f'(x)}{g'(x)}$ 存在 (或为 ∞),

则

$$\lim_{x \to x_0} \frac{f(x)}{g(x)} = \lim_{x \to x_0} \frac{f'(x)}{g'(x)}.$$

将定理 4.7、4.8 中极限过程 $x \to x_0$ 换成 $x \to \infty$,$x \to -\infty$,$x \to +\infty$,$x \to x_0^-$,$x \to x_0^+$,定理仍适用.

例 4.11 求下列极限:

(1) $\lim\limits_{x \to a} \dfrac{\sin x - \sin a}{x - a}$;

(2) $\lim\limits_{x \to +\infty} \dfrac{\dfrac{\pi}{2} - \arctan x}{\dfrac{1}{x}}$;

(3) $\lim\limits_{x \to 0^+} \dfrac{\ln \sin x}{\ln x}$;

(4) $\lim\limits_{x \to +\infty} \dfrac{\ln x}{x^n}$.

解 (1) 当 $x \to a$ 时,是 $\dfrac{0}{0}$ 型,由洛必达法则可得

$$\lim_{x \to a} \frac{\sin x - \sin a}{x - a} = \lim_{x \to a} \frac{\cos x}{1} = \cos a.$$

(2) 当 $x \to +\infty$ 时，是 $\dfrac{0}{0}$ 型，由洛必达法则可得

$$\lim_{x \to +\infty} \frac{\dfrac{\pi}{2} - \arctan x}{\dfrac{1}{x}} = \lim_{x \to +\infty} \frac{-\dfrac{1}{1+x^2}}{-\dfrac{1}{x^2}} = \lim_{x \to +\infty} \frac{x^2}{1+x^2} = 1.$$

(3) 当 $x \to 0^+$ 时，是 $\dfrac{\infty}{\infty}$ 型，由洛必达法则可得

$$\lim_{x \to 0^+} \frac{\ln \sin x}{\ln x} = \lim_{x \to 0^+} \frac{\dfrac{\cos x}{\sin x}}{\dfrac{1}{x}} = \lim_{x \to 0^+} \cos x \cdot \frac{x}{\sin x} = 1.$$

(4) 当 $x \to +\infty$ 时，是 $\dfrac{\infty}{\infty}$ 型，由洛必达法则可得

$$\lim_{x \to +\infty} \frac{\ln x}{x^n} = \lim_{x \to +\infty} \frac{\dfrac{1}{x}}{nx^{n-1}} = \lim_{x \to +\infty} \frac{1}{nx^n} = 0.$$

如果 $\lim\limits_{x \to x_0} \dfrac{f'(x)}{g'(x)}$ 仍是 $\dfrac{0}{0}$ 或 $\dfrac{\infty}{\infty}$ 型未定式，且这时 $f'(x)$ 与 $g'(x)$ 能满足定理中 $f(x)$ 与 $g(x)$ 对应的条件，则可继续再用洛必达法则，即

$$\lim_{x \to x_0} \frac{f(x)}{g(x)} = \lim_{x \to x_0} \frac{f'(x)}{g'(x)} = \lim_{x \to x_0} \frac{f''(x)}{g''(x)},$$

且可依此类推.

例 4.12 求下列极限：

(1) $\lim\limits_{x \to 2} \dfrac{x^3 - 3x^2 + 4}{x^3 - 5x^2 + 8x - 4}$; (2) $\lim\limits_{x \to 0} \dfrac{\mathrm{e}^x - \mathrm{e}^{-x} - 2x}{x - \sin x}$;

(3) $\lim\limits_{x \to +\infty} \dfrac{x^m}{\mathrm{e}^x}$ (m 为整数).

解 (1) 当 $x \to 2$ 时，是 $\dfrac{0}{0}$ 型，由洛必达法则可得

$$\lim_{x \to 2} \frac{x^3 - 3x^2 + 4}{x^3 - 5x^2 + 8x - 4} = \lim_{x \to 2} \frac{3x^2 - 6x}{3x^2 - 10x + 8} \left(\text{仍为} \frac{0}{0} \text{型}\right)$$

$$= \lim_{x \to 2} \frac{6x - 6}{6x - 10} = 3.$$

(2) 当 $x \to 0$ 时，是 $\dfrac{0}{0}$ 型，由洛必达法则可得

$$\lim_{x \to 0} \frac{\mathrm{e}^x - \mathrm{e}^{-x} - 2x}{x - \sin x} = \lim_{x \to 0} \frac{\mathrm{e}^x + \mathrm{e}^{-x} - 2}{1 - \cos x} \left(\text{仍为} \frac{0}{0} \text{型}\right)$$

$$= \lim_{x \to 0} \frac{\mathrm{e}^x - \mathrm{e}^{-x}}{\sin x} \left(\text{仍为} \frac{0}{0} \text{型}\right)$$

$$= \lim_{x \to 0} \frac{\mathrm{e}^x + \mathrm{e}^{-x}}{\cos x} = 2.$$

(3) 当 $x \to +\infty$ 时，是 $\dfrac{\infty}{\infty}$ 型，由洛必达法则可得

$$\lim_{x \to +\infty} \frac{x^m}{\mathrm{e}^x} = \lim_{x \to +\infty} \frac{mx^{m-1}}{\mathrm{e}^x} = \lim_{x \to +\infty} \frac{m(m-1)x^{m-2}}{\mathrm{e}^x} = \cdots = \lim_{x \to +\infty} \frac{m!}{\mathrm{e}^x} = 0.$$

这里需要注意的是，最后一项 $\dfrac{6x-6}{6x-10}$，$\dfrac{e^x+e^{-x}}{\cos x}$，$\dfrac{m!}{e^x}$ 已不是未定式，不能再继续应用洛必达法则. 所以在反复应用洛必达法则的过程中，要特别留意验证每次所求的极限是不是未定式，如果不是未定式，就不能再用洛必达法则.

我们已经看到，洛必达法则是求解未定式的一种重要且简便的方法. 在应用洛必达法则求极限的过程中，遇到可以应用等价无穷小替换的时候，应尽量应用以简化运算.

例 4.13 求下列极限：

(1) $\displaystyle\lim_{x\to 0}\dfrac{\tan x-x}{x-\sin x}$；

(2) $\displaystyle\lim_{x\to 0}\dfrac{\sin x-x\cos x}{(e^x-1)(\sqrt[3]{1+x^2}-1)}$；

(3) $\displaystyle\lim_{x\to 0}\dfrac{e^{x^2}-e^{2-2\cos x}}{x^4}$.

解 (1) 当 $x\to 0$ 时，是 $\dfrac{0}{0}$ 型，结合洛必达法则和等价无穷小替换，可得

$$\lim_{x\to 0}\frac{\tan x-x}{x-\sin x}=\lim_{x\to 0}\frac{\sec^2 x-1}{1-\cos x}=\lim_{x\to 0}\frac{\tan^2 x}{\frac{1}{2}x^2}=\lim_{x\to 0}\frac{x^2}{\frac{1}{2}x^2}=2.$$

(2) 当 $x\to 0$ 时，是 $\dfrac{0}{0}$ 型，先利用等价无穷小替换进行化简，再运用洛必达法则，得到

$$\begin{aligned}
\lim_{x\to 0}\frac{\sin x-x\cos x}{(e^x-1)(\sqrt[3]{1+x^2}-1)}&=\lim_{x\to 0}\frac{\sin x-x\cos x}{x\cdot\dfrac{x^2}{3}}\\
&=\lim_{x\to 0}\frac{\cos x-\cos x+x\sin x}{x^2}\\
&=\lim_{x\to 0}\frac{\sin x}{x}=1.
\end{aligned}$$

(3) 当 $x\to 0$ 时，是 $\dfrac{0}{0}$ 型，直接运用洛必达法则计算过程比较繁杂，可在分子中提出 e^{x^2}，接着利用等价无穷小替换进行化简，最后再利用洛必达法则，得到

$$\begin{aligned}
\lim_{x\to 0}\frac{e^{x^2}-e^{2-2\cos x}}{x^4}&=\lim_{x\to 0}e^{x^2}\frac{1-e^{2-2\cos x-x^2}}{x^4}\\
&=\lim_{x\to 0}\frac{-2+2\cos x+x^2}{x^4}\\
&=\lim_{x\to 0}\frac{-2\sin x+2x}{4x^3}\\
&=\lim_{x\to 0}\frac{-2\cos x+2}{12x^2}=\frac{1}{12}.
\end{aligned}$$

二、其他类型未定式

除了 $\dfrac{0}{0}$ 型和 $\dfrac{\infty}{\infty}$ 型两种未定式，还有其他类型的未定式，如 $0\cdot\infty$，$\infty-\infty$，0^0，1^∞，∞^0 等. 我们可以通过恒等变形或简单变换将它们转化为 $\dfrac{0}{0}$ 型或 $\dfrac{\infty}{\infty}$ 型，再应用洛必达法则.

(1) $0\cdot\infty$ 型，可转化为 $0\cdot\dfrac{1}{0}$ 型或 $\dfrac{1}{\infty}\cdot\infty$ 型；

(2) $\infty-\infty$ 型，先转化为 $\dfrac{1}{0}-\dfrac{1}{0}$，再转化为 $\dfrac{0}{0}$ 型；

(3) 0^0，1^∞，∞^0 型，先化为 $e^{\ln 0^0}$，$e^{\ln 1^\infty}$，$e^{\ln \infty^0}$，再化为 $e^{\frac{0}{0}}$ 或 $e^{\frac{\infty}{\infty}}$ 型.

例 4.14 求下列极限：

(1) $\lim\limits_{x\to 0^+} x^m \ln x (m$为整数$)$；   (2) $\lim\limits_{x\to 0} \left(\dfrac{1}{x} - \dfrac{1}{e^x - 1}\right)$；

(3) $\lim\limits_{x\to 0^+} x^{\sin x}$；   (4) $\lim\limits_{x\to 1} (3 - 2x)^{\sec \frac{\pi}{2} x}$.

解 (1) 当 $x \to 0^+$ 时，是 $0 \cdot \infty$ 型，转化为 $\dfrac{\infty}{\infty}$ 型，再应用洛必达法则，得到

$$\lim_{x\to 0^+} x^m \ln x = \lim_{x\to 0^+} \frac{\ln x}{x^{-m}} = \lim_{x\to 0^+} \frac{\frac{1}{x}}{-mx^{-m-1}} = \lim_{x\to 0^+} \frac{x^m}{-m} = 0.$$

(2) 这是 $\infty - \infty$ 型，通分后转化为 $\dfrac{0}{0}$ 型，

$$\lim_{x\to 0} \left(\frac{1}{x} - \frac{1}{e^x - 1}\right) = \lim_{x\to 0} \frac{e^x - 1 - x}{x(e^x - 1)} = \lim_{x\to 0} \frac{e^x - 1 - x}{x^2} = \lim_{x\to 0} \frac{e^x - 1}{2x} = \frac{1}{2}.$$

(3) 这是 0^0 型，把 $x^{\sin x}$ 改写成 $e^{\ln x^{\sin x}} = e^{\sin x \ln x}$，指数 $\sin x \ln x$ 是 $0 \cdot \infty$ 型，有

$$\lim_{x\to 0^+} \sin x \ln x = \lim_{x\to 0^+} x \ln x = 0 \ (根据(1)),$$

因此

$$\lim_{x\to 0^+} x^{\sin x} = \lim_{x\to 0^+} e^{\sin x \ln x} = e^{\lim\limits_{x\to 0^+} \sin x \ln x} = e^0 = 1.$$

(4) 这是 1^∞ 型，因为

$$\lim_{x\to 1} \sec \frac{\pi}{2} x \ln(3 - 2x) = \lim_{x\to 1} \frac{\ln(3 - 2x)}{\cos \frac{\pi}{2} x} = \lim_{x\to 1} \frac{\dfrac{-2}{3 - 2x}}{-\dfrac{\pi}{2} \sin \dfrac{\pi}{2} x} = \frac{4}{\pi},$$

所以有

$$\lim_{x\to 1} (3 - 2x)^{\sec \frac{\pi}{2} x} = \lim_{x\to 1} e^{\sec \frac{\pi}{2} x \ln(3 - 2x)} = e^{\frac{4}{\pi}}.$$

最后，需要注意的是，洛必达法则是求未定式的一种方法．但是在计算过程中需要注意检验定理中的条件，如果定理中的条件不满足，则不能运用洛必达法则进行求极限．而有些未定式的极限虽然满足定理的条件，但不能用洛必达法则求出．针对这些情况，我们需要考虑改用其他求极限的方法．

例 4.15 求下列极限：

(1) $\lim\limits_{x\to +\infty} \dfrac{x + \sin x}{x}$；   (2) $\lim\limits_{x\to +\infty} \dfrac{\sqrt{1 + x^2}}{x}$.

解 (1) 当 $x \to +\infty$ 时，是 $\dfrac{\infty}{\infty}$ 型，如果用洛必达法则

$$\lim_{x\to +\infty} \frac{x + \sin x}{x} = \lim_{x\to +\infty} \frac{1 + \cos x}{1},$$

因为当 $x \to +\infty$ 时，$\cos x$ 的极限不存在，所以上式右端极限不存在，不满足洛必达法则中的第三个条件，因此洛必达法则失败，需要寻找其他的方法求解．事实上，由于当 $x \to +\infty$ 时，$\dfrac{\sin x}{x}$ 是无穷小和有界函数的乘积，则有

$$\lim_{x\to +\infty} \frac{x + \sin x}{x} = \lim_{x\to +\infty} \left(1 + \frac{\sin x}{x}\right) = 1.$$

(2) 当 $x \to +\infty$ 时，是 $\frac{\infty}{\infty}$ 型，则

$$\lim_{x \to +\infty} \frac{\sqrt{1+x^2}}{x} = \lim_{x \to +\infty} \frac{\frac{2x}{2\sqrt{1+x^2}}}{1} = \lim_{x \to +\infty} \frac{x}{\sqrt{1+x^2}} \left(\frac{\infty}{\infty}\right) = \lim_{x \to +\infty} \frac{\sqrt{1+x^2}}{x},$$

两次洛必达法则之后又回到原极限，得不到结果，洛必达法则失败. 事实上

$$\lim_{x \to +\infty} \frac{\sqrt{1+x^2}}{x} = \lim_{x \to +\infty} \sqrt{1 + \frac{1}{x^2}} = 1.$$

习　题　4.2

1. 求下列极限：

(1) $\lim\limits_{x \to 0} \dfrac{e^x - \cos x - x}{x^2}$;

(2) $\lim\limits_{x \to 0} \dfrac{x - x \cos x}{x - \sin x}$;

(3) $\lim\limits_{x \to \frac{\pi}{4}} \dfrac{1 - \tan x}{\sin 4x}$;

(4) $\lim\limits_{x \to 0} \dfrac{e^x - e^{\sin x}}{x^3}$;

(5) $\lim\limits_{x \to \frac{\pi}{2}} \dfrac{\tan x}{\tan 3x}$;

(6) $\lim\limits_{x \to +\infty} \dfrac{x \ln x}{x^2 + \ln x}$;

(7) $\lim\limits_{x \to +\infty} \dfrac{\ln(1 + e^x)}{\sqrt{1 + x^2}}$;

(8) $\lim\limits_{x \to 1^-} \ln(1 - x) \ln x$;

(9) $\lim\limits_{x \to 1} (1 - x^2) \tan \dfrac{\pi}{2} x$;

(10) $\lim\limits_{x \to 0} x^2 e^{\frac{1}{x^2}}$;

(11) $\lim\limits_{x \to 0^+} (1 + x)^{\ln x}$;

(12) $\lim\limits_{x \to 0} (\sin x)^{\tan x}$;

(13) $\lim\limits_{x \to 0} (\cos 2x + x^2)^{\frac{1}{x^2}}$;

(14) $\lim\limits_{x \to 0^+} (\cot x)^{\frac{1}{\ln x}}$;

(15) $\lim\limits_{x \to 0} \left(\dfrac{1}{\ln(1 + x)} - \dfrac{1}{x} \right)$;

(16) $\lim\limits_{x \to 0} \left(\dfrac{1}{\sin^2 x} - \dfrac{1}{x^2} \right)$;

(17) $\lim\limits_{x \to 0} \left(\dfrac{1 + x}{1 - e^{-x}} - \dfrac{1}{x} \right)$;

(18) $\lim\limits_{x \to 0} \dfrac{\sin x - x \cos x}{(1 - \cos x) \ln(1 + x)}$;

(19) $\lim\limits_{x \to 0} \dfrac{(\tan x - x)(1 - \sqrt{1 - x})}{\sin^2 x \ln(1 + x^2)}$;

(20) $\lim\limits_{x \to 0} \dfrac{\sqrt{1 + \tan x} - \sqrt{1 + \sin x}}{x \ln(1 + x) - x^2}$.

2. 验证下列极限不能用洛必达法则，并用其他方法求出其极限：

(1) $\lim\limits_{x \to \infty} \dfrac{2x + \sin x}{x + 5}$;

(2) $\lim\limits_{x \to +\infty} \dfrac{e^x + e^{-x}}{e^x - e^{-x}}$.

3. 若 $\lim\limits_{x \to 0} \left(\dfrac{\sin 3x}{x^3} + \dfrac{a}{x^2} + b \right) = 1$，求常数 a 和 b.

4. 试确定常数 a, b 的值，使极限 $\lim\limits_{x \to 0} \dfrac{1 + a \cos 2x + b \cos 4x}{x^4}$ 存在，并求出它的极限值.

4.3　泰勒公式

在近似计算中，我们总是希望用一些简单函数来代替复杂函数. 比如在微分的近似计算中，用切线代替曲线

$$f(x) \approx f(x_0) + f'(x_0)(x - x_0),$$

这里就是用一次多项式代替函数的思想. 但是这种用一次多项式代替函数 $f(x)$ 的精确度往往不能满足实际需要, 而且也无法估计误差的大小. 因此, 很自然地想到, 能否用 n $(n > 1)$ 次多项式

$$P_n(x) = a_0 + a_1(x - x_0) + a_2(x - x_0)^2 + \cdots + a_n(x - x_0)^n$$

来近似表示函数 $f(x)$, 并且给出误差估计.

为了找到这样的多项式, 我们先考虑一个特殊情况, 如果 $f(x)$ 本身就是一个 n 次多项式, 设

$$f(x) = a_0 + a_1(x - x_0) + a_2(x - x_0)^2 + \cdots + a_n(x - x_0)^n,$$

逐项求导

$$f'(x) = a_1 + 2a_2(x - x_0) + \cdots + na_n(x - x_0)^{n-1},$$
$$f''(x) = 2!a_2 + 3 \times 2a_3(x - x_0) + \cdots + n(n-1)a_n(x - x_0)^{n-2},$$
$$\cdots$$
$$f^{(n)}(x) = n!a_n,$$

令 $x = x_0$, 得到

$$f(x_0) = a_0, \ f'(x_0) = a_1, \ f''(x_0) = 2!a_2, \ \cdots, \ f^{(n)}(x_0) = n!a_n,$$

于是有

$$f(x) = f(x_0) + f'(x_0)(x - x_0) + \frac{f''(x_0)}{2!}(x - x_0)^2 + \cdots + \frac{f^{(n)}(x_0)}{n!}(x - x_0)^n.$$

因此, 对于一个 n 次多项式, 我们可以用上述导数的形式来表示这个多项式. 那么对于任意一个函数 $f(x)$, 能否用类似于上述的多项式来近似代替? 我们的回答是肯定的, 下面的泰勒定理解决了这个问题, 并给出了它们之间的误差估计.

定理 4.9 (泰勒定理) 设 $f(x)$ 在含有 x_0 的某个开区间 (a, b) 内具有直到 $n + 1$ 阶的导数, 则对任意 $x \in (a, b)$, 有下式成立:

$$\begin{aligned} f(x) = & f(x_0) + f'(x_0)(x - x_0) + \frac{f''(x_0)}{2!}(x - x_0)^2 + \cdots \\ & + \frac{f^{(n)}(x_0)}{n!}(x - x_0)^n + R_n(x), \end{aligned} \tag{4.2}$$

其中

$$R_n(x) = \frac{f^{(n+1)}(\xi)}{(n+1)!}(x - x_0)^{n+1}, \quad (\xi 介于 x 与 x_0 之间).$$

证 作以 t 为自变量的辅助函数

$$F(t) = f(x) - \left[f(t) + f'(t)(x - t) + \frac{f''(t)}{2!}(x - t)^2 + \cdots + \frac{f^{(n)}(t)}{n!}(x - t)^n \right]$$

与

$$G(t) = (x - t)^{n+1}.$$

由假设可知 $F(t)$ 与 $G(t)$ 在 (a,b) 内可导，且

$$F'(t) = -\frac{f^{(n+1)}(t)}{n!}(x-t)^n, \quad G'(t) = -(n+1)(x-t)^n,$$

并且当 $t \neq x$ 时，$G'(t) \neq 0$.

对任意 $x \in (a,b)$，若 $x = x_0$，则取 $\xi = x_0$，公式 (4.2) 成立. 若 $x \neq x_0$，对两个函数 $F(t)$ 与 $G(t)$ 在以 x 与 x_0 为端点的区间上应用柯西中值定理，得

$$\frac{F(x)-F(x_0)}{G(x)-G(x_0)} = \frac{F'(\xi)}{G'(\xi)} = \frac{f^{(n+1)}(\xi)}{(n+1)!} \quad (\xi 在 x 与 x_0 之间). \tag{4.3}$$

由于

$$F(x) = G(x) = 0,$$

$$F(x_0) = f(x) - \left[f(x_0) + f'(x_0)(x-x_0) + \frac{f''(x_0)}{2!}(x-x_0)^2 + \cdots + \frac{f^{(n)}(x_0)}{n!}(x-x_0)^n \right],$$

$$G(x_0) = (x-x_0)^{n+1},$$

代入式 (4.3) 整理后即得式 (4.2).

公式 (4.2) 称为函数 $f(x)$ 的 n 阶**泰勒公式**，$R_n(x)$ 称为**拉格朗日型余项**. 多项式

$$P_n(x) = f(x_0) + f'(x_0)(x-x_0) + \frac{f''(x_0)}{2!}(x-x_0)^2 + \cdots + \frac{f^{(n)}(x_0)}{n!}(x-x_0)^n$$

称为函数 $f(x)$ 在 $x = x_0$ 处的 n 次**泰勒多项式**. 当 $n = 0$ 时，泰勒公式就是拉格朗日公式.

利用洛必达法则，还可以得到不需要余项的精确表达式的泰勒公式.

定理 4.10　设 $f(x)$ 在含有 x_0 的某个邻域 $U(x_0)$ 内具有直到 $n-1$ 阶导数，且 $f^{(n)}(x_0)$ 存在，则对任意 $x \in U(x_0)$

$$\begin{aligned} f(x) = &f(x_0) + f'(x_0)(x-x_0) + \frac{f''(x_0)}{2!}(x-x_0)^2 + \cdots \\ &+ \frac{f^{(n)}(x_0)}{n!}(x-x_0)^n + o[(x-x_0)^n]. \end{aligned} \tag{4.4}$$

证　设

$$F(x) = f(x) - \left[f(x_0) + f'(x_0)(x-x_0) + \frac{f''(x_0)}{2!}(x-x_0)^2 + \cdots + \frac{f^{(n)}(x_0)}{n!}(x-x_0)^n \right],$$

$$G(x) = (x-x_0)^n.$$

当 $x \in U(x_0)$ 时，应用洛必达法则，可得

$$\begin{aligned} \lim_{x \to x_0} \frac{F(x)}{G(x)} &= \lim_{x \to x_0} \frac{F'(x)}{G'(x)} = \cdots = \lim_{x \to x_0} \frac{F^{(n-1)}(x)}{G^{(n-1)}(x)} \\ &= \lim_{x \to x_0} \frac{f^{(n-1)}(x) - f^{(n-1)}(x_0) - f^{(n)}(x_0)(x-x_0)}{n!(x-x_0)} \\ &= \lim_{x \to x_0} \frac{1}{n!} \left[\frac{f^{(n-1)}(x) - f^{(n-1)}(x_0)}{x-x_0} - f^{(n)}(x_0) \right] = 0. \end{aligned}$$

所以当 $x \to x_0$ 时，有 $F(x) = o(G(x)) = o[(x-x_0)^n]$，得证.

公式 (4.4) 称为函数 $f(x)$ 带有**皮亚诺余项**的 n 阶泰勒公式.

在泰勒公式 (4.2) 或 (4.4) 中令 $x_0 = 0$，则相应的泰勒公式称为**麦克劳林公式**，即

$$f(x) = f(0) + f'(0)x + \frac{f''(0)}{2!}x^2 + \cdots + \frac{f^{(n)}(0)}{n!}x^n + R_n(x),$$

其中 $R_n(x) = \frac{f^{(n+1)}(\theta x)}{(n+1)!}x^{n+1}$ $(0 < \theta < 1)$ 或 $R_n(x) = o(x^n)$.

例 4.16 写出指数函数 e^x 的麦克劳林公式.

解 设 $f(x) = \mathrm{e}^x$，则

$$f'(x) = f''(x) = \cdots = f^{(n)}(x) = \mathrm{e}^x,$$

所以

$$f'(0) = f''(0) = \cdots = f^{(n)}(0) = 1,$$

代入麦克劳林公式，有

$$\mathrm{e}^x = 1 + x + \frac{x^2}{2!} + \cdots + \frac{x^n}{n!} + \frac{\mathrm{e}^{\theta x}}{(n+1)!}x^{n+1}, \ (0 < \theta < 1).$$

当 $x = 1$ 时，上式可以估计无理数 e 的值，

$$\mathrm{e} = 1 + 1 + \frac{1}{2!} + \cdots + \frac{1}{n!} + \frac{\mathrm{e}^\theta}{(n+1)!},$$

于是有 $\mathrm{e} \approx 1 + 1 + \frac{1}{2!} + \cdots + \frac{1}{n!}$，此时误差

$$R_n = \frac{\mathrm{e}^\theta}{(n+1)!} < \frac{\mathrm{e}}{(n+1)!} < \frac{3}{(n+1)!}.$$

例如用前 5 项估计 e 的值，则取 $n = 4$，有

$$\mathrm{e} \approx 1 + 1 + \frac{1}{2!} + \frac{1}{3!} + \frac{1}{4!} \approx 2.70833333.$$

例 4.17 求三角函数 $\sin x$ 和 $\cos x$ 的麦克劳林公式.

解 设 $f(x) = \sin x$，则

$$f^{(n)}(x) = \sin\left(x + \frac{n\pi}{2}\right) \ (n = 1, 2, \cdots),$$

所以

$$f^{(n)}(0) = \sin\frac{n\pi}{2} = \begin{cases} 0, & n = 2k, \\ (-1)^k, & n = 2k+1 \end{cases} \quad (k = 0, 1, 2, \cdots).$$

代入麦克劳林公式，得

$$\sin x = x - \frac{x^3}{3!} + \frac{x^5}{5!} + \cdots + (-1)^{n-1}\frac{x^{2n-1}}{(2n-1)!} + \frac{\sin\left(\theta x + \frac{2n+1}{2}\pi\right)}{(2n+1)!}x^{2n+1} \ (0 < \theta < 1).$$

类似地，可以求出 $\cos x$ 的麦克劳林公式为

$$\cos x = 1 - \frac{x^2}{2!} + \frac{x^4}{4!} + \cdots + (-1)^n\frac{x^{2n}}{(2n)!} + \frac{\cos\left(\theta x + (n+1)\pi\right)}{(2n+2)!}x^{2n+2} \ (0 < \theta < 1).$$

如果在展开式中分别取前 3 项作为 $\sin x$，$\cos x$ 的近似值，则有

$$\sin x = x - \frac{x^3}{3!} + \frac{x^5}{5!} + o(x^5), \quad \cos x \approx 1 - \frac{x^2}{2!} + \frac{x^4}{4!} + o(x^4).$$

例 4.18 求 $(1+x)^\alpha$ 的麦克劳林公式.

解 设 $f(x) = (1+x)^\alpha$，则 $f(0) = 1$，

$$f^{(n)}(x) = \alpha(\alpha-1)\cdots(\alpha-n+1)(1+x)^{\alpha-n},$$

$$f^{(n)}(0) = \alpha(\alpha-1)\cdots(\alpha-n+1) \ (n=1,2,\cdots).$$

得到 $(1+x)^\alpha$ 的麦克劳林公式为

$$(1+x)^\alpha = 1 + \alpha x + \frac{\alpha(\alpha-1)}{2}x^2 + \cdots + \frac{\alpha(\alpha-1)\cdots(\alpha-n+1)}{n}x^n$$

$$+ \frac{\alpha(\alpha-1)\cdots(\alpha-n)(1+\theta x)^{\alpha-n-1}}{(n+1)!}x^{n+1} \ (0 < \theta < 1)$$

例 4.19 求 $\ln(1+x)$ 带有皮亚诺余项的麦克劳林公式.

解 设 $f(x) = \ln(1+x)$，则 $f(0) = 0$，

$$f^{(n)}(x) = (-1)^{n-1}\frac{(n-1)!}{(1+x)^n}, \quad f^{(n)}(0) = (-1)^{n-1}(n-1)! \ (n=1,2,\cdots).$$

得到 $\ln(1+x)$ 的麦克劳林公式为

$$\ln(1+x) = x - \frac{x^2}{2} + \frac{x^3}{3} + \cdots + (-1)^{n-1}\frac{x^n}{n} + o(x^n).$$

例 4.20 求函数 $f(x) = \dfrac{\sin x}{1+x^2}$ 在 $x = 0$ 处的 3 次泰勒多项式.

解 因为

$$\sin x = x - \frac{x^3}{3!} + o(x^3),$$

$$\frac{1}{1+x^2} = 1 - x^2 + o(x^2),$$

所以

$$\frac{\sin x}{1+x^2} = \left[x - \frac{x^3}{3!} + o(x^3)\right]\left[1 - x^2 + o(x^2)\right] = x - \frac{7}{6}x^3 + o(x^3).$$

在求函数极限时，也可以利用麦克劳林公式进行计算.

例 4.21 利用带有皮亚诺型余项的麦克劳林公式求下列极限：

(1) $\displaystyle\lim_{x\to 0}\frac{\sin x - x\cos x}{\sin^3 x}$;　　　　(2) $\displaystyle\lim_{x\to 0}\frac{\cos x - e^{-\frac{x^2}{2}}}{x^4}$;

(3) $\displaystyle\lim_{x\to\infty}x^2\left(2 - x\sin\frac{1}{x} - \cos\frac{1}{x}\right)$.

解 (1) 因为分母是 $\sin^3 x$ 与 x^3 等价，$\sin x$，$\cos x$ 分别用带有皮亚诺余项的 3 阶、2 阶麦克劳林公式表示，

$$\sin x = x - \frac{x^3}{3!} + o(x^3), \quad \cos x = 1 - \frac{x^2}{2!} + o(x^2),$$

则

$$\sin x - x\cos x = x - \frac{x^3}{3!} - x\left(1 - \frac{x^2}{2!}\right) + o(x^3) = \frac{x^3}{3} + o(x^3).$$

所以

$$\lim_{x\to 0}\frac{\sin x - x\cos x}{\sin^3 x} = \lim_{x\to 0}\frac{\frac{x^3}{3} + o(x^3)}{x^3} = \frac{1}{3}.$$

(2) 将 $\cos x$，$\mathrm{e}^{-\frac{x^2}{2}}$ 展开到 4 阶，

$$\cos x = 1 - \frac{x^2}{2!} + \frac{x^4}{4!} + o(x^4),$$

$$\mathrm{e}^{-\frac{x^2}{2}} = 1 - \frac{x^2}{2} + \frac{1}{2!}\left(-\frac{x^2}{2}\right)^2 + o\left(\frac{x^4}{4}\right),$$

所以有

$$\lim_{x \to 0} \frac{\cos x - \mathrm{e}^{-\frac{x^2}{2}}}{x^4} = \lim_{x \to 0} \frac{\frac{x^4}{4!} - \frac{x^4}{8} + o(x^4)}{x^4} = \lim_{x \to 0}\left[-\frac{1}{12} + \frac{o(x^4)}{x^4}\right] = -\frac{1}{12}.$$

(3) 令 $u = \dfrac{1}{x}$，当 $x \to \infty$，$u \to 0$，对 $\sin u$，$\cos u$ 利用麦克劳林展开

$$\sin u = u - \frac{u^3}{3!} + o(u^3),$$

$$\cos u = 1 - \frac{u^2}{2!} + o(u^2),$$

所以有

$$\lim_{x \to \infty} x^2\left(2 - x\sin\frac{1}{x} - \cos\frac{1}{x}\right) = \lim_{u \to 0} \frac{2 - \frac{1}{u}\sin u - \cos u}{u^2} = \lim_{u \to 0} \frac{\frac{2u^2}{3} + o(u^2)}{u^2} = \frac{2}{3}.$$

习 题 4.3

1. 求函数 $f(x) = x^4 + 3x^2 + 1$ 在 $x = 1$ 处的泰勒多项式.

2. 求函数 $f(x) = \ln x$ 按 $x - 2$ 的幂展开的 n 阶泰勒公式.

3. 求函数 $f(x) = \dfrac{1-x}{1+x}$ 带有拉格朗日型余项的 n 阶麦克劳林公式.

4. 写出函数 $f(x) = \arctan x$ 的带有皮亚诺余项的 3 阶麦克劳林公式.

5. 利用泰勒公式证明不等式：$\sqrt{1+x} > 1 + \dfrac{x}{2} - \dfrac{x^2}{8}$ $(x > 0)$.

6. 利用泰勒公式求下列极限：

(1) $\displaystyle\lim_{x \to 0} \frac{x\ln(1+x)}{\mathrm{e}^x - x - 1}$;   (2) $\displaystyle\lim_{x \to 0} \frac{\mathrm{e}^x \sin x - x(x+1)}{x^3}$;

(3) $\displaystyle\lim_{x \to 0} \frac{\tan x - \sin x}{x^3}$;   (4) $\displaystyle\lim_{x \to 0} \frac{\mathrm{e}^{\tan x} - 1}{x}$.

7. 设函数 $f(x) = x + a\ln(1+x) + bx\sin x$，$g(x) = kx^3$，若 $f(x)$ 与 $g(x)$ 在 $x \to 0$ 时是等价无穷小，求 a, b, k 的值.

4.4 函数的单调性、极值与最值

一、函数的单调性

第 1 章中介绍了函数在区间上单调的概念，然而直接利用定义来判别函数的单调性并不容易. 本节将利用拉格朗日中值定理，给出用导数判别函数单调性的简便而有效的方法.

定理 4.11 (函数单调性的判别法) 设函数 $y = f(x)$ 在 $[a, b]$ 上连续，在 (a, b) 内可导.

(1) 如果在 (a, b) 内 $f'(x) \geqslant 0$ (等号仅在有限多个点处成立)，那么函数 $y = f(x)$ 在 $[a, b]$ 上单调增加；

(2) 如果在 (a, b) 内 $f'(x) \leqslant 0$ (等号仅在有限多个点处成立)，那么函数 $y = f(x)$ 在 $[a, b]$ 上单调减少.

证 (1) 设 x_1，x_2 是 $[a, b]$ 上任意两点，且 $x_1 < x_2$，在 $[x_1, x_2]$ 上应用拉格朗日中值定理

$$f(x_2) - f(x_1) = f'(\xi)(x_2 - x_1), \quad \xi \in (x_1, x_2).$$

若 $f'(x) > 0$，则 $f'(\xi) > 0$，又因为 $x_2 - x_1 > 0$，所以

$$f(x_2) > f(x_1),$$

根据单调性定义，函数 $y = f(x)$ 在 $[a, b]$ 上单调增加.

另外，如果 $f'(x)$ 在有限多个点处等于零，而在其余各点处均为正. 不妨设在 $c \in (a, b)$ 上时 $f'(c) = 0$，因为 $y = f(x)$ 在 $[a, c]$ 和 $[c, b]$ 上是都是单调增加的，所以在 $[a, b]$ 上仍是单调增加的.

综上，如果 $f'(x)$ 在 (a, b) 内仅有有限个零点，而在其余各点处均为正，那么 $f(x)$ 在 $[a, b]$ 上是单调增加的.

(2) 同理可证当 $f'(x) \leqslant 0$ (等号仅在有限多个点处成立)，函数 $y = f(x)$ 在 $[a, b]$ 上单调减少.

显然，如果把上述判别法中的闭区间换成其他各种区间，包括无穷区间，定理的结论仍然成立.

例 4.22 判断函数 $f(x) = x + \cos x \ (0 \leqslant x \leqslant 2\pi)$ 的单调性.

解 $f(x) = x + \cos x$ 在 $[0, 2\pi]$ 上连续，在 $(0, 2\pi)$ 内

$$f'(x) = 1 - \sin x \geqslant 0,$$

且等号仅在 $x = \dfrac{\pi}{2}$ 处成立，所以由单调性的判别法可知，函数 $f(x) = x + \cos x$ 在 $[0, 2\pi]$ 上单调增加.

例 4.23 讨论函数 $f(x) = 3x - x^2$ 的单调性.

解 函数 $f(x) = 3x - x^2$ 在定义区间 $(-\infty, +\infty)$ 内连续、可导，且

$$f'(x) = 3 - 2x.$$

因为在 $\left(-\infty, \dfrac{3}{2}\right)$ 内 $f'(x) > 0$，所以函数 $f(x) = 3x - x^2$ 在 $\left(-\infty, \dfrac{3}{2}\right]$ 上单调增加；在 $\left(\dfrac{3}{2}, +\infty\right)$ 内 $f'(x) < 0$，所以函数 $f(x) = 3x - x^2$ 在 $\left[\dfrac{3}{2}, +\infty\right)$ 上单调减少.

例 4.24 讨论函数 $f(x) = \sqrt[3]{x^2}$ 的单调性.

解 函数 $f(x) = \sqrt[3]{x^2}$ 在定义区间 $(-\infty, +\infty)$ 内连续，当 $x \neq 0$，函数的导数为

$$f'(x) = \frac{2}{3\sqrt[3]{x}}.$$

因为在 $(-\infty, 0)$ 内 $f'(x) < 0$，所以函数 $f(x) = \sqrt[3]{x^2}$ 在 $(-\infty, 0]$ 上单调减少；在 $(0, +\infty)$ 内 $f'(x) > 0$，所以函数 $f(x) = \sqrt[3]{x^2}$ 在 $[0, +\infty)$ 上单调增加.

在上面两例中，我们注意到有些函数在它的整个定义区间上不是单调的，如果此时函数存在驻点或者导数不存在的点，则应把这些点作为划分区间的分界点，把定义区间划分为几个子区间.

例如，例 4.23 中 $x = \dfrac{3}{2}$ 是函数 $f(x) = 3x - x^2$ 的驻点，也是单调增加区间 $\left(-\infty, \dfrac{3}{2}\right]$ 和单调减少区间 $\left[\dfrac{3}{2}, +\infty\right)$ 的分界点；例 4.24 中 $x = 0$ 是函数 $f(x) = \sqrt[3]{x^2}$ 的导数不存在的点，同时也是单调减少区间 $(-\infty, 0]$ 和单调增加区间 $[0, +\infty)$ 的分界点.

因此，判别函数 $f(x)$ 的单调区间的步骤如下：

(1) 求出函数 $f(x)$ 的驻点或导数 $f'(x)$ 不存在的点；

(2) 利用驻点或不可导点，将定义区间分成若干个小区间；

(3) 逐个考察每个小区间上 $f'(x)$ 的符号，从而确定相应区间上的单调性.

例 4.25 讨论函数 $f(x) = (2x - 5)\sqrt[3]{x^2}$ 的单调性.

解 函数 $f(x) = (2x - 5)\sqrt[3]{x^2}$ 在定义区间 $(-\infty, +\infty)$ 内连续，且

$$f'(x) = \frac{10(x - 1)}{3\sqrt[3]{x}}.$$

可知 $x = 0$ 和 $x = 1$ 分别是函数 $f(x) = (2x - 5)\sqrt[3]{x^2}$ 的不可导点和驻点，这两个点将 $(-\infty, +\infty)$ 分成三个小区间 $(-\infty, 0]$, $[0, 1]$, $[1, +\infty)$，列表讨论如下：

x	$(-\infty, 0)$	$(0, 1)$	$(1, +\infty)$
$f'(x)$	$+$	$-$	$+$

由上表可知，函数 $f(x) = (2x - 5)\sqrt[3]{x^2}$ 在区间 $(-\infty, 0]$, $[1, +\infty)$ 上单调递增，在区间 $[0, 1]$ 上单调递减.

利用函数的单调性证明不等式.

例 4.26 证明不等式 $\dfrac{x}{1 + x} < \ln(1 + x) < x$ $(x > 0)$.

证 与拉格朗日中值定理证明不等式的方法不同，利用单调性证明不等式要对每个不等号分开证明.

令 $f(x) = \dfrac{x}{1 + x} - \ln(1 + x)$，则

$$f'(x) = \frac{1}{(1 + x)^2} - \frac{1}{1 + x} = -\frac{x}{(1 + x)^2}.$$

$f(x)$ 在 $[0, \infty)$ 上连续，且当 $x > 0$ 时 $f'(x) < 0$，因此 $f(x)$ 在 $[0, \infty)$ 上单调递减，所以有

$$f(x) < f(0) = 0, \quad \text{即 } \frac{x}{1 + x} < \ln(1 + x) \text{ 得证.}$$

现在证明剩下的半边，令 $g(x) = \ln(1 + x) - x$，则

$$g'(x) = \frac{1}{1 + x} - 1 = -\frac{x}{1 + x}.$$

$g(x)$ 在 $[0, \infty)$ 上连续，且当 $x > 0$ 时 $g'(x) < 0$，因此 $g(x)$ 在 $[0, \infty)$ 上单调递减，所以有

$$g(x) < g(0) = 0, \quad \text{即 } \ln(1 + x) < x \text{ 得证.}$$

综上 $\dfrac{x}{1+x} < \ln(1+x) < x$ 得证.

利用函数的单调性讨论方程根的个数.

例 4.27 讨论方程 $\ln x - \dfrac{x}{\mathrm{e}} + k = 0$ (k 为常数) 的实根情况.

解 令 $f(x) = \ln x - \dfrac{x}{\mathrm{e}} + k$, 函数 $f(x)$ 在定义区间 $(0, +\infty)$ 上连续, 且

$$f'(x) = \frac{1}{x} - \frac{1}{\mathrm{e}}.$$

可知驻点 $x = \mathrm{e}$ 将区间 $(0, +\infty)$ 分成两个小区间 $(0, \mathrm{e}]$ 和 $[\mathrm{e}, +\infty)$, 且有

$$\lim_{x \to 0^+} f(x) = \lim_{x \to 0^+} \left(\ln x - \frac{x}{\mathrm{e}} + k \right) = -\infty,$$

$$\lim_{x \to +\infty} f(x) = \lim_{x \to +\infty} x \left(\frac{\ln x}{x} - \frac{1}{\mathrm{e}} + \frac{k}{x} \right) = -\infty.$$

列表讨论如下 (表中 ↗ 表示单调增加, ↘ 表示单调减少):

x	0^+	$(0, \mathrm{e})$	e	$(\mathrm{e}, +\infty)$	$+\infty$
$f'(x)$		$+$	0	$-$	
$f(x)$	$-\infty$	↗	k	↘	$-\infty$

根据零点定理:

当 $k < 0$ 时, 方程 $\ln x - \dfrac{x}{\mathrm{e}} + k = 0$ 无实根;

当 $k = 0$ 时, 方程有一个实根 $x = \mathrm{e}$;

当 $k > 0$ 时, 方程有两个实根, 分别落在 $(0, \mathrm{e})$ 和 $(\mathrm{e}, +\infty)$ 区间内.

二、函数的极值

定义 4.1 设函数 $f(x)$ 在 x_0 的某一邻域 $U(x_0)$ 内有定义, 若对任一 $x \in \overset{\circ}{U}(x_0)$ 有

$$f(x) < f(x_0) \quad (或 f(x) > f(x_0))$$

则称 $f(x_0)$ 是函数 $f(x)$ 的一个**极大值** (或极小值), 称 $x = x_0$ 是 $f(x)$ 的**极大值点** (或**极小值点**), 极大值和极小值统称为**极值**, 极大值点和极小值点统称为**极值点**.

注: (1) 极值是一个局部概念, 函数在某个区间内可能有若干个极值. 在图 4.3 中, $f(x_1)$ 和 $f(x_4)$ 是函数 $y = f(x)$ 的极大值, $f(x_2)$ 和 $f(x_5)$ 是函数 $f(x)$ 的极小值.

(2) 由于极大值和极小值是在对应点的局部范围内作比较的, 所以极小值有可能大于极大值. 如图 4.3 中, 点 x_5 处的极小值比 x_1 处的极大值还要大.

(3) 极值和最值是两个不同的概念, 极值可以理解成局部范围内的最值, 但是函数的最值是一个整体性概念, 是对整个区间而言的, 函数的最大、最小值最多各有一个, 且最小值一定不大于最大值.

从图 4.3 中还可以看出, 在极值点处, 或有平行于 x 轴的切线 (即导数等于零), 如点 x_1、x_4 和 x_5; 或不存在切线 (即导数不存在), 如点 x_2. 但同时也看到, 导数等于零的点也可能不是极值点, 如在点 x_3 处. 而导数不存在的点, 也可能不是极值点, 例如函数 $y = \sqrt[3]{x}$, $x = 0$

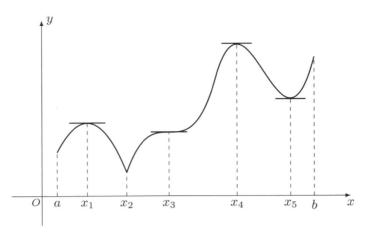

图 4.3

是它的不可导点, 但它不是极值点. 因此如何判定函数在驻点或不可导点处究竟是否取得极值? 如果是的话, 是极大值还是极小值? 下面我们给出极值存在的必要条件和充分条件.

定理 4.12 (必要条件) 设函数 $f(x)$ 在 x_0 处可导, 且在 x_0 处取得极值, 则必有 $f'(x_0) = 0$.

由费马引理可以直接得到上述定理. 定理告诉我们, 可导函数 $f(x)$ 的极值点必定是它的驻点. 但反过来, 驻点却不一定是极值点. 例如函数 $y = x^3$, $x = 0$ 是它的驻点, 但显然 $x = 0$ 不是极值点, 事实上 $y = x^3$ 是一个严格单调递增函数.

定理 4.13 (第一充分条件) 如果函数 $f(x)$ 在点 x_0 连续, 且在 x_0 的某个去心 δ 邻域 $\mathring{U}(x_0, \delta)$ 内可导.

(1) 若当 $x \in (x_0 - \delta, x_0)$ 时, $f'(x_0) > 0$, 当 $x \in (x_0, x_0 + \delta)$ 时, $f'(x_0) < 0$, 则 $f(x)$ 在点 x_0 处取得极大值;

(2) 若当 $x \in (x_0 - \delta, x_0)$ 时, $f'(x_0) < 0$, 当 $x \in (x_0, x_0 + \delta)$ 时, $f'(x_0) > 0$, 则 $f(x)$ 在点 x_0 处取得极小值;

(3) 若对一切 $x \in \mathring{U}(x_0, \delta)$, $f'(x)$ 的符号不改变, 则 $f(x)$ 在点 x_0 处没有极值.

证 (1) 根据假设, $f(x)$ 在 $(x_0 - \delta, x_0]$ 上单调增加, 在 $[x_0, x_0 + \delta)$ 上单调减少, 又因为函数 $f(x)$ 在 x_0 处连续, 故对任意 $x \in \mathring{U}(x_0, \delta)$, 总有

$$f(x) < f(x_0),$$

因此 $f(x)$ 在 x_0 处取得极大值.

(2) 可仿照 (1) 类似证明.

(3) 因为当 $x \in \mathring{U}(x_0, \delta)$ 时, $f'(x)$ 不变号, 即 $f'(x) > 0$ 或 $f'(x) < 0$, 则函数在 $U(x_0, \delta)$ 内单调增加或单调减少. 因此, $f(x)$ 在 x_0 处没有极值.

例 4.28 求函数 $f(x) = x^3 - 3x^2 - 45x + 1$ 的极值点和极值.

解 函数 $f(x)$ 的定义区间是 $(-\infty, +\infty)$, 并且在定义区间内可导. 根据极值的必要条件, 可导函数的极值点必定是它的驻点. 因为

$$f'(x) = 3x^2 - 6x - 45,$$

令 $f'(x) = 0$，得驻点 $x_1 = -3$，$x_2 = 5$，这两个驻点把整个定义区间分成三个子区间，列表讨论如下：

x	$(-\infty, -3)$	-3	$(-3, 5)$	5	$(5, +\infty)$
$f'(x)$	$+$	0	$-$	0	$+$
$f(x)$	↗	极大值 82	↘	极小值 -174	↗

综上，函数 $f(x) = x^3 - 3x^2 - 45x + 1$ 的极大值点为 $x = -3$，极大值为 $f(-3) = 82$；极小值点为 $x = 5$，极小值为 $f(5) = -174$.

例 4.29 求函数 $f(x) = x^2(x-4)^{2/3}$ 的极值.

解 因为

$$f'(x) = \frac{8x(x-3)}{3\sqrt[3]{x-4}},$$

得驻点 $x_1 = 0$，$x_2 = 3$ 和不可导点 $x_3 = 4$，这三个点将定义区间 $(-\infty, +\infty)$ 分成四个子区间，列表讨论如下：

x	$(-\infty, 0)$	0	$(0, 3)$	3	$(3, 4)$	4	$(4, +\infty)$
$f'(x)$	$-$	0	$+$	0	$-$	不存在	$+$
$f(x)$	↘	0	↗	9	↘	0	↗

综上，函数 $f(x) = x^2(x-4)^{2/3}$ 的极小值为 $f(0) = f(4) = 0$，极大值为 $f(3) = 9$.

当函数 $f(x)$ 在驻点处二阶导数不为零时，也可以利用二阶导数的符号来判断在驻点处是否取得极值.

定理 4.14 (第二充分条件) 如果函数 $f(x)$ 在点 x_0 处有二阶导数，且 $f'(x_0) = 0$，$f''(x_0) \neq 0$，那么

(1) 当 $f''(x_0) < 0$ 时，$f(x)$ 在 x_0 处取得极大值；

(2) 当 $f''(x_0) > 0$ 时，$f(x)$ 在 x_0 处取得极小值.

证 (1) 由二阶导数的定义有

$$f''(x_0) = \lim_{x \to x_0} \frac{f'(x) - f'(x_0)}{x - x_0} = \lim_{x \to x_0} \frac{f'(x)}{x - x_0} < 0,$$

根据极限的局部保号性可知，存在 $\delta > 0$，使得当 $x \in \mathring{U}(x_0, \delta)$ 时有

$$\frac{f'(x)}{x - x_0} < 0.$$

当 $x \in (x_0 - \delta, x_0)$ 时，$f'(x) > 0$；当 $x \in (x_0, x_0 + \delta)$ 时，$f'(x) < 0$，根据极值的第一充分条件，函数 $f(x)$ 在 x_0 处取得极大值.

类似地可以证明情形 (2).

第一充分条件和第二充分条件都是判断极值存在的充分条件，但在应用时有所区别. 第一充分条件对于驻点和不可导点均适用；而第二充分条件仅对满足 $f''(x_0) \neq 0$ 的驻点适用. 当二

阶导数比较容易求出，并且在驻点处 $f''(x_0) \neq 0$ 时，用第二充分条件来判别极值更方便，但是如果驻点处 $f''(x_0) = 0$，只能用第一充分条件来判别.

例 4.30 求函数 $f(x) = x^4 - 8x^2 + 2$ 的极值.

解 函数 $f(x)$ 的定义区间是 $(-\infty, +\infty)$，因为

$$f'(x) = 4x^3 - 16x = 4x(x^2 - 4) = 0,$$

令 $f'(x) = 0$，得驻点 $x_1 = -2$，$x_2 = 0$，$x_3 = 2$.
又

$$f''(x) = 12x^2 - 16,$$

得 $f''(\pm 2) = 32 > 0$，$f''(0) = -16 < 0$，因此函数 $f(x) = x^4 - 8x^2 + 2$ 在 $x = 0$ 处取得极大值 $f(0) = 2$，在 $x = \pm 2$ 处取得极小值 $f(\pm 2) = -14$.

例 4.31 已知函数 $y(x)$ 由方程 $x^3 + y^3 - 3x + 3y - 2 = 0$ 确定，求 $y(x)$ 的极值.

解 方程两边关于 x 求导，得

$$3x^2 + 3y^2 y' - 3 + 3y' = 0,$$

解得 $y' = \dfrac{1 - x^2}{1 + y^2}$，得到驻点 $x = \pm 1$，继续对方程两边关于 x 求导，得

$$6x + 6(y')^2 + 3y^2 y'' + 3y'' = 0,$$

当 $x = -1$ 时，$y(-1) = 0$，解得 $y''(-1) = 2 > 0$，因此函数 $y(x)$ 在 $x = -1$ 处取得极小值 0；当 $x = 1$ 时，$y(1) = 1$，解得 $y''(1) = -1 < 0$，因此函数 $y(x)$ 在 $x = 1$ 处取得极大值 1.

三、函数的最值

根据闭区间上连续函数的性质，如果函数 $f(x)$ 在闭区间 $[a, b]$ 上连续，那么 $f(x)$ 在 $[a, b]$ 上必取得最大值和最小值. 我们就在这样的条件下，讨论函数的最值的求法.

最值可能发生在区间的端点，也可能发生在区间的内部. 而当发生在区间的内部时，最值一定是极值. 因此可用如下步骤求 $f(x)$ 在 $[a, b]$ 上的最值:

(1) 求出函数 $f(x)$ 在 (a, b) 内的所有驻点和不可导点，并求出它们的函数值;

(2) 求出两个端点处的函数值 $f(a)$ 和 $f(b)$;

(3) 比较上面 (1) 和 (2) 中所有函数值的大小，其中最大的就是函数 $f(x)$ 的最大值，最小的就是函数 $f(x)$ 的最小值.

例 4.32 求函数 $f(x) = 1 + \sqrt[3]{(x^2 - 1)^2}$ 在 $[-\sqrt{2}, 2]$ 上的最大值与最小值.

解 因为函数 $f(x) = 1 + \sqrt[3]{(x^2 - 1)^2}$ 在 $[-\sqrt{2}, 2]$ 上连续，故必存在最大值与最小值. 由

$$f'(x) = \frac{4x}{3\sqrt[3]{x^2 - 1}},$$

得驻点 $x_1 = 0$ 和不可导点 $x_{2,3} = \pm 1$. 计算在驻点、不可导点以及端点处的函数值

$$f(0) = 2, \quad f(\pm 1) = 1, \quad f(-\sqrt{2}) = 2, \quad f(2) = 1 + \sqrt[3]{9},$$

故函数 $f(x)$ 在 $[-\sqrt{2}, 2]$ 上的最小值为 $f(\pm 1) = 1$，最大值为 $f(2) = 1 + \sqrt[3]{9}$.

在碰到下面两种情况时，可以快速又方便地求出最值.

(1) 如果连续函数 $f(x)$ 在闭区间 $[a,b]$ 上单调增加，则 $f(a)$ 是其最小值，$f(b)$ 是其最大值；如果函数 $f(x)$ 在闭区间 $[a,b]$ 上单调减少，则 $f(a)$ 是其最大值，$f(b)$ 是其最小值.

(2) 如果连续函数 $f(x)$ 在某区间 (不限于闭区间) 内有且仅有一个极大值，而没有极小值，则此极大值就是函数在此区间上的最大值；同理，如果连续函数 $f(x)$ 在某区间内有且仅有一个极小值，而没有极大值，则此极小值就是函数在此区间上的最小值.

例 4.33　求函数 $f(x) = x - \ln(1+x)$ 在 $(-1, +\infty)$ 上的最值.

解　函数 $f(x) = x - \ln(1+x)$ 在 $(-1, +\infty)$ 上连续，且

$$f'(x) = 1 - \frac{1}{1+x} = \frac{x}{1+x}.$$

可知，当 $-1 < x < 0$ 时，$f'(x) < 0$；当 $x > 0$ 时，$f'(x) > 0$. 所以 $x = 0$ 是函数 $f(x)$ 的唯一的极小值点，且没有极大值点，因此 $f(0) = 0$ 为函数 $f(x)$ 在 $(-1, +\infty)$ 上的最小值.

在实际问题中，经常会遇到求最大值或最小值问题，首先应建立起目标函数 (即欲求其最值的那个函数)，并确定其定义区间，将实际问题转化为函数的最值问题.

例 4.34　做一容积为 V 的圆柱形储油罐，已知其两底面材料的造价为每单位面积 a 元，侧面材料的造价为每单位面积 b 元，问底半径和高各为多少时，造价最低？

解　设储油罐的底面半径为 r，高为 h，则由容积 $V = \pi r^2 h$，解出 $h = \dfrac{V}{\pi r^2}$，则该储油罐的造价为

$$f(r) = 2\pi r^2 \cdot a + 2\pi rh \cdot b = 2a\pi r^2 + \frac{2bV}{r}, \quad (r > 0).$$

因为 $f'(r) = 4a\pi r - \dfrac{2bV}{r^2} = 0$，得唯一驻点 $r_0 = \sqrt[3]{\dfrac{bV}{2a\pi}}$. 又由

$$f''(r_0) = 4a\pi + \frac{4bV}{r_0^3} = 12a\pi > 0,$$

所以 $f(r_0)$ 为极小值，也是最小值. 故当底半径 $r = \sqrt[3]{\dfrac{bV}{2a\pi}}$，高 $h = \sqrt[3]{\dfrac{4a^2V}{\pi b^2}}$ 时，造价最低.

例 4.35 (最低成本问题)　某企业的总成本函数为 $C(Q) = 0.01Q^2 + 30Q + 900$(元)，试求企业达到最小平均成本时的边际成本.

解　由总成本函数可得平均成本函数为

$$\bar{C} = \frac{C(Q)}{Q} = 0.01Q + 30 + \frac{900}{Q},$$

且

$$\frac{\mathrm{d}\bar{C}}{\mathrm{d}Q} = 0.01 - \frac{900}{Q^2}.$$

令 $\dfrac{\mathrm{d}\bar{C}}{\mathrm{d}Q} = 0$，解得 $Q = 300$，又

$$\frac{\mathrm{d}^2\bar{C}}{\mathrm{d}Q^2}\bigg|_{Q=300} = \frac{1800}{Q^3}\bigg|_{Q=300} = \frac{1}{15000} > 0,$$

故 $Q = 300$ 是极小值点. 由于平均成本函数只有一个驻点并且是极小值点，所以，当产出水平 $Q = 300$ 时，平均成本最低，此时平均成本为 $\bar{C}\big|_{Q=300} = 36$(元).

由总成本得到边际成本为

$$MC = C'(Q) = 0.02Q + 30,$$

平均成本最低时的产出水平 $Q = 300$，这时的边际成本为

$$MC\Big|_{Q=300} = 0.02 \times 300 + 30 = 36(\text{元}),$$

所以企业达到最小平均成本时的边际成本为 36 元.

由以上计算可知，平均成本最低时的边际成本与平均成本相等，都为 36元. 这个结果不是偶然的. 事实上，当平均成本最小时，即

$$\frac{\mathrm{d}\bar{C}}{\mathrm{d}Q} = \frac{\mathrm{d}}{\mathrm{d}Q}\left(\frac{C(Q)}{Q}\right) = \frac{C'(Q) \cdot Q - C(Q)}{Q^2} = 0,$$

得

$$C'(Q) \cdot Q - C(Q) = 0, \quad \text{即} \ MC = C'(Q) = \frac{C(Q)}{Q} = \bar{C},$$

也就是说，在产出水平 Q 能使平均成本最低时，必然有边际成本等于平均成本.

例 4.36 (最大利润问题) 已知某厂每天生产某种商品的价格函数和总成本函数分别为

$$P = 20 - \frac{Q}{60}, \quad C(Q) = 1000 + 10Q,$$

问每天生产多少单位该商品时，所获利润最大？

解 总收益函数

$$R(Q) = PQ = \left(20 - \frac{Q}{60}\right)Q,$$

因此得到总利润函数

$$L(Q) = R(Q) - C(Q) = -\frac{Q^2}{60} + 10Q - 1000.$$

令 $\dfrac{\mathrm{d}L}{\mathrm{d}Q} = -\dfrac{Q}{30} + 10 = 0$，解得 $Q = 300$. 又 $\dfrac{\mathrm{d}^2L}{\mathrm{d}Q^2} = -\dfrac{1}{30} < 0$，故当 $Q = 300$ 时，总利润函数取得极大值，因为是唯一的一个驻点，因此也是最大值. 所以每天生产 300 单位该商品时，取得最大利润

$$L(Q)\Big|_{Q=300} = 500.$$

也就是说，总利润函数 $L(Q)$ 取得最大值的必要条件为边际收益 $MR =$ 边际成本 MC.

例 4.37 为了实现利润最大化，厂商需要对某商品确定其定价模型. 设 Q 为该商品的需求量，P 为价格，MC 为边际成本，η 为需求弹性 $(\eta > 0)$.

(1) 证明定价模型为 $P = \dfrac{MC}{1 - \dfrac{1}{\eta}}$；

(2) 若该商品的成本函数为 $C(Q) = 1600 + Q^2$，需求函数为 $Q = 40 - P$，试由 (1) 中的定价模型确定此商品的价格.

解 (1) 收益函数 $R = PQ$，

边际收益 $MR = \dfrac{\mathrm{d}R}{\mathrm{d}Q} = P + Q\dfrac{\mathrm{d}P}{\mathrm{d}Q} = P + P \cdot \dfrac{Q}{P}\dfrac{\mathrm{d}P}{\mathrm{d}Q} = P - P \cdot \dfrac{1}{\eta},$

欲使利润最大，应有 $MR = MC$，即

$$P\left(1 - \frac{1}{\eta}\right) = MC, \quad \text{解得 } P = \frac{MC}{1 - \frac{1}{\eta}}.$$

(2) 由题设，求得 $MC = 2Q$，$\eta = -\frac{P}{Q}\frac{\mathrm{d}Q}{\mathrm{d}P} = \frac{P}{40 - P}$，所以

$$P = \frac{MC}{1 - \frac{1}{\eta}} = \frac{2(40 - P)}{1 - \frac{40 - P}{P}},$$

解此方程得 $P = 30$.

例 4.38 (最大税收问题) 设某企业生产某种商品的总收益和总成本函数分别为

$$R(Q) = 100Q - \frac{1}{16}Q^2, \quad C(Q) = 100 + 70Q + \frac{1}{8}Q^2,$$

其中 Q 为生产产量，问政府对每件商品征收多少物税时，在企业获得最大利润的情况下，总税额最大？

解 设政府对每件商品征收货物税为 t，则总税额为 $T = tQ$，利润为

$$L(Q) = R(Q) - C(Q) - T = -\frac{3}{16}Q^2 + (30 - t)Q - 100.$$

令 $L'(Q) = -\frac{3}{8}Q + 30 - t = 0$，解得 $Q = \frac{8(30 - t)}{3}$. 由实际问题可知，当 $Q = \frac{8(30 - t)}{3}$ 时，企业获得最大利润. 此时总税额为

$$T = tQ = \frac{8(30t - t^2)}{3},$$

令 $T' = \frac{8(30 - 2t)}{3} = 0$，解得 $t = 15$，又 $T'' = -\frac{16}{3} < 0$，因此 $t = 15$ 是极大值点，也是最大值点. 故当政府对每件商品征收货物税为 15 时，在企业获得最大利润的情况下，总税额最大，此时最大利润和总税额分别为

$$L(Q)|_{Q=40} = 200, \qquad T|_{t=15} = 600.$$

习　题　4.4

1. 确定下列函数的单调区间：

(1) $y = 2x^3 - 3x^2 + 6$；

(2) $y = x^{\frac{2}{3}}(x^2 - 2)$；

(3) $y = 2x^2 - \ln x$；

(4) $y = x^{\frac{1}{x}}$；

(5) $y = \sqrt{2x - x^2}$；

(6) $y = x^2 \mathrm{e}^{-x}$.

2. 证明下列不等式：

(1) $(1 + x)\ln(1 + x) \geqslant \arctan x \ (x \geqslant 0)$；

(2) $x - \frac{x^2}{2} < \sin x < x \ (x > 0)$；

(3) $\sin x + \tan x > 2x \ \left(0 < x < \frac{\pi}{2}\right)$；

(4) $2x \arctan x \geqslant \ln(1 + x^2)$；

(5) $1 + x\ln(x + \sqrt{1 + x^2}) \geqslant \sqrt{1 + x^2}$.

3. 证明方程 $4\arctan x - x + \dfrac{4}{3}\pi - \sqrt{3} = 0$ 恰有两个实根.

4. 讨论方程 $2x^3 - 9x^2 + 12x - 3 = 0$ 的实根的个数.

5. 试就 k 的取值范围, 讨论曲线 $y = x^2 - \cos x$ 与 $y = x\sin x + k$ 的交点个数.

6. 已知方程 $\dfrac{1}{\ln(1 + x)} - \dfrac{1}{x} = k$ 在区间 $(0, 1)$ 内有实根, 确定常数 k 的取值范围.

7. 求下列函数的极值:

(1) $y = x^3 - 6x^2 + 9x - 1$;

(2) $y = -x^4 + 6x^2 - 4$;

(3) $y = (x - 1)e^{\arctan x}$;

(4) $y = (x + 2)e^{\frac{1}{x}}$;

(5) $y = x\sqrt{8 - x^2}$;

(6) $y = x^2 - \dfrac{54}{x}$.

8. 求函数 $f(x) = \begin{cases} x^{2x}, & x > 0, \\ xe^x + 1, & x \leqslant 0 \end{cases}$ 的极值.

9. 已知可导函数 $y = y(x)$ 满足 $ae^x + y^2 + y - \ln(1 + x)\cos y + b = 0$, 且 $y(0) = 0$, $y'(0) = 0$, 求 a, b 的值, 并判断 $x = 0$ 是否为 $y(x)$ 的极值点.

10. 求下列函数的最大值与最小值:

(1) $y = x^4 - 4x^3 + 8$, $x \in [-1, 1]$;

(2) $y = x^3 - 3x^2 - 9x$, $x \in [-2, 4]$;

(3) $y = \sqrt[3]{2x - x^2}$, $x \in [-1, 4]$;

(4) $y = 2x + \sqrt{1 - x}$, $x \in [-5, 1]$;

(5) $y = \dfrac{x}{1 + x^2}$, $x \in [-2, 2]$;

(6) $y = 2\tan x - \tan^2 x$, $x \in \left[0, \dfrac{\pi}{3}\right]$.

11. 做一个底为正方形、表面积为 $108\mathrm{m}^2$ 的长方体开口容器, 试问当容器底边边长和容器高各为多少时, 能使容器容积最大?

12. 做一个容积为 V 的圆柱形密封罐头, 问当罐头底半径和罐头高的比值等于多少时, 罐头用料最省?

13. 为了测量更精确, 对 A, B 两点间的距离进行 n 次测量, 得到 n 个数据 $x_1, x_2, \cdots, x_n$, 设 $|AB| = x$, 问当 x 取何值时, 可使 $y = \displaystyle\sum_{i=1}^{n}(x - x_i)^2$ 最小?

14. 已知某厂生产 Q 件产品的成本为 $C(Q) = 25000 + 200Q + \dfrac{1}{40}Q^2$, 问:

(1) 要使平均成本最小, 应生产多少件产品?

(2) 若产品以每件 500 元售出, 要使利润最大, 应生产多少件产品? 最大利润为多少?

15. 设某厂家生产某产品的产量为 Q, 成本 $C(Q) = 100 + 13Q$, 该产品的单价为 P, 需求量 $Q(P) = \dfrac{800}{P + 3} - 2$, 则该厂家获得最大利润时的产量为多少?

16. 设某产品的需求函数为 $Q = 125 - P$, 生产该产品的固定成本为 100, 且每多生产一件产品, 成本增加 3, 问产量为多少时利润最大? 求出最大利润.

4.5　函数的凹凸性与图像的描绘

一、函数的凹凸性

函数的单调性反映在图像上，表现为曲线的上升或下降. 但是，仅根据上升或下降还不足以反映曲线的准确形态. 例如，图 4.4中的曲线弧 $\overarc{ACB}$ 和 $\overarc{ADB}$，虽然都是上升的，但是在上升过程中弯曲方向却不一样，图像明显不同. 所以，为了准确地描绘函数的图像，仅知道函数的单调性、极值和最值是不够的，还应知道曲线的弯曲方向以及不同弯曲方向的分界点，在几何上用曲线的"凹凸性"和"拐点"进行描述.

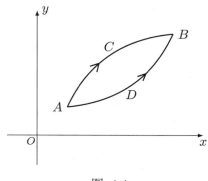

图 4.4

定义 4.2　设函数 $y = f(x)$ 在 (a,b) 内可导，如果曲线 $y = f(x)$ 上每一点处的切线都位于该曲线的下方，则称曲线 $y = f(x)$ 在 (a,b) 上是**凹**的；如果曲线 $y = f(x)$ 上每一点处的切线都位于该曲线的上方，则称曲线 $y = f(x)$ 在 (a,b) 上是**凸**的.

根据定义 4.2，曲线弧 $\overarc{AB}$ 是凹的 (见图 4.5(a))，曲线弧 $\overarc{CD}$ 是凸的 (见图 4.5(b)). 但是直接利用定义 4.2来判断凹凸性还是比较困难的，因为需要画出函数的图像，我们要寻求一种更简单的方法. 观察图 4.5，曲线弧 $\overarc{AB}$ 上每一点的切线的斜率随 x 的增加而增加，也就是 $f'(x)$ 是单调增加函数；而曲线弧 $\overarc{CD}$ 上每一点的切线的斜率随 x 的增加而减少，也就是 $f'(x)$ 是单调减少函数. 因此得到下述定理.

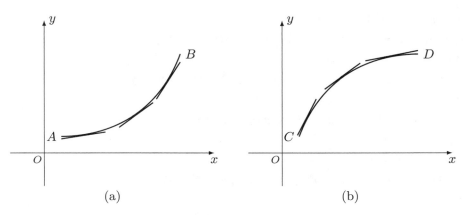

(a)　　　　　　　　　　　　(b)

图 4.5

定理 4.15 设 $f(x)$ 在 $[a,b]$ 上连续，在 (a,b) 内可导，那么

(1) 若在 (a,b) 内 $f'(x)$ 单调增加，则曲线弧 $y=f(x)$ 在 $[a,b]$ 上是凹的；

(2) 若在 (a,b) 内 $f'(x)$ 单调减少，则曲线弧 $y=f(x)$ 在 $[a,b]$ 上是凸的.

证 (1) 如图 4.6，在曲线弧 $\overset{\frown}{AB}$ 上任取一点 $P_0(x_0,f(x_0))$ $(a<x_0<b)$，在点 P_0 处的切线 P_0T 的方程为

$$y=f(x_0)+f'(x_0)(x-x_0).$$

下面证明切线始终位于曲线的下方. 取曲线弧 $\overset{\frown}{AB}$ 上异于 P_0 的点 $P_1(x_1,f(x_1))$ $(a\leqslant x_1\leqslant b)$，切线 P_0T 对应于横坐标 x_1 的点记作 P_1'，则点 P_1' 的纵坐标为

$$Y_1=f(x_0)+f'(x_0)(x_1-x_0).$$

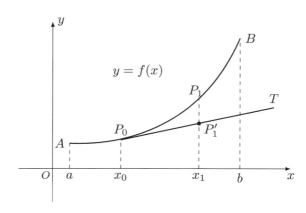

图 4.6

点 P_1 与 P_1' 的纵坐标的差为

$$f(x_1)-Y_1=f(x_1)-f(x_0)-f'(x_0)(x_1-x_0),$$

利用拉格朗日中值定理，得到

$$f(x_1)-Y_1=f'(\xi)(x_1-x_0)-f'(x_0)(x_1-x_0)=[f'(\xi)-f'(x_0)](x_1-x_0),$$

其中 ξ 位于 x_0 与 x_1 之间.

当 $x_1>x_0$ 时，$x_0<\xi<x_1$，由于 $f'(x)$ 是单调增加函数，所以 $f'(\xi)>f'(x_0)$，从而得到 $f(x_1)>Y_1$.

当 $x_1<x_0$ 时，$x_1<\xi<x_0$，由于 $f'(x)$ 是单调增加函数，所以 $f'(\xi)<f'(x_0)$，从而得到 $f(x_1)>Y_1$.

这就表示曲线弧 $\overset{\frown}{AB}$ 上任意一点 P_0 处的切线 P_0T 都位于曲线弧的下方，根据定义 4.2，曲线弧 $\overset{\frown}{AB}$ 在 $[a,b]$ 上是凹的.

类似地可以证明情形 (2).

如果函数 $f(x)$ 在 (a,b) 内二阶可导，也可以用二阶导数的符号来判断曲线弧的凹凸性，得到下述定理.

定理 4.16 设函数 $f(x)$ 在 (a,b) 内二阶可导，那么

(1) 若在 (a,b) 内恒有 $f''(x)>0$，则曲线 $y=f(x)$ 在 $[a,b]$ 上是凹的；

(2) 若在 (a,b) 内恒有 $f''(x)<0$，则曲线 $y=f(x)$ 在 $[a,b]$ 上是凸的.

例 4.39 讨论曲线 $y=\ln(1+x)$ 的凹凸性.

解 函数的定义域为 $(-1,+\infty)$，且

$$y'=\frac{1}{1+x},\qquad y''=-\frac{1}{(1+x)^2}.$$

因为在 $(-1,+\infty)$ 内恒有 $y''<0$，故曲线 $y=\ln(1+x)$ 在 $(-1,+\infty)$ 上是凸的.

例 4.40 讨论曲线 $y=x^3$ 的凹凸性.

解 函数的定义域为 $(-\infty,+\infty)$，且

$$y'=3x^2,\qquad y''=6x.$$

因为当 $x<0$ 时，$y''<0$，所以曲线在 $(-\infty,0]$ 上是凸的；因为当 $x>0$ 时，$y''>0$，所以曲线在 $[0,+\infty)$ 上是凹的. 这里，点 $(0,0)$ 是曲线由凸变凹的分界点.

如果连续曲线 $y=f(x)$ 上的点 $(x_0,f(x_0))$ 是凹弧与凸弧的分界点，那么称该点为曲线的**拐点**.

由于拐点是曲线凹凸的分界点，所以拐点附近左右两侧的二阶导数值必然异号. 类似于一阶导数研究函数的单调性，单调区间的分界点可能是函数的驻点或者是不可导点，因此拐点也可能是使 $f''(x)=0$ 的点或者 $f''(x)$ 不存在的点.

例 4.41 求曲线 $y=\dfrac{1}{4}x^4-x^3-3x+1$ 的凹凸区间及拐点.

解 函数的定义区间为 $(-\infty,+\infty)$，且

$$y'=x^3-3x^2-3,\qquad y''=3x^2-6x.$$

令 $y''=0$，得 $x_1=0$，$x_2=2$. 这两个点把定义区间 $(-\infty,+\infty)$ 分成三个子区间，列表讨论如下：

x	$(-\infty,0)$	0	$(0,2)$	2	$(2,+\infty)$
$f''(x)$	$+$	0	$-$	0	$+$
$f(x)$	凹	拐点 $(0,1)$	凸	拐点 $(2,-9)$	凹

综上可知，曲线 $y=f(x)$ 在 $(-\infty,0]$ 和 $[2,+\infty)$ 上是凹的，在 $[0,2]$ 上是凸的，且点 $(0,1)$ 和 $(2,-9)$ 均为此曲线的拐点.

例 4.42 求曲线 $y=\sqrt[3]{x+1}$ 的凹凸区间及拐点.

解 函数的定义区间为 $(-\infty,+\infty)$，且

$$y'=\frac{1}{3\sqrt[3]{(x+1)^2}},\qquad y''=-\frac{2}{9\sqrt[3]{(x+1)^5}}.$$

当 $x=-1$ 时，y'' 不存在，$x=-1$ 将定义区间 $(-\infty,+\infty)$ 分成两个子区间，列表讨论如下：

x	$(-\infty, -1)$	-1	$(-1, +\infty)$
$f''(x)$	$+$	不存在	$-$
$f(x)$	凹	拐点 $(-1, 0)$	凸

综上可知，曲线 $y = \sqrt[3]{x+1}$ 在 $(-\infty, -1]$ 上是凹的，在 $[-1, +\infty)$ 上是凸的，且点 $(-1, 0)$ 为此曲线的拐点.

二、渐近线

当函数 $y = f(x)$ 的定义域或者值域含有无穷区间时，要在有限的平面上较为准确地描绘函数的图形，我们还应该知道函数的曲线在无穷远处的变化趋势，因此，有必要讨论函数 $y = f(x)$ 的渐近线.

曲线的渐近线分为水平渐近线、铅直渐近线和斜渐近线. 定义如下：

定义 4.3 若函数 $y = f(x)$ 的定义域是无限区间，且有

$$\lim_{x \to -\infty} f(x) = C \quad 或 \quad \lim_{x \to +\infty} f(x) = C \ (C为常数),$$

则称直线 $y = C$ 为曲线 $y = f(x)$ 的**水平渐近线**.

若函数 $y = f(x)$ 在 $x = x_0$ 处间断，且有

$$\lim_{x \to x_0^-} f(x) = \infty \quad 或 \quad \lim_{x \to x_0^+} f(x) = \infty,$$

则称直线 $x = x_0$ 为曲线 $y = f(x)$ 的**铅直渐近线**.

若函数 $y = f(x)$ 的定义域是无限区间，且有

$$\lim_{x \to -\infty} [f(x) - kx - b] = 0, \quad 或 \quad \lim_{x \to +\infty} [f(x) - kx - b] = 0,$$

其中 k 和 b 为常数，且 $k \neq 0$，则称直线 $y = kx + b$ 为曲线 $y = f(x)$ 的**斜渐近线**.

注意到，在斜渐近线定义中，由 $\lim\limits_{x \to \infty} [f(x) - kx - b] = 0$，可得

$$\lim_{x \to \infty} [f(x) - kx] = b.$$

又有

$$0 = \lim_{x \to \infty} \frac{f(x) - kx - b}{x} = \lim_{x \to \infty} \left[\frac{f(x)}{x} - k \right],$$

即

$$\lim_{x \to \infty} \frac{f(x)}{x} = k.$$

于是，得到求曲线 $y = f(x)$ 的斜渐近线 $y = kx + b$ 的公式

$$k = \lim_{x \to \infty} \frac{f(x)}{x} \neq 0, \qquad b = \lim_{x \to \infty} [f(x) - kx].$$

例 4.43 求下列曲线的渐近线：

(1) $y = \dfrac{\ln x}{x-1}$;
    (2) $y = \dfrac{2x^3}{x^2 - 2x - 3}$;

(3)　$y = x \ln \left(\mathrm{e} + \dfrac{1}{x-1} \right)$.

解　(1)　因为

$$\lim_{x \to +\infty} \frac{\ln x}{x-1} = 0, \qquad \lim_{x \to 0^+} \frac{\ln x}{x-1} = +\infty,$$

故直线 $y = 0$ 是曲线 $y = \dfrac{\ln x}{x-1}$ 的水平渐近线；直线 $x = 0$ 是该曲线的铅直渐近线.

(2)　因为

$$\lim_{x \to -1} \frac{2x^3}{x^2 - 2x - 3} = \infty, \quad \lim_{x \to 3} \frac{2x^3}{x^2 - 2x - 3} = \infty,$$

故直线 $x = -1$ 和 $x = 3$ 是该曲线的铅直渐近线. 又因为

$$k = \lim_{x \to \infty} \frac{f(x)}{x} = \lim_{x \to \infty} \frac{2x^2}{x^2 - 2x - 3} = 2,$$

$$b = \lim_{x \to \infty} [f(x) - 2x] = \lim_{x \to \infty} \left[\frac{2x^3}{x^2 - 2x - 3} - 2x \right] = 4,$$

故直线 $y = 2x + 4$ 是该曲线的斜渐近线.

(3)　因为

$$\lim_{x \to 1} x \ln \left(\mathrm{e} + \frac{1}{x-1} \right) = \infty, \quad \lim_{x \to 1 - \frac{1}{\mathrm{e}}} x \ln \left(\mathrm{e} + \frac{1}{x-1} \right) = \infty,$$

故直线 $x = -1$ 和 $x = 1 - \dfrac{1}{\mathrm{e}}$ 是该曲线的铅直渐近线. 又因为

$$k = \lim_{x \to \infty} \frac{f(x)}{x} = \lim_{x \to \infty} \ln \left(\mathrm{e} + \frac{1}{x-1} \right) = 1,$$

$$b = \lim_{x \to \infty} [f(x) - x] = \lim_{x \to \infty} \left[x \ln \left(\mathrm{e} + \frac{1}{x-1} \right) - x \right]$$

$$= \lim_{x \to \infty} x \ln \left(1 + \frac{1}{\mathrm{e}(x-1)} \right) = \lim_{x \to \infty} \frac{x}{\mathrm{e}(x-1)} = \frac{1}{\mathrm{e}},$$

故直线 $y = x + \dfrac{1}{\mathrm{e}}$ 是该曲线的斜渐近线.

三、函数图形的描绘

利用导数描绘函数图形的具体步骤如下：

(1)　确定函数的定义域，考察函数的奇偶性与周期性等；

(2)　确定函数的单调区间与极值点，凹凸区间与拐点；

(3)　考察曲线的渐近线；

(4)　确定某些辅助点，如取曲线与坐标轴的交点等；

(5)　建立坐标系，画出渐近线并描点作出函数的图形，描点包括极值点、拐点、辅助点.

例 4.44　作函数 $y = \dfrac{x^2}{x+1}$ 的图形.

解　函数的定义域为 $(-\infty, -1) \cup (-1, +\infty)$，非奇非偶函数，也非周期函数.

$$y' = \frac{x^2 + 2x}{(x+1)^2}, \qquad y'' = \frac{2}{(x+1)^3},$$

令 $y' = 0$，得驻点 $x_1 = -2$，$x_2 = 0$. 列表如下：

x	$(-\infty, -2)$	-2	$(-2, -1)$	$(-1, 0)$	0	$(0, +\infty)$
y'	$+$	0	$-$	$-$	0	$+$
y''	$-$	$-$	$-$	$+$	$+$	$+$
y	↗凸	极大值 -4	↘凸	↘凹	极小值 0	↗凹

下面讨论曲线的渐近线. 因为

$$\lim_{x \to -1} \frac{x^2}{x+1} = \infty,$$

故 $x = -1$ 是该曲线的铅直渐近线. 又因为

$$\lim_{x \to \infty} \frac{f(x)}{x} = \lim_{x \to \infty} \frac{x}{x+1} = 1, \quad \lim_{x \to \infty} [f(x) - x] = \lim_{x \to \infty} \left[\frac{x^2}{x+1} - x \right] = -1,$$

故直线 $y = x - 1$ 是该曲线的斜渐近线.

曲线过原点 $(0, 0)$，并取辅助点 $M_1\left(-3, -\frac{9}{2}\right)$，$M_2\left(-\frac{3}{2}, -\frac{9}{2}\right)$，$M_3\left(-\frac{1}{2}, \frac{1}{2}\right)$，$M_4\left(1, \frac{1}{2}\right)$. 综合上述讨论，作出函数的图形，如图 4.7所示.

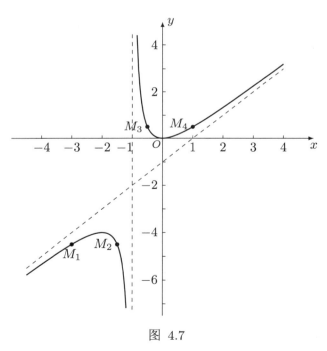

图 4.7

例 4.45 作函数 $y = \frac{1}{\sqrt{2\pi}} e^{-\frac{x^2}{2}}$ 的图形.

解 函数的定义域为 $(-\infty, +\infty)$，该函数为偶函数，图形关于 y 轴对称.

$$y' = -\frac{1}{\sqrt{2\pi}} x e^{-\frac{x^2}{2}}, \qquad y'' = \frac{1}{\sqrt{2\pi}} (x^2 - 1) e^{-\frac{x^2}{2}},$$

令 $y' = 0$，得驻点 $x = 0$；令 $y'' = 0$，得 $x = \pm 1$. 列表如下：

x	$(-\infty, -1)$	-1	$(-1, 0)$	0	$(0, 1)$	1	$(1, +\infty)$
y'	$+$	$+$	$+$	0	$-$	$-$	$-$
y''	$+$	0	$-$	$-$	$-$	0	$+$
y	↗凹	拐点	↗凸	极大值 $\dfrac{1}{\sqrt{2\pi}}$	↘凸	拐点	↘凹

因为
$$\lim_{x \to \infty} \frac{1}{\sqrt{2\pi}} \mathrm{e}^{-\frac{x^2}{2}} = 0,$$
可知 $y = 0$ 是该曲线的水平渐近线，无铅直渐近线和斜渐近线.

描点：拐点 $M_1\left(-1, \dfrac{1}{\sqrt{2\pi\mathrm{e}}}\right)$，$M_2\left(1, \dfrac{1}{\sqrt{2\pi\mathrm{e}}}\right)$，极值点 $M_3\left(0, \dfrac{1}{\sqrt{2\pi}}\right)$. 作出函数的图形，如图 4.8所示.

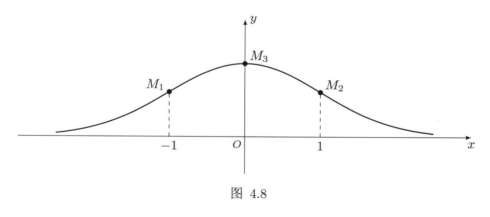

图 4.8

习 题 4.5

1. 确定下列函数的凹凸区间和拐点：

(1) $y = 2x^4 - 3x^2$;

(2) $y = \dfrac{9}{5}\sqrt[3]{x^5} - x^2$;

(3) $y = \dfrac{x^2}{x-1}$;

(4) $y = \dfrac{1}{x^2 - 2x + 4}$;

(5) $y = \dfrac{2x}{\ln x}$;

(6) $y = x^{\frac{5}{3}} + 10x^{\frac{2}{3}}$.

2. 设函数 $y = y(x)$ 是由方程 $y\ln y + y = x$ 确定的，试判断曲线 $y = y(x)$ 在点 $(1,1)$ 附近的凹凸性.

3. 已知函数 $f(x) = ax^3 + bx^2 + cx + d$ 在 $x = 1$ 处有极值 6，点 $(2,4)$ 为曲线 $y = f(x)$ 的拐点，求常数 a, b, c, d.

4. 若 $f(x)$ 在 $x = 0$ 处有二阶连续导数，且 $\lim\limits_{x \to 0} \dfrac{f''(x)}{\sin x} = -1$，证明：点 $(0, f(0))$ 是曲线 $y = f(x)$ 的拐点.

5. 求下列曲线的渐近线：

(1) $y = \dfrac{1 - 2x}{x^2 - 4x + 3}$;

(2) $y = \dfrac{\sin x}{x(x - 1)}$;

(3) $y = x\mathrm{e}^{\frac{1}{x^2}}$;

(4) $y = x\ln\left(\mathrm{e} + \dfrac{1}{x}\right)$;

(5) $y = \dfrac{1}{x} + \ln(1 + \mathrm{e}^x)$;

(6) $y = x\arctan x$.

6. 画出下列函数的图形：

(1) $y = x^3 - x^2 - x + 1$;

(2) $y = x^2 + \dfrac{1}{x}$;

(3) $y = (x + 2)\mathrm{e}^{\frac{1}{x}}$;

(4) $y = \dfrac{x}{1 + x^2}$.

第 5 章　不定积分

微积分学由微分学和积分学两部分组成，一元函数的微分学所讨论的主要问题是求已知函数 $F(x)$ 的导函数 $F'(x)$ 或微分 $dF(x)$. 一元函数的积分学包括不定积分和定积分，研究的则是与微分学相反的问题. 这些具体问题中，尽管实际背景不一样，但从中抽象出来的数学问题却是一样的，都可以归结为：已知函数的一阶导数 $f(x)$，求该函数的表达式 $F(x)$，使得 $F'(x) = f(x)$.

在经济学中，通常将函数对应的导函数称为边际函数，例如，成本函数的导数称为边际成本，利润函数的导数称为边际利润. 现在把这类问题反过来，在已知边际函数的情况下，如何求原来的函数？例如，已知边际成本或边际利润，如何求特定条件下原来的成本或利润呢？

5.1　不定积分的概念

一、原函数与不定积分

由导数的定义可知，若 $F'(x) = f(x)$，则函数 $f(x)$ 称为 $F(x)$ 的导数. 那么，$F(x)$ 又叫 $f(x)$ 的什么？为此，我们引入原函数的概念.

1. 原函数的概念

定义 5.1　设 $f(x)$ 是定义在某区间 I 上的已知函数，如果存在一个函数 $F(x)$，对于区间 I 上每一点都满足 $F'(x) = f(x)$ 或 $dF(x) = f(x)dx$，则称函数 $F(x)$ 是已知函数 $f(x)$ 在该区间上的一个**原函数**.

例如：$(\sin x)' = \cos x$ 在区间 $(-\infty, \infty)$ 上恒成立，因此 $\sin x$ 是 $\cos x$ 在区间 $(-\infty, \infty)$ 上的一个原函数.

关于原函数，我们要说明三点：一是原函数的存在性，即具备什么条件的函数必有原函数？二是原函数的个数，即如果某函数有原函数，那么它有多少个原函数？三是原函数之间的关系，即某函数如果有多个原函数，那么这些原函数之间有什么关系？

首先，我们引入原函数存在定理.

定理 5.1　如果函数 $f(x)$ 在区间 I 上连续，那么在区间 I 上一定存在可导函数 $F(x)$，使得对每一个 $x \in I$，都有 $F'(x) = f(x)$.

简单地说，连续函数一定有原函数. 定理 5.1 只是原函数存在的一个充分条件，并非必要的. 我们已经知道初等函数在其定义区间内连续，因此每个初等函数在其定义域内的任一区间内都有原函数.

定理 5.2　如果 $F(x)$ 是 $f(x)$ 的一个原函数，那么 $F(x) + C$ 也是 $f(x)$ 的原函数，其中 C 为任意常数.

证 因为 $F(x)$ 是 $f(x)$ 的一个原函数, 故有 $F'(x) = f(x)$, 从而有

$$[F(x) + C]' = F'(x) + C' = f(x),$$

其中 C 为任意常数, 由原函数的定义 5.1可知, $F(x) + C$ 也是 $f(x)$ 的原函数.

定理 5.2说明如果一个函数在区间 I 内有一个原函数, 那么它在区间 I 内就有无限多个原函数.

定理 5.3 设 $F(x)$ 和 $G(x)$ 为函数 $f(x)$ 在区间 I 内的任意两个原函数, 那么对于任意的 $x \in I$

$$F(x) - G(x) = C,$$

其中 C 为任意常数.

证 设 $F(x)$, $G(x)$ 为函数 $f(x)$ 的任意两个原函数, 那么 $F'(x) = f(x)$, $G'(x) = f(x)$. 令 $H(x) = F(x) - G(x)$, 则 $H'(x) = F'(x) - G'(x) = f(x) - f(x) = 0$. 所以 $H(x) = C$, 其中 C 为任意常数, 即 $F(x) - G(x) = C$.

定理 5.3说明, 函数 $f(x)$ 的任意一个原函数都可以表示成 $F(x) + C$ 的形式 (C 为任意常数), 同时也说明了 $F(x) + C$ 代表了 $f(x)$ 的所有原函数.

2. 不定积分的概念

定义 5.2 设函数 $F(x)$ 是 $f(x)$ 在区间 I 上的一个原函数, 则 $f(x)$ 的全体原函数 $F(x) + C$ (C 为任意常数) 称为 $f(x)$ 的**不定积分**, 记作

$$\int f(x)\mathrm{d}x = F(x) + C,$$

其中记号 $\int$ 称为**积分号**, $f(x)$ 称为**被积函数**, $f(x)\mathrm{d}x$ 称为**被积表达式**, x 称为**积分变量**, C 称为**积分常数**.

不难看出, 求已知函数的不定积分, 就是求出它的一个原函数, 再加上任意常数即可. 因此, 一个函数的不定积分不是单个函数, 而是一族函数.

例 5.1 求 $\int 2x\mathrm{d}x$.

解 由 $(x^2)' = 2x$ 可知 x^2 是 $2x$ 的一个原函数, 所以

$$\int 2x\mathrm{d}x = x^2 + C.$$

例 5.2 求 $\int \dfrac{1}{x}\mathrm{d}x$.

解 当 $x > 0$ 时, $(\ln x)' = \dfrac{1}{x}$, 所以

$$\int \frac{1}{x}\mathrm{d}x = \ln x + C.$$

当 $x < 0$ 时, $[\ln(-x)]' = \dfrac{1}{x}$, 所以

$$\int \frac{1}{x}\mathrm{d}x = \ln(-x) + C.$$

因此

$$\int \frac{1}{x}\mathrm{d}x = \ln|x| + C.$$

例 5.3　某商品的边际成本为 $1000 - 2x$，求总成本函数 $C(x)$.

解

$$C(x) = \int (1000 - 2x)\mathrm{d}x = 1000x - x^2 + C,$$

其中 C 为任意常数，由固定成本来确定.

3. 不定积分的几何意义

设 $F(x)$ 是 $f(x)$ 的一个原函数，则称 $y = F(x)$ 的图像为 $f(x)$ 的一条积分曲线. 将这条积分曲线沿着 y 轴方向任意平行移动，就可以得到 $f(x)$ 的无穷多条积分曲线，它们构成一个曲线族，称为 $f(x)$ 的**积分曲线族**. 不定积分 $\int f(x)\mathrm{d}x$ 的几何意义就是一族平行曲线. 它的特点是：在横坐标相同的点处，各积分曲线的切线斜率都相等，即切线相互平行，如图 5.1所示.

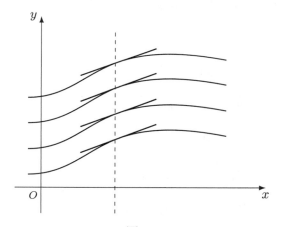

图 5.1

在求原函数的具体问题中,往往先求出全体原函数,然后从中确定一个满足一定条件 $F(x_0) = y_0$ 的原函数，也就是求通过点 (x_0, y_0) 的积分曲线.

例 5.4　求经过点 $(0, 1)$，且其切线的斜率为 $2x$ 的曲线方程.

解　由

$$\int 2x\mathrm{d}x = x^2 + C$$

得到积分曲线族 $y = x^2 + C$，将点 $x = 0$, $y = 1$ 代入，得 $C = 1$，因此

$$y = x^2 + 1$$

就是所求的曲线，其中 $x = 0$, $y = 1$ 称为曲线的初始条件.

二、不定积分的性质

性质 5.1　和差的积分等于积分的和差，即

$$\int [f(x) \pm g(x)]\,\mathrm{d}x = \int f(x)\mathrm{d}x \pm \int g(x)\mathrm{d}x.$$

性质 5.2 非零常数因子可以从积分号中提出来，即

$$\int kf(x)\mathrm{d}x = k\int f(x)\mathrm{d}x.$$

性质 5.3 积分与微分 (导数) 之间的关系：

$$\left[\int f(x)\mathrm{d}x\right]' = f(x), \quad \mathrm{d}\left[\int f(x)\mathrm{d}x\right] = f(x)\mathrm{d}x,$$

$$\int F'(x)\mathrm{d}x = F(x) + C, \quad \int \mathrm{d}F(x) = F(x) + C.$$

由此可见，在忽略任意常数的基础上，积分与微分互为逆运算. 对于性质 $\mathrm{d}\left[\int f(x)\mathrm{d}x\right] = f(x)\mathrm{d}x$ 不能写成 $\mathrm{d}\left[\int f(x)\mathrm{d}x\right] = f(x)$；$\int F'(x)\mathrm{d}x = F(x) + C$ 不能写成 $\int F'(x)\mathrm{d}x = F(x)$.

三、基本积分公式

根据不定积分的定义，以及基本初等函数的导数公式，可直接得到以下不定积分基本公式.

不定积分基本公式 I

$$(1)\ \int 0\mathrm{d}x = C,$$

$$(2)\ \int k\mathrm{d}x = kx + C,$$

$$(3)\ \int x^\alpha \mathrm{d}x = \frac{x^{\alpha+1}}{\alpha+1} + C \ \ (\alpha \neq -1),$$

$$(4)\ \int \frac{1}{x}\mathrm{d}x = \ln|x| + C,$$

$$(5)\ \int \mathrm{e}^x \mathrm{d}x = \mathrm{e}^x + C,$$

$$(6)\ \int a^x \mathrm{d}x = \frac{a^x}{\ln a} + C,$$

$$(7)\ \int \cos x\mathrm{d}x = \sin x + C,$$

$$(8)\ \int \sin x\mathrm{d}x = -\cos x + C,$$

$$(9)\ \int \sec^2 x\mathrm{d}x = \tan x + C,$$

$$(10)\ \int \csc^2 x\mathrm{d}x = -\cot x + C,$$

$$(11)\ \int \sec x\tan x\mathrm{d}x = \sec x + C,$$

$$(12)\ \int \csc x\cot x\mathrm{d}x = -\csc x + C,$$

$$(13)\ \int \frac{1}{1+x^2}\mathrm{d}x = \arctan x + C,$$

$$(14)\ \int \frac{1}{\sqrt{1-x^2}}\mathrm{d}x = \arcsin x + C.$$

以上基本积分公式是求不定积分的基础，必须熟记.

通过判断 $F'(x) = f(x)$ 是否成立，可检验积分 $\int f(x)\mathrm{d}x = F(x) + C$ 的结果是否正确. 利用不定积分的性质以及基本积分公式表可以求出一些简单函数的不定积分.

例 5.5 求 $\int x\sqrt{x}\mathrm{d}x$.

解
$$\int x\sqrt{x}\mathrm{d}x = \int x^{\frac{3}{2}}\mathrm{d}x = \frac{x^{\frac{3}{2}+1}}{\frac{3}{2}+1} + C = \frac{2}{5}x^{\frac{5}{2}} + C.$$

检验积分结果是否正确，只要对结果求导，判断它的导数是否等于被积函数，相等时结果正确，否则结果错误. 上述例题中，由于 $\left(\frac{2}{5}x^{\frac{5}{2}} + C\right)' = x^{\frac{3}{2}}$，所以结果正确.

例 5.6 求 $\int \dfrac{x^4}{1+x^2}\mathrm{d}x$.

解 被积函数的分子和分母都是多项式，通过多项式的除法，可以把它化成基本积分表中所列类型的积分，然后再逐项求积分.

$$\begin{aligned}
\int \frac{x^4}{1+x^2}\mathrm{d}x &= \int \frac{x^4 - 1 + 1}{1+x^2}\mathrm{d}x \\
&= \int \frac{(x^2+1)(x^2-1)+1}{1+x^2}\mathrm{d}x \\
&= \int \left(x^2 - 1 + \frac{1}{1+x^2}\right)\mathrm{d}x \\
&= \int x^2\mathrm{d}x - \int \mathrm{d}x + \int \frac{1}{1+x^2}\mathrm{d}x \\
&= \frac{x^3}{3} - x + \arctan x + C.
\end{aligned}$$

例 5.7 求 $\int \dfrac{(x-1)^2}{x}\mathrm{d}x$.

解 同上例一样，利用多项式除法先化简，再求积分.

$$\begin{aligned}
\int \frac{(x-1)^2}{x}\mathrm{d}x &= \int \frac{x^2 - 2x + 1}{x}\mathrm{d}x \\
&= \int \left(x - 2 + \frac{1}{x}\right)\mathrm{d}x \\
&= \int x\mathrm{d}x - 2\int \mathrm{d}x + \int \frac{1}{x}\mathrm{d}x \\
&= \frac{x^2}{2} - 2x + \ln|x| + C.
\end{aligned}$$

例 5.8 求 $\int (\mathrm{e}^x - 2\sin x)\,\mathrm{d}x$.

解 利用不定积分的性质，将所求积分拆成两个不定积分，然后再逐项求积分.

$$\begin{aligned}
\int (\mathrm{e}^x - 2\sin x)\mathrm{d}x &= \int \mathrm{e}^x\mathrm{d}x - 2\int \sin x\mathrm{d}x \\
&= \mathrm{e}^x + 2\cos x + C.
\end{aligned}$$

例 5.9 求 $\displaystyle\int \tan^2 x\mathrm{d}x$.

解 基本积分表中没有这种类型的积分，可以先利用三角恒等式化成表中所列类型的积分，然后再逐项求积分.

$$\int \tan^2 x\mathrm{d}x = \int (\sec^2 x - 1)\mathrm{d}x$$
$$= \int \sec^2 x\mathrm{d}x - \int 1\mathrm{d}x$$
$$= \tan x - x + C.$$

例 5.10 求 $\displaystyle\int \sin^2 \frac{x}{2}\mathrm{d}x$.

解 同上例一样，先利用三角恒等式变形，然后再逐项求积分.

$$\int \sin^2 \frac{x}{2}\mathrm{d}x = \int \frac{1}{2}(1 - \cos x)\mathrm{d}x$$
$$= \frac{1}{2}\int 1\mathrm{d}x - \frac{1}{2}\int \cos x\mathrm{d}x$$
$$= \frac{1}{2}x - \frac{1}{2}\sin x + C.$$

例 5.11 求 $\displaystyle\int \frac{1}{\sin^2 \frac{x}{2}\cos^2 \frac{x}{2}}\mathrm{d}x$.

解 同上例一样，先利用三角恒等式变形，然后再逐项求积分.

$$\int \frac{1}{\sin^2 \frac{x}{2}\cos^2 \frac{x}{2}}\mathrm{d}x = \int \frac{1}{\left(\frac{\sin x}{2}\right)^2}\mathrm{d}x$$
$$= 4\int \frac{1}{\sin^2 x}\mathrm{d}x$$
$$= -4\cot x + C.$$

习 题 5.1

1. 求下列不定积分.

(1) $\displaystyle\int \frac{1}{x\sqrt{x}}\mathrm{d}x$;

(2) $\displaystyle\int \frac{(x-3)^2}{x^2}\mathrm{d}x$;

(3) $\displaystyle\int \frac{\mathrm{e}^{2x} - 4}{\mathrm{e}^x - 2}\mathrm{d}x$;

(4) $\displaystyle\int \cot^2 x\mathrm{d}x$;

(5) $\displaystyle\int \frac{(x^2 - 1)\sqrt{1 - x^2} - 2x}{x\sqrt{1 - x^2}}\mathrm{d}x$;

(6) $\displaystyle\int \frac{1}{1 + \cos 2x}\mathrm{d}x$;

(7) $\displaystyle\int \left(x^2 + \sin x - \frac{1}{1 + x^2}\right)\mathrm{d}x$;

(8) $\displaystyle\int 2^x \mathrm{e}^x \mathrm{d}x$;

(9) $\displaystyle\int \left(x+\frac{1}{x}\right)^2 \mathrm{d}x$；

(10) $\displaystyle\int \frac{1}{\sin^2 x \cos^2 x}\mathrm{d}x$；

(11) $\displaystyle\int \frac{\cos 2x}{\cos x-\sin x}\mathrm{d}x$；

(12) $\displaystyle\int \cos x\cos 2x\mathrm{d}x$；

(13) $\displaystyle\int (x^2+1)^2\mathrm{d}x$；

(14) $\displaystyle\int \frac{1+x}{\sqrt{x}}\mathrm{d}x$；

(15) $\displaystyle\int (3^x)^3\mathrm{d}x$；

(16) $\displaystyle\int \frac{\sin 2x}{\cos x}\mathrm{d}x$；

(17) $\displaystyle\int \sec x(\sec x-\tan x)\mathrm{d}x$；

(18) $\displaystyle\int \frac{\cos 2x}{\sin^2 x\cos^2 x}\mathrm{d}x$.

2. 已知一曲线过点 $(\mathrm{e}^2,3)$，且在任一点处的切线的斜率等于该点横坐标的倒数，求曲线的方程.

3. 设 $\displaystyle\int xf(x)\mathrm{d}x=\cos x+C$，求 $f(x)$.

4. 某产品的边际成本函数为 $MC(x)=\dfrac{50}{\sqrt{x}}$，其中 x 为产品的产量. 已知产量为 400 时，总成本为 8000 元，求该产品的总成本函数 $TC(x)$.

5. 证明函数 $\arcsin(2x-1),\arccos(1-2x)$ 和 $2\arctan\sqrt{\dfrac{x}{1-x}}$ 都是 $\dfrac{1}{\sqrt{x-x^2}}$ 的原函数.

5.2　不定积分的换元积分法

求不定积分最基本的方法为直接积分法，就是将被积函数通过恒等变形，化为基本积分公式类型，从而利用基本积分公式和不定积分的性质，直接得出结果.

但是通过基本积分表及不定积分的基本性质所能计算的不定积分非常有限，例如：不定积分 $\displaystyle\int \sin 2x\mathrm{d}x$ 就不能直接用基本积分公式 $\displaystyle\int \sin x\mathrm{d}x=-\cos x+C$ 来计算，因此还必须介绍计算不定积分的其他方法. 把复合函数的求导法则反过来用于求不定积分，这是一种变量代换的方法，我们称之为不定积分的**换元积分法**，简称**换元法**. 换元法通常分为两类，下面介绍第一类换元法.

一、第一类换元积分法 (凑微分法)

定理 5.4　若 $F(u)$ 是 $f(u)$ 的一个原函数，且 $u=\psi(x)$ 可导，则

$$\int f[\psi(x)]\psi'(x)\mathrm{d}x=\int f[\psi(x)]\mathrm{d}\psi(x)=F[\psi(x)]+C.$$

证　利用复合函数求导法则来证明等式右端函数的导数等于左端的被积函数. 因为 $F'(u)=f(u)$，而 $F[\psi(x)]$ 是由 $F(u)$, $u=\psi(x)$ 复合而成，所以

$$\{F[\psi(x)]+C\}'=F'(u)\psi'(x)=f(u)\psi'(x)=f[\psi(x)]\psi'(x),$$

由不定积分的定义可得

$$\int f[\psi(x)]\psi'(x)\mathrm{d}x=F[\psi(x)]+C.$$

注： (1) $\displaystyle\int f[\psi(x)]\psi'(x)\mathrm{d}x \xrightarrow{\psi(x)=u} \int f(u)\mathrm{d}u = F(u) + C = F[\psi(x)] + C$，此方法被称为**第一类换元法**，其特点是将被积函数中的某一部分函数视为一个新的变量.

(2) 由于 $\displaystyle\int f[\psi(x)]\psi'(x)\mathrm{d}x = \int f[\psi(x)]\mathrm{d}\psi(x) = F[\psi(x)] + C$，第一类换元法也称为**凑微分法**.

例 5.12 求 $\displaystyle\int \sin 2x\,\mathrm{d}x$.

解 被积函数中，$\sin 2x$ 是一个由 $\sin u$，$u = 2x$ 复合而成的复合函数. 被积函数中缺少这样一个因子 $\dfrac{\mathrm{d}u}{\mathrm{d}x} = 2$，但由于 $\dfrac{\mathrm{d}u}{\mathrm{d}x}$ 是个常数，所以可通过改变系数凑出这个因子，即

$$\sin 2x = \frac{1}{2}\sin 2x\,(2x)' = \frac{1}{2}\sin u\,(u)'.$$

令 $u = 2x$ 可得

$$\int \sin 2x\,\mathrm{d}x = \frac{1}{2}\int \sin u\,\mathrm{d}u = -\frac{1}{2}\cos u + C = -\frac{1}{2}\cos 2x + C.$$

例 5.13 求 $\displaystyle\int 2x\mathrm{e}^{x^2}\mathrm{d}x$.

解 被积函数中的一个因子为 $\mathrm{e}^{x^2} = \mathrm{e}^u$，$u = x^2$，剩下的因子恰好是中间变量 $u = x^2$ 的导数，因此有

$$\int 2x\mathrm{e}^{x^2}\mathrm{d}x = \int \mathrm{e}^u\mathrm{d}u = \mathrm{e}^u + C = \mathrm{e}^{x^2} + C.$$

例 5.14 求 $\displaystyle\int \mathrm{e}^{ax}\mathrm{d}x$.

解 令 $u = ax$，则 $\mathrm{d}u = a\mathrm{d}x$，代入得

$$\int \mathrm{e}^{ax}\mathrm{d}x = \frac{1}{a}\int \mathrm{e}^u\mathrm{d}u = \frac{1}{a}\mathrm{e}^u + C = \frac{1}{a}\mathrm{e}^{ax} + C.$$

在对变量替换比较熟练以后，也可不必写出中间变量.

例 5.15 求 $\displaystyle\int \tan x\,\mathrm{d}x$.

解
$$\int \tan x\,\mathrm{d}x = \int \frac{\sin x}{\cos x}\mathrm{d}x = -\int \frac{\mathrm{d}\cos x}{\cos x} = -\ln|\cos x| + C.$$

类似地，有

$$\int \cot x\,\mathrm{d}x = \ln|\sin x| + C.$$

例 5.16 求 $\displaystyle\int \sec x\,\mathrm{d}x$.

解
$$\begin{aligned}
\int \sec x\,\mathrm{d}x &= \int \frac{\cos x}{\cos^2 x}\mathrm{d}x = \int \frac{1}{1 - \sin^2 x}\mathrm{d}\sin x \\
&= \frac{1}{2}\int \left(\frac{1}{1 + \sin x} + \frac{1}{1 - \sin x}\right)\mathrm{d}\sin x \\
&= \frac{1}{2}\left(\ln|1 + \sin x| - \ln|1 - \sin x|\right) + C \\
&= \frac{1}{2}\ln\left|\frac{1 + \sin x}{1 - \sin x}\right| + C = \frac{1}{2}\ln\frac{(1 + \sin x)^2}{\cos^2 x} + C
\end{aligned}$$

$$= \ln\left|\frac{1+\sin x}{\cos x}\right| + C = \ln|\sec x + \tan x| + C.$$

类似地，有

$$\int \csc x \mathrm{d}x = \ln|\csc x - \cot x| + C.$$

例 5.17　求 $\displaystyle\int \frac{1}{a^2 + x^2}\mathrm{d}x,\ a \neq 0$.

解
$$\int \frac{1}{a^2 + x^2}\mathrm{d}x = \frac{1}{a}\int \frac{1}{1 + \left(\frac{x}{a}\right)^2}\mathrm{d}\left(\frac{x}{a}\right) = \frac{1}{a}\arctan\frac{x}{a} + C.$$

例 5.18　求 $\displaystyle\int \frac{1}{a^2 - x^2}\mathrm{d}x,\ a \neq 0$.

解　由于 $\displaystyle\frac{1}{a^2 - x^2} = \frac{1}{2a}\left(\frac{1}{a+x} + \frac{1}{a-x}\right)$，因此

$$\int \frac{1}{a^2 - x^2}\mathrm{d}x = \frac{1}{2a}\int \left(\frac{1}{a+x} + \frac{1}{a-x}\right)\mathrm{d}x$$

$$= \frac{1}{2a}\left[\int \frac{\mathrm{d}(a+x)}{a+x} - \int \frac{\mathrm{d}(a-x)}{a-x}\right]$$

$$= \frac{1}{2a}\ln\left|\frac{a+x}{a-x}\right| + C.$$

例 5.19　求 $\displaystyle\int \frac{1}{\sqrt{a^2 - x^2}}\mathrm{d}x,\ a > 0$.

解
$$\int \frac{1}{\sqrt{a^2 - x^2}}\mathrm{d}x = \frac{1}{a}\int \frac{1}{\sqrt{1 - \frac{x^2}{a^2}}}\mathrm{d}x = \int \frac{1}{\sqrt{1 - \left(\frac{x}{a}\right)^2}}\mathrm{d}\left(\frac{x}{a}\right)$$

$$= \arcsin\frac{x}{a} + C.$$

当被积函数含有三角函数时，往往利用三角恒等式进行变形后，再用凑微分法求解. 一般地，对于形如 $\displaystyle\int \sin^m x \cos^n x \mathrm{d}x\ (m, n \in \mathbf{N})$ 的积分，当 m, n 中至少有一个是奇数时，通常奇数次幂中的一个用来凑微分，当 m, n 都是偶数时，通过恒等变换来降幂.

例 5.20　求 $\displaystyle\int \sin^3 x \cos^4 x \mathrm{d}x$.

解
$$\int \sin^3 x \cos^4 x \mathrm{d}x = -\int \sin^2 x \cos^4 x \mathrm{d}\cos x = -\int (1 - \cos^2 x)\cos^4 x \mathrm{d}\cos x$$

$$= -\int \cos^4 x \mathrm{d}\cos x + \int \cos^6 x \mathrm{d}\cos x = -\frac{\cos^5 x}{5} + \frac{\cos^7 x}{7} + C.$$

例 5.21　求 $\displaystyle\int \sin^2 x \cos^2 x \mathrm{d}x$.

解
$$\int \sin^2 x \cos^2 x \mathrm{d}x = \frac{1}{4}\int \sin^2 2x \mathrm{d}x = \frac{1}{8}\int (1 - \cos 4x)\mathrm{d}x$$

$$= \frac{1}{8}\left(x - \frac{\sin 4x}{4}\right) + C.$$

有时也可通过三角函数的积化和差，将被积函数化作两项之和，再分项积分.

例 5.22 求 $\int \sin 3x \cos 4x \mathrm{d}x$.

解 利用三角函数的积化和差公式，可得到

$$\sin 3x \cos 4x = \frac{1}{2}[\sin(3x+4x) + \sin(3x-4x)] = \frac{1}{2}(\sin 7x - \sin x),$$

所以

$$\int \sin 3x \cos 4x \mathrm{d}x = \frac{1}{2}\int(\sin 7x - \sin x)\mathrm{d}x = \frac{1}{2}\left[\frac{1}{7}\int \sin 7x \mathrm{d}(7x) + \cos x\right]$$

$$= \frac{1}{2}\cos x - \frac{1}{14}\cos 7x + C.$$

用第一类换元法求不定积分时，常用以下变量代换：

$$(1) \int f(ax+b)\mathrm{d}x = \frac{1}{a}\int f(ax+b)\mathrm{d}(ax+b) \ (a \neq 0),$$

$$(2) \int f(x^n)x^{n-1}\mathrm{d}x = \frac{1}{n}\int f(x^n)\mathrm{d}x^n \ (n \neq 0),$$

$$(3) \int f(\mathrm{e}^x)\mathrm{e}^x\mathrm{d}x = \int f(\mathrm{e}^x)\mathrm{d}\mathrm{e}^x,$$

$$(4) \int f(\ln x)\frac{1}{x}\mathrm{d}x = \int f(\ln x)\mathrm{d}\ln x,$$

$$(5) \int f(\sin x)\cos x\mathrm{d}x = \int f(\sin x)\mathrm{d}\sin x,$$

$$(6) \int f(\cos x)\sin x\mathrm{d}x = -\int f(\cos x)\mathrm{d}\cos x,$$

$$(7) \int f(\arcsin x)\frac{1}{\sqrt{1-x^2}}\mathrm{d}x = \int f(\arcsin x)\mathrm{d}\arcsin x,$$

$$(8) \int f(\arctan x)\frac{1}{1+x^2}\mathrm{d}x = \int f(\arctan x)\mathrm{d}\arctan x,$$

$$(9) \int f(\tan x)\sec^2 x\mathrm{d}x = \int f(\tan x)\mathrm{d}\tan x,$$

$$(10) \int f(\cot x)\csc^2 x\mathrm{d}x = -\int f(\cot x)\mathrm{d}\cot x.$$

注： (1) 使用第一类换元法完成积分后，需要把变量换回最初的积分变量.

(2) 第一类换元积分法是积分过程中经常使用到的一种积分方法，这一技巧的关键在于熟练运用函数的微分. 当我们对于微分以及变量代换比较熟练后，可以不写出中间变量 u，即省去换元过程，而采用"凑微分"直接换元.

(3) 每次使用凑微分后，应及时利用求导来检查凑微分是否正确.

二、第二类换元积分法

第一类换元法所作的换元是 $u = \psi(x)$，使得积分由 $\int f[\psi(x)]\psi'(x)\mathrm{d}x$ 变为 $\int f(u)\mathrm{d}u$，从而利用 $f(u)$ 的原函数求出积分. 第二类换元积分法则相反，它是通过变量代换 $x = \psi(t)$ 将积

分 $\int f(x)\mathrm{d}x$ 转化为 $\int f[\psi(t)]\psi'(t)\mathrm{d}t$.

定理 5.5 设 $f(x)$ 连续，又 $x = \psi(t)$ 的导数 $\psi'(t)$ 也连续，且 $\psi'(t) \neq 0$，则有换元公式

$$\int f(x)\mathrm{d}x = \left[\int f[\psi(t)]\psi'(t)\mathrm{d}t\right]_{t=\psi^{-1}(x)},$$

其中 $t = \psi^{-1}(x)$ 为 $x = \psi(t)$ 的反函数.

应用此定理求不定积分应满足两个前提：(1) $f[\psi(t)]\psi'(t)$ 的原函数是存在的；(2) $x = \psi(t)$ 可导，且在 t 的某个区间 (与积分变量 x 的区间相对应) 是单调的. $x = \psi(t)$ 的单调性可以保证其反函数的存在性.

在第二类换元积分运算中，变量替换的方法很多，如果选择恰当会使积分运算非常容易. 变量替换主要有简单无理函数替换、三角函数替换以及倒替换三种.

1. 简单无理函数替换法

例 5.23 求 $\int \dfrac{1}{1+\sqrt{x}}\mathrm{d}x$.

解 为了消去根号，令 $\sqrt{x} = t$，得 $x = t^2$, $\mathrm{d}x = 2t\mathrm{d}t$，因此

$$\int \frac{1}{1+\sqrt{x}}\mathrm{d}x = \int \frac{1}{1+t}2t\mathrm{d}t = 2\int\left(1 - \frac{1}{1+t}\right)\mathrm{d}t$$

$$= 2(t - \ln(1+t)) + C = 2\sqrt{x} - 2\ln(1+\sqrt{x}) + C.$$

例 5.24 求 $\int \dfrac{1}{x\sqrt{x-1}}\mathrm{d}x$.

解 同上例一样，令 $t = \sqrt{x-1}$，则 $x = t^2 + 1$, $\mathrm{d}x = 2t\mathrm{d}t$，于是

$$\int \frac{1}{x\sqrt{x-1}}\mathrm{d}x = \int \frac{2t}{(t^2+1)t}\mathrm{d}t = 2\arctan t + C = 2\arctan\sqrt{x-1} + C.$$

例 5.25 求 $\int \dfrac{1}{\sqrt{x}(\sqrt[3]{x} + \sqrt[4]{x})}\mathrm{d}x$.

解 为了使 $\sqrt{x}$, $\sqrt[3]{x}$, $\sqrt[4]{x}$ 都变成有理式，令 $t = \sqrt[12]{x}$，则 $x = t^{12}$, $\mathrm{d}x = 12t^{11}\mathrm{d}t$，于是

$$\int \frac{1}{\sqrt{x}(\sqrt[3]{x} + \sqrt[4]{x})}\mathrm{d}x = \int \frac{12t^{11}}{t^6(t^4 + t^3)}\mathrm{d}t = \int \frac{12t^2}{t+1}\mathrm{d}t$$

$$= 12\int\left(t - 1 + \frac{1}{t+1}\right)\mathrm{d}t$$

$$= 6t^2 - 12t + 12\ln|t+1| + C$$

$$= 6\sqrt[6]{x} - 12\sqrt[12]{x} + 12\ln(\sqrt[12]{x} + 1) + C.$$

例 5.26 求 $\int \dfrac{1}{x}\sqrt{\dfrac{x}{2-x}}\mathrm{d}x$.

解 为了消去根号，令 $t = \sqrt{\dfrac{x}{2-x}}$，则 $x = \dfrac{2t^2}{1+t^2}$, $\mathrm{d}x = \dfrac{4t}{(1+t^2)^2}\mathrm{d}t$，于是

$$\int \frac{1}{x}\sqrt{\frac{x}{2-x}}\mathrm{d}x = \int \frac{1+t^2}{2t^2}\frac{4t^2}{(1+t^2)^2}\mathrm{d}t$$
$$= \int \frac{2}{1+t^2}\mathrm{d}t = 2\arctan t + C$$
$$= 2\arctan\sqrt{\frac{x}{2-x}} + C.$$

2. 三角函数替换法

当被积函数含有形如 $\sqrt{a^2-x^2}$, $\sqrt{a^2+x^2}$, $\sqrt{x^2-a^2}$ 的二次根式时，可根据三角函数基本关系式和勾股定理进行适当的变量替换，去掉被积函数中的根号，从而简化被积表达式，便于求解.

例 5.27 求 $\displaystyle\int \sqrt{a^2-x^2}\mathrm{d}x$, $a > 0$.

解 通过三角公式去根式，令 $x = a\sin t$, $-\dfrac{\pi}{2} < t < \dfrac{\pi}{2}$, 则

$$\mathrm{d}x = a\cos t\mathrm{d}t, \quad \sqrt{a^2-x^2} = \sqrt{a^2-a^2\sin^2 t} = a\cos t.$$

所以

$$\int \sqrt{a^2-x^2}\mathrm{d}x = \int a^2\cos^2 t\mathrm{d}t = a^2 \int \frac{1+\cos 2t}{2}\mathrm{d}t = \frac{a^2 t}{2} + \frac{a^2 \sin 2t}{4} + C$$
$$= \frac{a^2 t}{2} + \frac{a^2 \sin t\cos t}{2} + C.$$

又因为 $x = a\sin t$, $-\dfrac{\pi}{2} < t < \dfrac{\pi}{2}$, 所以

$$t = \arcsin\frac{x}{a}, \quad \cos t = \sqrt{1-\sin^2 t} = \frac{\sqrt{a^2-x^2}}{a},$$

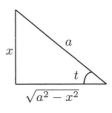

图 5.2

因此

$$\int \sqrt{a^2-x^2}\mathrm{d}x = \frac{a^2}{2}\arcsin\frac{x}{a} + \frac{a^2}{2}\cdot\frac{x}{a}\cdot\frac{\sqrt{a^2-x^2}}{a} + C$$
$$= \frac{a^2}{2}\arcsin\frac{x}{a} + \frac{x\sqrt{a^2-x^2}}{2} + C.$$

例 5.28 求 $\displaystyle\int \frac{1}{\sqrt{x^2+a^2}}\mathrm{d}x$, $a > 0$.

解　同上例类似，利用三角公式 $1 + \tan^2 t = \sec^2 t$ 去根式. 令 $x = a\tan t$，$-\dfrac{\pi}{2} < t < \dfrac{\pi}{2}$，则 $\mathrm{d}x = a\sec^2 t\,\mathrm{d}t$，$\sqrt{x^2 + a^2} = \sqrt{a^2\tan^2 t + a^2} = \sqrt{a^2\sec^2 t} = a\sec t$. 于是

$$\int \frac{1}{\sqrt{x^2 + a^2}}\mathrm{d}x = \int \sec t\,\mathrm{d}t = \ln|\sec t + \tan t| + C_0.$$

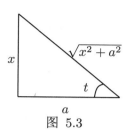

图 5.3

根据 $\tan t = \dfrac{x}{a}$，作辅助三角形得 $\sec t = \dfrac{\sqrt{x^2 + a^2}}{a}$，且 $\sec t + \tan t > 0$. 因此

$$\int \frac{1}{\sqrt{x^2 + a^2}}\mathrm{d}x = \ln\left(\frac{x}{a} + \frac{\sqrt{x^2 + a^2}}{a}\right) + C_0 = \ln\left(x + \sqrt{x^2 + a^2}\right) + C,$$

其中 $C = C_0 - \ln a$.

例 5.29　求 $\displaystyle\int \frac{1}{\sqrt{x^2 - a^2}}\mathrm{d}x$，$a > 0$.

解　同上例类似，利用三角公式去根式. 被积函数的定义域为 $(-\infty, -a)\cup(a, +\infty)$，先在 $(a, +\infty)$ 内求不定积分. 设 $x = a\sec t$，$0 < t < \dfrac{\pi}{2}$，则 $t = \arccos\dfrac{a}{x}$，而

$$\sqrt{x^2 - a^2} = \sqrt{a^2\sec^2 t - a^2} = a\tan t, \ \mathrm{d}x = a\sec t\tan t\,\mathrm{d}t,$$

于是

$$\int \frac{1}{\sqrt{x^2 - a^2}}\mathrm{d}x = \int \frac{a\sec t\tan t}{a\tan t}\mathrm{d}t = \int \sec t\,\mathrm{d}t = \ln|\sec t + \tan t| + C_1.$$

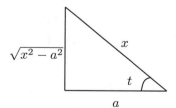

图 5.4

根据 $\sec t = \dfrac{x}{a}$ 作辅助直角三角形，即有 $\tan t = \dfrac{\sqrt{x^2 - a^2}}{a}$，从而

$$\int \frac{1}{\sqrt{x^2 - a^2}}\mathrm{d}x = \ln\left|\frac{x}{a} + \frac{\sqrt{x^2 - a^2}}{a}\right| + C_0 = \ln\left|x + \sqrt{x^2 - a^2}\right| + C,$$

其中 $C = C_0 - \ln a$，容易验证，上述结果在 $(-\infty, -a)$ 也成立.

通过上述例题可以看到，第二类换元积分法常用于以下基本类型. 利用三角函数替换时，总是默认其反函数在主值范围且在被积函数的定义域内.

(1) 当被积函数中含有 $\sqrt{a^2 - x^2}$ $(a > 0)$ 时，作变换 $x = a\sin t$；

(2) 当被积函数中含有 $\sqrt{a^2 + x^2}$ $(a > 0)$ 时，作变换 $x = a\tan t$；

(3) 当被积函数中含有 $\sqrt{x^2 - a^2}$ $(a > 0)$ 时，当 $x > a$ 时，作变换 $x = a\sec t$. 当 $x < -a$ 时，即令 $u = -x$，即 $u > a$，同样可将原积分化为三角有理函数的积分；

(4) 当被积函数中含有根式 $\sqrt[n]{ax + b}$ 时，作变换 $\sqrt[n]{ax + b} = t$.

3. 倒替换法

当有理分式函数中分母 (多项式) 的次数较高时，常采用倒替换法. 所谓倒替换，即令 $x = \dfrac{1}{t}$，利用倒替换后，被积函数会产生显著变化.

例 5.30 求 $\displaystyle\int \frac{1}{x(x^n + 1)}\mathrm{d}x$, $n \in \mathbf{N}^+$.

解 令 $x = \dfrac{1}{t}$，则 $\mathrm{d}x = -\dfrac{1}{t^2}\mathrm{d}t$，因此

$$\int \frac{1}{x(x^n + 1)}\mathrm{d}x = -\int \frac{1}{\frac{1}{t}\left(\frac{1}{t^n} + 1\right)}\frac{1}{t^2}\mathrm{d}t = -\int \frac{t^{n-1}}{1 + t^n}\mathrm{d}t = -\frac{1}{n}\int \frac{1}{1 + t^n}\mathrm{d}(1 + t^n)$$

$$= -\frac{1}{n}\ln|1 + t^n| + C = -\frac{1}{n}\ln\left|1 + \frac{1}{x^n}\right| + C.$$

例 5.31 求 $\displaystyle\int \frac{1}{x\sqrt{x^{2n} - 1}}\mathrm{d}x$, $x > 1$, $n \in \mathbf{N}^+$.

解 令 $x = \dfrac{1}{t}$，则 $\mathrm{d}x = -\dfrac{1}{t^2}\mathrm{d}t$，因此

$$\int \frac{1}{x\sqrt{x^{2n} - 1}}\mathrm{d}x = \int \frac{-\frac{1}{t^2}}{\frac{1}{t}\sqrt{\frac{1}{t^{2n}} - 1}}\mathrm{d}t = -\int \frac{t^{n-1}}{\sqrt{1 - t^{2n}}}\mathrm{d}t$$

$$= -\frac{1}{n}\int \frac{1}{\sqrt{1 - t^{2n}}}\mathrm{d}t^n = -\frac{1}{n}\arcsin t^n + C$$

$$= -\frac{1}{n}\arcsin \frac{1}{x^n} + C.$$

在本节的例题中，有几个积分是以后经常会遇到的，所以它们通常也被当作基本积分公式使用. 因此，常用的积分公式除了**不定积分基本公式 I** 所给出的，再引入下面几个.

不定积分基本公式 II

$$(15) \int \tan x\mathrm{d}x = -\ln|\cos x| + C,$$

$$(16) \int \cot x\mathrm{d}x = \ln|\sin x| + C,$$

$$(17) \int \sec x\mathrm{d}x = \ln|\sec x + \tan x| + C,$$

$$(18) \int \csc x\mathrm{d}x = \ln|\csc x - \cot x| + C,$$

$$(19) \int \frac{1}{a^2 + x^2}\mathrm{d}x = \frac{1}{a}\arctan \frac{x}{a} + C, \ a \neq 0,$$

$$(20) \int \frac{1}{a^2 - x^2}\mathrm{d}x = \frac{1}{2a}\ln\left|\frac{a + x}{a - x}\right| + C, \ a \neq 0,$$

(21) $\displaystyle\int \frac{1}{\sqrt{a^2 - x^2}}\mathrm{d}x = \arcsin \frac{x}{a} + C,\ a > 0,$

(22) $\displaystyle\int \frac{1}{\sqrt{x^2 \pm a^2}}\mathrm{d}x = \ln \left| x + \sqrt{x^2 \pm a^2} \right| + C,\ a > 0,$

(23) $\displaystyle\int \sqrt{a^2 - x^2}\mathrm{d}x = \frac{x}{2}\sqrt{a^2 - x^2} + \frac{a^2}{2}\arcsin \frac{x}{a} + C,\ a > 0,$

(24) $\displaystyle\int \sqrt{x^2 \pm a^2}\mathrm{d}x = \frac{x}{2}\sqrt{x^2 \pm a^2} \pm \frac{a^2}{2}\ln \left| x + \sqrt{x^2 \pm a^2} \right| + C,\ a > 0.$

　　第二类换元积分法常被用来处理带根号的不定积分，因此也被称为**去根号法**. 第一类换元积分法和第二类换元积分法都是借助中间变量求解不定积分. 比较两种换元积分法可知，第二类换元积分公式是从反方向运用第一类换元积分公式

$$\int f[\psi(x)]\psi'(x)\mathrm{d}x = \int f(u)\mathrm{d}u.$$

从左至右，令 $\psi(x) = u$，是第一类换元积分法；从右至左，令 $u = \psi(x)$，则是第二类换元积分法.

习　题　5.2

1. 在下列各式的空白处填上系数，完成下列等式.

(1) $\mathrm{d}x = \underline{\quad}\mathrm{d}(4x)$;

(2) $\mathrm{d}x = \underline{\quad}\mathrm{d}(2x - 3)$;

(3) $x\mathrm{d}x = \underline{\quad}\mathrm{d}(x^2)$;

(4) $\dfrac{\mathrm{d}x}{\sqrt{x}} = \underline{\quad}\mathrm{d}(\sqrt{x} - 1)$;

(5) $\mathrm{e}^{2x}\mathrm{d}x = \underline{\quad}\mathrm{d}(\mathrm{e}^{2x})$;

(6) $\dfrac{\mathrm{d}x}{x} = \underline{\quad}\mathrm{d}(2\ln|x|)$;

(7) $\sin 2x\mathrm{d}x = \underline{\quad}\mathrm{d}(2\cos 2x)$;

(8) $\dfrac{\mathrm{d}x}{1 + 4x^2} = \underline{\quad}\mathrm{d}(2\arctan 2x)$.

2. 求下列不定积分.

(1) $\displaystyle\int \mathrm{e}^{2x}\mathrm{d}x$;

(2) $\displaystyle\int \sqrt{1 - 2x}\mathrm{d}x$;

(3) $\displaystyle\int \frac{\sin x}{\cos^2 x}\mathrm{d}x$;

(4) $\displaystyle\int \frac{\cos \sqrt{x}}{\sqrt{x}}\mathrm{d}x$;

(5) $\displaystyle\int \frac{\ln^2 x}{x}\mathrm{d}x$;

(6) $\displaystyle\int \frac{1}{x(1 - \ln x)}\mathrm{d}x$;

(7) $\displaystyle\int x^2 \mathrm{e}^{x^3}\mathrm{d}x$;

(8) $\displaystyle\int \frac{1}{x^2 + 4}\mathrm{d}x$;

(9) $\displaystyle\int \frac{\arctan \sqrt{x}}{\sqrt{x}(1 + x)}\mathrm{d}x$;

(10) $\displaystyle\int \frac{2x}{\sqrt{1 + x^2} + 1}\mathrm{d}x$;

(11) $\displaystyle\int \frac{\sqrt{x^2 - 4}}{x}\mathrm{d}x$;

(12) $\displaystyle\int \frac{1}{\mathrm{e}^x(1 + \mathrm{e}^{2x})}\mathrm{d}x$;

(13) $\displaystyle\int \frac{1}{\sqrt{1 - 2x^2}}\mathrm{d}x$;

(14) $\displaystyle\int \frac{2x^2 - 3x}{x + 1}\mathrm{d}x$;

(15) $\displaystyle\int \frac{1}{9-x^2}\mathrm{d}x;$

(16) $\displaystyle\int \frac{x}{x^2-5x+6}\mathrm{d}x;$

(17) $\displaystyle\int \frac{x-1}{x(x+1)^2}\mathrm{d}x;$

(18) $\displaystyle\int \frac{2}{1+\sqrt{x-2}}\mathrm{d}x;$

(19) $\displaystyle\int \sqrt{4-x^2}\mathrm{d}x;$

(20) $\displaystyle\int \frac{1}{x^2\sqrt{x^2+1}}\mathrm{d}x;$

(21) $\displaystyle\int \frac{1}{x\sqrt{x^2-4}}\mathrm{d}x;$

(22) $\displaystyle\int \frac{1}{x+x\ln^2 x}\mathrm{d}x;$

(23) $\displaystyle\int \mathrm{e}^x \cos \mathrm{e}^x \mathrm{d}x;$

(24) $\displaystyle\int \tan^7 x \sec^2 x \mathrm{d}x;$

(25) $\displaystyle\int \tan^3 x \sec x \mathrm{d}x;$

(26) $\displaystyle\int \frac{1}{x^2}\tan^2 \frac{1}{x}\mathrm{d}x.$

5.3 不定积分的分部积分法

通过换元法，我们可以计算大量的不定积分，但对于某些积分如 $\displaystyle\int x\mathrm{e}^x\mathrm{d}x, \int \ln x\mathrm{d}x$ 等，换元法并不适用，本节将介绍求不定积分的另一个重要方法——**分部积分法**.

对于具有连续导数的两个函数 $u=u(x), v=v(x)$，其乘积的导数公式为

$$(uv)' = u'v + uv',$$

即

$$uv' = (uv)' - u'v.$$

对等式两边求不定积分得

$$\int uv'\mathrm{d}x = \int (uv)'\mathrm{d}x - \int u'v\mathrm{d}x,$$

即

$$\int u\mathrm{d}v = uv - \int v\mathrm{d}u,$$

上式称为**分部积分公式**.

正确选取 u,v 是分部积分法的关键，确定 v 的过程就是凑微分的过程，可以借鉴第一类换元积分法，并且应该考虑选取的 u,v 能使得计算 $\displaystyle\int v\mathrm{d}u$ 比 $\displaystyle\int u\mathrm{d}v$ 容易. 分部积分法适用的范围是被积函数 $f(x)$ 可分解成某个函数 $u(x)$ 与另一个函数 $v(x)$ 导函数的乘积，即

$$f(x) = u(x)v'(x).$$

下面分四种情况来介绍分部积分法的四种基本方法.

1. 降次法

当被积函数为幂函数与指数函数或三角函数的乘积时，选择幂函数为 u，幂函数每经过一次微分后次数降低一次，因此称为**降次法**.

例 5.32　求 $\int x\mathrm{e}^x\mathrm{d}x$.

解　这个积分用换元积分法不易求出结果，尝试用分部积分法求解. 令 $u=x$, $v=\mathrm{e}^x$，则

$$\int x\mathrm{e}^x\mathrm{d}x = \int x\mathrm{d}\mathrm{e}^x = x\mathrm{e}^x - \int \mathrm{e}^x\mathrm{d}x = x\mathrm{e}^x - \mathrm{e}^x + C.$$

如果令 $u=\mathrm{e}^x$, $\mathrm{d}v=x\mathrm{d}x$，则

$$\int x\mathrm{e}^x\mathrm{d}x = \frac{x^2}{2}\mathrm{e}^x - \int \frac{x^2}{2}\mathrm{e}^x\mathrm{d}x,$$

上式右端的积分比原积分更不容易求出.

　　由此可见，u 和 $\mathrm{d}v$ 选取不当会影响求解的难易程度，甚至有可能求不出结果.

例 5.33　求 $\int x\cos x\mathrm{d}x$.

解　令 $u=x$, $v=\sin x$，则

$$\int x\cos x\mathrm{d}x = \int x\mathrm{d}\sin x = x\sin x - \int \sin x\mathrm{d}x = x\sin x + \cos x + C.$$

例 5.34　求 $\int x\sin 2x\mathrm{d}x$.

解　令 $u=x$, $v=-\dfrac{1}{2}\cos 2x$，则

$$\int x\sin 2x\mathrm{d}x = -\frac{1}{2}x\cos 2x + \frac{1}{2}\int \cos 2x\mathrm{d}x = -\frac{1}{2}x\cos 2x + \frac{1}{4}\sin 2x + C.$$

2. 转换法

　　当被积函数为对数函数或反三角函数与其他函数的乘积时，选择对数函数或反三角函数为 u，对数函数或反三角函数经过微分后转换为别的函数，因此称为**转换法**.

例 5.35　求 $\int \ln^2 x\mathrm{d}x$.

解　令 $u=\ln^2 x$, $v=x$，则

$$\int \ln^2 x\mathrm{d}x = x\ln^2 x - 2\int x\ln x \cdot \frac{1}{x}\mathrm{d}x = x\ln^2 x - 2\int \ln x\mathrm{d}x,$$

再对 $\int \ln x\mathrm{d}x$ 用一次分部积分，令 $u=\ln x$, $v=x$

$$\int \ln x\mathrm{d}x = x\ln x - \int \mathrm{d}x = x\ln x - x + C_1,$$

整理得

$$\int \ln^2 x\mathrm{d}x = x\ln^2 x - 2x\ln x + 2x + C.$$

例 5.36　求 $\int x\arctan x\mathrm{d}x$.

解 令 $u = \arctan x,\ v = 1 + x^2$，则

$$\int x \arctan x \mathrm{d}x = \frac{1}{2} \int \arctan x \mathrm{d}(1 + x^2)$$
$$= \frac{1}{2} \left[(1 + x^2) \arctan x - \int (1 + x^2) \frac{1}{1 + x^2} \mathrm{d}x \right]$$
$$= \frac{1}{2} \left[(1 + x^2) \arctan x - x \right] + C.$$

例 5.37 求 $\displaystyle\int (\arcsin x)^2 \mathrm{d}x$.

解 令 $u = (\arcsin x)^2,\ v = x$，则

$$\int (\arcsin x)^2 \mathrm{d}x = x(\arcsin x)^2 - \int x \mathrm{d}(\arcsin x)^2$$
$$= x(\arcsin x)^2 - 2 \int x \arcsin x \ \frac{1}{\sqrt{1 - x^2}} \mathrm{d}x$$
$$= x(\arcsin x)^2 + 2 \int \arcsin x \mathrm{d}\sqrt{1 - x^2}$$
$$= x(\arcsin x)^2 + 2\sqrt{1 - x^2} \arcsin x - 2 \int \sqrt{1 - x^2} \mathrm{d}\arcsin x$$
$$= x(\arcsin x)^2 + 2\sqrt{1 - x^2} \arcsin x - 2 \int \mathrm{d}x$$
$$= x(\arcsin x)^2 + 2\sqrt{1 - x^2} \arcsin x - 2x + C.$$

例 5.38 求 $\displaystyle\int \mathrm{e}^x \arcsin \sqrt{1 - \mathrm{e}^{2x}} \mathrm{d}x$.

解 方法一：令 $u = \arcsin \sqrt{1 - \mathrm{e}^{2x}},\ v' = \mathrm{e}^x$，则

$$\int \mathrm{e}^x \arcsin \sqrt{1 - \mathrm{e}^{2x}} \mathrm{d}x = \mathrm{e}^x \arcsin \sqrt{1 - \mathrm{e}^{2x}} - \int \mathrm{e}^x \frac{1}{\sqrt{1 - 1 + \mathrm{e}^{2x}}} \frac{-2\mathrm{e}^{2x}}{2\sqrt{1 - \mathrm{e}^{2x}}} \mathrm{d}x$$
$$= \mathrm{e}^x \arcsin \sqrt{1 - \mathrm{e}^{2x}} + \int \frac{\mathrm{e}^{2x}}{\sqrt{1 - \mathrm{e}^{2x}}} \mathrm{d}x$$
$$= \mathrm{e}^x \arcsin \sqrt{1 - \mathrm{e}^{2x}} - \frac{1}{2} \int \frac{\mathrm{d}\left(1 - \mathrm{e}^{2x}\right)}{\sqrt{1 - \mathrm{e}^{2x}}}$$
$$= \mathrm{e}^x \arcsin \sqrt{1 - \mathrm{e}^{2x}} - \sqrt{1 - \mathrm{e}^{2x}} + C.$$

方法二：由于方法一中 u 较复杂，本例也可以结合换元法，先化简再分部积分. 令 $\arcsin \sqrt{1 - \mathrm{e}^{2x}} = t$，则 $x = \ln |\cos t|$. 代入原式得

$$\int \mathrm{e}^x \arcsin \sqrt{1 - \mathrm{e}^{2x}} \mathrm{d}x = - \int t \cos t \ \frac{\sin t}{\cos t} \mathrm{d}t = - \int t \sin t \mathrm{d}t$$
$$= t \cos t - \int \cos t \mathrm{d}t = t \cos t - \sin t + C,$$

将 $t = \arcsin \sqrt{1 - \mathrm{e}^{2x}}$ 代入得

$$\int \mathrm{e}^x \arcsin \sqrt{1 - \mathrm{e}^{2x}} \mathrm{d}x = \mathrm{e}^x \arcsin \sqrt{1 - \mathrm{e}^{2x}} - \sqrt{1 - \mathrm{e}^{2x}} + C.$$

由上例可知，在积分过程中，往往要兼用换元法和分部积分法.

3. 循环法

当被积函数为正 (余) 弦函数与指数函数的乘积时，应用分部积分后，会回到初始的被积函数，因此称为**循环法**. 通过移项可解出所求不定积分.

例 5.39 求 $\displaystyle\int \mathrm{e}^x \sin x \mathrm{d}x$.

解 令 $u = \sin x,\ v = \mathrm{e}^x$，则

$$\int \mathrm{e}^x \sin x \mathrm{d}x = \int \sin x \mathrm{d}\mathrm{e}^x = \mathrm{e}^x \sin x - \int \mathrm{e}^x \cos x \mathrm{d}x,$$

等式右端的积分和左端的积分是同一类型的，因此对右端的积分再用一次分部积分法得

$$\int \mathrm{e}^x \sin x \mathrm{d}x = \mathrm{e}^x \sin x - \int \mathrm{e}^x \cos x \mathrm{d}x = \mathrm{e}^x \sin x - \left(\mathrm{e}^x \cos x + \int \mathrm{e}^x \sin x \mathrm{d}x \right),$$

等号左右两边都有 $\displaystyle\int \mathrm{e}^x \sin x \mathrm{d}x$，移项得

$$\int \mathrm{e}^x \sin x \mathrm{d}x = \frac{1}{2} \mathrm{e}^x (\sin x - \cos x) + C.$$

例 5.40 求 $\displaystyle\int \sec^3 x \mathrm{d}x$.

解 令 $u = \sec x,\ v = \tan x$，则

$$\begin{aligned}
\int \sec^3 x \mathrm{d}x &= \int \sec x \mathrm{d}\tan x \\
&= \sec x \tan x - \int \tan x \mathrm{d}\sec x \\
&= \sec x \tan x - \int \sec x \tan^2 x \mathrm{d}x \\
&= \sec x \tan x - \int \sec x (\sec^2 x - 1) \mathrm{d}x \\
&= \sec x \tan x - \int \sec^3 x \mathrm{d}x + \int \sec x \mathrm{d}x \\
&= \sec x \tan x - \int \sec^3 x \mathrm{d}x + \ln|\sec x + \tan x|,
\end{aligned}$$

等号左右两边都有 $\displaystyle\int \sec^3 x \mathrm{d}x$，移项得

$$\int \sec^3 x \mathrm{d}x = \frac{1}{2} \sec x \tan x + \frac{1}{2} \ln|\sec x + \tan x| + C.$$

4. 递推法

当被积函数是某一函数的高次幂函数时，通过分部积分可得到该函数高次幂与低次幂的关系，即所谓的递推公式，因此称为**递推法**.

例 5.41 求 $\displaystyle I_n = \int (\ln x)^n \mathrm{d}x,\ n \in \mathbf{N}^+$ 的递推公式.

解
$$I_n = \int (\ln x)^n \mathrm{d}x = x(\ln x)^n - \int x \mathrm{d}(\ln x)^n$$
$$= x(\ln x)^n - \int x n (\ln x)^{n-1} \frac{1}{x} \mathrm{d}x$$
$$= x(\ln x)^n - n \int (\ln x)^{n-1} \mathrm{d}x$$
$$= x(\ln x)^n - n I_{n-1}.$$

所求的递推公式为
$$I_n = x(\ln x)^n - n I_{n-1}, \ n \in \mathbf{N}^+, \ I_0 = x + C,$$

因此可以利用 I_{n-1} 求解 I_n.

例 5.42 求 $I_n = \int \dfrac{1}{(1+x^2)^n} \mathrm{d}x, \ n \in \mathbf{N}^+$ 的递推公式.

解
$$I_1 = \arctan x + C,$$
$$I_n = \frac{x}{(1+x^2)^n} - \int x \mathrm{d}(1+x^2)^{-n}$$
$$= \frac{x}{(1+x^2)^n} + n \int \frac{2x^2}{(1+x^2)^{n+1}} \mathrm{d}x$$
$$= \frac{x}{(1+x^2)^n} + 2n \int \frac{1}{(1+x^2)^n} \mathrm{d}x - 2n \int \frac{1}{(1+x^2)^{n+1}} \mathrm{d}x$$
$$= \frac{x}{(1+x^2)^n} + 2n I_n - 2n I_{n+1},$$

因此
$$I_{n+1} = \frac{1}{2n} \frac{x}{(1+x^2)^n} + \frac{2n-1}{2n} I_n, \ n = 1, 2, \cdots.$$

一般来说, 确定 u, v 可以参照以下准则:

(1) 按"反、对、幂、三、指"准则来确定 u, v. 也就是说按照"反函数、对数函数、幂函数、三角函数、指数函数"的顺序, 从左至右依次确定 u, v. 例如, 当被积函数是幂函数与三角函数的乘积时, 可取 u 为幂函数, v' 为三角函数.

(2) 当被积函数的形式比较复杂时, 应把被积函数中更多的部分用来凑微分, 使得 u 的形式简单. 因为在分部积分的计算过程中要对 u 求微分, 所以要以使 u 尽量简单为原则.

注: (1) 连续多次使用分部积分时, 注意 u 和 v 的选择要一致, 否则就会还原了.

(2) 利用分部积分法计算时, 若发现 $\int v \mathrm{d}u$ 比 $\int u \mathrm{d}v$ 还复杂, 说明 u, v 选取不当或者原不定积分不可用分部积分法来求解.

习 题 5.3

1. 用分部积分法求下列不定积分.

(1) $\displaystyle\int x \mathrm{e}^{2x} \mathrm{d}x$;

(2) $\displaystyle\int \ln(1+x^2) \mathrm{d}x$;

(3) $\displaystyle\int \arccos x \mathrm{d}x$;

(4) $\displaystyle\int x^2 \arctan x \mathrm{d}x$;

(5) $\displaystyle\int x\ln^2 x\mathrm{d}x$;

(6) $\displaystyle\int \sec^3 x\mathrm{d}x$;

(7) $\displaystyle\int \mathrm{e}^x(\cos x-\sin x)\mathrm{d}x$;

(8) $\displaystyle\int x\tan^2 x\mathrm{d}x$;

(9) $\displaystyle\int x\sin 4x\mathrm{d}x$;

(10) $\displaystyle\int (\arcsin x)^2\mathrm{d}x$;

(11) $\displaystyle\int \sin(\ln x)\mathrm{d}x$;

(12) $\displaystyle\int \left(\frac{\ln x}{x}\right)^2\mathrm{d}x$;

(13) $\displaystyle\int \frac{\sin x}{\mathrm{e}^x}\mathrm{d}x$;

(14) $\displaystyle\int \frac{\arcsin x}{x^2}\mathrm{d}x$;

(15) $\displaystyle\int \mathrm{e}^{-x}\cos 2x\mathrm{d}x$;

(16) $\displaystyle\int \sin x\ln(\tan x)\mathrm{d}x$;

(17) $\displaystyle\int 2x(x^2+1)\arctan x\mathrm{d}x$;

(18) $\displaystyle\int \arctan\sqrt{x^2-1}\mathrm{d}x$;

(19) $\displaystyle\int \frac{x}{\sqrt{1-x^2}}\arcsin x\mathrm{d}x$;

(20) $\displaystyle\int \frac{x^2}{1+x^2}\arctan x\mathrm{d}x$.

2. 设 $f(x)$ 为 $\cos x$, 求 $\displaystyle\int xf'(x)\mathrm{d}x$.

3. 设 $f(x)$ 的一个原函数为 $\dfrac{\sin x}{x}$, 求 $\displaystyle\int xf'(x)\mathrm{d}x$.

4. 设 $f'(x^2)=\ln x\ (x>0)$, 求 $f(x)$.

5.4　有理函数的不定积分

前面已经介绍了求不定积分的两种基本方法, 分别是换元积分法和分部积分法. 本节主要讨论有理函数的不定积分以及可化为有理函数的不定积分.

一、有理函数的不定积分

两个多项式的商

$$R(x)=\frac{P(x)}{Q(x)}=\frac{a_0x^n+a_1x^{n-1}+\cdots+a_{n-1}x+a_n}{b_0x^m+b_1x^{m-1}+\cdots+b_{m-1}x+b_m}$$

称为**有理函数**, 又称**有理分式**, 其中 n,m 为非负整数, $a_0,\ a_1,\ldots,a_n$ 和 $b_0,b_1,\ldots,b_m$ 为常数, 且 $a_0\neq 0,\ b_0\neq 0$. 一般地, 我们总假定分子 $P(x)$ 和分母 $Q(x)$ 之间是没有公因式的, 即 $P(x),Q(x)$ 互质. 当 $m>n$ 时, 称有理多项式 $R(x)$ 是**真分式**; 当 $m\leqslant n$ 时, $R(x)$ 是**假分式**. 利用多项式的除法, 总可以将一个假分式化成一个多项式和一个真分式的和. 那么, 所有有理函数的不定积分都可以转化为求多项式和真分式的不定积分.

有理真分式 $\dfrac{P(x)}{Q(x)}$ 的分母 $Q(x)$ 在实数范围内一定可以分为若干个一次因式或若干个不可分解的二次因式的乘积. 按照分母中因式的情况, 将真分式 $\dfrac{P(x)}{Q(x)}$ 拆成以 $Q(x)$ 的所有因式为分母的简单真分式之和, 这种方法被称为**部分分式法**. 部分分式的目的在于方便利用基本积分公式进行积分.

根据分母中因式的情况, 真分式 $\dfrac{P(x)}{Q(x)}$ 的部分分式的形式主要有以下两种.

(1) 当分母中含有因式 $(x+a)^k$ 时, 部分分式所含的对应项为

$$\frac{A_1}{x+a} + \frac{A_2}{(x+a)^2} + \cdots + \frac{A_k}{(x+a)^k},$$

其中 $A_1, A_2, \cdots, A_k$ 为常数, k 为正整数.

(2) 当分母中含有因式 $(x^2+px+q)^k$ 时, 其中 $p^2 - 4q < 0$, 部分分式所含的对应项为

$$\frac{B_1 x + C_1}{x^2+px+q} + \frac{B_2 x + C_2}{(x^2+px+q)^2} + \cdots + \frac{B_k x + C_k}{(x^2+px+q)^k},$$

其中 $B_1, B_2, \cdots, B_k, C_1, C_2, \cdots, C_k$ 为常数, k 为正整数.

可以看出, 部分分式中分母为一次因式 $x+a$ 的分子为常数, 而分母为二次因式 x^2+px+q 的分子为一次因式, 其中分子中的待定系数可以通过分式相等求出.

下面通过待定系数法求解有理函数的拆分问题.

例 5.43 求 $\displaystyle\int \frac{x}{x^2 - 2x - 3}\mathrm{d}x$.

解 被积函数的分母因式分解为

$$x^2 - 2x - 3 = (x+1)(x-3),$$

故设

$$\frac{x}{x^2 - 2x - 3} = \frac{A}{x+1} + \frac{B}{x-3},$$

其中 A, B 为待定系数, 整理后得 $A = \dfrac{1}{4}$, $B = \dfrac{3}{4}$. 因此

$$
\begin{aligned}
\int \frac{x}{x^2 - 2x - 3}\mathrm{d}x &= \int \frac{x}{(x+1)(x-3)}\mathrm{d}x \\
&= \frac{1}{4}\int \left[\frac{1}{(x+1)} + \frac{3}{x-3}\right]\mathrm{d}x \\
&= \frac{1}{4}\int \frac{1}{(x+1)}\mathrm{d}(x+1) + \frac{3}{4}\int \frac{1}{(x-3)}\mathrm{d}(x-3) \\
&= \frac{1}{4}\ln|x+1| + \frac{3}{4}\ln|x-3| + C.
\end{aligned}
$$

例 5.44 求 $\displaystyle\int \frac{1}{x(x-1)^2}\mathrm{d}x$.

解 设

$$\frac{1}{x(x-1)^2} = \frac{A}{x} + \frac{B}{(x-1)^2} + \frac{D}{x-1},$$

其中 A, B, D 为待定系数, 整理后得

$$\frac{A}{x} + \frac{B}{(x-1)^2} + \frac{D}{x-1} = \frac{A(x-1)^2 + Bx + Dx(x-1)}{x(x-1)^2} = \frac{1}{x(x-1)^2}.$$

由恒等关系得 $(A+D)x^2 + (B-2A-D)x + A = 1$，解得 $A = 1$，$B = 1$，$D = -1$，所以

$$\int \frac{1}{x(x-1)^2}\mathrm{d}x = \int \left[\frac{1}{x} + \frac{1}{(x-1)^2} - \frac{1}{x-1} \right]\mathrm{d}x = \ln|x| - \frac{1}{x-1} - \ln|x-1| + C.$$

例 5.45 求 $\displaystyle\int \frac{2x+1}{(x-1)^2(x^2+1)}\mathrm{d}x$.

解 设

$$\frac{2x+1}{(x-1)^2(x^2+1)} = \frac{A}{x-1} + \frac{B}{(x-1)^2} + \frac{Dx+E}{x^2+1},$$

其中 A, B, D, E 为待定系数，整理后得 $A = -\dfrac{1}{2}$，$B = \dfrac{3}{2}$，$D = \dfrac{1}{2}$，$E = -1$. 因此

$$\begin{aligned}
\int \frac{2x+1}{(x-1)^2(x^2+1)}\mathrm{d}x &= \int \frac{-\frac{1}{2}}{(x-1)}\mathrm{d}x + \int \frac{\frac{3}{2}}{(x-1)^2}\mathrm{d}x + \int \frac{\frac{x}{2}-1}{x^2+1}\mathrm{d}x \\
&= -\frac{1}{2}\int \frac{\mathrm{d}(x-1)}{(x-1)} + \frac{3}{2}\int \frac{\mathrm{d}(x-1)}{(x-1)^2} + \frac{1}{4}\int \frac{\mathrm{d}(x^2+1)}{x^2+1} - \int \frac{1}{x^2+1}\mathrm{d}x \\
&= -\frac{1}{2}\ln|x-1| - \frac{3}{2(x-1)} + \frac{1}{4}\ln(x^2+1) - \arctan x + C.
\end{aligned}$$

例 5.46 求 $\displaystyle\int \frac{x+1}{x^2-2x+2}\mathrm{d}x$.

解 被积函数的分母在实数范围内不可因式分解，可结合凑微分法和配方法进行计算

$$\begin{aligned}
\int \frac{x+1}{x^2-2x+2}\mathrm{d}x &= \frac{1}{2}\int \frac{2x-2}{x^2-2x+2}\mathrm{d}x + \int \frac{2}{x^2-2x+2}\mathrm{d}x \\
&= \frac{1}{2}\int \frac{\mathrm{d}(x^2-2x+2)}{x^2-2x+2} + 2\int \frac{\mathrm{d}(x-1)}{(x-1)^2+1} \\
&= \frac{1}{2}\ln(x^2-2x+2) + 2\arctan(x-1) + C.
\end{aligned}$$

二、可化为有理函数的不定积分

由三角函数 $\sin x, \cos x$ 及常数经过有限次四则运算所构成的函数，一般记为 $R(\sin x, \cos x)$. 通过变换 $u = \tan\dfrac{x}{2}$，可以将原不定积分转化为关于 u 的有理函数的不定积分：

$$\int R(\sin x, \cos x)\mathrm{d}x = \int R\left(\frac{2u}{1+u^2}, \frac{1-u^2}{1+u^2} \right)\frac{2}{1+u^2}\mathrm{d}u. \tag{5.1}$$

因为由三角函数公式可得万能置换公式

$$\sin x = \frac{2\tan\frac{x}{2}}{1+\tan^2\frac{x}{2}} = \frac{2u}{1+u^2}, \quad \cos x = \frac{1-\tan^2\frac{x}{2}}{1+\tan^2\frac{x}{2}} = \frac{1-u^2}{1+u^2},$$

并且 $\mathrm{d}u = \dfrac{1}{2}\sec^2\dfrac{x}{2}\mathrm{d}x = \dfrac{1}{2}\left(1+\tan^2\dfrac{x}{2}\right)\mathrm{d}x$，即 $\mathrm{d}x = \dfrac{2}{1+u^2}\mathrm{d}u$. 将上述三式代入积分表达式，即可得到关于 u 的有理函数的不定积分式(5.1).

例 5.47 求 $\displaystyle\int \frac{\sin x}{1+\sin x+\cos x}\mathrm{d}x$.

解 由万能置换公式

$$\sin x = \frac{2u}{1+u^2}, \ \cos x = \frac{1-u^2}{1+u^2}, \ \mathrm{d}x = \frac{2}{1+u^2}\mathrm{d}u, \ u = \tan\frac{x}{2},$$

得

$$\begin{aligned}
\int \frac{\sin x}{1+\sin x + \cos x}\mathrm{d}x &= \int \frac{2u}{(1+u)(1+u^2)}\mathrm{d}u \\
&= \int \frac{2u + 1 + u^2 - 1 - u^2}{(1+u)(1+u^2)}\mathrm{d}u \\
&= \int \frac{(1+u)^2 - (1+u^2)}{(1+u)(1+u^2)}\mathrm{d}u \\
&= \int \frac{(1+u)}{(1+u^2)}\mathrm{d}u - \int \frac{1}{1+u}\mathrm{d}u \\
&= \arctan u + \frac{\ln(1+u^2)}{2} - \ln|1+u| + C \\
&= \frac{x}{2} + \ln\left|\sec\frac{x}{2}\right| - \ln\left|1+\tan\frac{x}{2}\right| + C.
\end{aligned}$$

例 5.48 求 $\displaystyle\int \frac{1+\sin x}{\sin x(1+\cos x)}\mathrm{d}x$.

解 由万能置换公式得

$$\begin{aligned}
\int \frac{1+\sin x}{\sin x(1+\cos x)}\mathrm{d}x &= \int \frac{1 + \dfrac{2u}{1+u^2}}{\dfrac{2u}{1+u^2}\left(1 + \dfrac{1-u^2}{1+u^2}\right)} \frac{2}{1+u^2}\mathrm{d}u \\
&= \frac{1}{2}\int \left(u + 2 + \frac{1}{u}\right)\mathrm{d}u \\
&= \frac{u^2}{4} + u + \frac{1}{2}\ln|u| + C \\
&= \frac{1}{4}\tan^2\frac{x}{2} + \tan\frac{x}{2} + \frac{1}{2}\ln\left|\tan\frac{x}{2}\right| + C.
\end{aligned}$$

例 5.49 求 $\displaystyle\int \sec x\mathrm{d}x$.

解 由万能置换公式得

$$\begin{aligned}
\int \sec x\mathrm{d}x &= \int \frac{1+u^2}{1-u^2}\frac{2}{1+u^2}\mathrm{d}u = 2\int \frac{1}{1-u^2}\mathrm{d}u \\
&= \int \left(\frac{1}{1-u} + \frac{1}{1+u}\right)\mathrm{d}u = -\ln|1-u| + \ln|1+u| + C \\
&= \ln\left|\frac{1+u}{1-u}\right| + C = \ln\left|\frac{\tan\dfrac{x}{2}+1}{\tan\dfrac{x}{2}-1}\right| + C \\
&= \ln|\sec x + \tan x| + C.
\end{aligned}$$

本章主要介绍了多种求不定积分的方法，其中两类换元法和分部积分法是最基本的积分方法. 各种积分方法的本质都是通过变换被积表达式，逐步简化积分，使之最终能套用积分表中的公式. 积分法具有很大的灵活性，且同一积分往往具有多种求解方法，运算的难易程度取决于方法的选择.

习　题　5.4

1. 计算下列不定积分.

(1) $\displaystyle\int \frac{x-1}{x(x+1)^2}\mathrm{d}x$;

(2) $\displaystyle\int \frac{x^3+2x+4}{x(x^2+2)^2}\mathrm{d}x$;

(3) $\displaystyle\int \frac{x+4}{(x-1)(x^2+x+3)}\mathrm{d}x$;

(4) $\displaystyle\int \frac{1-x}{(x+1)(x^2+1)}\mathrm{d}x$;

(5) $\displaystyle\int \frac{x^4}{x^4+5x^2+4}\mathrm{d}x$;

(6) $\displaystyle\int \frac{x^2+3}{(x^2+1)(x^2+2)}\mathrm{d}x$;

(7) $\displaystyle\int \frac{x^4}{(x-1)^3}\mathrm{d}x$;

(8) $\displaystyle\int \frac{1}{x^2(1+2x)}\mathrm{d}x$;

(9) $\displaystyle\int \frac{x^3}{x-1}\mathrm{d}x$;

(10) $\displaystyle\int \frac{x-2}{x^2-7x+12}\mathrm{d}x$;

(11) $\displaystyle\int \frac{1}{1+x^3}\mathrm{d}x$;

(12) $\displaystyle\int \frac{1}{1+x^4}\mathrm{d}x$;

(13) $\displaystyle\int \frac{1+x}{1+x^2}\mathrm{d}x$;

(14) $\displaystyle\int \frac{x^2}{1+x^3}\mathrm{d}x$;

(15) $\displaystyle\int \frac{2x+3}{x^2+2x-3}\mathrm{d}x$;

(16) $\displaystyle\int \frac{x^2}{1-x^4}\mathrm{d}x$;

(17) $\displaystyle\int \frac{\tan x}{1+\cos x}\mathrm{d}x$;

(18) $\displaystyle\int \frac{1}{\sin x-\cos x}\mathrm{d}x$;

(19) $\displaystyle\int \frac{1}{3+\cos x}\mathrm{d}x$;

(20) $\displaystyle\int \frac{1}{2+\sin x}\mathrm{d}x$;

(21) $\displaystyle\int \frac{1}{1+\sin x+\cos x}\mathrm{d}x$;

(22) $\displaystyle\int \frac{1}{2\sin x-\cos x+5}\mathrm{d}x$.

第 6 章　定积分

6.1　定积分的概念与性质

定积分是积分学的第二个基本问题,它有着非常丰富的实际应用背景. 定积分的概念是作为一类和式的极限引入的,而不定积分是作为导数的逆运算引入的,二者完全不同,在历史上它们的发展也是独立的. 17 世纪,牛顿和莱布尼茨先后发现了定积分与不定积分的联系,从而推动了积分学的发展.

定积分有着非常广泛的实际应用,如求平面图形的面积、经济问题的总量等. 下面将从这些实际问题引入定积分的概念.

一、引例

1. 曲边梯形的面积

在初等数学中,我们已经学过求一些规则图形的面积,但在实际问题中,常常会碰到计算由任意一条封闭曲线所围成图形的面积,如曲边梯形. **曲边梯形**是指由直线 $x=a$, $x=b$, $y=0$ 及曲线 $y=f(x)$(其中 $y=f(x)$ 在区间 $[a,b]$ 上连续,非负) 所围成的平面图形,如图 6.1所示.

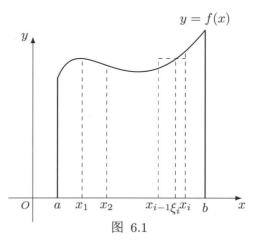

图 6.1

由初等数学可知,矩形的高是不变的,它的面积可以通过公式"矩形面积 = 高 × 底"来定义和计算. 而由图 6.1不难看出,曲边梯形在底边上各点处的高 $f(x)$ 在区间 $[a,b]$ 上是不断变化的,因此不能直接利用规则图形的公式计算曲边梯形的面积,这就是曲边梯形和矩形的区别. 虽然曲边梯形的高 $f(x)$ 在区间 $[a,b]$ 上是连续变化的,但在很小的一段区间上高 $f(x)$ 来不及做很大的变化. 因此可以采取在每个小区间上"以直代曲"的方法,通过计算矩形面积近似得到曲边梯形的面积. 基于这种思想, 可以用一组平行于轴的直线将曲边梯形分割成若干个小曲边梯形, 然后对每个小曲边梯形都作一个相应的小矩形, 用小矩形的面积来代替小曲边梯形的面积. 用这些矩形的面积和就可以近似代替曲边梯形的面积. 显然, 分割得越小, 近似程度就越好. 当这种分割无限细化, 即把区间 $[a, b]$ 无限细分, 使每个小区间长度趋于 0, 则所有小矩形面积之和的极限就是曲边梯形的面积.

"以直代曲"方法的具体步骤如下:

(1) **分割**

在区间 $[a, b]$ 内任意插入 $n-1$ 个分点

$$a = x_0 < x_1 < \cdots < x_n = b,$$

将 $[a, b]$ 分成 n 个小区间

$$[x_0, x_1],\ [x_1, x_2], \cdots,\ [x_{n-1}, x_n],$$

则第 i 个小区间的长度为

$$\Delta x_i = x_i - x_{i-1},\ i = 1, 2, \cdots, n,$$

过各分点分别作 x 轴的垂线, 将曲边梯形分成 n 个小的曲边梯形.

(2) **近似代替**

设第 i 个小曲边梯形的面积为 $\Delta S_i,\ i = 1, 2, \cdots, n$, 在第 i 个小区间 $[x_{i-1}, x_i]$ 上任取一点 $\xi_i,\ x_{i-1} \leqslant \xi_i \leqslant x_i$, 以 $f(\xi_i)$ 为高、小区间 $[x_{i-1}, x_i]$ 为底作一小矩形, 如图 6.1 所示, 则这个小矩形的面积为 $f(\xi_i)\Delta x_i$. 当 Δx_i 充分小时, 可以将 $f(\xi_i)\Delta x_i$ 作为 ΔS_i 的近似值, 即

$$\Delta S_i \approx f(\xi_i)\Delta x_i,\ i = 1, 2, \cdots, n.$$

(3) **求和**

记 $\lambda = \max\{\Delta x_1, \Delta x_2, \cdots, \Delta x_n\}$, 它表示所有小区间中最大区间的长度. 则当 λ 充分小时, 所有小区间的长度都充分小, 则曲边梯形的面积 S 的近似值即为 n 个小矩形的面积之和, 即

$$S = \Delta S_1 + \Delta S_2 + \cdots + \Delta S_n = \sum_{i=1}^{n} \Delta S_i \approx \sum_{i=1}^{n} f(\xi_i)\Delta x_i.$$

(4) **取极限**

当分点数 n 无限增大而 λ 趋于 0 时, 若极限 $\lim\limits_{\lambda \to 0} \sum\limits_{i=1}^{n} f(\xi_i)\Delta x_i$ 存在, 且此极限值与区间 $[a, b]$ 的分法及点 ξ_i 的取法无关, 则将这个极限值定义为曲边梯形的面积, 即

$$S = \lim_{\lambda \to 0} \sum_{i=1}^{n} f(\xi_i)\Delta x_i.$$

上述求曲边梯形面积的方法, 将问题归结为求某一和式的极限. 还有很多实际问题的求解, 都可以归结为求这类和式的极限.

2. 一段时间间隔内的产品总量

已知某产品的总产量 Q 的变化率 $q(t)$ 是时间 t 的连续函数, $q(t) \geqslant 0$, 求在时间间隔 $[T_1, T_2]$ 内此产品的总产量 Q.

由于总产量的变化率是变量, 所以不能直接利用公式

$$总产量 = 变化率 \times 时间$$

求解，因此利用下述方法.

(1) **分割**

在时间间隔 $[T_1, T_2]$ 内任意插入 $n-1$ 个分点

$$T_1 = t_0 < t_1 < \cdots < t_n = T_2,$$

将 $[T_1, T_2]$ 分成 n 个小时间段

$$[t_0, t_1], \ [t_1, t_2], \cdots, \ [t_{n-1}, t_n],$$

则第 i 个小时间段的长度为

$$\Delta t_i = t_i - t_{i-1}, \ i = 1, 2, \cdots, n,$$

第 i 段时间内产品的总产量为 $\Delta Q_i, \ i = 1, 2, \cdots, n$.

(2) **近似代替**

在时间间隔 $[t_{i-1}, t_i]$ 上任取一个时刻 $\xi_i, \ t_{i-1} \leqslant \xi_i \leqslant t_i$，以 ξ_i 时刻的变化率 $q(\xi_i)$ 来代替时间间隔 $[t_{i-1}, t_i]$ 上各个时刻的变化率，可得此时间间隔内总产量 ΔQ_i 的近似值

$$\Delta Q_i \approx q(\xi_i)\Delta t_i, \ i = 1, 2, \cdots, n.$$

(3) **求和**

这 n 段时间间隔内总产量的近似值之和就是所求总产量 Q 的近似值，即

$$Q = \Delta Q_1 + \Delta Q_2 + \cdots + \Delta Q_n = \sum_{i=1}^{n} \Delta Q_i \approx \sum_{i=1}^{n} q(\xi_i)\Delta t_i.$$

(4) **取极限**

记 $\lambda = \max\{\Delta t_1, \Delta t_2, \cdots, \Delta t_n\}$，当 $\lambda \to 0$ 时，取上述和式的极限即为该产品在 $[T_1, T_2]$ 内的总产量

$$Q = \lim_{\lambda \to 0} \sum_{i=1}^{n} q(\xi_i)\Delta t_i.$$

从上面两个例子可以看出，所要计算的量即曲边梯形的面积及某产品的总产量的实际意义虽然不同，但是它们都取决于一个函数及其自变量的变化区间，即

曲边梯形的高度 $y = f(x)$ 及点 x 的变化区间 $[a, b]$.

产品总产量的变化率 $y = q(t)$ 及时间 t 的变化区间 $[T_1, T_2]$.

其次，计算这些量的方法与步骤都是相同的，并且都归结为具有相同结构的一种特定和的极限，即

曲边梯形的面积：$S = \lim\limits_{\lambda \to 0} \sum\limits_{i=1}^{n} f(\xi_i)\Delta x_i.$

产品的总产量：$Q = \lim\limits_{\lambda \to 0} \sum\limits_{i=1}^{n} q(\xi_i)\Delta t_i.$

抛开这些问题的实际背景，抓住它们在数量关系上共同的本质和特性，将上述和式的极限抽象出定积分的定义.

二、定积分的定义

设函数 $f(x)$ 在区间 $[a,b]$ 上有界，在 $[a,b]$ 内任意插入 $n-1$ 个分点

$$a = x_0 < x_1 < \cdots < x_n = b,$$

分割 $[a,b]$ 为 n 个子区间：

$$[x_0,x_1],\ [x_1,x_2],\cdots,[x_{i-1},x_i],\cdots,[x_{n-1},x_n],$$

第 i 个子区间的长度为 $x_i - x_{i-1} = \Delta x_i$，任取 $\xi_i \in [x_{i-1},x_i]$，$i=1,\cdots,n$，作乘积

$$f(\xi_i)\Delta x_i,\ i=1,\cdots,n,$$

求和

$$\sum_{i=1}^{n} f(\xi_i)\Delta x_i,$$

令 $\lambda = \max\{\Delta x_1, \Delta x_2, \cdots, \Delta x_n\}$，如果极限 $\lim\limits_{\lambda\to 0}\sum\limits_{i=1}^{n} f(\xi_i)\Delta x_i$ 存在，且此极限与区间 $[a,b]$ 的分法及点 ξ_i 的取法无关，则称极限值为函数 $f(x)$ 在区间 $[a,b]$ 上的**定积分**，记作

$$\int_a^b f(x)\mathrm{d}x = \lim_{\lambda\to 0}\sum_{i=1}^{n} f(\xi_i)\Delta x_i,$$

也称函数在区间 $[a,b]$ 上**可积**. 其中 $[a,b]$ 为**积分区间**，a 为**积分下限**，b 为**积分上限**，$f(x)$ 为**被积函数**，x 为**积分变量**，$f(x)\mathrm{d}x$ 为**被积表达式**，$\int$ 为**积分号**，和式 $\sum\limits_{i=1}^{n} f(\xi_i)\Delta x_i$ 称为**积分和**.

根据定积分的定义，引例中曲边梯形的面积可以用定积分表示为：$S = \int_a^b f(x)\mathrm{d}x$. 一段时间间隔内的产品总量可以用定积分表示为：$Q = \int_{T_1}^{T_2} q(t)\mathrm{d}t$.

注：(1) 定积分的定义中包含了两个任意性，函数可积意味着极限值与区间的分割方式以及在区间 $[x_{i-1},x_i]$ 上点 ξ_i 的取法无关.

(2) 定积分是一个常数，它的积分值只与被积函数、积分区间有关，与积分变量的符号无关，即

$$\int_a^b f(x)\mathrm{d}x = \int_a^b f(t)\mathrm{d}t = \int_a^b f(u)\mathrm{d}u.$$

(3) 定积分的定义已经假定了 $a < b$，如果 $b < a$，则规定

$$\int_a^b f(x)\mathrm{d}x = -\int_b^a f(x)\mathrm{d}x.$$

这表明定积分的上限与下限互换时，定积分的值变号. 特殊地，当 $a = b$ 时，有

$$\int_a^a f(x)\mathrm{d}x = 0.$$

三、定积分存在的条件

1. 若函数 $f(x)$ 在区间 $[a,b]$ 上连续，则 $f(x)$ 在区间 $[a,b]$ 上可积.

2. 若函数 $f(x)$ 在区间 $[a,b]$ 上有界，且只有有限个间断点，则 $f(x)$ 在区间 $[a,b]$ 上可积.

例 6.1 利用定义计算定积分 $\int_0^1 x^2 \mathrm{d}x$.

解 被积函数 $f(x) = x^2$ 在积分区间 $[0,1]$ 上连续，由定积分存在的条件知，连续函数是可积的，所以定积分 $\int_0^1 x^2 \mathrm{d}x$ 与积分区间 $[0,1]$ 的分法以及点 ξ_i 的取法无关. 因此为了便于计算，不妨将区间 $[0,1]$ 分成 n 等份，分点为 $x_i = \dfrac{i}{n}$, $i = 1, 2, \cdots, n-1$. 每个小区间 $[x_{i-1}, x_i]$ 的长度为 $\Delta x_i = \dfrac{1}{n}$, $i = 1, 2, \cdots, n$, 取 $\xi_i = x_i$, $i = 1, 2, \cdots, n$. 于是得和式

$$\sum_{i=1}^n f(\xi_i)\Delta x_i = \sum_{i=1}^n \xi_i^2 \Delta x_i = \sum_{i=1}^n x_i^2 \Delta x_i = \sum_{i=1}^n \left(\frac{i}{n}\right)^2 \frac{1}{n} = \frac{1}{n^3} \sum_{i=1}^n i^2$$
$$= \frac{n(n+1)(2n+1)}{6n^3} = \frac{1}{6}\left(1 + \frac{1}{n}\right)\left(2 + \frac{1}{n}\right).$$

记 $\lambda = \max\{\Delta x_i\} = \dfrac{1}{n}$, 当 $\lambda \to 0$ 即 $n \to \infty$ 时，取上式右端的极限，由定积分的定义可得所要计算的积分为

$$\int_0^1 x^2 \mathrm{d}x = \lim_{\lambda \to 0} \sum_{i=1}^n f(\xi_i)\Delta x_i = \lim_{n \to \infty} \frac{1}{6}\left(1 + \frac{1}{n}\right)\left(2 + \frac{1}{n}\right) = \frac{1}{3}.$$

四、定积分的几何意义

当 $f(x) \geqslant 0$，由引例可知 $\int_a^b f(x)\mathrm{d}x$ 在几何上表示曲线 $y = f(x)$ 与直线 $x = a$, $x = b$ 及 x 轴所围成的曲边梯形的面积；

当 $f(x) < 0$，则 $S = \int_a^b [-f(x)]\mathrm{d}x$ 为位于 x 轴下方的曲边梯形的面积，从而定积分 $\int_a^b f(x)\mathrm{d}x$ 表示该面积的负值，即 $\int_a^b f(x)\mathrm{d}x = -S$.

更一般地，当函数 $f(x)$ 在区间 $[a,b]$ 上有正有负时，如图 6.2所示，定积分 $\int_a^b f(x)\mathrm{d}x$ 的几何意义是曲边梯形面积的代数和，在 x 轴上方的曲边梯形面积取正值，在 x 轴下方的曲边梯形面积取负值，如果需要求曲边梯形的面积，则可利用 $\int_a^b |f(x)|\mathrm{d}x$.

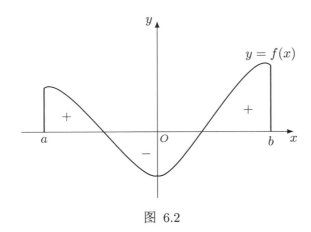

图 6.2

五、定积分的经济意义

如果已知某一经济总量 $F(x)$ 的变化率 (边际) 为 $f(x)$，则定积分 $\int_a^b f(x)\mathrm{d}x$ 表示变量 x 从 a 变化到 b 时经济总量的变化量 ΔF，即 $\Delta F = \int_a^b f(x)\mathrm{d}x$.

六、定积分的基本性质

下面性质中的定积分，上下限均没有大小限制，并假定性质中出现的定积分都是存在的.

性质 6.1 $\displaystyle\int_a^b \mathrm{d}x = b - a$.

性质 6.2 $\displaystyle\int_a^b kf(x)\mathrm{d}x = k\int_a^b f(x)\mathrm{d}x$, k 为常数.

性质 6.3 $\displaystyle\int_a^b [f(x) \pm g(x)]\mathrm{d}x = \int_a^b f(x)\mathrm{d}x \pm \int_a^b g(x)\mathrm{d}x$.

性质 6.4 (积分对区间的可加性) 设 $a < c < b$ 为不同的常数，c 为内分点，则有

$$\int_a^b f(x)\mathrm{d}x = \int_a^c f(x)\mathrm{d}x + \int_c^b f(x)\mathrm{d}x.$$

如果 c 是区间 $[a,b]$ 的外分点，且 $b < c$，$f(x)$ 在区间 $[a,c]$ 上可积，则等式

$$\int_a^b f(x)\mathrm{d}x = \int_a^c f(x)\mathrm{d}x + \int_c^b f(x)\mathrm{d}x$$

仍成立，即不论 a, b, c 之间的大小关系，上述等式均成立.

性质 6.5 (比较大小定理) 若在区间 $[a,b]$ 上恒有 $f(x) \leqslant g(x)$，则

$$\int_a^b f(x)\mathrm{d}x \leqslant \int_a^b g(x)\mathrm{d}x.$$

推论 6.1 设函数 $f(x)$ 在区间 $[a,b]$ 上连续，$f(x) \geqslant 0$ 且 $f(x)$ 不恒为 0，则有

$$\int_a^b f(x)\mathrm{d}x > 0.$$

推论 6.2 $\displaystyle\left|\int_a^b f(x)\mathrm{d}x\right| \leqslant \int_a^b |f(x)|\mathrm{d}x$, $a < b$.

例 6.2 不计算积分，比较定积分

$$I_1 = \int_0^1 \frac{x}{2(1 + \cos x)}\mathrm{d}x, \quad I_2 = \int_0^1 \frac{\ln(1+x)}{1 + \cos x}\mathrm{d}x, \quad I_3 = \int_0^1 \frac{2x}{1 + \sin x}\mathrm{d}x$$

的大小.

解　当 $x \in (0,1)$ 时，$\dfrac{x}{2} < \ln(1+x)$，则 $\dfrac{x}{2(1 + \cos x)} < \dfrac{\ln(1+x)}{1 + \cos x}$，因此 $I_1 < I_2$.

当 $x \in (0,1)$ 时，$\dfrac{1 + \sin x}{2} < 1 + \cos x$ 且 $\ln(1+x) < x$，则 $\dfrac{\ln(1+x)}{1 + \cos x} < \dfrac{x}{\dfrac{1 + \sin x}{2}} = \dfrac{2x}{1 + \sin x}$，

因此 $I_2 < I_3$.

综上所述，$I_1 < I_2 < I_3$.

性质 6.6 (估值定理) 设函数 $f(x)$ 在积分区间 $[a, b]$ 上的最大值和最小值分别是 M 和 m，则

$$m(b - a) \leqslant \int_a^b f(x)\mathrm{d}x \leqslant M(b - a).$$

性质 6.7 (定积分中值定理) 设函数 $f(x)$ 在积分区间 $[a, b]$ 上连续，那么在 $[a, b]$ 上至少存在一个点 ξ，使得

$$\int_a^b f(x)\mathrm{d}x = f(\xi)(b - a).$$

定积分中值定理的几何意义：以区间 $[a, b]$ 为底边，以曲线 $y = f(x)$ 为曲边的曲边梯形的面积等于同一底边，且高为 $f(\xi)$ 的一个矩形的面积. 通常称

$$f(\xi) = \frac{1}{b - a} \int_a^b f(x)\mathrm{d}x$$

为连续函数 $f(x)$ 在闭区间 $[a, b]$ 上的**平均值**，如图 6.3所示.

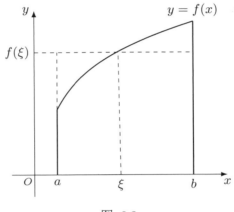

图 6.3

例 6.3 设 $f(x)$ 在 $[a, b]$ 上连续，在 (a, b) 内可导，且存在 $c \in (a, b)$，使得

$$\int_a^c f(x)\mathrm{d}x = f(b)(c - a),$$

证明在 (a, b) 内存在一点 ξ，使得 $f'(\xi) = 0$.

证 因为 $f(x)$ 在 $[a, b]$ 上连续，所以 $f(x)$ 在 $[a, c]$ 上连续，由积分中值定理知，存在 $\eta \in [a, c]$，使得

$$\int_a^c f(x)\mathrm{d}x = f(\eta)(c - a).$$

由已知条件 $\int_a^c f(x)\mathrm{d}x = f(b)(c - a)$ 得

$$f(\eta)(c - a) = f(b)(c - a),$$

即 $f(\eta) = f(b)$，又因为 $\eta \neq b$，所以由罗尔中值定理可知，存在一点 $\xi \in (\eta, b) \subset (a, b)$，使得

$$f'(\xi) = 0.$$

习　题　6.1

1. 用定积分表示下列问题的结果.

(1) 曲线 $y = 3x^3 + 3$ 与 x 轴, y 轴及直线 $x = 2$ 所围成图形的面积.

(2) 已知某产品的边际收益函数为 $MR = 35 - 2Q$, 求产量 Q 从 2 到 5 时的总收益的增量.

(3) 已知某产品在产量为 x 时的边际成本为 $MC = 3x^2 - 20x + 35$, 求产量 x 从 10 到 20 时的总成本的增量.

2. 用定积分的定义求由直线 $y = 2x$, $x = 4$ 及 x 轴所围成图形的面积.

3. 不计算积分, 比较下列定积分的大小.

(1) $\displaystyle\int_0^{\frac{\pi}{4}} \sin x \, dx$ 与 $\displaystyle\int_0^{\frac{\pi}{4}} \cos x \, dx$;
　　　　　　　　(2) $\displaystyle\int_1^e \ln x \, dx$ 与 $\displaystyle\int_1^e \ln^2 x \, dx$;

(3) $\displaystyle\int_0^1 x \, dx$ 与 $\displaystyle\int_0^1 \ln(x+1) \, dx$;
　　　　　　　　(4) $\displaystyle\int_0^1 x \, dx$ 与 $\displaystyle\int_0^1 (e^x - 1) \, dx$;

(5) $\displaystyle\int_0^1 x^2 \, dx$ 与 $\displaystyle\int_0^1 x^3 \, dx$;
　　　　　　　　(6) $\displaystyle\int_0^{\frac{\pi}{2}} x \, dx$ 与 $\displaystyle\int_0^{\frac{\pi}{2}} \sin x \, dx$.

4. 估计下列定积分的值.

(1) $\displaystyle\int_1^2 (x^3 + 2x^2 + 1) \, dx$;
　　　　　　　　(2) $\displaystyle\int_1^2 \ln(x+1) \, dx$;

(3) $\displaystyle\int_{-2}^2 e^{-x^2} \, dx$;
　　　　　　　　(4) $\displaystyle\int_{\frac{1}{\sqrt{3}}}^{\sqrt{3}} \arctan x \, dx$.

5. 利用定积分的性质证明下列不等式:

$$\frac{1}{2} < \int_{\frac{\pi}{4}}^{\frac{\pi}{2}} \frac{\sin x}{x} \, dx < \frac{\sqrt{2}}{2}.$$

6.2　微积分的基本定理

积分学要解决两个问题: 第一个问题是原函数的求解; 第二个问题是定积分的计算. 如果按照定积分的定义来计算定积分是十分困难的. 因此寻求一种计算定积分的有效方法是最关键的问题. 由上面的讨论可知, 不定积分作为原函数的概念与定积分作为和式极限的概念是完全不相干的, 那么它们之间是否有一定的关系呢? 本节将讨论这个问题, 并得到由原函数计算定积分的基本公式.

一、积分上限函数

定义 6.1 设函数 $f(x)$ 在区间 $[a,b]$ 上连续, x 是 $[a,b]$ 上的任意一点, 则函数

$$\Phi(x) = \int_a^x f(t) \, dt \tag{6.1}$$

称为**积分上限函数** (或**变上限积分**).

式 (6.1) 中积分变量和积分上限有时都用 x 表示, 但它们的含义并不相同, 为了加以区分, 常将积分变量改用 t 表示, 即

$$\Phi(x) = \int_a^x f(x)\mathrm{d}x = \int_a^x f(t)\mathrm{d}t.$$

积分上限函数 $\Phi(x)$ 的几何意义是右侧直线可移动的曲边梯形的面积, 曲边梯形的面积 $\Phi(x)$ 随 x 的位置的变动而改变, 当 x 给定后, 面积 $\Phi(x)$ 就随之确定了.

定理 6.3 (原函数存在定理) 如果函数 $f(x)$ 在区间 $[a,b]$ 上连续, 则积分上限函数 $\Phi(x) = \int_a^x f(t)\mathrm{d}t$ 在 $[a,b]$ 上可导, 且它的导数为

$$\Phi'(x) = \frac{\mathrm{d}}{\mathrm{d}x} \int_a^x f(t)\mathrm{d}t = f(x),\ a \leqslant x \leqslant b,$$

即 $\Phi(x)$ 是 $f(x)$ 在区间 $[a,b]$ 上的一个原函数.

证 设 $x, x + \Delta x \in [a,b]$, 则由式 (6.1) 得

$$\Delta\Phi = \Phi(x + \Delta x) - \Phi(x) = \int_a^{x+\Delta x} f(t)\mathrm{d}t - \int_a^x f(t)\mathrm{d}t = \int_x^{x+\Delta x} f(t)\mathrm{d}t.$$

因 $f(x)$ 在区间 $[a,b]$ 上连续, 故在区间 $[x, x + \Delta x]$ 上连续. 由定积分中值定理可得

$$\Delta\Phi = \int_x^{x+\Delta x} f(t)\mathrm{d}t = f(\xi)\Delta x,$$

其中 $\xi \in [x, x + \Delta x]$. 因此当 $\Delta x \to 0$ 时, $\xi \to x$. 于是有

$$\Phi'(x) = \frac{\mathrm{d}}{\mathrm{d}x} \int_a^x f(t)\mathrm{d}t = \lim_{\Delta x \to 0} \frac{\Delta\Phi}{\Delta x} = \lim_{\xi \to x} f(\xi) = f(x),$$

定理得证.

定理 6.3的重要意义是: 一方面肯定了连续函数的原函数是存在的, 另一方面初步地揭示了积分学中定积分与原函数之间的联系. 因此可以通过原函数来计算定积分.

利用复合函数的求导法则, 可以进一步得到下列公式:

(1) $\dfrac{\mathrm{d}}{\mathrm{d}x} \displaystyle\int_a^{\varphi(x)} f(t)\mathrm{d}t = f[\varphi(x)] \cdot \varphi'(x)$;

(2) $\dfrac{\mathrm{d}}{\mathrm{d}x} \displaystyle\int_{\psi(x)}^{\varphi(x)} f(t)\mathrm{d}t = f[\varphi(x)] \cdot \varphi'(x) - f[\psi(x)] \cdot \psi'(x)$.

例 6.4 求函数 $\Phi(x) = \displaystyle\int_0^x t^3 \mathrm{d}t$ 的导数.

解
$$\Phi'(x) = \left(\int_0^x t^3 \mathrm{d}t\right)' = x^3.$$

例 6.5 计算 $\displaystyle\lim_{x \to 0} \frac{\displaystyle\int_0^{\sin x} \mathrm{e}^{-t^2}\mathrm{d}t}{x}$.

解 这是一个 $\dfrac{0}{0}$ 型的未定式. 通过洛必达法则来计算极限, 将分子中的积分上限看作 $u = \sin x$, 则

$$\int_0^{\sin x} \mathrm{e}^{-t^2}\mathrm{d}t = \int_0^u \mathrm{e}^{-t^2}\mathrm{d}t,\ u = \sin x,$$

因此

$$\frac{\mathrm{d}}{\mathrm{d}x}\int_0^{\sin x} \mathrm{e}^{-t^2}\mathrm{d}t = \frac{\mathrm{d}}{\mathrm{d}u}\int_0^u \mathrm{e}^{-t^2}\mathrm{d}t \cdot \frac{\mathrm{d}u}{\mathrm{d}x} = \mathrm{e}^{-u^2}\cos x = \mathrm{e}^{-\sin^2 x}\cos x,$$

从而

$$\lim_{x\to 0}\frac{\displaystyle\int_0^{\sin x}\mathrm{e}^{-t^2}\mathrm{d}t}{x} = \lim_{x\to 0}\frac{\mathrm{e}^{-\sin^2 x}\cos x}{1} = 1.$$

二、微积分基本定理

现在根据定理 6.3 来证明另外一个重要定理, 它给出了用原函数计算定积分的公式.

定理 6.4 (微积分基本定理) 如果函数 $F(x)$ 是连续函数 $f(x)$ 在区间 $[a,b]$ 上的一个原函数, 则

$$\int_a^b f(x)\mathrm{d}x = F(b) - F(a). \tag{6.2}$$

证 已知 $F(x)$ 和积分上限函数 $\Phi(x) = \displaystyle\int_a^x f(t)\mathrm{d}t$ 都是 $f(x)$ 的原函数, 因此这两个原函数之差在区间 $[a,b]$ 上必定是一个常数, 即

$$\Phi(x) = F(x) + C.$$

令 $x = a$, $\Phi(a) = \displaystyle\int_a^a f(x)\mathrm{d}x = F(a) + C = 0$, 则 $F(a) = -C$.

令 $x = b$, $\Phi(b) = \displaystyle\int_a^b f(x)\mathrm{d}x = F(b) + C = F(b) - F(a)$, 则

$$\int_a^b f(x)\mathrm{d}x = F(b) - F(a),$$

定理得证.

由定积分的性质可知, 式 (6.2) 对 $a > b$ 的情形同样成立. 式 (6.2) 是积分学中的一个基本公式, 称为**牛顿-莱布尼茨 (Newton-Leibniz) 公式**, 亦称**微积分基本公式**. 为方便起见, $F(b) - F(a)$ 可记成 $[F(x)]_a^b$.

式 (6.2) 进一步揭示了定积分与被积函数的原函数或不定积分之间的联系. 它表明: 一个连续函数在区间 $[a,b]$ 上的定积分等于它的任一个原函数在区间 $[a,b]$ 上的增量. 这个公式给定积分提供了一个有效而简便的计算方法, 大大简化了定积分的求解.

例 6.6 计算 $\displaystyle\int_0^2 x^2\mathrm{d}x$.

解 因为 $\dfrac{x^3}{3}$ 是 x^2 的一个原函数, 所以根据牛顿-莱布尼茨公式, 有

$$\int_0^2 x^2\mathrm{d}x = \left[\frac{x^3}{3}\right]_0^2 = \frac{8}{3}.$$

例 6.7 计算 $\displaystyle\int_{-1}^{\sqrt{3}} \frac{1}{1+x^2}\mathrm{d}x$.

解 因为 $\arctan x$ 是 $\dfrac{1}{1+x^2}$ 的一个原函数, 所以

$$\int_{-1}^{\sqrt{3}} \frac{1}{1+x^2} \mathrm{d}x = [\arctan x]_{-1}^{\sqrt{3}} = \arctan\sqrt{3} - \arctan(-1)$$

$$= \frac{\pi}{3} - \left(-\frac{\pi}{4}\right) = \frac{7}{12}\pi.$$

例 6.8 计算 $\displaystyle\int_{-2}^{-1} \frac{1}{x}\mathrm{d}x$.

解 当 $x < 0$ 时，$\dfrac{1}{x}$ 的一个原函数是 $\ln|x|$，所以

$$\int_{-2}^{-1} \frac{1}{x}\mathrm{d}x = [\ln|x|]_{-2}^{-1} = \ln|-1| - \ln|-2| = -\ln 2.$$

例 6.9 计算 $\displaystyle\int_0^{\pi} \sin x \mathrm{d}x$.

解 $\displaystyle\int_0^{\pi} \sin x \mathrm{d}x = [-\cos x]_0^{\pi} = -\cos\pi + \cos 0 = -(-1) + 1 = 2.$

习 题 6.2

1. 计算下列定积分.

(1) $\displaystyle\int_1^2 \frac{1}{\sqrt{x}}\mathrm{d}x$;

(2) $\displaystyle\int_2^3 (\sqrt[3]{x} + \frac{1}{x})\mathrm{d}x$;

(3) $\displaystyle\int_0^1 \mathrm{e}^{2x}\mathrm{d}x$;

(4) $\displaystyle\int_{\sqrt{3}}^{\frac{1}{\sqrt{3}}} \frac{1}{1+x^2}\mathrm{d}x$;

(5) $\displaystyle\int_0^{\frac{1}{2}} \frac{1}{\sqrt{1-x^2}}\mathrm{d}x$;

(6) $\displaystyle\int_1^{\mathrm{e}} \frac{\ln x}{x}\mathrm{d}x$;

(7) $\displaystyle\int_{-1}^2 |2x-1|\mathrm{d}x$;

(8) $\displaystyle\int_{\frac{\pi}{6}}^{\frac{\pi}{3}} \tan^2 x\mathrm{d}x$;

(9) $\displaystyle\int_0^2 \frac{1}{3+2x}\mathrm{d}x$;

(10) $\displaystyle\int_0^{\frac{\pi}{2}} 2\sin^2\frac{x}{2}\mathrm{d}x$.

2. 求下列函数的导数.

(1) $\displaystyle\int_{-2}^x t\mathrm{e}^t\mathrm{d}t$;

(2) $\displaystyle\int_0^x \sin t \cos t\mathrm{d}t$;

(3) $\displaystyle\int_x^1 \ln(t+1)\mathrm{d}t$;

(4) $\displaystyle\int_0^{x^2} (2t+1)\mathrm{d}t$;

(5) $\displaystyle\int_{2x}^{x^2} \frac{1}{\sqrt{1+t}}\mathrm{d}t$;

(6) $\displaystyle\int_0^x x\mathrm{e}^t\mathrm{d}t$.

3. 求下列极限.

(1) $\displaystyle\lim_{x\to 0} \frac{\displaystyle\int_0^x \sin^2 t\mathrm{d}t}{x^3}$;

(2) $\displaystyle\lim_{x\to 1} \frac{\displaystyle\int_x^1 (t^2-1)\mathrm{d}t}{x-1}$;

$(3) \lim\limits_{x \to 0} \dfrac{\displaystyle\int_0^x \ln(1+t)\mathrm{d}t}{x^2}$；

$(4) \lim\limits_{x \to 0} \dfrac{\displaystyle\int_0^x \mathrm{e}^{t^2}\mathrm{d}t}{x}$；

$(5) \lim\limits_{x \to 1} \dfrac{\ln x}{\displaystyle\int_1^x \mathrm{e}^{t^2}\mathrm{d}t}$；

$(6) \lim\limits_{x \to 0} \dfrac{\left(\displaystyle\int_0^x \sin t^2\mathrm{d}t\right)^2}{\displaystyle\int_0^x t^2 \sin t^3\mathrm{d}t}$.

4. 求由 $\displaystyle\int_0^y \mathrm{e}^t\mathrm{d}t + \int_0^x \cos t\mathrm{d}t = 0$ 所确定的隐函数 y 对 x 的导数 $\dfrac{\mathrm{d}y}{\mathrm{d}x}$.

5. 设 $f(x) = \displaystyle\int_0^x \sin t\mathrm{d}t$，求 $f'(0),\ f'(\dfrac{\pi}{4})$.

6. 求函数 $f(x) = \displaystyle\int_0^x t\mathrm{e}^{-t^2}\mathrm{d}t$ 的极值.

7. 设 $f(x)$ 在 $[0, +\infty)$ 内连续，且 $\lim\limits_{x \to +\infty} f(x) = 1$，证明函数 $y = \mathrm{e}^{-x}\displaystyle\int_0^x \mathrm{e}^t f(t)\mathrm{d}t$ 满足方程 $\dfrac{\mathrm{d}y}{\mathrm{d}x} + y = f(x)$，并求 $\lim\limits_{x \to +\infty} y(x)$.

6.3　定积分的计算方法

由微积分的基本公式可知，求定积分 $\displaystyle\int_a^b f(x)\mathrm{d}x$ 的问题可以转化为求被积函数 $f(x)$ 的任一原函数 $F(x)$ 在区间 $[a, b]$ 上的增量问题. 因此可以利用求不定积分时的换元积分法和分部积分法来求解定积分.

一、定积分的换元积分法

定理 6.5　设函数 $f(x)$ 在区间 $[a, b]$ 上连续，函数 $x = \varphi(t)$ 满足条件：

(1) $\varphi(\alpha) = a,\ \varphi(\beta) = b$；

(2) $\varphi(t)$ 是定义在区间 $[\alpha, \beta]$ 上的连续函数；

(3) $\varphi'(x)$ 在 $[\alpha, \beta]$ 上连续，

则有换元积分公式

$$\int_a^b f(x)\mathrm{d}x = \int_\alpha^\beta f[\varphi(t)] \cdot \varphi'(t)\mathrm{d}t.$$

证　设 $F(x)$ 是 $f(x)$ 的一个原函数，则

$$\int_a^b f(x)\mathrm{d}x = F(b) - F(a).$$

另一方面，$\Phi(t) = F[\varphi(t)]$ 是 $f[\varphi(t)] \cdot \varphi'(t)$ 的一个原函数，所以

$$\int_\alpha^\beta f[\varphi(t)] \cdot \varphi'(t)\mathrm{d}t = F[\varphi(\beta)] - F[\varphi(\alpha)] = F(b) - F(a),$$

因此

$$\int_a^b f(x)\mathrm{d}x = \int_\alpha^\beta f[\varphi(t)] \cdot \varphi'(t)\mathrm{d}t.$$

定理得证.

定积分 $\int_a^b f(x)\mathrm{d}x$ 中的 $\mathrm{d}x$，本来是整个定积分记号中不可分割的一部分，但由上述定理可知，在一定条件下，它确实可以作为微分记号来对待. 也就是说，应用换元公式时，如果把定积分 $\int_a^b f(x)\mathrm{d}x$ 中的 x 换成 $\varphi(t)$，则 $\mathrm{d}x$ 相应地换成 $\varphi'(t)\mathrm{d}t$，这正是 $x = \varphi(t)$ 的微分 $\mathrm{d}x$.

在利用定积分的换元积分公式时，应注意两点：

(1) 用 $x = \varphi(t)$ 把原来变量 x 代换成新变量 t 时，积分限也要换上新的积分变量 t 的积分限，并且 t 的上限对应 x 的上限，t 的下限对应 x 的下限.

(2) 求出被积函数 $f[\varphi(t)] \cdot \varphi'(t)$ 的一个原函数 $\Phi(t)$ 后，不必像计算不定积分那样再将 $\Phi(t)$ 换成原来关于变量 x 的函数，只需将新变量 t 的上下限代入 $\Phi(t)$ 中相减即可.

例 6.10 计算 $\int_0^a \sqrt{a^2 - x^2}\mathrm{d}x \ (a > 0)$.

解 令 $x = a\sin t$，则 $\mathrm{d}x = a\cos t\mathrm{d}t$. 当 $x = 0$ 时，$t = 0$；当 $x = a$ 时，$t = \dfrac{\pi}{2}$，因此

$$\int_0^a \sqrt{a^2 - x^2}\mathrm{d}x = \int_0^{\frac{\pi}{2}} a\cos t \cdot a\cos t\mathrm{d}t = \frac{a^2}{2}\int_0^{\frac{\pi}{2}}(1 + \cos 2t)\mathrm{d}t$$

$$= \frac{a^2}{2}\left[t + \frac{\sin 2t}{2}\right]_0^{\frac{\pi}{2}} = \frac{a^2\pi}{4}.$$

例 6.11 计算 $\int_0^{\frac{\pi}{2}} \sin^2 x \cos x\mathrm{d}x$.

解 令 $t = \sin x$，则 $\mathrm{d}t = \cos x\mathrm{d}x$. 当 $x = 0$ 时，$t = 0$；当 $x = \dfrac{\pi}{2}$ 时，$t = 1$，因此

$$\int_0^{\frac{\pi}{2}} \sin^2 x \cos x\mathrm{d}x = \int_0^1 t^2\mathrm{d}t = \left[\frac{t^3}{3}\right]_0^1 = \frac{1}{3}.$$

上例也可以不用变量替换，直接用凑微分法. 如果我们不引入新变量 t，那么定积分的上、下限就不需要变更，如下例所示.

例 6.12 计算 $\int_0^2 \dfrac{2x - 4}{x^2 + 2x + 4}\mathrm{d}x$.

解

$$\int_0^2 \frac{2x - 4}{x^2 + 2x + 4}\mathrm{d}x = \int_0^2 \frac{2x + 2}{x^2 + 2x + 4}\mathrm{d}x - \int_0^2 \frac{6}{x^2 + 2x + 4}\mathrm{d}x$$

$$= \int_0^2 \frac{1}{x^2 + 2x + 4}\mathrm{d}(x^2 + 2x + 4) - \int_0^2 \frac{6}{(x + 1)^2 + 3}\mathrm{d}(x + 1)$$

$$= \left[\ln(x^2 + 2x + 4)\right]_0^2 - \frac{6}{\sqrt{3}}\left[\arctan\frac{x + 1}{\sqrt{3}}\right]_0^2$$

$$= \ln 3 - \frac{\sqrt{3}}{3}\pi.$$

例 6.13 计算 $\int_0^\pi \sqrt{\sin^3 x - \sin^5 x}\mathrm{d}x$.

解

$$\int_0^\pi \sqrt{\sin^3 x - \sin^5 x}\mathrm{d}x = \int_0^\pi \sin^{\frac{3}{2}} x|\cos x|\mathrm{d}x$$

$$= \int_0^{\frac{\pi}{2}} \sin^{\frac{3}{2}} x \cos x \mathrm{d}x - \int_{\frac{\pi}{2}}^{\pi} \sin^{\frac{3}{2}} x \cos x \mathrm{d}x$$

$$= \int_0^{\frac{\pi}{2}} \sin^{\frac{3}{2}} x \mathrm{d}(\sin x) - \int_{\frac{\pi}{2}}^{\pi} \sin^{\frac{3}{2}} x \mathrm{d}(\sin x)$$

$$= \left[\frac{2}{5} \sin^{\frac{5}{2}} x \right]_0^{\frac{\pi}{2}} - \left[\frac{2}{5} \sin^{\frac{5}{2}} x \right]_{\frac{\pi}{2}}^{\pi}$$

$$= \frac{2}{5} - \left(-\frac{2}{5} \right) = \frac{4}{5}.$$

如果忽略 $\cos x$ 在 $\left[\frac{\pi}{2}, \pi \right]$ 上非正，而按

$$\sqrt{\sin^3 x - \sin^5 x} = \sin^{\frac{3}{2}} x \cos x$$

求解，将导致计算错误.

例 6.14 若 $f(x)$ 在区间 $[-a, a]$ 上连续，$a > 0$，求证：

(1) 若 $f(x)$ 为偶函数 $\displaystyle\int_{-a}^{a} f(x)\mathrm{d}x = 2\int_0^a f(x)\mathrm{d}x$；

(2) 若 $f(x)$ 为奇函数 $\displaystyle\int_{-a}^{a} f(x)\mathrm{d}x = 0$.

证 由定积分在积分区间上的可加性得

$$\int_{-a}^{a} f(x)\mathrm{d}x = \int_{-a}^{0} f(x)\mathrm{d}x + \int_0^a f(x)\mathrm{d}x.$$

对于定积分 $\displaystyle\int_{-a}^{0} f(x)\mathrm{d}x$，令 $x = -t$，则

$$\int_{-a}^{0} f(x)\mathrm{d}x = -\int_a^0 f(-t)\mathrm{d}t = \int_0^a f(-x)\mathrm{d}x,$$

于是有

$$\int_{-a}^{a} f(x)\mathrm{d}x = \int_0^a f(-x)\mathrm{d}x + \int_0^a f(x)\mathrm{d}x = \int_0^a [f(-x) + f(x)]\mathrm{d}x.$$

若 $f(x)$ 为偶函数，则有 $f(-x) = f(x)$，于是得

$$\int_{-a}^{a} f(x)\mathrm{d}x = \int_0^a [f(-x) + f(x)]\mathrm{d}x = 2\int_0^a f(x)\mathrm{d}x;$$

若 $f(x)$ 为奇函数，则有 $f(-x) = -f(x)$，于是得

$$\int_{-a}^{a} f(x)\mathrm{d}x = \int_0^a [f(-x) + f(x)]\mathrm{d}x = \int_0^a 0\mathrm{d}x = 0,$$

得证.

因此，当积分区间为对称区间且被积函数为偶函数或奇函数时，可以直接利用上述结论.

二、定积分的分部积分法

定理 6.6 已知函数 $u = u(x)$ 和 $v = v(x)$，若 u' 和 v' 均在区间 $[a, b]$ 上连续，则有**定积分的分部积分公式**

$$\int_a^b u \mathrm{d}v = [uv]_a^b - \int_a^b v \mathrm{d}u.$$

证 由 $(uv)' = u'v + uv'$ 可得

$$\int_a^b (u'v + uv') \mathrm{d}x = \int_a^b (uv)' \mathrm{d}x = [uv]_a^b,$$

移项后可得

$$\int_a^b uv' \mathrm{d}x = [uv]_a^b - \int_a^b u'v \mathrm{d}x,$$

即

$$\int_a^b u \mathrm{d}v = [uv]_a^b - \int_a^b v \mathrm{d}u,$$

定理得证.

在使用分部积分求解定积分时,关键仍是如何恰当选取 $u(x)$ 和 $v(x)$,选取的方法与不定积分的分部积分法是一样的.

例 6.15 计算定积分 $\displaystyle\int_0^1 x \arctan x \mathrm{d}x$.

解
$$\begin{aligned}
\int_0^1 x \arctan x \mathrm{d}x &= \frac{1}{2} \int_0^1 \arctan x \mathrm{d}(x^2) \\
&= \frac{1}{2}\left([x^2 \arctan x]_0^1 - \int_0^1 \frac{x^2}{1+x^2} \mathrm{d}x \right) \\
&= \frac{1}{2}\left(\frac{\pi}{4} - 0 \right) - \frac{1}{2}[x - \arctan x]_0^1 \\
&= \frac{1}{2}\left(\frac{\pi}{2} - 1 \right) = \frac{\pi}{4} - \frac{1}{2}.
\end{aligned}$$

例 6.16 证明定积分公式

$$I_n = \int_0^{\frac{\pi}{2}} \sin^n x \mathrm{d}x = \begin{cases} \dfrac{n-1}{n} \cdot \dfrac{n-3}{n-2} \cdots \dfrac{3}{4} \cdot \dfrac{1}{2} \cdot \dfrac{\pi}{2}, & n\text{为正偶数}, \\[2mm] \dfrac{n-1}{n} \cdot \dfrac{n-3}{n-2} \cdots \dfrac{4}{5} \cdot \dfrac{2}{3}, & n\text{为大于 1 的正奇数}. \end{cases}$$

解
$$I_n = \int_0^{\frac{\pi}{2}} \sin^n x \mathrm{d}x = \int_0^{\frac{\pi}{2}} \sin^{n-1} x \mathrm{d}(-\cos x).$$

当 $n > 1$ 时,由分部积分公式得

$$\begin{aligned}
I_n &= \left[-\sin^{n-1} x \cos x \right]_0^{\frac{\pi}{2}} + (n-1) \int_0^{\frac{\pi}{2}} \sin^{n-2} x \cos^2 x \mathrm{d}x \\
&= 0 + (n-1) \int_0^{\frac{\pi}{2}} \sin^{n-2} x \left(1 - \sin^2 x \right) \mathrm{d}x \\
&= (n-1) \int_0^{\frac{\pi}{2}} \sin^{n-2} x \mathrm{d}x - (n-1) \int_0^{\frac{\pi}{2}} \sin^n x \mathrm{d}x \\
&= (n-1)I_{n-2} - (n-1)I_n,
\end{aligned}$$

可以得到关于 I_n 的一个递推公式

$$I_n = \frac{n-1}{n} I_{n-2}.$$

以此类推，可得

$$I_{2m} = \frac{2m-1}{2m} \cdot \frac{2m-3}{2m-2} \cdots \frac{3}{4} \cdot \frac{1}{2} I_0,$$

$$I_{2m+1} = \frac{2m}{2m+1} \cdot \frac{2m-2}{2m-1} \cdots \frac{4}{5} \cdot \frac{2}{3} I_1, \quad m = 1, 2, \cdots,$$

其中

$$I_0 = \int_0^{\frac{\pi}{2}} \mathrm{d}x = \frac{\pi}{2}, \quad I_1 = \int_0^{\frac{\pi}{2}} \sin x \mathrm{d}x = 1,$$

因此

$$I_{2m} = \frac{2m-1}{2m} \cdot \frac{2m-3}{2m-2} \cdots \frac{3}{4} \cdot \frac{1}{2} \cdot \frac{\pi}{2},$$

$$I_{2m+1} = \frac{2m}{2m+1} \cdot \frac{2m-2}{2m-1} \cdots \frac{4}{5} \cdot \frac{2}{3}, \quad m = 1, 2, \cdots.$$

习　题　6.3

1. 计算下列定积分.

(1) $\displaystyle\int_1^2 \sqrt{1+x}\mathrm{d}x$;

(2) $\displaystyle\int_0^{\sqrt{2}} \sqrt{2-x^2}\mathrm{d}x$;

(3) $\displaystyle\int_1^2 \frac{\sqrt{x^2-1}}{2}\mathrm{d}x$;

(4) $\displaystyle\int_0^2 \frac{1}{\sqrt{4+x^2}}\mathrm{d}x$;

(5) $\displaystyle\int_0^1 x\mathrm{e}^x\mathrm{d}x$;

(6) $\displaystyle\int_1^{\mathrm{e}} x\ln x\mathrm{d}x$;

(7) $\displaystyle\int_0^{2\pi} x\sin x\mathrm{d}x$;

(8) $\displaystyle\int_1^4 \frac{\ln x}{\sqrt{x}}\mathrm{d}x$;

(9) $\displaystyle\int_1^2 \ln(x+2)\mathrm{d}x$;

(10) $\displaystyle\int_0^1 x\arctan x\mathrm{d}x$;

(11) $\displaystyle\int_{\frac{\pi}{3}}^{\pi} \sin\left(x+\frac{\pi}{3}\right)\mathrm{d}x$;

(12) $\displaystyle\int_{-2}^1 \frac{1}{(9+4x)^3}\mathrm{d}x$;

(13) $\displaystyle\int_0^{\frac{\pi}{2}} \sin x\cos^2 x\mathrm{d}x$;

(14) $\displaystyle\int_0^{\sqrt{2}} x\sqrt{2-x^2}\mathrm{d}x$;

(15) $\displaystyle\int_0^1 x^2\sqrt{1-x^2}\mathrm{d}x$;

(16) $\displaystyle\int_{-1}^1 \frac{x}{\sqrt{5-4x}}\mathrm{d}x$;

(17) $\displaystyle\int_1^4 \frac{1}{1+\sqrt{x}}\mathrm{d}x$;

(18) $\displaystyle\int_1^2 \frac{1}{x\sqrt{1+\ln x}}\mathrm{d}x$;

(19) $\displaystyle\int_{-2}^{-1} \frac{1}{x^2+4x+5}\mathrm{d}x$;

(20) $\displaystyle\int_{-\frac{\pi}{2}}^{\frac{\pi}{2}} \cos x\cos 2x\mathrm{d}x$;

(21) $\displaystyle\int_{-\frac{\pi}{2}}^{\frac{\pi}{2}} \sqrt{\cos x-\cos^3 x}\mathrm{d}x$;

(22) $\displaystyle\int_0^{\pi} \sqrt{1+\cos 2x}\mathrm{d}x$.

2. 利用函数的奇偶性计算下列定积分.

(1) $\displaystyle\int_{-2}^{2}\frac{\sin 2x}{1+x^4}\mathrm{d}x$;

(2) $\displaystyle\int_{-1}^{1}\frac{x^3\sin^2 x}{x^2+\cos x+1}\mathrm{d}x$;

(3) $\displaystyle\int_{-\frac{1}{2}}^{\frac{1}{2}}\frac{(\arcsin x)^2}{\sqrt{1-x^2}}\mathrm{d}x$;

(4) $\displaystyle\int_{-\frac{\pi}{2}}^{\frac{\pi}{2}}\cos^2 x\mathrm{d}x$;

(5) $\displaystyle\int_{-\pi}^{\pi}x^4\sin x\mathrm{d}x$;

(6) $\displaystyle\int_{-5}^{5}\frac{x^2\sin x^3}{x^4+2x^2+1}\mathrm{d}x$;

(7) $\displaystyle\int_{-\frac{\pi}{2}}^{\frac{\pi}{2}}\cos x\cos 2x\mathrm{d}x$;

(8) $\displaystyle\int_{-\frac{\pi}{2}}^{\frac{\pi}{2}}\sqrt{\cos x-\cos^3 x}\mathrm{d}x$.

3. 设 $f(x)$ 在 $[a,b]$ 上连续，证明：

$$\int_a^b f(x)\mathrm{d}x=\int_a^b f(a+b-x)\mathrm{d}x.$$

4. 证明：$\displaystyle\int_x^1\frac{1}{1+t^2}\mathrm{d}t=\int_1^{\frac{1}{x}}\frac{1}{1+t^2}\mathrm{d}t\ (x>0)$.

5. 证明：$\displaystyle\int_0^1 x^m(1-x)^n\mathrm{d}x=\int_0^1 x^n(1-x)^m\mathrm{d}x$.

6.4 定积分在几何学上的应用

定积分在数学、物理、经济等方面的应用十分广泛，本节将着重介绍定积分在几何学上的应用.

一、定积分的元素法

利用定积分求解问题，一般可以按照"分割、近似、求和、取极限"四个步骤将所求的量表示为定积分的形式. 简单回顾之前讨论过的求曲边梯形面积的问题.

求由曲线 $y=f(x)$, $f(x)\geqslant 0$ 与直线 $x=a$, $x=b$ 以及 x 轴所围成的曲边梯形面积的步骤为：

(1) **分割**

用任意一组分点将区间 $[a,b]$ 分成长度为 Δx_i 的 n 个小区间，过各分点分别作 x 轴的垂线，将曲边梯形分成 n 个小的曲边梯形.

(2) **近似代替**

第 i 个小曲边梯形的面积为 $\Delta S_i\approx f(\xi_i)\Delta x_i$, $x_{i-1}\leqslant\xi_i\leqslant x_i$, $i=1,2,\cdots,n$.

(3) **求和** 曲边梯形面积 S 的近似值即为 n 个小矩形的面积之和，即

$$S=\Delta S_1+\Delta S_2+\cdots+\Delta S_n=\sum_{i=1}^{n}\Delta S_i\approx\sum_{i=1}^{n}f(\xi_i)\Delta x_i.$$

(4) **取极限**

曲边梯形面积的精确值为

$$S=\lim_{\lambda\to 0}\sum_{i=1}^{n}f(\xi_i)\Delta x_i=\int_a^b f(x)\mathrm{d}x,$$

其中 $\lambda = \max\{\Delta x_i\}$, $i = 1, 2, \cdots, n$.

这四个步骤中，最关键的是第二步，确定 ΔS_i 的近似值. 为方便表示，省略下标 i，并将小区间记作 $[x, x + \mathrm{d}x]$，用 ΔS 表示该区间上小曲边梯形的面积. 取区间 $[x, x + \mathrm{d}x]$ 左端点 x 为 ξ，以点 x 处的函数值 $f(x)$ 为高、$\mathrm{d}x$ 为底的矩形的面积 $f(x)\mathrm{d}x$ 作为 ΔS 的近似值，即

$$\Delta S \approx f(x)\mathrm{d}x.$$

上式右端 $f(x)\mathrm{d}x$ 就叫作**面积元素**，记为 $\mathrm{d}S = f(x)\mathrm{d}x$. 因此曲边梯形的面积

$$S = \int_a^b f(x)\mathrm{d}x.$$

二、平面图形的面积

1. 设平面图形是由曲线 $y = f(x)$, $y = g(x)$ 和直线 $x = a$, $x = b$ 所围成，在 $[a, b]$ 上 $f(x) \geqslant g(x)$，求平面图形的面积 (如图 6.4 所示).

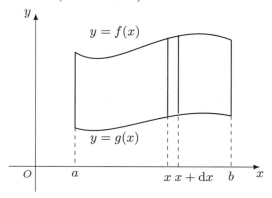

图 6.4

一般把这样的平面图形称为 **X-型**.

利用元素法解决此问题. 取 x 为积分变量，其变化区间 $[a, b]$，在 $[a, b]$ 中任取小区间 $[x, x + \mathrm{d}x]$，该区间上图形面积近似等于高为 $[f(x) - g(x)]$、底为 $\mathrm{d}x$ 的矩形面积，因此面积元素为

$$\mathrm{d}S = [f(x) - g(x)]\mathrm{d}x.$$

所求围成图形的面积为

$$S = \int_a^b [f(x) - g(x)]\mathrm{d}x,$$

此式可以作为求 X-型图形面积的公式.

2. 设平面图形是由曲线 $x = u(y)$, $x = v(y)$ 和直线 $y = c$, $y = d$ 所围成，在 $[c, d]$ 上 $u(y) \geqslant v(y)$，求平面图形的面积 (如图 6.5 所示).

一般把这样的平面图形称为 **Y-型**.

取 y 为积分变量，其变化区间 $[c, d]$，在 $[c, d]$ 中任取小区间 $[y, y + \mathrm{d}y]$，该区间上图形面积近似等于宽为 $[u(y) - v(y)]$、高为 $\mathrm{d}y$ 的矩形面积，因此面积元素为

$$\mathrm{d}S = [u(y) - v(y)]\mathrm{d}y.$$

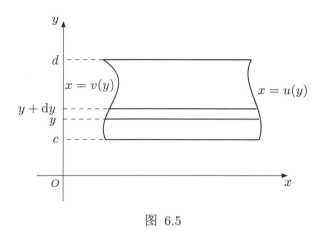

图 6.5

所求围成图形的面积为

$$S = \int_c^d [u(y) - v(y)]\mathrm{d}y,$$

此式可以作为求 Y-型图形面积的公式.

从以上结论可得，对于平面图形面积问题的求解，关键是要弄清楚图形的类型，选取积分变量，确定积分区间，然后找到面积元素，最后求出定积分的值.

例 6.17 求由曲线 $y = \dfrac{1}{x}$ 及直线 $y = x$, $x = 2$ 所围成平面图形的面积.

解 将该图形看作 X-型. 以 x 为积分变量，积分区间为 $[1, 2]$，图形上、下边界曲线分别为 $y = x$ 和 $y = \dfrac{1}{x}$，所以

$$S = \int_1^2 \left(x - \frac{1}{x} \right) \mathrm{d}x = \left[\frac{x^2}{2} - \ln x \right]_1^2 = \frac{3}{2} - \ln 2.$$

本例也可以将图形看作 Y-型，但需要将图形分成两块分别进行计算. 过点 $(1, 1)$ 作水平线，将图形分成上、下两块 (如图 6.7所示). 以 y 为积分变量，积分区间分别为 $\left[\dfrac{1}{2}, 1 \right]$ 和 $[1, 2]$，图形上方小块 D_1 的左、右边界曲线分别为 $x = y$ 和 $x = 2$，图形下方小块 D_2 的左、右边界曲线分别为 $x = \dfrac{1}{y}$ 和 $x = 2$，因此

$$S = \int_{\frac{1}{2}}^1 \left(2 - \frac{1}{y} \right) \mathrm{d}y + \int_1^2 (2 - y)\mathrm{d}y = [2y - \ln y]_{\frac{1}{2}}^1 + \left[2y - \frac{1}{2}y^2 \right]_1^2 = \frac{3}{2} - \ln 2.$$

例 6.18 求由曲线 $y^2 = 2x$ 及直线 $y = x - 4$ 所围成平面图形的面积.

解 曲线与直线的交点坐标分别为 $(2, -2)$ 和 $(8, 4)$. 如果将所围图形看作 X-型，如图 6.8所示. 以 x 为积分变量，过点 $(2, -2)$ 作平行于 y 轴的直线 $x = 2$ 把图形分成左、右两块，图形左块上、下边界曲线分别为 $y = \sqrt{2x}$ 和 $y = -\sqrt{2x}$，图形右块上、下边界曲线分别为 $y = \sqrt{2x}$ 和 $y = x - 4$，于是

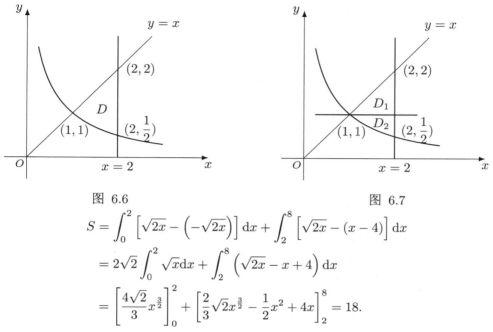

图 6.6　　　　　　　　　　图 6.7

$$S = \int_0^2 \left[\sqrt{2x} - \left(-\sqrt{2x} \right) \right] \mathrm{d}x + \int_2^8 \left[\sqrt{2x} - (x - 4) \right] \mathrm{d}x$$

$$= 2\sqrt{2} \int_0^2 \sqrt{x}\mathrm{d}x + \int_2^8 \left(\sqrt{2x} - x + 4 \right) \mathrm{d}x$$

$$= \left[\frac{4\sqrt{2}}{3} x^{\frac{3}{2}} \right]_0^2 + \left[\frac{2}{3}\sqrt{2} x^{\frac{3}{2}} - \frac{1}{2} x^2 + 4x \right]_2^8 = 18.$$

如果将所围图形看作 Y-型，如图 6.9所示. 以 y 为积分变量，积分区间为 $[-2, 4]$，左、右两条边界曲线分别为 $x = \dfrac{y^2}{2}$ 和 $x = y + 4$. 于是

$$S = \int_{-2}^4 \left(y + 4 - \frac{y^2}{2} \right) \mathrm{d}y = \left[\frac{y^2}{2} + 4y - \frac{y^3}{6} \right]_{-2}^4 = 18.$$

从以上两个例题可以看出，有些平面图形既可以看作 X-型，也可以看作 Y-型. 将图形看作什么型，选取哪个积分变量，对计算的繁简有一定的影响.

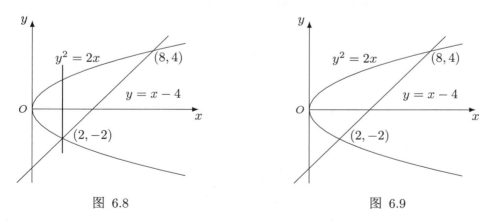

图 6.8　　　　　　　　　　图 6.9

三、立体的体积

1. 旋转体的体积

旋转体是由一个平面图形绕该平面内一条定直线旋转一周而得到的立体，定直线为**旋转轴**. 如图 6.10所示，计算由 $[a, b]$ 上连续曲线 $y = f(x)$ ($f(x) \geqslant 0$)、直线 $x = a$, $x = b$ 及 x 轴所围成的曲边梯形绕 x 轴旋转一周所成的旋转体的体积.

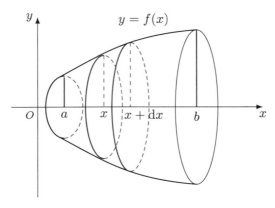

图 6.10

利用体积元素解决此问题. 取 x 为积分变量，$x \in [a, b]$，对于区间 $[a, b]$ 上的任一区间 $[x, x + \mathrm{d}x]$，它所对应的小曲边梯形绕 x 轴旋转而成的薄片似的立体的体积近似等于以 $f(x)$ 为底半径、$\mathrm{d}x$ 为高的圆柱体的体积. 因此，体积元素为

$$\mathrm{d}V = \pi \left[f(x) \right]^2 \mathrm{d}x.$$

所求旋转体的体积为

$$V = \int_a^b \pi [f(x)]^2 \mathrm{d}x.$$

类似地，由曲线 $x = u(y)$、直线 $y = c$, $y = d$ 及 y 轴所围成的曲边梯形绕 y 轴旋转一周所成的旋转体的体积为

$$V = \int_c^d \pi [u(y)]^2 \mathrm{d}y.$$

例 6.19 计算椭圆 $\dfrac{x^2}{a^2} + \dfrac{y^2}{b^2} = 1$ 所围成的图形绕 x 轴旋转而成的立体的体积.

解 所求立体的体积为

$$V = \int_{-a}^a \pi \left(\frac{b}{a} \sqrt{a^2 - x^2} \right)^2 \mathrm{d}x = 2\pi \frac{b^2}{a^2} \int_0^a \left(a^2 - x^2 \right) \mathrm{d}x$$

$$= \frac{2\pi b^2}{a^2} \left[a^2 x - \frac{x^3}{3} \right]_0^a = \frac{4}{3} \pi a b^2.$$

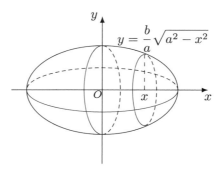

图 6.11

例 6.20　求由曲线 $y = x^2$, $y = 2 - x^2$ 所围成的图形分别绕 x 轴、y 轴旋转而成的旋转体的体积.

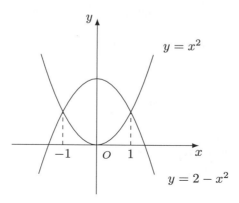

图 6.12

解　两抛物线的顶点分别为 $(0,0)$, $(0,2)$，交点分别为 $(-1,1)$, $(1,1)$. 该平面图形无论绕 x 轴还是 y 轴旋转所得的旋转体都可以看作旋转体的组合. 绕 x 轴的旋转体可以看作两个旋转体体积之差，绕 y 轴的旋转体可以看作两个旋转体体积之和

$$V_x = \int_{-1}^{1} \pi \left(2 - x^2\right)^2 \mathrm{d}x - \int_{-1}^{1} \pi (x^2)^2 \mathrm{d}x = \frac{16}{3}\pi,$$

$$V_y = \int_{1}^{2} \pi \left(\sqrt{2 - y}\right)^2 \mathrm{d}y + \int_{0}^{1} \pi \left(\sqrt{y}\right)^2 \mathrm{d}y = \pi.$$

2. 平行截面面积为已知的立体的体积

如图 6.13所示，立体位于过点 $x = a$ 和点 $x = b$ 且垂直于 x 轴的两个平面之间，任意一个垂直于 x 轴的平面所截得的立体的截面积为 $S(x)$, $x \in [a, b]$，求该立体的体积.

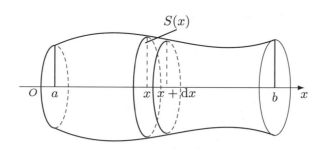

图 6.13

取 x 为积分变量，积分区间为 $[a, b]$. 立体中相应于 $[a, b]$ 上任一小区间 $[x, x + \mathrm{d}x]$ 的一薄片的体积近似等于底面积为 $S(x)$、高为 $\mathrm{d}x$ 的扁圆柱体的体积. 因此体积元素为

$$\mathrm{d}V = S(x)\mathrm{d}x,$$

所以立体的体积为

$$V = \int_a^b S(x)\mathrm{d}x.$$

例 6.19中已经求出椭圆绕 x 轴旋转而成的旋转椭圆的体积. 此题还可以将其看作截面面积为已知的立体，利用该方法求其体积.

在 $x\ (-a \leqslant x \leqslant a)$ 处，用垂直于 x 轴的平面去截立体所得截面的面积为

$$S(x) = \pi \left(\frac{b}{a} \sqrt{a^2 - x^2} \right)^2,$$

因此

$$V = \int_{-a}^{a} S(x)\mathrm{d}x = \frac{\pi b^2}{a^2} \int_{-a}^{a} (a^2 - x^2)\mathrm{d}x = \frac{4}{3}\pi ab^2.$$

例 6.21 一平面经过半径为 R 的圆柱体的底圆中心，并与底面交成角 α，如图 6.14所示，计算平面截圆柱体所得立体的体积.

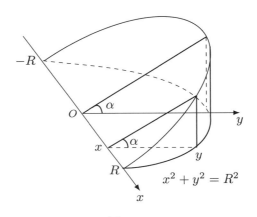

图 6.14

解 建立如图 6.14所示的坐标系，取底直径为 x 轴，x 的变化区间为 $[-R, R]$，在 $[-R, R]$ 上任取一 x，作与 x 轴垂直的平面，截得一直角三角形，它的两条直角边分别为 y 和 $y \tan \alpha$，因此截面面积为

$$S(x) = \frac{1}{2} y^2 \tan \alpha = \frac{1}{2} (R^2 - x^2) \tan \alpha,$$

所以所求体积为

$$V = \frac{1}{2} \int_{-R}^{R} (R^2 - x^2) \tan \alpha \mathrm{d}x = \frac{2}{3} R^3 \tan \alpha.$$

习 题 6.4

1. 求由下列各曲线所围成的平面图形的面积.

(1) $y = \sqrt{x}, \quad y = x$;

(2) $y = \mathrm{e}^x, \quad x = 0, \quad y = \mathrm{e}$;

(3) $y = 3 - x^2, \quad y = 2x$;

(4) $y = \mathrm{e}^x, \quad y = \mathrm{e}^{-x}, \quad x = 2$;

(5) $y = x^2, \quad y = \dfrac{x^2}{4}, \quad y = 1$;

(6) $y = \dfrac{2}{x}, \quad y = 2x, \quad y = 3$.

2. 求下列各曲线所围成的平面图形绕指定轴旋转的旋转体的体积.

(1) $y = x^2$, $x = 2$, $y = 0$, 绕 x 轴, 绕 y 轴;

(2) $y = x^3$, $x = 0$, $y = 8$, 绕 x 轴, 绕 y 轴;

(3) $y = x^2$, $x = y^2$, 绕 x 轴, 绕 y 轴;

(4) $y = \cos x$, $x \in \left[-\dfrac{\pi}{2}, \dfrac{\pi}{2}\right]$, 绕 x 轴, 绕 y 轴.

3. 求抛物线 $y = -x^2 + 4x - 3$ 及其在点 $(0, -3)$ 和 $(3, 0)$ 处的切线所围成的图形的面积.

4. 已知平面图形由曲线 $y = e^x$, $y = e^{-x}$ 及直线 $x = 1$ 所围成, 求该平面图形绕 x 轴旋转一周所围成的旋转体的体积.

5. 计算底面是半径为 R 的圆, 而垂直于底面上一条固定直径的所有截面都是等边三角形的立体的体积.

6.5 定积分在经济学中的应用

上一节介绍了定积分在几何学上的应用, 本节将介绍定积分在经济学上的应用.

一、由边际函数求总量函数

已知总成本函数 $C = C(Q)$, 总收益函数 $R = R(Q)$, 由微分学知

$$边际成本函数 MC = \frac{\mathrm{d}C}{\mathrm{d}Q},$$

$$边际收益函数 MR = \frac{\mathrm{d}R}{\mathrm{d}Q}.$$

如果 MC, MR 连续, 则根据经济学的有关理论及积分学可得

$$总成本函数 C(Q) = \int_0^Q (MC)\mathrm{d}Q + C_0,$$

$$总收益函数 R(Q) = \int_0^Q (MR)\mathrm{d}Q,$$

$$总利润函数 L(Q) = \int_0^Q (MR - MC)\,\mathrm{d}Q - C_0,$$

其中 C_0 为固定成本.

例 6.22 生产某产品的边际成本函数为

$$C'(x) = 3x^2 - 2x + 100,$$

固定成本 $C(0) = 1000$, 求生产 x 个产品的总成本函数.

解
$$\begin{aligned}
C(x) &= C(0) + \int_0^x C'(x)\mathrm{d}x \\
&= 1000 + \int_0^x (3x^2 - 2x + 100)\mathrm{d}x \\
&= 1000 + x^3 - x^2 + 100x.
\end{aligned}$$

例 6.23 已知边际收益为

$$R'(x) = 100 - 2x,$$

且 $R(0)=0$，求收益函数 $R(x)$.

解
$$R(x) = \int_0^x R'(x)\mathrm{d}x$$
$$= \int_0^x (100 - 2x)\mathrm{d}x$$
$$= 100x - x^2.$$

例 6.24 假设某产品的边际收益函数为 $R'(Q) = -Q+9$ (万元/万台)，边际成本函数为 $C'(Q) = \dfrac{Q}{4} + 4$ (万元/万台)，其中产量 Q 以万台为单位.

(1) 求产量 Q 由 4 万台增加到 5 万台时利润的增量;

(2) 求当产量为多少时，所获利润最大.

解 (1) 边际利润为
$$L'(Q) = R'(Q) - C'(Q) = (-Q + 9) - \left(\frac{Q}{4} + 4\right) = -\frac{5Q}{4} + 5.$$

由增量公式得
$$\Delta L = \int_4^5 L'(Q)\mathrm{d}Q = \int_4^5 \left(-\frac{5Q}{4} + 5\right)\mathrm{d}Q = -\frac{5}{8} \text{ (万元)},$$

因此在 4 万台基础上再生产 1 万台，利润不但未增加反而减少了.

(2) 令 $L'(Q) = 0$，则 $R'(Q) = C'(Q)$，即
$$-Q + 9 = \frac{Q}{4} + 4,$$

解得 $Q = 4$ (万台). 而 $L''(4) = -\dfrac{5}{4} < 0$，故 $Q = 4$ 为 $L(Q)$ 的最大值，即产量为 4 万台时利润最大，由此结果可知问题 (1) 中利润减少的原因.

二、由变化率求总量

例 6.25 某工厂生产某商品在时刻 t 的总产量的变化率为 $f(t) = 100 + 20t$ (单位/小时)，求由 $t = 1$ 到 $t = 4$ 这三小时的总产量.

解 总产量为
$$\int_1^4 f(t)\mathrm{d}t = \int_1^4 (100 + 20t)\mathrm{d}t$$
$$= \left[100t + 10t^2\right]_1^4$$
$$= 450.$$

例 6.26 生产某产品的边际成本为 $C'(x) = 200 - 0.2x$，当产量由 100 增加到 200 时，需要追加多少成本?

解 所追加的成本为

$$C = \int_{100}^{200} C'(x)\mathrm{d}x$$
$$= \int_{100}^{200} (200 - 0.2x)\mathrm{d}x$$
$$= \left[200x - 0.1x^2\right]_{100}^{200} = 17000.$$

三、收益流的现值和将来值

由于货币有时间价值,所以在不同时间里的货币不能直接相加减,那么应该如何处理呢? 最常用的一种处理方式是现值法. 所谓**现值法**,就是把不同时间里的货币都换算成它的"现在"值.

现有货币 A 元,若按年利率 r 作连续复利计算,那么 t 年后的价值为 Ae^{rt} 元,反之,若 t 年后有货币 A 元,那么按连续复利计算,现在应有 Ae^{-rt} 元,称此值为**资本现值**.

若某公司的收益是连续获得的,则其收益可视为一种随时间连续变化的收益流,而收益流对时间的变化率称为**收益流量**. 收益流量实际上是一种速率,一般用 $P(t)$ 表示. 若时间 T 以年为单位,收益以元为单位,则收益流的单位为元/年. 若 $P(t) = b$ 为常数,则称该收益流量具有常数收益流量.

类似于单笔款项,收益流的将来值定义为将其存入银行并加上利息之后的存款值. 而收益流的现值是这样一笔款项,若把它存入可获息的银行,将来从收益流中获得的总收益与包括利息在内的银行存款值有相同的价值.

在讨论连续收益流时,为简单起见,假设以连续复利率 r 计息.

若有一笔收益流的收益流量为 $P(t)$ (元/年),下面计算其现值和将来值.

考虑从现在开始 $t = 0$ 到 T 年后这一段时间,利用元素法,在区间 $[0, T]$ 内任取一小区间 $[t, t+\mathrm{d}t]$,在 $[t, t+\mathrm{d}t]$ 内将 $P(t)$ 近似为常数,则所获得的金额近似等于 $P(t)\mathrm{d}t$ (元). 从 $t = 0$ 算起,$P(t)\mathrm{d}t$ 这一金额是在 t 年后的将来所获得的,因此在 $[t, t+\mathrm{d}t]$ 内,收益流的现值约等于 $[P(t)\mathrm{d}t]\mathrm{e}^{-rt}$,总现值等于 $\int_0^T P(t)\mathrm{e}^{-rt}\mathrm{d}t$.

在计算将来值时,收入 $P(t)\mathrm{d}t$ 在以后的 $T - t$ 年内获得利息,故在 $[t, t+\mathrm{d}t]$ 内,收益流的将来值约等于 $[P(t)\mathrm{d}t]\mathrm{e}^{r(T-t)}$,总现值等于 $\int_0^T P(t)\mathrm{e}^{r(T-t)}\mathrm{d}t$.

例 6.27 设年连续复利率 $r = 0.01$,求收益流量为 1000 (元/年) 的收益流在 10 年期间的现值和将来值.

解 由收益流现值和将来值的计算公式可得

$$现值 = \int_0^{10} 1000\mathrm{e}^{-0.01t}\mathrm{d}t = 100000(1 - \mathrm{e}^{-0.1}) \approx 9516.26 \ (元),$$

$$将来值 = \int_0^{10} 1000\mathrm{e}^{0.01(10-t)}\mathrm{d}t = 100000(\mathrm{e}^{0.1} - 1) \approx 10517.09 \ (元).$$

例 6.28 某商品房现售价为 100 万元,李某分期付款购买且 20 年付清,每年付款金额相同,若年利率为 5%,按连续复利计算,那么李某每年应该付款多少万元?

解 设李某每年付款金额为 x 万元,共付 20 年,由现值计算公式可得

$$100 = \int_0^{20} x\mathrm{e}^{-0.05t}\mathrm{d}t = \frac{x}{0.05}(1-\mathrm{e}^{-1}),$$

即

$$x(1-\mathrm{e}^{-1}) = 5, \quad x \approx 7.91.$$

因此，李某每年应付款 7.91 万元.

例 6.29 某公司一次性投资 100 万元建造一条生产线，并于一年后建成投产，开始取得经济效益. 设流水线的收益是均匀收益流 (即每时每刻均匀产生收益)，收益流量为 30 万元/年. 已知银行年利率为 10%，求多少年后该公司可以收回投资？

解 本题是关于收回投资的问题，已知一次性投资 (现值)100 万元，一年后不断产生收益 (将来值)，多少年后收回投资的意思是多少年后总收益的现值为 100 万元.

设 T 年后该公司可以收回投资，则 T 年后该公司收益流的现值为

$$\int_1^T 30\mathrm{e}^{-0.1t}\mathrm{d}t = \frac{30}{0.1}\left[-\mathrm{e}^{-0.1t}\right]_1^T = \frac{30}{0.1}\left(\mathrm{e}^{-0.1} - \mathrm{e}^{-0.1T}\right).$$

由题意知

$$\frac{30}{0.1}\left(\mathrm{e}^{-0.1} - \mathrm{e}^{-0.1T}\right) = 100,$$

解得 $T = 5.6$，即公司 5.6 年后可以收回成本.

四、消费者剩余和生产者剩余

市场经济中，生产并销售某一商品的数量可由这一商品的供给曲线与需求曲线来描述. 供给曲线描述的是生产者根据不同的价格水平所提供的商品数量，一般假定价格上涨时，供应量将会增加. 因此，把供应量看作关于价格的函数，并且是一个增函数，即供给曲线是单调递增的. 需求曲线则反映了顾客的购买行为. 通常价格上涨时，购买量会下降，即需求曲线随价格的上升而单调递减.

在市场经济下，价格和数量在不断调整，最后趋向于平衡价格和平衡数量，分别用 P^* 和 Q^* 表示，即供给曲线和需求曲线的交点 E(见图 6.15).

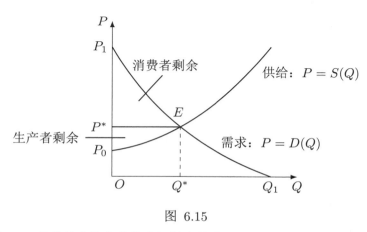

图 6.15

在图 6.15 中，P_0 是供给曲线在价格坐标轴上的截距，也就是当价格为 P_0 时，供给量是零，只有价格高于 P_0 时，才有供给量. P_1 是需求曲线的截距，当价格为 P_1 时，需求量是零，只有

价格低于 P_1 时，才有需求. Q_1 则表示当商品免费赠送时的最大需求量.

在市场经济中，有时一些消费者愿意对某种商品付出比市场价格 P^* 更高的价格，由此他们所得到的好处称为**消费者剩余** (CS)

$$CS = \int_0^{Q^*} D(Q)\mathrm{d}Q - P^*Q^*,$$

式中，$\int_0^{Q^*} D(Q)\mathrm{d}Q$ 表示消费者愿意支出的货币量. P^*Q^* 表示消费者的实际支出，两者之差为消费者省下来的钱，即消费者剩余.

同理，对生产者来说，有时也有一些生产者愿意以比市场价格 P^* 低的价格出售他们的商品，由此他们所得到的好处称为**生产者剩余** (PS)，如图 6.15所示，可得

$$PS = P^*Q^* - \int_0^{Q^*} S(Q)\mathrm{d}Q.$$

例 6.30 设需求函数 $D(Q) = 24 - 3Q$，供给函数为 $S(Q) = 2Q + 9$，求：

(1) 供需均衡点；

(2) 均衡点处的消费者剩余；

(3) 均衡点处的生产者剩余.

解 (1) 首先求出均衡价格与供需量. 由 $24 - 3Q = 2Q + 9$ 得 $Q^* = 3$, $P^* = 15$.

(2) 均衡点处的消费者剩余

$$CS = \int_0^3 (24 - 3Q)\mathrm{d}Q - 15 \times 3 = \left[24Q - \frac{3}{2}Q^2\right]_0^3 - 45 = \frac{27}{2}.$$

(3) 均衡点处的生产者剩余

$$PS = 45 - \int_0^3 (2Q + 9)\mathrm{d}Q = 45 - \left[Q^2 + 9Q\right]_0^3 = 9.$$

例 6.31 已知需求函数 $D(Q) = -Q^2 - 4Q + 48$，供给函数 $S(Q) = Q^2 + 4Q + 6$，求：

(1) 供需均衡点；

(2) 均衡点处的消费者剩余和生产者剩余；

(3) 当价格为 16 时的消费者剩余.

解 (1) 由 $-Q^2 - 4Q + 48 = Q^2 + 4Q + 6$ 解得 $Q^* = 3$, $P^* = 27$，所求均衡点为 $(3, 27)$.

(2) 均衡点处的消费者剩余

$$CS = \int_0^3 \left(-Q^2 - 4Q + 48\right)\mathrm{d}Q - P^*Q^* = \left[-\frac{1}{3}Q^3 - 2Q^2 + 48Q\right]_0^3 - 81 = 36.$$

均衡点处的生产者剩余

$$PS = P^*Q^* - \int_0^3 \left(Q^2 + 4Q + 6\right)\mathrm{d}Q = 81 - \left[\frac{1}{3}Q^3 + 2Q^2 + 6Q\right]_0^3 = 36.$$

(3) 当 $P = 16$ 时，$Q_D = 4$，此时的消费者剩余为

$$CS = \int_0^4 \left(-Q^2 - 4Q + 48\right)\mathrm{d}Q - PQ_D = \left[-\frac{1}{3}Q^3 - 2Q^2 + 48Q\right]_0^4 - 64 = \frac{224}{3} \approx 74.67.$$

习 题 6.5

1. 某企业生产某产品的边际成本为 $MC = 2x^2 - 3x + 26$，固定成本为 $FC = 90$，求总成本函数.

2. 已知生产某产品 x 单位时的边际收益为 $MR = 100 - 2x$ (元/单位)，求生产 40 单位时的总收益，并求再多生产 10 个单位时所增加的收益.

3. 已知某产品的边际收益为 $MR = 25 - 2x$，边际成本为 $MC = x^2 - 3x + 6$，固定成本为 $FC = 10$，求当 $x = 6$ 时的毛利和纯利.

4. 某企业生产 x 吨产品时的边际成本为 $MC = \dfrac{1}{50}x + 30$ (万元/吨)，固定成本为 900 万元，求产量为多少时平均成本最低? 最低平均成本为多少?

5. 假设某产品的边际收益为 $MR = 130 - 8x$ (万元/万台)，边际成本为 $MC = 0.6x^2 - 2x + 10$ (万元/万台)，固定成本为 10 万元，产量 x 以万台为单位.

(1) 求总成本函数和总利润函数；

(2) 求产量由 4 万台增加到 5 万台时利润的变化量；

(3) 求利润最大时的产量，并求最大利润.

6. 在某地，当消费者的个人收入为 x 元时，消费支出 $W(x)$ 的变化率 $W'(x) = \dfrac{15}{\sqrt{x}}$，当个人的收入由 3600 元增加到 4900 元时，消费支出增加多少?

7. 某投资项目，投资成本需 100 万元，年利率为 5%，10 年中每年收益 25 万元，求这 10 年中该项投资的总收益的现值 W，并求投资回收期 T.

8. 如果需求函数为 $P = 50 - 0.025Q^2$，当需求量为 20 个单位时，求消费者剩余 CS.

第 7 章　向量代数与空间解析几何

平面解析几何是学习一元函数微积分的基础，而空间解析几何则是学好多元函数微积分的前提. 因此，在研究多元函数微积分之前，先简单介绍空间解析几何的相关知识.

7.1　空间直角坐标系

一、空间直角坐标

我们知道，引入平面直角坐标系以后，不仅可以利用代数知识解决几何问题，还可以利用几何直观地简化抽象的数学推导. 为了更好地研究空间几何图形，我们引入空间直角坐标系的概念.

在空间任取一点 O，过点 O 作三条相互垂直的直线 Ox, Oy, Oz，规定单位长度. 通常把 x 轴和 y 轴放置在水平面上，z 轴则是铅垂线，它们的正向符合右手规则，即以右手握住 z 轴，当右手的四个手指从 x 轴正向以 $\dfrac{\pi}{2}$ 角度转向 y 轴正向时，大拇指的指向就是 z 轴的正向，这样我们便建立了一个空间直角坐标系 $Oxyz$，如图 7.1所示.

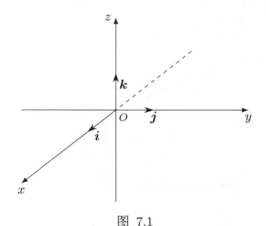

图 7.1

称点 O 为**坐标原点**，Ox, Oy, Oz 称为**坐标轴**，分别简称为 x 轴、y 轴、z 轴. 每两个坐标轴确定一个平面，称为**坐标平面**，分别为 xOy 平面、yOz 平面、zOx 平面. 这三个平面将空间分成 8 个部分，每一部分称为一个**卦限**，分别用字母 I, II, III, IV, V, VI, VII, VIII 表示 (如图 7.2所示)，这 8 个卦限的顺序按如下方式规定：

$x > 0, \, y > 0, \, z > 0$，第一卦限；　　　　　　$x < 0, \, y > 0, \, z > 0$，第二卦限；

$x < 0,\ y < 0,\ z > 0$，第三卦限；　　　　　$x > 0,\ y < 0,\ z > 0$，第四卦限；

$x > 0,\ y > 0,\ z < 0$，第五卦限；　　　　　$x < 0,\ y > 0,\ z < 0$，第六卦限；

$x < 0,\ y < 0,\ z < 0$，第七卦限；　　　　　$x > 0,\ y < 0,\ z < 0$，第八卦限.

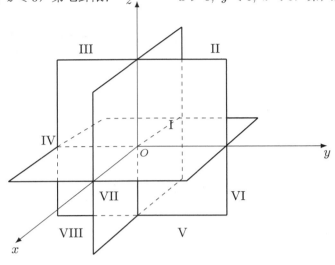

图 7.2

建立空间直角坐标系之后，就可以确定空间中任意一点 P 与三元有序数组 (x, y, z) 之间的对应关系.

设 P 是空间中任意一点，过点 P 作 xOy 平面的垂线交 xOy 平面于点 P_{xy}，再过 P_{xy} 在 xOy 平面内分别作 x 轴和 y 轴的垂线，分别交 x 轴于点 P_x，交 y 轴于点 P_y，连接 OP_{xy}，过点 P 作 OP_{xy} 的平行线必交 z 轴于一点，记为 P_z，如图 7.3所示. 设 P_x，P_y，P_z 在 x 轴、y 轴、z 轴上的坐标分别为 x, y, z，则点 P 唯一确定了一个三维有序数组 (x, y, z)，称之为**点 P 的空间直角坐标**，记为 $P(x, y, z)$.

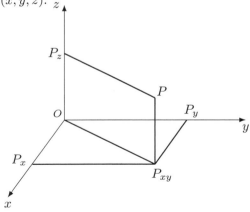

图 7.3

反之，任意给定一个三维有序数组 (x, y, z)，可以唯一地确定空间中一点 P，使其直角坐标为 (x, y, z)，这样就建立了空间点与有序数组 (x, y, z) 之间的一一对应关系. 显然，原点 O 的坐标为 $(0, 0, 0)$，x 轴、y 轴和 z 轴上的点的坐标分别为 $(x, 0, 0)$、$(0, y, 0)$ 和 $(0, 0, z)$.

二、空间两点之间的距离

设 $P_1(x_1, y_1, z_1)$, $P_2(x_2, y_2, z_2)$ 为空间任意两点. 过 P_1, P_2 分别作平行于坐标面的平面, 这六个平面构成一个以 $P_1 P_2$ 为对角线的长方体, 如图 7.4所示, 其三条边长分别为 $|x_1 - x_2|$, $|y_1 - y_2|$, $|z_1 - z_2|$. 由勾股定理可得 P_1 与 P_2 之间的距离 $|P_1 P_2|$ 为

$$|P_1 P_2| = \sqrt{(x_1 - x_2)^2 + (y_1 - y_2)^2 + (z_1 - z_2)^2}.$$

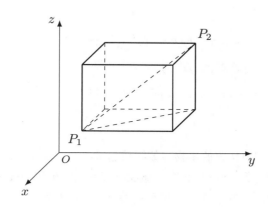

图 7.4

特别地, 点 $P(x, y, z)$ 到坐标原点的距离为 $\sqrt{x^2 + y^2 + z^2}$.

例 7.1 在 y 轴上, 求与点 $A(3, -1, 1)$ 和点 $B(0, 1, 2)$ 等距离的点的坐标.

解 因为所求的点 P 在 y 轴上, 所以设点 P 的坐标为 $P(0, y, 0)$, 根据题意有 $|PA| = |PB|$, 即

$$\sqrt{(0 - 3)^2 + (y + 1)^2 + (0 - 1)^2} = \sqrt{(0 - 0)^2 + (y - 1)^2 + (0 - 2)^2},$$

解得

$$y = -\frac{3}{2},$$

故所求点为 $P\left(0, -\frac{3}{2}, 0\right)$.

例 7.2 证明: 以点 $M_1(4, 3, 1)$, $M_2(7, 1, 2)$, $M_3(5, 2, 3)$ 为顶点的三角形是等腰三角形.

证 由于

$$|M_1 M_3| = \sqrt{(4 - 5)^2 + (3 - 2)^2 + (1 - 3)^2} = \sqrt{6},$$

$$|M_2 M_3| = \sqrt{(7 - 5)^2 + (1 - 2)^2 + (2 - 3)^2} = \sqrt{6},$$

即 $|M_1 M_3| = |M_2 M_3|$, 所以 $\triangle M_1 M_2 M_3$ 是等腰三角形.

例 7.3 求到定点 $M_1(1, 0, 2)$ 与 $M_2(0, 1, -1)$ 等距离的点 $M(x, y, z)$ 的轨迹方程.

解 由于 $|MM_1| = |MM_2|$, 所以

$$\sqrt{(x - 1)^2 + y^2 + (z - 2)^2} = \sqrt{x^2 + (y - 1)^2 + (z + 1)^2},$$

化简后可得点 M 的轨迹方程为

$$2x - 2y + 6z - 3 = 0.$$

例 7.4 建立球心在 $M_0(x_0, y_0, z_0)$、半径为 R 的球面方程.

解 设 $M(x, y, z)$ 是球面上的任一点，则

$$|M_0M| = R,$$

即

$$\sqrt{(x-x_0)^2 + (y-y_0)^2 + (z-z_0)^2} = R,$$

或

$$(x-x_0)^2 + (y-y_0)^2 + (z-z_0)^2 = R^2.$$

特别地，如果球心在原点，那么球面方程为

$$x^2 + y^2 + z^2 = R^2.$$

三、向量的概念

在自然科学中，常常把所研究的事物与数联系起来，然后以数学为工具来分析、处理问题. 如物体的温度、质量、体积等，这些只有大小而没有方向的量被称为**纯量**或**数量**或**标量**. 然而有些量不仅有大小，而且还有方向，如力、位移、速度等，这种既有大小又有方向的量被称为**向量**或**矢量**.

空间中的向量通常是用具有一定长度和一定方向的线段表示. 在直角坐标系 $Oxyz$ 中，P_1，P_2 是其中任意两点，连接 P_1，P_2 的有向线段记为 $\overrightarrow{P_1P_2}$，表示以 P_1 为起点，P_2 为终点的一个向量. 线段 P_1P_2 的长度，记为 $|P_1P_2|$，表示该向量的大小，从 P_1 到 P_2 的指向表示其方向，如图 7.5所示.

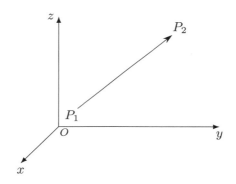

图 7.5

向量通常也用黑体字母来表示，如 $\boldsymbol{a}, \boldsymbol{b}, \boldsymbol{c}$ 等，图 7.5中的向量 $\overrightarrow{P_1P_2}$ 可记为

$$\overrightarrow{P_1P_2} = \boldsymbol{a},$$

向量 $\boldsymbol{a}$ 的长度用 $|\boldsymbol{a}|$ 表示，也称为 $\boldsymbol{a}$ 的**模**.

若 $|\boldsymbol{a}| = 1$，则称 $\boldsymbol{a}$ 为**单位向量**；若 $|\boldsymbol{a}| = 0$，则称 $\boldsymbol{a}$ 为**零向量**，通常用粗体 $\boldsymbol{0}$ 表示. 规定：**零向量的方向是任意的**.

如果两个向量 $\boldsymbol{a}$ 与 $\boldsymbol{b}$ 的大小相等，方向一致，则称 $\boldsymbol{a}$ 与 $\boldsymbol{b}$ 相等，记为 $\boldsymbol{a} = \boldsymbol{b}$.

我们研究的向量一般是自由向量，即与向量的起点无关. 因此，空间中的向量可以平移，向量的起点可以放在空间中的任意一点.

四、向量的线性运算

1. 向量的加法

假设一物体从起点 A 沿 $\overrightarrow{AB}$ 移动到点 B，再沿 $\overrightarrow{BC}$ 移动到点 C，这时该物体相对于点 A 的位移为 $\overrightarrow{AC}$，如图 7.6所示，即有

$$\overrightarrow{AB} + \overrightarrow{BC} = \overrightarrow{AC}.$$

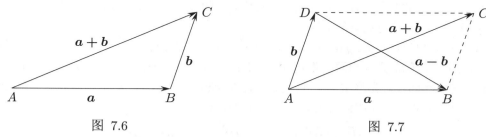

图 7.6   图 7.7

由此规定向量相加的三角形法则为：已知两个向量 a 和 b，将 b 平移使 b 的起点与 a 的终点重合，则以 a 的起点为起点、以 b 的终点为终点的向量 c 称为**向量 a 与 b 的和**，记作 $c = a + b$.

由平行四边形的性质可知，上述向量相加的三角形法则等价于向量相加的平行四边形法则.

对给定的向量 a 和 b，作 $\overrightarrow{AB} = a$，$\overrightarrow{AD} = b$，以 $\overrightarrow{AB}$ 和 $\overrightarrow{AD}$ 为邻边的平行四边形 $ABCD$ 的对角线向量 $\overrightarrow{AC}$ 就是向量 a 与 b 的和，如图 7.7所示.

向量的加法满足**交换律**和**结合律**：

(1) $a + b = b + a$；

(2) $(a + b) + c = a + (b + c)$.

2. 向量的减法

设 a 为一向量，与 a 的模相同而方向相反的向量叫作 a 的**负向量**，记作 $-a$.

向量的减法定义为向量加法的逆运算，即若 $b + c = a$，则称 c **为 a 与 b 的差**. 若 a, b 是同起点的两个向量，则差 $a - b = a + (-b)$ 就是以 b 的终点为起点，a 的终点为终点的向量，如图 7.7所示.

3. 数与向量的乘积

设 λ 是一个实数，a 是一个向量，则定义它们的乘积 λa 也是一个向量，它的模为 $|\lambda a| = |\lambda||a|$. λa 的方向：当 $\lambda > 0$ 时与 a 相同；当 $\lambda < 0$ 时与 a 相反；当 $\lambda = 0$ 时，$\lambda a = 0$，其方向任意.

数与向量的乘法满足的性质：

分配律：

(1) $(\lambda + \mu)a = \lambda a + \mu a$；

(2) $\lambda(a + b) = \lambda a + \lambda b$；

结合律：

(3) $\lambda(\mu\boldsymbol{a}) = (\lambda\mu)\boldsymbol{a} = \mu(\lambda\boldsymbol{a})$.

由上面的定义可知：

非零向量 $\boldsymbol{a}$ 与 $\boldsymbol{b}$ 平行的**充要条件**是：存在非零实数 λ ，使得 $\boldsymbol{a} = \lambda\boldsymbol{b}$.

规定：零向量平行于任何向量.

非零向量 $\boldsymbol{a}$ 乘以 $\dfrac{1}{|\boldsymbol{a}|}$ 所得的向量 $\dfrac{\boldsymbol{a}}{|\boldsymbol{a}|}$ 是一个与 $\boldsymbol{a}$ 同方向的单位向量，那么称向量 $\dfrac{\boldsymbol{a}}{|\boldsymbol{a}|}$ 为 $\boldsymbol{a}$ 的单位化.

五、向量的坐标表示

为了进一步沟通向量与数之间的联系，简化向量的计算，需要建立向量与有序数组之间的一一对应关系，从而引进向量的坐标.

设有空间直角坐标系 $Oxyz$，在坐标轴 x 轴、y 轴、z 轴上分别取以原点为起点的三个单位向量，其方向与各轴的正向相同，并分别用 $\boldsymbol{i}, \boldsymbol{j}, \boldsymbol{k}$ 表示，称之为**基本单位向量**或**坐标向量**.

设 $\boldsymbol{a}$ 是任一向量，先将 $\boldsymbol{a}$ 平移使其起点落在坐标原点 O，记 $\boldsymbol{a}$ 的终点为 P，其坐标为 (x, y, z)，如图 7.8所示. 根据向量的加法和向量的数乘得

$$\overrightarrow{OP} = \overrightarrow{OP_x} + \overrightarrow{OP_y} + \overrightarrow{OP_z} = x\boldsymbol{i} + y\boldsymbol{j} + z\boldsymbol{k},$$

其中 $\boldsymbol{i} = (1,0,0)$, $\boldsymbol{j} = (0,1,0)$, $\boldsymbol{k} = (0,0,1)$. 上式称为 $\overrightarrow{OP}$ 在三个坐标轴上的分解式，有序数组 (x, y, z) 称为 $\overrightarrow{OP}$ 的坐标，记作 $\overrightarrow{OP} = (x, y, z)$. 由此可得，起点在原点的向量的坐标就是该向量的终点的坐标.

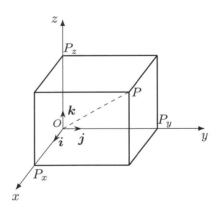

图 7.8

六、利用坐标进行向量的线性运算

引入向量的坐标表示后，可以用代数的方式研究向量的加、减以及数乘运算. 设 $\boldsymbol{a} = x_1\boldsymbol{i} + y_1\boldsymbol{j} + z_1\boldsymbol{k}$, $\boldsymbol{b} = x_2\boldsymbol{i} + y_2\boldsymbol{j} + z_2\boldsymbol{k}$，则

$$\boldsymbol{a} + \boldsymbol{b} = (x_1\boldsymbol{i} + y_1\boldsymbol{j} + z_1\boldsymbol{k}) + (x_2\boldsymbol{i} + y_2\boldsymbol{j} + z_2\boldsymbol{k})$$
$$= (x_1 + x_2)\boldsymbol{i} + (y_1 + y_2)\boldsymbol{j} + (z_1 + z_2)\boldsymbol{k};$$
$$\boldsymbol{a} - \boldsymbol{b} = (x_1\boldsymbol{i} + y_1\boldsymbol{j} + z_1\boldsymbol{k}) - (x_2\boldsymbol{i} + y_2\boldsymbol{j} + z_2\boldsymbol{k})$$

$$= (x_1 - x_2)\boldsymbol{i} + (y_1 - y_2)\boldsymbol{j} + (z_1 - z_2)\boldsymbol{k};$$

$$\lambda\boldsymbol{a} = \lambda(x_1\boldsymbol{i} + y_1\boldsymbol{j} + z_1\boldsymbol{k})$$

$$= (\lambda x_1)\boldsymbol{i} + (\lambda y_1)\boldsymbol{j} + (\lambda z_1)\boldsymbol{k}.$$

类似地，非零向量平行的充要条件也可以用向量坐标来描述.

非零向量 $\boldsymbol{a}$ 与 $\boldsymbol{b}$ 平行的充要条件是对应坐标成比例，即

$$\frac{x_1}{x_2} = \frac{y_1}{y_2} = \frac{z_1}{z_2},$$

其中若某个坐标分量为零，应理解为对应的坐标分量也为零.

例 7.5 设点 M_1 的坐标为 (x_1, y_1, z_1)，点 M_2 的坐标为 (x_2, y_2, z_2)，求向量 $\overrightarrow{M_1M_2}$ 的坐标表达式.

解 由于 $\overrightarrow{M_1M_2} = \overrightarrow{OM_2} - \overrightarrow{OM_1}$，其中 $\overrightarrow{OM_2} = (x_2, y_2, z_2)$，$\overrightarrow{OM_1} = (x_1, y_1, z_1)$，所以

$$\overrightarrow{M_1M_2} = (x_2, y_2, z_2) - (x_1, y_1, z_1) = (x_2 - x_1, y_2 - y_1, z_2 - z_1).$$

例 7.6 已知两点 $A(x_1, y_1, z_1)$ 和 $B(x_2, y_2, z_2)$ 以及实数 $\lambda \neq -1$，在直线 AB 上求点 M，使得

$$\overrightarrow{AM} = \lambda\overrightarrow{MB}.$$

解 由于 $\overrightarrow{AM} = \overrightarrow{OM} - \overrightarrow{OA}$，$\overrightarrow{MB} = \overrightarrow{OB} - \overrightarrow{OM}$，代入关系式 $\overrightarrow{AM} = \lambda\overrightarrow{MB}$，即有

$$\overrightarrow{OM} - \overrightarrow{OA} = \lambda\left(\overrightarrow{OB} - \overrightarrow{OM}\right),$$

解得

$$\overrightarrow{OM} = \frac{1}{1+\lambda}\left(\overrightarrow{OA} + \lambda\overrightarrow{OB}\right).$$

将 $\overrightarrow{OA}$，$\overrightarrow{OB}$ 的坐标代入，即得

$$\overrightarrow{OM} = \frac{1}{1+\lambda}\left[(x_1, y_1, z_1) + \lambda(x_2, y_2, z_2)\right]$$

$$= \left(\frac{x_1 + \lambda x_2}{1+\lambda}, \frac{y_1 + \lambda y_2}{1+\lambda}, \frac{z_1 + \lambda z_2}{1+\lambda}\right),$$

这就是点 M 的坐标.

本例中的点 M 叫作有向线段 $\overrightarrow{AB}$ 的 λ 分点. 特别地，当 $\lambda = 1$ 时，得到线段 AB 的中点为 $M\left(\dfrac{x_1 + x_2}{2}, \dfrac{y_1 + y_2}{2}, \dfrac{z_1 + z_2}{2}\right)$.

通过本例，读者应该注意：一方面，点 M 与向量 $\overrightarrow{OM}$ 有相同的坐标，因此，求点 M 的坐标就是求向量 $\overrightarrow{OM}$ 的坐标. 另一方面，由于记号 (x, y, z) 既可以表示向量 $\overrightarrow{OM}$，又可以表示点 M，在几何中向量和点是两个不同的概念，不可混淆. 当 (x, y, z) 表示向量时，可以进行运算，当 (x, y, z) 表示点时，不能进行运算.

习　题　7.1

1. 在空间直角坐标系中，指出下列各点在哪个卦限？

$$A(1, -2, 3), \quad B(2, 3, -4), \quad C(2, -3, -4), \quad D(-2, -3, 1).$$

2. 设 $u = a - b + 2c$，$v = -a + 3b - c$，试用 a, b, c 表示 $2u - 3v$.

3. 设向量 a 的起点为 $A(4, 0, 5)$，终点为 $B(7, 1, 3)$，求出与 a 同向的单位向量.

4. 已知向量 $\overrightarrow{AB} = (4, -4, 7)$，终点为 $B(2, 1, 7)$，求向量 $\overrightarrow{AB}$ 的起点 A 的坐标.

5. 在 yOz 面上，求与三点 $A(3, 1, 2)$，$B(4, -2, -2)$，$C(0, 5, 1)$ 等距离的点.

6. 试证明以三点 $A(4, 1, 9)$，$B(10, -1, 6)$，$C(2, 4, 3)$ 为顶点的三角形是等腰直角三角形.

7. 求点 $M(3, 1, -4)$ 到各坐标面、各坐标轴的距离.

8. 求以点 $O(3, 2, -1)$ 为球心，且通过坐标原点的球面方程.

9. 一边长为 a 的正方体放置在 xOy 面上，其底面的中心在坐标原点，底面的顶点在 x 轴和 y 轴上，求它各顶点的坐标.

7.2　数量积和向量积

一、两向量的数量积

如果某物体在常力 f 的作用下沿直线从点 M_0 移动至 M，用 s 表示物体的位移 $\overrightarrow{M_0M}$，那么力 f 所做的功是

$$W = |f||s| \cos \theta,$$

其中 θ 是 f 与 s 的夹角. 由此实际问题，我们来定义向量的一种乘法运算.

定义 7.1 设 a 与 b 是两个向量，$\theta = \widehat{(a, b)}$（如图 7.9所示），规定向量 a 与 b 的**数量积**（记作 $a \cdot b$）是由下式确定的一个数

$$a \cdot b = |a||b| \cos \theta.$$

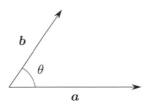

图 7.9

向量的数量积也叫**点积**或**内积**. 按数量积的定义，力 f 所做的功就可以表示为 $W = f \cdot s$. 显然，对任何向量 a，有 $a \cdot 0 = 0 \cdot a = 0$.

由数量积的定义可以推出：

(1) $a \cdot a = |a|^2$；

(2) 对于两个非零向量，若 $a \cdot b = 0$，则 $a \perp b$（即 a 与 b 的夹角为 $\dfrac{\pi}{2}$）；反之，若 $a \perp b$，则 $a \cdot b = 0$.

数量积满足下列运算规律：

(1) **交换律** $a \cdot b = b \cdot a$；

(2) **分配律** $(a + b) \cdot c = a \cdot c + b \cdot c$；

(3) **数乘结合律** $(\lambda a) \cdot (\mu b) = \lambda \mu (a \cdot b)$，$\lambda, \mu$ 为常数.

例 7.7 试用向量证明三角形的余弦定理.

证 如图 7.10所示，设在 $\triangle ABC$ 中，$\angle ACB = \theta$, $|\overrightarrow{CB}| = a$, $|\overrightarrow{CA}| = b$, $|\overrightarrow{AB}| = c$, 要证

$$c^2 = a^2 + b^2 - 2ab\cos\theta.$$

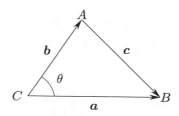

图 7.10

记 $\overrightarrow{CB} = \boldsymbol{a}$, $\overrightarrow{CA} = \boldsymbol{b}$, $\overrightarrow{AB} = \boldsymbol{c}$, 则有

$$\boldsymbol{c} = \boldsymbol{a} - \boldsymbol{b},$$

从而

$$|\boldsymbol{c}|^2 = \boldsymbol{c} \cdot \boldsymbol{c} = \boldsymbol{a} \cdot \boldsymbol{a} - 2\boldsymbol{a} \cdot \boldsymbol{b} + \boldsymbol{b} \cdot \boldsymbol{b} = |\boldsymbol{a}|^2 + |\boldsymbol{b}|^2 - 2|\boldsymbol{a}||\boldsymbol{b}|\cos(\widehat{\boldsymbol{a}, \boldsymbol{b}}),$$

即得

$$c^2 = a^2 + b^2 - 2ab\cos\theta.$$

下面我们推导数量积的坐标表达式.

设 $\boldsymbol{a} = a_x\boldsymbol{i} + a_y\boldsymbol{j} + a_z\boldsymbol{k}$, $\boldsymbol{b} = b_x\boldsymbol{i} + b_y\boldsymbol{j} + b_z\boldsymbol{k}$, 则

$$\begin{aligned}
\boldsymbol{a} \cdot \boldsymbol{b} &= (a_x\boldsymbol{i} + a_y\boldsymbol{j} + a_z\boldsymbol{k}) \cdot (b_x\boldsymbol{i} + b_y\boldsymbol{j} + b_z\boldsymbol{k}) \\
&= a_x b_x \boldsymbol{i} \cdot \boldsymbol{i} + a_x b_y \boldsymbol{i} \cdot \boldsymbol{j} + a_x b_z \boldsymbol{i} \cdot \boldsymbol{k} \\
&\quad + a_y b_x \boldsymbol{j} \cdot \boldsymbol{i} + a_y b_y \boldsymbol{j} \cdot \boldsymbol{j} + a_y b_z \boldsymbol{j} \cdot \boldsymbol{k} \\
&\quad + a_z b_x \boldsymbol{k} \cdot \boldsymbol{i} + a_z b_y \boldsymbol{k} \cdot \boldsymbol{j} + a_z b_z \boldsymbol{k} \cdot \boldsymbol{k}.
\end{aligned}$$

由于 $\boldsymbol{i}, \boldsymbol{j}, \boldsymbol{k}$ 互相垂直，所以

$$\boldsymbol{i} \cdot \boldsymbol{j} = \boldsymbol{j} \cdot \boldsymbol{i} = \boldsymbol{i} \cdot \boldsymbol{k} = \boldsymbol{k} \cdot \boldsymbol{i} = \boldsymbol{j} \cdot \boldsymbol{k} = \boldsymbol{k} \cdot \boldsymbol{j} = 0.$$

又由于 $\boldsymbol{i}, \boldsymbol{j}, \boldsymbol{k}$ 的模均为 1，所以

$$\boldsymbol{i} \cdot \boldsymbol{i} = \boldsymbol{j} \cdot \boldsymbol{j} = \boldsymbol{k} \cdot \boldsymbol{k} = 1,$$

因此

$$\boldsymbol{a} \cdot \boldsymbol{b} = a_x b_x + a_y b_y + a_z b_z.$$

由于 $\boldsymbol{a} \cdot \boldsymbol{b} = |\boldsymbol{a}| \cdot |\boldsymbol{b}| \cos\theta$, 所以当 $\boldsymbol{a}, \boldsymbol{b}$ 都不是零向量时，有

$$\cos\theta = \frac{\boldsymbol{a} \cdot \boldsymbol{b}}{|\boldsymbol{a}||\boldsymbol{b}|} = \frac{a_x b_x + a_y b_y + a_z b_z}{\sqrt{a_x^2 + a_y^2 + a_z^2}\sqrt{b_x^2 + b_y^2 + b_z^2}}.$$

例 7.8 已知点 $A(1,1,1)$, $B(2,2,1)$, $C(2,1,1)$, 求 $\angle BAC$ 的大小及 $\triangle ABC$ 的面积 S.

解 $\angle BAC$ 是向量 $\overrightarrow{AB}$ 和 $\overrightarrow{AC}$ 的夹角，由于

$$\overrightarrow{AB} = (1,1,0), \ \overrightarrow{AC} = (1,0,1),$$

则

$$\overrightarrow{AB} \cdot \overrightarrow{AC} = 1 \cdot 1 + 1 \cdot 0 + 0 \cdot 1 = 1,$$

$$|\overrightarrow{AB}| = \sqrt{1^2 + 1^2 + 0^2} = \sqrt{2},$$

$$|\overrightarrow{AC}| = \sqrt{1^2 + 0^2 + 1^2} = \sqrt{2}.$$

因此

$$\cos \angle BAC = \frac{\overrightarrow{AB} \cdot \overrightarrow{AC}}{|\overrightarrow{AB}||\overrightarrow{AC}|} = \frac{1}{2},$$

所以 $\angle BAC$ 为 $\dfrac{\pi}{3}$. $\triangle ABC$ 的面积为

$$S = \frac{1}{2}|\overrightarrow{AB}||\overrightarrow{AC}| \sin \angle BAC$$

$$= \frac{1}{2} \cdot \sqrt{2} \cdot \sqrt{2} \cdot \sin \frac{\pi}{3} = \frac{\sqrt{3}}{2}.$$

二、两向量的向量积

在研究物体的转动问题时，要考虑作用在物体上的力所产生的力矩. 下面用一个简单的例子来说明表示力矩的方法. 设 O 是一杠杆的支点，力 $\boldsymbol{f}$ 作用在杠杆上的 P 点处，$\boldsymbol{f}$ 与 $\overrightarrow{OP}$ 的夹角为 θ，如图 7.11所示.

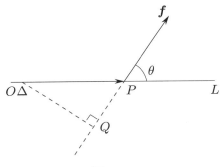

图 7.11

力学中规定，力 $\boldsymbol{f}$ 对支点 O 的力矩 $\boldsymbol{M}$ 是一个向量，它的大小等于力的大小与支点到力的作用线的距离之积，即

$$|\boldsymbol{M}| = |\boldsymbol{f}||\overrightarrow{OP}| \sin \theta,$$

它的方向垂直于 $\overrightarrow{OP}$ 与 $\boldsymbol{f}$ 确定的平面，并且 $\overrightarrow{OP}$，$\boldsymbol{f}$，$\boldsymbol{M}$ 三者的方向符合右手法则 (有序向量组 $\boldsymbol{a}$，$\boldsymbol{b}$，$\boldsymbol{c}$ 符合右手法则，是指当右手的四指从 $\boldsymbol{a}$ 以不超过 π 的转角转向 $\boldsymbol{b}$ 时，竖起的大拇指的指向就是 $\boldsymbol{c}$ 的方向). 由此实际问题，我们定义向量的另一种运算，即两个向量的**向量积**.

定义 7.2 设 $\boldsymbol{a}$，$\boldsymbol{b}$ 是两个向量，规定 $\boldsymbol{a}$ 与 $\boldsymbol{b}$ 的**向量积**是一个向量，记作 $\boldsymbol{a} \times \boldsymbol{b}$，它的模与方向分别是：

(1) $|\boldsymbol{a} \times \boldsymbol{b}| = |\boldsymbol{a}||\boldsymbol{b}| \sin \theta \ \ (\theta = \widehat{(\boldsymbol{a}, \boldsymbol{b})})$;

(2) $\boldsymbol{a} \times \boldsymbol{b}$ 同时垂直于 $\boldsymbol{a}$ 和 $\boldsymbol{b}$，并且 $\boldsymbol{a}, \boldsymbol{b}, \boldsymbol{a} \times \boldsymbol{b}$ 符合右手法则.

向量的向量积也叫**叉积**或**外积**，如图 7.12所示. 按此定义，力矩就可以表示为 $\boldsymbol{M} = \overrightarrow{OP} \times \boldsymbol{f}$.

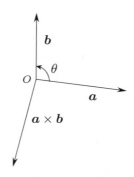

图 7.12

1. 向量积满足下列运算规律：

(1) **反交换律** $\boldsymbol{a} \times \boldsymbol{b} = -\boldsymbol{b} \times \boldsymbol{a}$；

(2) **分配律** $(\boldsymbol{a} + \boldsymbol{b}) \times \boldsymbol{c} = \boldsymbol{a} \times \boldsymbol{c} + \boldsymbol{b} \times \boldsymbol{c}$；

(3) **结合律** $(\lambda \boldsymbol{a}) \times \boldsymbol{b} = \boldsymbol{a} \times (\lambda \boldsymbol{b}) = \lambda(\boldsymbol{a} \times \boldsymbol{b})$，$\lambda$ 为常数.

下面来推导向量积的坐标表达式.

设 $\boldsymbol{a} = a_x \boldsymbol{i} + a_y \boldsymbol{j} + a_z \boldsymbol{k}$，$\boldsymbol{b} = b_x \boldsymbol{i} + b_y \boldsymbol{j} + b_z \boldsymbol{k}$，则

$$
\begin{aligned}
\boldsymbol{a} \times \boldsymbol{b} &= (a_x \boldsymbol{i} + a_y \boldsymbol{j} + a_z \boldsymbol{k}) \times (b_x \boldsymbol{i} + b_y \boldsymbol{j} + b_z \boldsymbol{k}) \\
&= a_x b_x (\boldsymbol{i} \times \boldsymbol{i}) + a_x b_y (\boldsymbol{i} \times \boldsymbol{j}) + a_x b_z (\boldsymbol{i} \times \boldsymbol{k}) \\
&\quad + a_y b_x (\boldsymbol{j} \times \boldsymbol{i}) + a_y b_y (\boldsymbol{j} \times \boldsymbol{j}) + a_y b_z (\boldsymbol{j} \times \boldsymbol{k}) \\
&\quad + a_z b_x (\boldsymbol{k} \times \boldsymbol{i}) + a_z b_y (\boldsymbol{k} \times \boldsymbol{j}) + a_z b_z (\boldsymbol{k} \times \boldsymbol{k}).
\end{aligned}
$$

由于

$$
\boldsymbol{i} \times \boldsymbol{i} = \boldsymbol{j} \times \boldsymbol{j} = \boldsymbol{k} \times \boldsymbol{k} = \boldsymbol{0},
$$

并且

$$
\boldsymbol{i} \times \boldsymbol{j} = \boldsymbol{k}, \; \boldsymbol{j} \times \boldsymbol{k} = \boldsymbol{i}, \; \boldsymbol{k} \times \boldsymbol{i} = \boldsymbol{j}, \; \boldsymbol{j} \times \boldsymbol{i} = -\boldsymbol{k}, \; \boldsymbol{k} \times \boldsymbol{j} = -\boldsymbol{i}, \; \boldsymbol{i} \times \boldsymbol{k} = -\boldsymbol{j},
$$

所以

$$
\boldsymbol{a} \times \boldsymbol{b} = (a_y b_z - a_z b_y)\boldsymbol{i} + (a_z b_x - a_x b_z)\boldsymbol{j} + (a_x b_y - a_y b_x)\boldsymbol{k}.
$$

利用三阶行列式，上式可表示成

$$
\boldsymbol{a} \times \boldsymbol{b} = \begin{vmatrix} \boldsymbol{i} & \boldsymbol{j} & \boldsymbol{k} \\ a_x & a_y & a_z \\ b_x & b_y & b_z \end{vmatrix}
$$

例 7.9 设 $\boldsymbol{a} = (2, 1, -1)$，$\boldsymbol{b} = (1, -1, 2)$，计算 $\boldsymbol{a} \times \boldsymbol{b}$.

解
$$\boldsymbol{a} \times \boldsymbol{b} = \begin{vmatrix} \boldsymbol{i} & \boldsymbol{j} & \boldsymbol{k} \\ 2 & 1 & -1 \\ 1 & -1 & 2 \end{vmatrix} = \boldsymbol{i} - 5\boldsymbol{j} - 3\boldsymbol{k}.$$

2. 向量积的几何意义

(1) $\boldsymbol{a} \times \boldsymbol{b}$ 的模：由于 $|\boldsymbol{a} \times \boldsymbol{b}| = |\boldsymbol{a}||\boldsymbol{b}| \sin\theta = |\boldsymbol{a}|h$ $(h = |\boldsymbol{b}| \sin\theta)$，因此，从图 7.13可以看出 $|\boldsymbol{a} \times \boldsymbol{b}|$ 表示以 $\boldsymbol{a}$ 和 $\boldsymbol{b}$ 为邻边的平行四边形的面积.

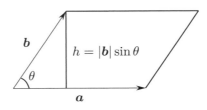

图 7.13

(2) $\boldsymbol{a} \times \boldsymbol{b}$ 的方向：$\boldsymbol{a} \times \boldsymbol{b}$ 与一切既平行于 $\boldsymbol{a}$ 又平行于 $\boldsymbol{b}$ 的平面相垂直.

例 7.10 已知 $\triangle ABC$ 的顶点分别为 $A(1,2,3)$, $B(3,4,5)$ 和 $C(2,4,7)$，求 $\triangle ABC$ 的面积 S 及 A 到 BC 边上的高 h.

解 由于 $\overrightarrow{AB} = (2,2,2)$, $\overrightarrow{AC} = (1,2,4)$，则

$$\overrightarrow{AB} \times \overrightarrow{AC} = \begin{vmatrix} \boldsymbol{i} & \boldsymbol{j} & \boldsymbol{k} \\ 2 & 2 & 2 \\ 1 & 2 & 4 \end{vmatrix} = 4\boldsymbol{i} - 6\boldsymbol{j} + 2\boldsymbol{k}.$$

因此，$\triangle ABC$ 的面积

$$S = \frac{1}{2}|\overrightarrow{AB}||\overrightarrow{AC}| \sin\angle BAC = \frac{1}{2}|\overrightarrow{AB} \times \overrightarrow{AC}|$$
$$= \frac{1}{2}\sqrt{4^2 + (-6)^2 + 2^2} = \sqrt{14}.$$

又

$$S = \frac{1}{2}|\overrightarrow{BC}| \cdot h,$$

所以

$$h = \frac{|\overrightarrow{AB} \times \overrightarrow{AC}|}{|\overrightarrow{BC}|} = \frac{2\sqrt{14}}{\sqrt{(-1)^2 + 0 + 2^2}} = \frac{2\sqrt{70}}{5}.$$

习 题 7.2

1. 设 $\boldsymbol{a} = (3,-1,2)$, $\boldsymbol{b} = (1,2,-1)$，求：

(1) $\boldsymbol{a} \cdot \boldsymbol{b}$;　(2) $\cos(\widehat{\boldsymbol{a},\boldsymbol{b}})$;　(3) $(2\boldsymbol{a} - \boldsymbol{b}) \cdot (\boldsymbol{a} + 2\boldsymbol{b})$;　(4) $\boldsymbol{a} \times \boldsymbol{b}$.

2. 已知三角形的三个顶点 $A(1,1,1)$, $B(2,2,1)$, $C(2,1,2)$，求 $\angle BAC$.

3. 已知 $\boldsymbol{a} + \boldsymbol{b} + \boldsymbol{c} = \boldsymbol{0}$, $|\boldsymbol{a}| = 3$, $|\boldsymbol{b}| = 4$, $|\boldsymbol{c}| = 5$，求 $\boldsymbol{a} \cdot \boldsymbol{b} + \boldsymbol{b} \cdot \boldsymbol{c} + \boldsymbol{c} \cdot \boldsymbol{a}$.

4. 已知 $A(1, -1, 2)$，$B(5, -6, 2)$，$C(1, 3, -1)$，求：

(1) 同时与 $\overrightarrow{AB}$ 及 $\overrightarrow{AC}$ 垂直的单位向量；

(2) $\triangle ABC$ 的面积；

(3) 从顶点 A 到边 BC 的高.

5. 设 $\boldsymbol{a} = (3, 5, -2)$，$\boldsymbol{b} = (2, 1, 9)$，试求 λ 的值使得：

(1) $\lambda \boldsymbol{a} + \boldsymbol{b}$ 与 z 轴垂直；

(2) $\lambda \boldsymbol{a} + \boldsymbol{b}$ 与 $\boldsymbol{a}$ 垂直.

6. 已知 $|\boldsymbol{a}| = 3$，$|\boldsymbol{b}| = 36$，$|\boldsymbol{a} \times \boldsymbol{b}| = 72$，求 $\boldsymbol{a} \cdot \boldsymbol{b}$.

7. 已知点 $A(1, 0, 0)$ 及 $B(0, 2, 1)$，试在 z 轴上求一点 C，使 $\triangle ABC$ 的面积最小.

8. 若 $|\boldsymbol{a}| = 3$，$|\boldsymbol{b}| = 4$，且 $\boldsymbol{a} \perp \boldsymbol{b}$，求 $|(\boldsymbol{a} + \boldsymbol{b}) \times (\boldsymbol{a} - \boldsymbol{b})|$.

7.3　平面及其方程

一、平面方程

如果一非零向量垂直于一平面，这向量就叫作该平面的法线向量，简称**法向量**，一般记为 $\boldsymbol{n}$. 平面上的任一向量均与该平面的法向量垂直.

因为过空间一点可以作而且只能作一平面垂直于一已知直线，所以当平面上的一点和它的一个法向量为已知时，平面的位置就完全确定了. 下面我们建立平面的方程.

设 $\boldsymbol{n} = (A, B, C)$，$M_0(x_0, y_0, z_0)$ 是平面上的一个定点，$M(x, y, z)$ 是平面上任一点，如图 7.14所示，则向量 $\overrightarrow{M_0M}$ 必与平面的法向量 $\boldsymbol{n}$ 垂直，即它们的数量积等于零，由此可得

$$A(x - x_0) + B(y - y_0) + C(z - z_0) = 0. \tag{7.1}$$

此即为过点 $M_0(x_0, y_0, z_0)$，以 $\boldsymbol{n}$ 为法向量的平面方程，通常称之为**点法式方程**.

反过来，如果 $M(x, y, z)$ 不在平面上，那么向量 $\overrightarrow{M_0M}$ 与法向量 $\boldsymbol{n}$ 不垂直，从而点 M 的坐标 (x, y, z) 不满足方程(7.1).

方程(7.1)可化简为

$$Ax + By + Cz + D = 0,$$

其中 A, B, C, D 均为常数，且 A, B, C 不全为零，称之为**空间平面的一般方程**.

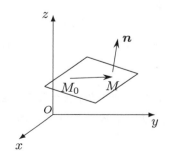

图 7.14

例 7.11 求过点 $(0,0,0)$ 且以 $\boldsymbol{n} = (1,1,1)$ 为法向量的平面方程.

解 根据点法式方程, 可得所求平面的方程为

$$1 \cdot (x - 0) + 1 \cdot (y - 0) + 1 \cdot (z - 0) = 0,$$

即 $x + y + z = 0$.

容易验证, 通过坐标原点的平面方程的一般形式为

$$Ax + By + Cz = 0,$$

其中 A, B, C 均为常数, 且不全为零.

例 7.12 设一平面与 x, y, z 轴的交点依次为 $P(a, 0, 0)$, $Q(0, b, 0)$, $R(0, 0, c)$ (见图 7.15), 求平面的方程 (其中 $a \neq 0$, $b \neq 0$, $c \neq 0$).

解 设所求平面的方程为

$$Ax + By + Cz + D = 0. \tag{7.2}$$

因为 $P(a, 0, 0)$, $Q(0, b, 0)$, $R(0, 0, c)$ 三点都在平面上, 所以 P, Q, R 的坐标都满足平面方程, 即

$$\begin{cases} aA + D = 0, \\ bB + D = 0, \\ cC + D = 0, \end{cases}$$

解得 $A = -\dfrac{D}{a}$, $B = -\dfrac{D}{b}$, $C = -\dfrac{D}{c}$. 将此代入平面方程(7.2)并消去 D, 可得所求的平面方程为

$$\frac{x}{a} + \frac{y}{b} + \frac{z}{c} = 1. \tag{7.3}$$

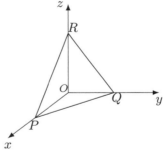

图 7.15

方程(7.3)叫作平面的**截距式方程**, 而 a, b, c 依次叫作平面在 x, y, z 轴上的**截距**.

二、两平面的夹角

两平面的法向量的夹角 (通常指锐角或直角) 称为**两平面的夹角**.

设平面 Π_1 和 Π_2 的法向量依次为 $\boldsymbol{n_1}, \boldsymbol{n_2}$ (如图 7.16所示), 则平面 Π_1 和 Π_2 的夹角 θ 应是 $\widehat{(\boldsymbol{n_1}, \boldsymbol{n_2})}, \widehat{(-\boldsymbol{n_1}, \boldsymbol{n_2})}$ 两者中的锐角或直角.

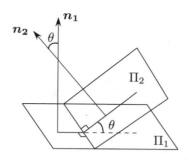

图 7.16

因此，按两向量夹角余弦的坐标表达式，平面 Π_1 和 Π_2 的夹角 θ 可由

$$\cos\theta = \frac{|A_1 A_2 + B_1 B_2 + C_1 C_2|}{\sqrt{A_1^2 + B_1^2 + C_1^2}\sqrt{A_2^2 + B_2^2 + C_2^2}}$$

来确定. 从两向量垂直、平行的充要条件可以推出以下结论：

Π_1, Π_2 互相垂直 $\Leftrightarrow A_1 A_2 + B_1 B_2 + C_1 C_2 = 0$；

Π_1, Π_2 互相平行 $\Leftrightarrow \dfrac{A_1}{A_2} = \dfrac{B_1}{B_2} = \dfrac{C_1}{C_2}$.

例 7.13 求两平面 $x - y + 2z - 6 = 0$ 和 $2x + y + z - 5 = 0$ 的夹角.

解 根据平面夹角公式可得

$$\cos\theta = \frac{|1 \times 2 + (-1) \times 1 + 2 \times 1|}{\sqrt{1^2 + (-1)^2 + 2^2} \cdot \sqrt{2^2 + 1^2 + 1^2}} = \frac{1}{2},$$

因此，两平面夹角为 $\theta = \dfrac{\pi}{3}$.

例 7.14 设 $P_0(x_0, y_0, z_0)$ 是平面 $Ax + By + Cz + D = 0$ 外一点，求 P_0 到此平面的距离.

解 如图 7.17所示，在平面上任取一点 $P_1(x_1, y_1, z_1)$，并作一法向量 $\boldsymbol{n}$，考虑到 $\overrightarrow{P_1 P_0}$ 与 $\boldsymbol{n}$ 的夹角 θ 也可能是钝角，得所求的距离

$$d = |\overrightarrow{P_1 P_0}||\cos\theta| = |\overrightarrow{P_1 P_0}| \left| \frac{\overrightarrow{P_1 P_0} \cdot \boldsymbol{n}}{|\overrightarrow{P_1 P_0}| \, |\boldsymbol{n}|} \right| = \frac{\left| \overrightarrow{P_1 P_0} \cdot \boldsymbol{n} \right|}{|\boldsymbol{n}|}.$$

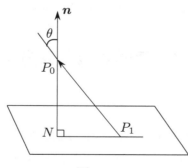

图 7.17

而

$$\boldsymbol{n} = (A, B, C), \quad \overrightarrow{P_1 P_0} = (x_0 - x_1, y_0 - y_1, z_0 - z_1),$$

得

$$\frac{\overrightarrow{P_1P_0} \cdot \boldsymbol{n}}{|\boldsymbol{n}|} = \frac{A(x_0 - x_1) + B(y_0 - y_1) + C(z_0 - z_1)}{\sqrt{A^2 + B^2 + C^2}}$$

$$= \frac{Ax_0 + By_0 + Cz_0 - (Ax_1 + By_1 + Cz_1)}{\sqrt{A^2 + B^2 + C^2}}.$$

因为 $Ax_1 + By_1 + Cz_1 = -D$，所以

$$\frac{\overrightarrow{P_1P_0} \cdot \boldsymbol{n}}{|\boldsymbol{n}|} = \frac{Ax_0 + By_0 + Cz_0 + D}{\sqrt{A^2 + B^2 + C^2}},$$

由此得点 $P_0(x_0, y_0, z_0)$ 到平面 $Ax + By + Cz + D = 0$ 的距离公式

$$d = \frac{|Ax_0 + By_0 + Cz_0 + D|}{\sqrt{A^2 + B^2 + C^2}}.$$

例 7.15 求点 $(2, 1, 1)$ 到平面 $x + y - z + 1 = 0$ 的距离.

解 利用点到平面的距离公式可得

$$d = \frac{|1 \times 2 + 1 \times 1 - 1 \times 1 + 1|}{\sqrt{1^2 + 1^2 + (-1)^2}} = \frac{3}{\sqrt{3}} = \sqrt{3}.$$

习 题 7.3

1. 求过点 $(3, 0, -1)$ 且与平面 $3x - 7y + 5z - 12 = 0$ 平行的平面方程.

2. 求过 $M_1(1, 1, -1)$，$M_2(-2, -2, 2)$ 和 $M_3(1, -1, 2)$ 三点的平面方程.

3. 求平面 $2x - 2y + z + 5 = 0$ 与各坐标面的夹角的余弦.

4. 求点 $(1, 2, 1)$ 到平面 $x + 2y + 2z - 10 = 0$ 的距离.

5. 根据已知条件求平面方程:

(1) 平行于 x 轴且经过两点 $(4, 1, 2)$ 和 $(5, 0, 1)$；

(2) 经过 x 轴和点 $(3, -2, 1)$.

6. 求平面 $2x - 2y + z + 5 = 0$ 与平面 $x + 3y - 2z + 7 = 0$ 夹角的余弦.

7. 求过 z 轴且与平面 $\sqrt{5}x + 2y + z - 18 = 0$ 的夹角为 $\frac{\pi}{3}$ 的平面方程.

7.4　空间直线及其方程

一、空间直线的一般方程

空间直线 L 可以看作是两个平面 Π_1 和 Π_2 的交线，如图 7.18所示. 如果两个相交平面的方程分别是 $A_1x + B_1y + C_1z + D_1 = 0$ 和 $A_2x + B_2y + C_2z + D_2 = 0$，那么直线 L 上的任一点的坐标应同时满足这两个平面的方程，即应满足方程组

$$\begin{cases} A_1x + B_1y + C_1z + D_1 = 0, \\ A_2x + B_2y + C_2z + D_2 = 0. \end{cases}$$

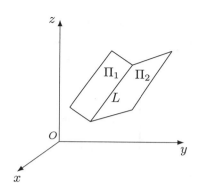

图 7.18

反过来，如果点 M 不在直线 L 上，那么它不可能同时在平面 Π_1 和 Π_2 上，所以它的坐标不满足方程组. 因此，直线 L 可以用方程组来表示，方程组叫作**空间直线的一般方程**.

通过空间一直线 L 的平面有无限个，只要在这无限个平面中任意选取两个，把它们的方程联立起来，所得的方程组就表示空间直线 L.

二、空间直线的对称式方程与参数方程

如果一个非零向量平行于一条已知直线，那么这个向量就叫作这条直线的**方向向量**.

因过空间一点可作且只能作一条直线平行于一已知直线，当直线 L 上的一点 $M_0(x_0, y_0, z_0)$ 和它的一方向向量 $s = (m, n, p)$ 为已知时，直线 L 的位置就完全确定了 (如图 7.19所示). 设点 $M(x, y, z)$ 是直线 L 上的任一点，则向量 $\overrightarrow{M_0M}$ 与 L 的方向向量 $s = (m, n, p)$ 平行，所以两向量的对应坐标成比例，从而有

$$\frac{x - x_0}{m} = \frac{y - y_0}{n} = \frac{z - z_0}{p}. \tag{7.4}$$

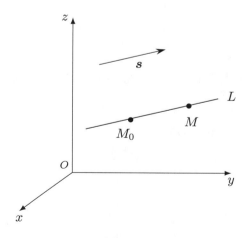

图 7.19

反过来，如果点 M 不在直线 L 上，那么由于 $\overrightarrow{M_0M}$ 与 s 不平行，这两向量的对应坐标就不成比例. 因此方程组(7.4)就是直线 L 的方程，叫作直线的**对称式方程**或**点向式方程**.

由直线的对称式方程容易导出直线的参数方程，如设

$$\frac{x - x_0}{m} = \frac{y - y_0}{n} = \frac{z - z_0}{p} = t,$$

则

$$\begin{cases} x = x_0 + mt, \\ y = y_0 + nt, \\ z = z_0 + pt, \end{cases} \tag{7.5}$$

方程组(7.5)就是直线的**参数方程**.

例 7.16 把直线方程 $\begin{cases} x - 5y + 2z - 1 = 0, \\ 5y - z + 2 = 0 \end{cases}$ 化成对称式方程和参数方程.

解 先求直线上的一点. 不妨令 $y = 0$，则得 $x = -3$, $z = 2$，即点 $(-3, 0, 2)$ 是直线上的一点. 再求直线的方向向量 s. 因为两平面的交线与这两平面的法向量 $n_1 = (1, -5, 2)$, $n_2 = (0, 5, -1)$ 都垂直，所以可取

$$s = n_1 \times n_2 = \begin{vmatrix} i & j & k \\ 1 & -5 & 2 \\ 0 & 5 & -1 \end{vmatrix} = (-5, 1, 5),$$

因此，所给直线的对称式方程为

$$\frac{x + 3}{-5} = \frac{y}{1} = \frac{z - 2}{5}.$$

令 $\frac{x + 3}{-5} = \frac{y}{1} = \frac{z - 2}{5} = t$，可得所给直线的参数方程为

$$\begin{cases} x = -5t - 3, \\ y = t, \\ z = 5t + 2. \end{cases}$$

例 7.17 求过点 $(1, -2, 3)$ 且与平面 $2x + y - 5z = 1$ 垂直的直线的对称式方程与参数方程.

解 由于所求直线与平面 $2x + y - 5z = 1$ 垂直，故可取平面的法向量作为直线的方向向量，即 $s = n = (2, 1, -5)$，因此，可得直线的对称式方程

$$\frac{x - 1}{2} = \frac{y + 2}{1} = \frac{z - 3}{-5}$$

及参数方程

$$\begin{cases} x = 2t + 1, \\ y = t - 2, \\ z = -5t + 3. \end{cases}$$

三、两直线的夹角

两直线的方向向量的夹角 (通常指锐角或直角) 叫作**两直线的夹角**.

设直线 L_1 和 L_2 的方向向量依次为 $s_1 = (m_1, n_1, p_1)$, $s_2 = (m_2, n_2, p_2)$, 则 L_1 和 L_2 的夹角 φ 应是 $(\widehat{s_1, s_2})$, $(\widehat{-s_1, s_2})$ 两者中的锐角或直角. 因此, 按两向量的夹角的余弦公式, 直线 L_1 和 L_2 的夹角 φ 可由

$$\cos\varphi = \frac{|m_1 m_2 + n_1 n_2 + p_1 p_2|}{\sqrt{m_1^2 + n_1^2 + p_1^2}\sqrt{m_2^2 + n_2^2 + p_2^2}} \tag{7.6}$$

来确定.

从两向量垂直、平行的充要条件可以推出以下结论:

两直线 L_1 和 L_2 互相垂直 $\Leftrightarrow m_1 m_2 + n_1 n_2 + p_1 p_2 = 0$;

两直线 L_1 和 L_2 互相平行 $\Leftrightarrow \dfrac{m_1}{m_2} = \dfrac{n_1}{n_2} = \dfrac{p_1}{p_2}$.

例 7.18 求直线 $L_1 : \dfrac{x-1}{1} = \dfrac{y}{-4} = \dfrac{z+3}{1}$ 和 $L_2 : \dfrac{x}{2} = \dfrac{y+2}{-2} = \dfrac{z}{-1}$ 的夹角.

解 直线 L_1 的方向向量为 $s_1 = (1, -4, 1)$, 直线 L_2 的方向向量为 $s_2 = (2, -2, -1)$, 设直线 L_1 和直线 L_2 的夹角为 φ, 则由夹角公式可得

$$\cos\varphi = \frac{|1 \times 2 + (-4) \times (-2) + 1 \times (-1)|}{\sqrt{1^2 + (-4)^2 + 1^2}\sqrt{2^2 + (-2)^2 + (-1)^2}} = \frac{1}{\sqrt{2}},$$

所以, 两直线的夹角 $\varphi = \dfrac{\pi}{4}$.

例 7.19 直线 L 过点 $(1, 2, 1)$, 且与下列两直线

$$L_1 : \begin{cases} x + 2y + 5z = 0, \\ 2x - y + z - 1 = 0, \end{cases} \qquad L_2 : \frac{x-1}{2} = \frac{y+2}{0} = \frac{z}{3}$$

垂直, 求 L 的方程.

解 过直线 L_1 的两平面法向量为 $n_1 = (1, 2, 5)$, $n_2 = (2, -1, 1)$, 则 L_1 的方向向量为

$$s_1 = n_1 \times n_2 = \begin{vmatrix} i & j & k \\ 1 & 2 & 5 \\ 2 & -1 & 1 \end{vmatrix} = (7, 9, -5).$$

又直线 L_2 的方向向量为

$$s_2 = (2, 0, 3),$$

故 L 的方向向量 s 应为

$$s = s_1 \times s_2 = \begin{vmatrix} i & j & k \\ 7 & 9 & -5 \\ 2 & 0 & 3 \end{vmatrix} = (27, -31, -18).$$

从而所求直线方程为

$$\frac{x-1}{27} = \frac{y-2}{-31} = \frac{z-1}{-18}.$$

四、直线与平面的夹角

如图 7.20 所示,当直线与平面不垂直时,直线和它在平面上的投影直线的夹角 φ $\left(0 \leqslant \varphi < \dfrac{\pi}{2}\right)$ 称为**直线与平面的夹角**. 当直线与平面垂直时,规定直线与平面的夹角为 $\dfrac{\pi}{2}$.

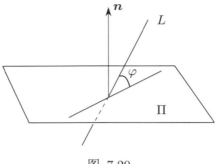

图 7.20

设直线的方向向量 $\boldsymbol{s} = (m, n, p)$,平面的法向量为 $\boldsymbol{n} = (A, B, C)$,直线与平面的夹角为 φ,那么 $\varphi = \left| \dfrac{\pi}{2} - (\widehat{\boldsymbol{s}, \boldsymbol{n}}) \right|$. 因此 $\sin \varphi = |\cos(\widehat{\boldsymbol{s}, \boldsymbol{n}})|$. 按两向量夹角余弦的坐标公式可得

$$\sin \varphi = \frac{|Am + Bn + Cp|}{\sqrt{A^2 + B^2 + C^2} \sqrt{m^2 + n^2 + p^2}}.$$

因为直线与平面垂直相当于直线的方向向量与平面的法向量平行,所以直线与平面垂直相当于

$$\frac{A}{m} = \frac{B}{n} = \frac{C}{p}.$$

因为直线与平面平行或直线在平面上相当于直线的方向向量与平面的法向量垂直,所以直线与平面平行或直线在平面上相当于

$$Am + Bn + Cp = 0.$$

例 7.20 求直线 $\dfrac{x-2}{1} = \dfrac{y-3}{1} = \dfrac{z-4}{2}$ 与平面 $2x + y + z - 6 = 0$ 的交点和夹角.

解 将直线的参数方程

$$x = t + 2, \ y = t + 3, \ z = 2t + 4$$

代入平面方程得

$$2(t + 2) + (t + 3) + (2t + 4) - 6 = 0,$$

解上述方程得 $t = -1$. 把 $t = -1$ 代入直线的参数方程,即得所求交点的坐标 $x = 1$, $y = 2$, $z = 2$.

由于直线的方向向量为 $\boldsymbol{s} = (1, 1, 2)$,平面的法向量为 $\boldsymbol{n} = (2, 1, 1)$,因此

$$\sin \varphi = \frac{|2 \cdot 1 + 1 \cdot 1 + 1 \cdot 2|}{\sqrt{1^2 + 1^2 + 2^2} \sqrt{2^2 + 1^2 + 1^2}} = \frac{5}{6},$$

故直线与平面的夹角为 $\varphi = \arcsin \dfrac{5}{6}$.

习　题　7.4

1. 求过点 $(4,-1,3)$ 且平行于直线 $\dfrac{x-3}{2}=\dfrac{y}{1}=\dfrac{z-1}{5}$ 的直线方程.

2. 求过两点 $M_1(3,-2,1)$ 和 $M_2(-1,0,2)$ 的直线方程.

3. 求直线 $\begin{cases} 5x-3y+3z-9=0, \\ 3x-2y+z-1=0 \end{cases}$ 与直线 $\begin{cases} 2x+2y-z+2=0, \\ 3x+8y+z-1=0 \end{cases}$ 夹角的余弦.

4. 求直线 $\dfrac{x-2}{1}=\dfrac{y-1}{2}=\dfrac{z-1}{-1}$ 与平面 $x-y-z+1=0$ 的夹角.

5. 写出下列直线的对称式方程及参数方程

$$\begin{cases} x+y-z=0, \\ x-y+z=0. \end{cases}$$

6. 判断下列直线 L_1 和 L_2 的相互位置，并求夹角的余弦

$$L_1:\dfrac{x}{2}=\dfrac{y+3}{3}=\dfrac{z}{4},\quad L_2:\dfrac{x-1}{1}=\dfrac{y+2}{1}=\dfrac{z-2}{2}.$$

7. 求 k 值，使直线 $\dfrac{x-3}{2k}=\dfrac{y+1}{k+1}=\dfrac{z-3}{5}$ 与直线 $\dfrac{x-1}{3}=\dfrac{y+5}{1}=\dfrac{z+2}{k-2}$ 垂直.

7.5　曲面及其方程

在空间解析几何中，关于曲面的研究有两个基本问题：

(1) 已知一曲面作为点的几何轨迹时，建立曲面的方程；

(2) 已知坐标 x，y 和 z 间的一个方程时，研究这方程所表示的曲面的形状.

像在平面解析几何中把平面曲线当作动点的轨迹一样. 在空间解析几何中，任何曲面或曲线都看作点的几何轨迹. 在这样的意义下，如果曲面 Σ 与三元方程

$$F(x,y,z)=0$$

有如下关系：

(1) 曲面 Σ 上任一点的坐标都满足方程；

(2) 不在曲面 Σ 上的点的坐标都不满足方程，

那么方程就叫作**曲面 Σ 的方程**，而曲面 Σ 就叫作方程的**图形**，如图 7.21所示.

下面建立一种特殊的曲面——球面方程.

例 7.21　建立球心在点 $M_0(x_0,y_0,z_0)$、半径为 R 的球面方程 (如图 7.22 所示).

解　设球面上任一点为 $M(x,y,z)$，那么有

$$|M_0M|=R.$$

由距离公式可得

$$\sqrt{(x-x_0)^2+(y-y_0)^2+(z-z_0)^2}=R,$$

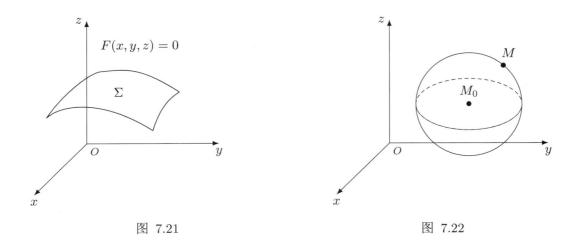

图 7.21　　　　　　　　　　　　　图 7.22

化解得球面方程为

$$(x - x_0)^2 + (y - y_0)^2 + (z - z_0)^2 = R^2. \tag{7.7}$$

当球心为原点时，球面方程为

$$x^2 + y^2 + z^2 = R^2.$$

一般地，设有三元二次方程

$$Ax^2 + Ay^2 + Az^2 + Dx + Ey + Fz + G = 0 \ (A \neq 0),$$

这个方程的特点是缺 xy, yz, zx 各项，而且平方项系数相同，只要将方程经过配方可以化成方程(7.7)的形式，那么它的图形就是一个球面.

一、旋转曲面

以一条平面曲线绕其平面上的一条直线旋转一周所成的曲面叫作**旋转曲面**，旋转曲线和定直线依次叫作旋转曲面的**母线**和**轴**.

设在 yOz 坐标面上有一已知曲线 C，如图 7.23所示，它的方程为

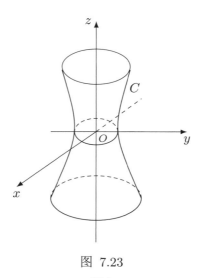

图 7.23

$$f(y, z) = 0.$$

将这曲线绕 z 轴旋转一周，就得到一个以 z 轴为轴的旋转曲面. 设 $M_1(0, y_1, z_1)$ 为曲线 C 上的任一点，则有

$$f(y_1, z_1) = 0. \tag{7.8}$$

当曲线 C 绕 z 轴旋转时，点 M_1 绕 z 轴转到另一点 $M(x, y, z)$，这时 $z = z_1$ 保持不变，且点 M 到 z 轴的距离

$$d = \sqrt{x^2 + y^2} = |y_1|.$$

将 $z_1 = z$, $y_1 = \pm\sqrt{x^2 + y^2}$ 代入 (7.8) 式，有

$$f\left(\pm\sqrt{x^2 + y^2}, z\right) = 0,$$

这就是所求旋转曲面的方程.

由此可知，在曲线 C 的方程 $f(y, z) = 0$ 中将 y 改成 $\pm\sqrt{x^2 + y^2}$，便得到曲线 C 绕 z 轴旋转所成的旋转曲面方程.

同理，曲线 C 绕 y 轴旋转所成的旋转曲面方程为

$$f\left(y, \pm\sqrt{x^2 + z^2}\right) = 0.$$

例 7.22　yOz 面上的抛物线 $y^2 = 2pz$ 绕 z 轴旋转而成的曲面方程是

$$x^2 + y^2 = 2pz,$$

该曲面叫作**旋转抛物面**.

例 7.23　yOz 面上的椭圆 $\dfrac{y^2}{a^2} + \dfrac{z^2}{b^2} = 1$ 绕 y 轴旋转而成的曲面方程是

$$\frac{y^2}{a^2} + \frac{x^2 + z^2}{b^2} = 1,$$

该曲面叫作**旋转椭球面**.

例 7.24　zOx 面上的双曲线 $\dfrac{x^2}{a^2} - \dfrac{z^2}{b^2} = 1$ 绕 z 轴和 x 轴旋转而成的曲面方程分别是

$$\frac{x^2 + y^2}{a^2} - \frac{z^2}{b^2} = 1,$$

与

$$\frac{x^2}{a^2} - \frac{y^2 + z^2}{b^2} = 1,$$

两曲面分别叫作**单叶旋转双曲面**和**双叶旋转双曲面**.

例 7.25　直线 L 绕另一条与 L 相交的直线旋转一周，所得旋转曲面叫作**圆锥面**，如图 7.24所示. 两直线的交点叫作**圆锥面的顶点**，两直线的夹角 α $\left(0 < \alpha < \dfrac{\pi}{2}\right)$ 叫作**圆锥面的半顶角**. 试建立顶点在坐标原点 O，旋转轴为 z 轴，半顶角为 α 的圆锥面的方程.

解 在 yOz 坐标面上，直线 L 的方程为

$$z = y \cot \alpha. \tag{7.9}$$

因为旋转轴为 z 轴，所以只要将方程 (7.9) 中的 y 改成 $\pm\sqrt{x^2 + y^2}$，便得到圆锥面的方程

$$z = \pm\sqrt{x^2 + y^2} \cot \alpha,$$

或

$$z^2 = a^2(x^2 + y^2), \tag{7.10}$$

其中 $a = \cot \alpha$.

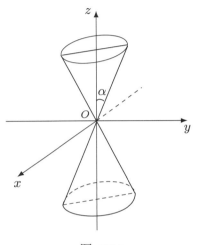

图 7.24

显然，圆锥面上任一点 M 的坐标一定满足方程 (7.10). 如果点 M 不在圆锥面上，那么直线 OM 与 z 轴的夹角就不等于 α，因此点 M 的坐标就不满足方程 (7.10).

二、柱面

如图 7.25 所示，平行于定直线 L 并沿定曲线 C 移动的直线所成的曲面称为**柱面**，定曲线 C 称为**柱面的准线**，动直线称为**柱面的母线**.

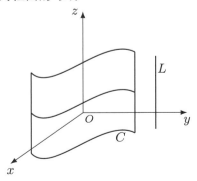

图 7.25

设柱面 Σ 的母线平行于 z 轴，准线 C 是 xOy 平面上的一条曲线，其方程为

$$\begin{cases} f(x, y) = 0, \\ z = 0, \end{cases}$$

则柱面方程为

$$f(x, y) = 0.$$

在上述方程中没有出现 z 坐标，表明 z 可以任意取值. 一般地，只含 x, y 而缺 z 的方程 $f(x, y) = 0$，在空间直角坐标系中表示母线平行于 z 轴的柱面，其准线为 xOy 平面上的曲线

$$\begin{cases} f(x, y) = 0, \\ z = 0. \end{cases}$$

例如，方程 $\dfrac{x^2}{a^2} + \dfrac{y^2}{b^2} = 1$ 表示椭圆柱面 (如图 7.26所示)，其母线平行于 z 轴，准线是 xOy 平面上的椭圆

$$\begin{cases} \dfrac{x^2}{a^2} + \dfrac{y^2}{b^2} = 1, \\ z = 0. \end{cases}$$

特别地，当 $a = b$ 时，称之为**圆柱面**.

类似地，母线平行于 x 轴和 y 轴也有类似的结果.

例如，方程 $y^2 - z^2 = 1$ 和 $x^2 = 2z$ 分别表示母线平行于 x 轴的双曲柱面和母线平行于 y 轴的抛物柱面.

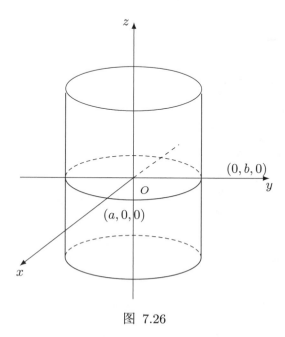

图 7.26

三、二次曲面

三元二次方程所表示的曲面称为**二次曲面**.

经过选取适当的空间直角坐标系，二次曲面有下面几种标准形式：

(1) **球面**：$x^2 + y^2 + z^2 = R^2 \ (R > 0)$，如图 7.27 所示；

(2) **椭球面**：$\dfrac{x^2}{a^2} + \dfrac{y^2}{b^2} + \dfrac{z^2}{c^2} = 1 \ (a > 0, \ b > 0, \ c > 0)$，如图 7.28 所示；

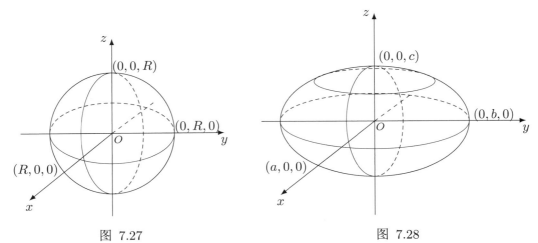

图 7.27 　　　　　　　　　　　　　图 7.28

(3) **单叶双曲面**：$\dfrac{x^2}{a^2} + \dfrac{y^2}{b^2} - \dfrac{z^2}{c^2} = 1 \ (a > 0, \ b > 0, \ c > 0)$，如图 7.29 所示；

(4) **双叶双曲面**：$\dfrac{x^2}{a^2} + \dfrac{y^2}{b^2} - \dfrac{z^2}{c^2} = -1 \ (a > 0, \ b > 0, \ c > 0)$，如图 7.30 所示；

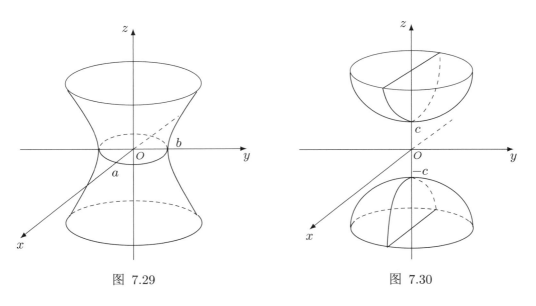

图 7.29 　　　　　　　　　　　　　图 7.30

(5) **椭圆锥面**：$\dfrac{x^2}{a^2} + \dfrac{y^2}{b^2} - \dfrac{z^2}{c^2} = 0 \ (a > 0, \ b > 0, \ c > 0)$，如图 7.31 所示；

(6) **椭圆抛物面**：$\dfrac{x^2}{a^2} + \dfrac{y^2}{b^2} = 2z \ (a > 0, \ b > 0)$，如图 7.32 所示；

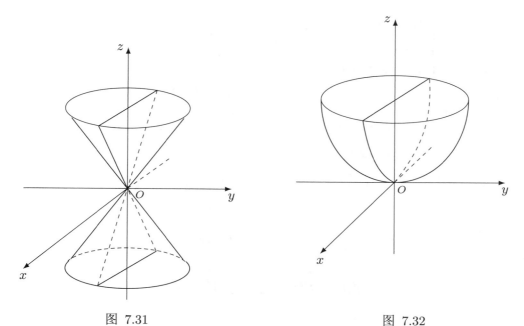

图 7.31   图 7.32

(7) **双曲抛物面**：$\dfrac{x^2}{a^2} - \dfrac{y^2}{b^2} = -2z \ (a > 0, \ b > 0)$，如图 7.33所示.

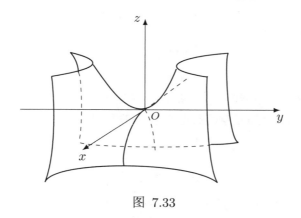

图 7.33

习 题 7.5

1. 一球面过原点及 $A(4,0,0)$, $B(1,3,0)$ 和 $C(0,0,-4)$ 三点，求球面的方程及球心的坐标和半径.

2. 建立以点 $(1,3,-2)$ 为球心，且通过原点的球面方程.

3. 将 xOz 坐标面上的抛物线 $z^2 = 5x$ 绕 x 轴旋转一周，求所生成的旋转曲面的方程.

4. 将 xOz 坐标面上的圆 $x^2 + z^2 = 9$ 绕 z 轴旋转一周，求所生成的旋转曲面的方程.

5. 求 yOz 平面上的曲线 $y^2 - z^2 = 1$，分别绕 z 轴及 y 轴旋转一周所形成的曲面方程.

6. 求 xOz 平面上的直线 $z - x = 1$ 绕 z 轴旋转一周所形成的曲面方程.

7. 求母线平行于 z 轴且通过曲线 $\begin{cases} z = x^2 + 2y^2, \\ z = 2 - x^2 \end{cases}$ 的柱面方程.

8. 求母线为 $\begin{cases} 4x^2 - 9y^2 = 36, \\ z = 0, \end{cases}$ 旋转轴为 x 轴的旋转曲面方程.

9. 说明下列旋转曲面是怎样形成的.

(1) $\dfrac{x^2}{4} + \dfrac{y^2}{9} + \dfrac{z^2}{9} = 1$;　　　　(2) $x^2 - \dfrac{y^2}{4} + z^2 = 1$;

(3) $x^2 - y^2 - z^2 = 1$;　　　　　(4) $(z - a)^2 = x^2 + y^2$.

10. 指出下列方程各表示哪种曲面.

(1) $z = 2 - y^2$;　　　　　　　(2) $3x^2 + 4y^2 = 25$;

(3) $5y^2 - z^2 = 10$;　　　　　(4) $x^2 + 2y^2 + 3z^2 = 9$;

(5) $\dfrac{x^2}{4} + \dfrac{y^2}{9} - z = 0$;　　　　　(6) $2x^2 - y^2 = z$.

7.6　空间曲线及其方程

一、空间曲线的一般方程

空间曲线可以看作是两个曲面 Σ_1 和 Σ_2 的交线. 设 $F(x, y, z) = 0$ 和 $G(x, y, z) = 0$ 是两个曲面的方程,它们的交线为 C,如图 7.34所示. 因为曲线 C 上的任何点的坐标应同时满足这两个曲面方程,所以应满足方程组

$$\begin{cases} F(x, y, z) = 0, \\ G(x, y, z) = 0. \end{cases}$$

反过来,如果点 M 不在曲线 C 上,那么它不可能同时在两个曲面上,所以它的坐标不满足方程组. 因此,上述方程组就是**空间曲线 C 的一般方程**,而曲线 C 便是方程组的图形.

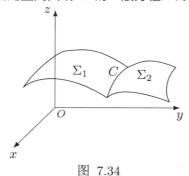

图 7.34

例 7.26 方程组

$$\begin{cases} x^2 + y^2 = 1, \\ 2x + 3z = 6. \end{cases}$$

表示怎样的曲线?

解 方程组中第一个方程表示母线平行于 z 轴的圆柱面,其准线是 xOy 面上的圆,圆心在原点 O,半径为 1. 方程组中第二个方程表示一个母线平行于 y 轴的平面. 方程组表示的是圆柱面和平面的交线,如图 7.35所示.

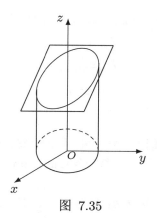

图 7.35

二、空间曲线的参数方程

空间曲线 C 的方程除了一般方程之外，也可以用参数形式表示，只要将 C 上动点的坐标 x, y 和 z 表示为参数 t 的函数：

$$\begin{cases} x = x(t), \\ y = y(t), \\ z = z(t). \end{cases} \tag{7.11}$$

当给定 $t = t_1$ 时，就得到曲线 C 上的一个点 (x_1, y_1, z_1)，随着 t 的变动便可得曲线 C 上的全部点，方程组 (7.11) 叫作**空间曲线的参数方程**.

例 7.27 如果空间一点 M 在圆柱面 $x^2 + y^2 = a^2$ 上以角速度 ω 绕 z 轴旋转，同时又以线速度 v 沿平行于 z 轴的正方向上升 (其中 ω 和 v 都是常数)，那么点 M 构成的图形叫作**螺旋线**，如图 7.36所示. 试建立其参数方程.

解 取时间 t 为参数. 设当 $t = 0$ 时，动点位于 x 轴上的一点处 $A(a, 0, 0)$，经过时间 t，动点由 A 运动到 $M(x, y, z)$. 记 M 在 xOy 面上的投影为 $M'(x, y, 0)$. 由于动点在圆柱面上以角速度 ω 绕 z 轴旋转，所以经过时间 t，$\angle AOM' = \omega t$，从而

$$x = |OM'| \cos \angle AOM' = a \cos \omega t,$$
$$y = |OM'| \sin \angle AOM' = a \sin \omega t.$$

由于动点同时以线速度 v 沿平行于 z 轴的正方向上升，所以

$$z = |M'M| = vt.$$

因此，螺旋线的参数方程为

$$\begin{cases} x = a \cos \omega t, \\ y = a \sin \omega t, \\ z = vt. \end{cases}$$

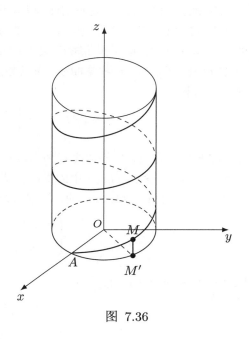

图 7.36

也可以用其他变量作参数. 例如令 $\theta = \omega t$, 则螺旋线的参数方程可以写成

$$
\begin{cases}
x = a\cos\theta, \\
y = a\sin\theta, \\
z = b\theta,
\end{cases}
$$

这里 $b = \dfrac{v}{\omega}$, 参数为 θ.

螺旋线是实践中常用的曲线. 例如, 平头螺丝钉的外缘曲线就是螺旋线. 在拧紧平头螺丝钉时, 它的外缘曲线上的任一点 M, 一方面绕螺丝钉的轴旋转, 另一方面又沿平行于轴线的方向前进, 点 M 就走出了一段螺旋线.

螺旋线有一个重要的性质: 当 θ 从 θ_0 变到 $\theta_0 + \alpha$ 时, z 由 $b\theta_0$ 变到 $b\theta_0 + b\alpha$. 这说明当 OM' 转过角 α 时, 点 M 沿螺旋线上升了高度 $b\alpha$, 即上升的高度与 OM' 转过的角度成正比. 特别是当 OM' 转过一周, 即 $\alpha = 2\pi$ 时, 点 M 就上升固定的高度 $h = 2\pi b$. 这个高度 $h = 2\pi b$ 在工程技术上叫作**螺距**.

三、空间曲线在坐标面上的投影

设空间曲线 C 的一般方程为

$$
\begin{cases}
F(x, y, z) = 0, \\
G(x, y, z) = 0.
\end{cases}
\tag{7.12}
$$

现在研究方程组 (7.12) 消去变量 z 后所得的方程

$$
H(x, y) = 0.
\tag{7.13}
$$

由于方程 (7.13) 是由方程组 (7.12) 消去 z 后所得的结果, 因此当 x, y 和 z 满足方程组 (7.12) 时, 必定满足方程 (7.13), 这说明曲线上的所有点都在由方程 (7.13) 所表示的曲面上.

方程 (7.13) 表示一个母线平行于 z 轴的柱面, 这柱面必定包含曲线 C. 以曲线 C 为准线, 母线平行于 z 轴的柱面叫作曲线 C 关于 xOy 面的**投影柱面**. 投影柱面与 xOy 面的交线叫作空间曲线 C 在 xOy 面上的**投影曲线**, 简称**投影**. 因此, 方程 (7.13) 所表示的柱面必定包含投影柱面, 而方程

$$
\begin{cases}
H(x, y) = 0, \\
z = 0
\end{cases}
$$

所表示的曲线必定包含空间曲线 C 在 xOy 面上的投影.

同理, 消去方程组 (7.12) 中的变量 x 或 y, 再分别和 $x = 0$ 或 $y = 0$ 联立, 可以得到包含曲线 C 在 yOz 面或 xOz 面上的投影的曲线方程分别为

$$
\begin{cases}
R(y, z) = 0, \\
x = 0,
\end{cases}
\qquad
\begin{cases}
T(x, z) = 0, \\
y = 0.
\end{cases}
$$

例 7.28 已知两个球面的方程为

$$
x^2 + y^2 + z^2 > 1,
\tag{7.14}
$$

和

$$x^2 + (y-1)^2 + (z-1)^2 = 1, \tag{7.15}$$

求它们的交线 C 在 xOy 面上的投影方程.

解　先求包含交线 C 而母线平行于 z 轴的柱面方程. 通过方程 (7.14), (7.15)消去 z，两式相减得到

$$z = 1 - y, \tag{7.16}$$

再将式 (7.16) 代入方程 (7.14) 或 (7.15)，所得的柱面方程为

$$x^2 + 2y^2 - 2y = 0,$$

这就是交线 C 关于 xOy 面的投影柱面方程. 因此，两球面的交线 C 在 xOy 面上的投影方程为

$$\begin{cases} x^2 + 2y^2 - 2y = 0, \\ z = 0. \end{cases}$$

例 7.29　设一个立体由两个旋转抛物面 $z = 2x^2 + 2y^2$ 与 $z = 3 - x^2 - y^2$ 所围成，求它在 xOy 面上的投影区域.

解　两曲面的交线为

$$\begin{cases} z = 2x^2 + 2y^2, \\ z = 3 - x^2 - y^2. \end{cases}$$

由方程组消去 z，得 $x^2 + y^2 = 1$. 交线在 xOy 面上的投影曲线为

$$\begin{cases} x^2 + y^2 = 1, \\ z = 0. \end{cases}$$

因此，所求立体在 xOy 面上的投影区域为

$$\begin{cases} x^2 + y^2 \leqslant 1, \\ z = 0. \end{cases}$$

习　题　7.6

1. 将曲线的一般方程 $\begin{cases} x^2 + y^2 + z^2 = 9, \\ y = x \end{cases}$ 化为参数方程.

2. 指出下列方程表示的曲线.

(1) $\begin{cases} (x-1)^2 + (y+4)^2 + z^2 = 25, \\ y + 1 = 0; \end{cases}$
(2) $\begin{cases} x^2 - 4y^2 = 3z^2, \\ z = 2. \end{cases}$

3. 求准线为 $\begin{cases} x^2 + y^2 + 4z^2 = 1, \\ x^2 = y^2 + z^2, \end{cases}$ 母线平行于 z 轴的柱面方程.

4. 求球面 $x^2 + y^2 + z^2 = 9$ 与平面 $x + z = 1$ 的交线在 xOy 面上的投影方程.

5. 求曲面 $x^2 + y^2 = 2x$ 与 $x^2 + y^2 + z^2 = 4$ 的交线分别在 xOy 平面、xOz 平面上的投影方程.

6. 求旋转抛物面 $z = x^2 + y^2 \ (0 \leqslant z \leqslant 4)$ 在三个坐标面上的投影.

第 8 章　多元函数微积分学

许多实际问题往往涉及多个因素之间的关系，这在数学上表现为一个变量依赖于多个变量的情形，因而出现了多元函数的概念. 多元函数微积分学是一元函数微积分学的推广和发展，在研究的思路和方法上与一元函数微积分学有许多类似之处. 本章将介绍多元函数的概念、极限和连续、偏导数和全微分、多元复合函数与隐函数的求导法则、多元函数的极值和最值、二重积分及其应用.

8.1　多元函数的概念

一、平面区域的相关概念

1. 平面点集

在平面上引入直角坐标系后，平面上的点 P 与二元有序实数 (x, y) 之间就建立了一一对应关系. 这种建立了坐标系的平面称为**坐标平面**，二元有序实数组 (x, y) 的全体，即 $\mathbf{R}^2 = \mathbf{R} \times \mathbf{R} = \{(x, y) \mid x, y \in \mathbf{R}\}$ 就表示坐标平面.

坐标平面上具有性质 P 的点的集合，称为**平面点集**，记作

$$E = \{(x, y) \mid (x, y)\text{具有性质}P\}.$$

例如，平面上到原点的距离小于 r 的所有点的集合就是一个平面点集，可以写成

$$E = \{(x, y) \mid \sqrt{x^2 + y^2} < r\}.$$

2. 邻域

设 $P_0(x_0, y_0)$ 是 xOy 平面上的一个点，δ 为某一正数，平面上到点 $P_0(x_0, y_0)$ 距离小于 δ 的点 $P(x, y)$ 的全体称为**点 P_0 的 δ 邻域**，记作 $U(P_0, \delta)$，即

$$U(P_0, \delta) = \{(x, y) \mid \sqrt{(x - x_0)^2 + (y - y_0)^2} < \delta\}.$$

$U(P_0, \delta)$ 中去掉中心点 $P_0(x_0, y_0)$，得到的点集称为**点 P_0 的去心 δ 邻域**，记作 $\mathring{U}(P_0, \delta)$，即

$$\mathring{U}(P_0, \delta) = \{(x, y) \mid 0 < \sqrt{(x - x_0)^2 + (y - y_0)^2} < \delta\}.$$

在几何上，点 P_0 的 δ 邻域 $U(P_0, \delta)$ 就是 xOy 平面上以点 $P_0(x_0, y_0)$ 为中心，δ 为半径的圆的内部的点的集合 (如图 8.1所示).

如果不需要强调邻域的半径，通常就用 $U(P_0)$ 或 $\mathring{U}(P_0)$ 分别表示点 P_0 的某个邻域或某个去心邻域.

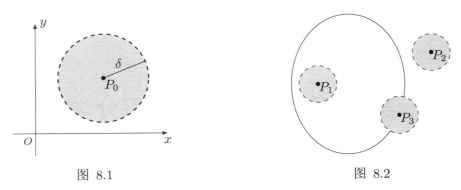

图 8.1   图 8.2

3. 内点、外点、边界点

设 E 是平面上的一个点集，P 是平面上的一个点，则点 P 与点集 E 之间必存在以下三种关系中的一种.

(1) 如果存在点 P 的某个邻域 $U(P)$，使得 $U(P) \subset E$，那么称 P 为 E 的**内点** (如图 8.2中，P_1 为 E 的内点). 显然，E 的内点必属于 E.

(2) 如果存在点 P 的某个邻域 $U(P)$，使得 $U(P) \cap E = \varnothing$，那么称 P 为 E 的**外点** (如图 8.2中，P_2 为 E 的外点). 显然，E 的外点必不属于 E.

(3) 如果点 P 的任一邻域内既有属于 E 的点，又有不属于 E 的点，那么称 P 为 E 的**边界点** (如图 8.2中，P_3 为 E 的边界点). E 的边界点的全体称为 E 的**边界**，记作 ∂E. E 的边界点可能属于 E，也可能不属于 E.

如果对于任意给定的 $\delta > 0$，点 P 的去心邻域 $\mathring{U}(P_0, \delta)$ 内总有 E 中的点，那么称 P 为 E 的**聚点**. E 的聚点可以属于 E，也可以不属于 E.

例如，平面点集

$$E = \{(x,y) \mid 1 < x^2 + y^2 \leqslant 2\}.$$

满足 $1 < x^2 + y^2 < 2$ 的一切点 (x,y) 都是 E 的内点；满足 $x^2 + y^2 < 1$ 或 $x^2 + y^2 > 2$ 的一切点都是 E 的外点；满足 $x^2 + y^2 = 1$ 的一切点都是 E 的边界点，且它们都不属于 E；满足 $x^2 + y^2 = 2$ 的一切点也是 E 的边界点，且它们都属于 E；E 的边界 $\partial E = \{(x,y) \mid x^2 + y^2 = 1$ 或 $x^2 + y^2 = 2\}$；点集 E 以及它的边界 ∂E 上的一切点都是 E 的聚点.

又如，平面点集 $E = \{(x,y) \mid x^2 + y^2 = 0$ 或 $x^2 + y^2 \geqslant 1\}$ 中，原点 $(0,0)$ 是 E 的边界点，但不是 E 的聚点.

4. 开集和开区域

如果点集 E 中的每一点都是 E 的内点，那么称 E 为**开集**. 例如，集合 $E_1 = \{(x,y) \mid 1 < x^2 + y^2 < 2\}$ 中每个点都是 E_1 的内点，因此 E_1 为开集.

如果点集 E 中任意两点都可用一条完全属于 E 的折线联结起来，那么称 E 是**连通集**. 连通的开集称为**区域** (或开区域). 开区域连同它的边界一起所构成的点集称为**闭区域**.

例如，集合 $\{(x,y) \mid 1 < x^2 + y^2 < 2\}$ 和 $\{(x,y) \mid x + y > 1\}$ 是区域；集合 $\{(x,y) \mid 1 \leqslant x^2 + y^2 \leqslant 2\}$ 和 $\{(x,y) \mid x + y \geqslant 1\}$ 是闭区域. 集合 $\{(x,y) \mid |y| > |x|\}$ (如图 8.3所示)，它是夹于直线 $y = x$ 与 $y = -x$ 之间的上、下两部分，是开集，但是不连通，因而不是区域.

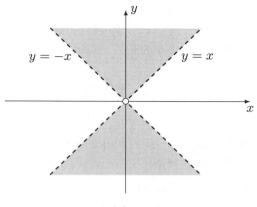

图 8.3

对于平面点集 E，如果存在某一正数 r，使得 $E \subset U(O, r)$，其中 O 是坐标原点，那么称 E 为**有界集**，否则称为**无界集**.

例如，集合 $\{(x, y) \mid 1 \leqslant x^2 + y^2 \leqslant 2\}$ 是有界闭区域；集合 $\{(x, y) \mid x + y \geqslant 1\}$ 是无界闭区域；集合 $\{(x, y) \mid x + y > 0\}$ 是无界开区域.

二、多元函数的概念

定义 8.1 设 D 是坐标平面 $\mathbf{R}^2$ 的一个非空点集，若存在对应关系 f，使得对 D 内的任一点 $P(x, y)$，按照对应关系 f，都有唯一确定的实数 z 与之对应，那么称对应关系 f 为定义在 D 上的**二元函数**，记为

$$f : D \subset \mathbf{R}^2 \to \mathbf{R},$$

或

$$z = f(x, y), \ (x, y) \in D,$$

其中 x, y 称为**自变量**，z 称为**因变量**，点集 D 称为函数 f 的**定义域**，数集

$$f(D) = \{z \mid z = f(x, y), (x, y) \in D\}$$

称为函数 f 的**值域**.

与一元函数类似，表示二元函数的记号 f 是可以任意选取的，比如也可记为 $z = z(x, y), z = \varphi(x, y)$ 等.

在定义 8.1中，由于自变量构成的有序数组 (x, y) 与坐标平面 xOy 上的点 $P(x, y)$ 一一对应，因此 f 又可以看成是点 P 的函数，记为

$$z = f(P), \ P \in D.$$

类似地，可以定义三元函数 $u = f(x, y, z)$ 以及三元以上的函数. 一般地，把定义 8.1中的平面点集 D 换成 n 维空间 $\mathbf{R}^n$ 内的点集 D，定义在 D 上的 n 元函数，通常记为

$$u = f(x_1, x_2, \cdots, x_n), \ (x_1, x_2, \cdots, x_n) \in D,$$

或

$$u = f(P), \ P(x_1, x_2, \cdots, x_n) \in D.$$

当 $n=1$ 时，n 元函数就是一元函数；当 $n \geqslant 2$ 时，n 元函数统称为**多元函数**.

多元函数的定义域，与一元函数一样，在讨论用解析式表示的函数时，其定义域是一切使该解析式有意义的点的集合. 若函数所表示的是某一实际问题，则自变量的取值范围要符合实际意义.

对二元函数 $z = f(x,y)$ $((x,y) \in D)$ 而言，空间点集

$$\{(x,y,z) \mid z = f(x,y), \ (x,y) \in D\}$$

即为点 $P(x,y,z)$ 的轨迹，称为二元函数 $z = f(x,y)$ 的图形. 在几何上表示空间中的一张曲面，定义域 D 就是该曲面在 xOy 平面上的投影.

例 8.1 求函数 $z = \sqrt{1 - x^2 - y^2}$ 的定义域 D.

解 函数 $z = \sqrt{1 - x^2 - y^2}$ 表示以原点为中心、半径为 1 的上半球面，要使函数有意义，x, y 必须满足

$$1 - x^2 - y^2 \geqslant 0,$$

因此定义域 $D = \{(x,y) \mid x^2 + y^2 \leqslant 1\}$，它表示在 xOy 坐标面上以原点为中心、半径为 1 的圆域，包含圆周.

三、二元函数的极限与连续

定义 8.2 设二元函数 $z = f(x,y)$ 的定义域为 D，点 $P_0(x_0, y_0)$ 为 D 的聚点. 如果存在常数 A，对于任意给定的正数 ε，总存在正数 δ，使得当点 $P(x,y) \in D \cap \mathring{U}(P_0, \delta)$ 时，有

$$|f(P) - A| = |f(x,y) - A| < \varepsilon,$$

则称常数 A 为函数 $f(x,y)$ 当 $P(x,y) \to P_0(x_0, y_0)$ 时的极限，记作

$$\lim_{(x,y) \to (x_0, y_0)} f(x,y) = A \quad \text{或} \quad f(x,y) \to A \ ((x,y) \to (x_0, y_0)),$$

也记作

$$\lim_{P \to P_0} f(P) = A \quad \text{或} \quad f(P) \to A \ (P \to P_0).$$

为了区别于一元函数的极限，通常称二元函数的极限为**二重极限**.

例 8.2 证明 $\displaystyle \lim_{(x,y) \to (0,0)} (x^2 + y^2) \sin \frac{1}{x^2 + y^2} = 0$.

解 $f(x,y)$ 的定义域为 $D = \{(x,y) \in \mathbf{R} \mid x^2 + y^2 \neq 0\}$，点 $(0,0)$ 是 D 的聚点. 对任意给定的 $\varepsilon > 0$，要使

$$|f(x,y) - 0| = \left| (x^2 + y^2) \sin \frac{1}{x^2 + y^2} - 0 \right| = \left| (x^2 + y^2) \sin \frac{1}{x^2 + y^2} \right| \leqslant x^2 + y^2 < \varepsilon,$$

可取 $\delta = \sqrt{\varepsilon}$. 因此，当 $P(x,y) \in D \cap \mathring{U}(P_0, \delta)$ 时，即 $0 < \sqrt{x^2 + y^2} < \delta$，必有

$$|f(x,y) - 0| < \varepsilon.$$

所以结论成立.

注：(1) 动点 P 在 D 内趋于定点 P_0 的方式是任意的，即在 D 内沿任意路径趋于 P_0 时，函数 $f(x,y)$ 无限接近于 A.

(2) 若在 D 内当 P 以两种不同的路径趋于 P_0 时, $f(x,y)$ 趋于不同的值; 或沿某一路径趋于 P_0 时, $f(x,y)$ 的极限不存在, 那么就可以断定当 P 趋于 P_0 时, 函数 $f(x,y)$ 的极限不存在.

例 8.3 设函数

$$f(x,y) = \begin{cases} \dfrac{xy}{x^2 + y^2}, & x^2 + y^2 \neq 0, \\ 0, & x^2 + y^2 = 0, \end{cases}$$

证明: 当 $(x,y) \to (0,0)$ 时, $f(x,y)$ 的极限不存在.

证 当 (x,y) 沿直线 $y = kx$ 趋于 $(0,0)$ 时, 有

$$\lim_{\substack{(x,y)\to(0,0)\\ y=kx}} f(x,y) = \lim_{x\to 0} \frac{kx^2}{x^2 + k^2 x^2} = \frac{k}{1+k^2},$$

当 k 取不同值时, 其极限不同, 故函数 $f(x,y)$ 在 $(x,y) \to (0,0)$ 时极限不存在.

二元函数的极限与一元函数的极限具有相同的性质和运算法则 (洛必达法则和单调有界准则除外), 利用这些性质与法则可计算一些较为复杂的二元函数的极限.

例 8.4 求下列极限:

(1) $\displaystyle\lim_{(x,y)\to(2,0)} \frac{\sin(xy)}{y}$;

(2) $\displaystyle\lim_{(x,y)\to(0,0)} xy \sin \frac{xy}{x^2 + y^2}$.

解 (1) 由无穷小的等价替换, 得

$$\lim_{(x,y)\to(2,0)} \frac{\sin(xy)}{y} = \lim_{(x,y)\to(2,0)} \frac{xy}{y} = \lim_{x\to 2} x = 2.$$

(2) 由于 $\displaystyle\lim_{(x,y)\to(0,0)} xy = 0$, 且

$$\left| \sin \frac{xy}{x^2 + y^2} \right| \leqslant 1,$$

由无穷小的性质, 可得

$$\lim_{(x,y)\to(0,0)} xy \sin \frac{xy}{x^2 + y^2} = 0.$$

与一元函数一样, 可以利用二元函数的极限给出二元函数连续的定义.

定义 8.3 设二元函数 $z = f(x,y)$ 在点 $P_0(x_0, y_0)$ 的某个邻域内有定义, 如果

$$\lim_{(x,y)\to(x_0,y_0)} f(x,y) = f(x_0, y_0),$$

那么称函数 $f(x,y)$ 在点 $P_0(x_0, y_0)$ 连续. 如果 $f(x,y)$ 在 D 内的每一点处都连续, 则称函数 $f(x,y)$ 在 D 上连续, 或者称 $f(x,y)$ 是 D 上的连续函数.

若函数 $f(x,y)$ 在点 $P_0(x_0, y_0)$ 不连续, 则称函数 $f(x,y)$ 在 $P_0(x_0, y_0)$ 间断, 且 $P_0(x_0, y_0)$ 称为函数 $f(x,y)$ 的间断点.

例如, 例 8.3中讨论过的二元函数

$$f(x,y) = \begin{cases} \dfrac{xy}{x^2 + y^2}, & x^2 + y^2 \neq 0, \\ 0, & x^2 + y^2 = 0, \end{cases}$$

当 $(x,y) \to (0,0)$ 时, 极限不存在, 故点 $(0,0)$ 为该函数的间断点. 又如函数

$$g(x,y) = \ln |y - x^2|,$$

其定义域为 $D = \{(x,y) \mid y \neq x^2\}$，因此抛物线 $y = x^2$ 上的任意一点都是 $g(x,y)$ 的间断点.

依此可以定义 n 元函数的连续性与间断点. 另外，与一元函数类似，利用多元函数的极限运算法则可以证明，多元连续函数的和、差、积、商 (在分母处不为零) 及复合函数在定义域内仍是连续函数.

多元初等函数就是由 x, y, z 等不同自变量的基本初等函数经过有限次四则运算和有限次复合，并能用一个解析式表示的函数. **一切多元初等函数在其定义域内是连续的.**

求多元初等函数 $f(P)$ 在点 P_0 处的极限时，如果该点在函数的定义域内，则由函数的连续性，该极限值就等于函数在点 P_0 的函数值，即

$$\lim_{P \to P_0} f(P) = f(P_0).$$

例 8.5 求下列极限：

(1) $\displaystyle\lim_{(x,y) \to (2,0)} \frac{1 - xy}{x + y}$；   (2) $\displaystyle\lim_{(x,y) \to (0,0)} \frac{2 - \sqrt{xy + 4}}{xy}$.

解 (1) 函数 $f(x,y) = \dfrac{1 - xy}{x + y}$ 是初等函数，它的定义域为

$$D = \{(x,y) | x + y \neq 0\},$$

因此函数在点 $(2,0)$ 连续，则有

$$\lim_{(x,y) \to (2,0)} \frac{1 - xy}{x + y} = \frac{1 - 0}{2 + 0} = \frac{1}{2}.$$

(2) 利用分子有理化和函数的连续性，有

$$\begin{aligned}
\lim_{(x,y) \to (0,0)} \frac{2 - \sqrt{xy + 4}}{xy} &= \lim_{(x,y) \to (0,0)} \frac{4 - (xy + 4)}{xy[2 + \sqrt{xy + 4}]} \\
&= \lim_{(x,y) \to (0,0)} \frac{-1}{2 + \sqrt{xy + 4}} = -\frac{1}{4}.
\end{aligned}$$

与闭区间上一元连续函数的性质相类似，在有界闭区域上的多元连续函数，具有以下性质：

性质 8.1 在有界闭区域 D 上的多元连续函数在 D 上有界.

性质 8.2 在有界闭区域 D 上的多元连续函数在 D 上存在最大值和最小值.

性质 8.3 在有界闭区域 D 上的多元连续函数必取得介于最大值和最小值之间的任何值.

习 题 8.1

1. 求下列函数的定义域并画出其示意图.

(1) $z = \arccos \dfrac{y}{x}$；

(2) $z = \sqrt{\ln(x^2 - y^2)}$；

(3) $z = \dfrac{\sqrt{2 - x^2 - y^2}}{\sqrt{x^2 + y^2 - 1}}$；

(4) $z = \dfrac{\sqrt{4x - y}}{\ln(1 - x^2 - y^2)}$；

(5) $z = \dfrac{\arcsin(x^2 + y^2)}{\sqrt{y - x}}$；

(6) $z = \ln(xy) + \sqrt{x^2 - y^2}$.

2. 证明下列极限不存在.

(1) $\displaystyle\lim_{(x,y)\to(0,0)}\frac{x+y}{x-y}$；

(2) $\displaystyle\lim_{(x,y)\to(0,0)}\frac{xy^3}{x^2+y^6}$；

(3) $\displaystyle\lim_{(x,y)\to(0,0)}\frac{xy}{x+y}$；

(4) $\displaystyle\lim_{(x,y)\to(0,0)}\frac{x^2y^2}{\sqrt{(x^2+y^4)^3}}$.

3. 求下列函数的极限.

(1) $\displaystyle\lim_{(x,y)\to(1,2)}\frac{x+y}{x^2-xy+y^2}$；

(2) $\displaystyle\lim_{(x,y)\to(0,2)}\left[\frac{x+y}{x-y}+3\cos(xy)\right]$；

(3) $\displaystyle\lim_{(x,y)\to(2,0)}\frac{2xy}{\sqrt{xy+1}-1}$；

(4) $\displaystyle\lim_{(x,y)\to(0,0)}\left[\frac{\sin(x^2+y^2)}{x^2+y^2}+x\cos\frac{1}{xy}\right]$；

(5) $\displaystyle\lim_{(x,y)\to(\infty,a)}\left(1+\frac{1}{x}\right)^{\frac{x^2}{x+y}}$；

(6) $\displaystyle\lim_{(x,y)\to(0,0)}\frac{1-\sqrt{x\sin y+1}}{y\sin x}$.

4. 下列函数在何处是间断的?

(1) $f(x,y)=\ln|1-x^2-y^2|$；

(2) $f(x,y)=\dfrac{x^2-y^2}{x-y}$.

5. 讨论下列函数在点 $(0,0)$ 处的连续性:

(1) $f(x,y)=\begin{cases}xy\sin\dfrac{1}{x^2+y^2}, & x^2+y^2\neq0,\\[2mm] 0, & x^2+y^2=0;\end{cases}$

(2) $f(x,y)=\begin{cases}\dfrac{xy}{\sqrt{x^4+y^4}}, & x^2+y^2\neq0,\\[2mm] 0, & x^2+y^2=0.\end{cases}$

8.2　偏导数与全微分

一、偏导数

在一元函数中，通过研究函数对自变量的变化率引进导数的概念. 对于多元函数，由于自变量个数的增多，因变量与自变量的关系比一元函数要复杂得多. 在考虑多元函数因变量对自变量的变化率时，往往考虑在其他自变量固定不变时，因变量对某个自变量的变化率问题，从而引入偏导数的概念.

设二元函数 $z=f(x,y)$ 在 (x_0,y_0) 的某个邻域内有定义，当 x，y 分别在 x_0，y_0 处取得增量 Δx 和 Δy 时，函数 $z=f(x,y)$ 相应地取得增量

$$\Delta z=f(x_0+\Delta x,y_0+\Delta y)-f(x_0,y_0),$$

称之为 $z=f(x,y)$ 在 (x_0,y_0) 处的**全增量**. 如果将 y_0 固定，只考虑 x 在 x_0 处的增量 Δx 时，相应的函数的改变量为

$$\Delta_x z=f(x_0+\Delta x,y_0)-f(x_0,y_0),$$

称之为 $z=f(x,y)$ 在 (x_0,y_0) 处关于 x 的**偏增量**. 同理

$$\Delta_y z=f(x_0,y_0+\Delta y)-f(x_0,y_0),$$

称之为 $z = f(x, y)$ 在 (x_0, y_0) 处关于 y 的偏增量.

在多元函数中, 考虑因变量对其中一个自变量的变化率时, 是将其他自变量看成固定不变的. 例如, 二元函数 $z = f(x, y)$ 中, 如果固定自变量 $y = y_0$, 则函数 $z = f(x, y_0)$ 就是 x 的一元函数, 该函数对 x 的变化率就称为函数 $z = f(x, y)$ 对 x 的偏导数. 利用偏增量和一元函数导数的定义, 得到下面偏导数的定义.

定义 8.4 设函数 $z = f(x, y)$ 在点 (x_0, y_0) 的某个邻域内有定义, 若极限

$$\lim_{\Delta x \to 0} \frac{\Delta_x z}{\Delta x} = \lim_{\Delta x \to 0} \frac{f(x_0 + \Delta x, y_0) - f(x_0, y_0)}{\Delta x}$$

存在, 那么称此极限为函数 $z = f(x, y)$ 在点 (x_0, y_0) 处**对 x 的偏导数**, 记作

$$\frac{\partial z}{\partial x}\bigg|_{(x_0, y_0)}, \quad \frac{\partial f}{\partial x}\bigg|_{(x_0, y_0)}, \quad z_x|_{(x_0, y_0)} \quad 或 \quad f_x(x_0, y_0).$$

类似地, 若极限

$$\lim_{\Delta y \to 0} \frac{\Delta_y z}{\Delta y} = \lim_{\Delta y \to 0} \frac{f(x_0, y_0 + \Delta y) - f(x_0, y_0)}{\Delta y}$$

存在, 那么称此极限为函数 $z = f(x, y)$ 在点 (x_0, y_0) 处**对 y 的偏导数**, 记作

$$\frac{\partial z}{\partial y}\bigg|_{(x_0, y_0)}, \quad \frac{\partial f}{\partial y}\bigg|_{(x_0, y_0)}, \quad z_y|_{(x_0, y_0)} \quad 或 \quad f_y(x_0, y_0).$$

如果函数 $z = f(x, y)$ 在区域 D 内每一点 (x, y) 处都存在对 x 的偏导数, 那么这时偏导数仍然是 x, y 的函数, 称它为函数 $z = f(x, y)$ **对自变量 x 的偏导函数** (简称**偏导数**), 记作

$$\frac{\partial z}{\partial x}, \frac{\partial f}{\partial x}, z_x \quad 或 \quad f_x(x, y).$$

类似地, 可以定义函数 $z = f(x, y)$ **对自变量 y 的偏导函数**, 记作

$$\frac{\partial z}{\partial y}, \quad \frac{\partial f}{\partial y}, \quad z_y \quad 或 \quad f_y(x, y).$$

偏导数的概念还可以推广到二元以上的函数. 例如三元函数 $u = f(x, y, z)$ 在点 (x, y, z) 处对 x 的偏导数定义为

$$f_x(x, y, z) = \lim_{\Delta x \to 0} \frac{f(x + \Delta x, y, z) - f(x, y, z)}{\Delta x}.$$

由偏导数的定义可以看出, 计算多元函数的偏导数并不需要新的方法. 例如, 求二元函数 $f(x, y)$ 对 x 的偏导数时, 只需将自变量 y 看成常量, 把 $f(x, y)$ 视为 x 的一元函数, 关于 x 求导即可. 同样, 计算三元函数 $f(x, y, z)$ 对 x 的偏导数时, 只需将 y, z 看成常量, 对 x 用一元函数求导方法即可. 这样, 一元函数的求导公式和求导法则都可以用在多元函数的偏导数计算中来.

例 8.6 求 $z = xe^y + 2x^2y - y^2$ 在点 $(1, 2)$ 处的偏导数.

解 方法一 把 y 看成常量, 对 x 求导, 得

$$\frac{\partial z}{\partial x} = e^y + 4xy,$$

把 x 看成常量, 对 y 求导, 得

$$\frac{\partial z}{\partial y} = xe^y + 2x^2 - 2y.$$

将 $(1,2)$ 代入以上两式得

$$\frac{\partial z}{\partial x}\bigg|_{(1,2)} = \mathrm{e}^2 + 8, \qquad \frac{\partial z}{\partial y}\bigg|_{(1,2)} = \mathrm{e}^2 - 2.$$

方法二　先将 $y = 2$ 代入函数，再求关于 x 的导数，得

$$\frac{\partial z}{\partial x}\bigg|_{(1,2)} = \frac{\mathrm{d}}{\mathrm{d}x}\left(x\mathrm{e}^2 + 4x^2 - 4\right)\bigg|_{x=1} = \left(\mathrm{e}^2 + 8x\right)\bigg|_{x=1} = \mathrm{e}^2 + 8,$$

先将 $x = 1$ 代入函数，再求关于 y 的导数，得

$$\frac{\partial z}{\partial y}\bigg|_{(1,2)} = \frac{\mathrm{d}}{\mathrm{d}y}\left(\mathrm{e}^y + 2y - y^2\right)\bigg|_{y=2} = \left(\mathrm{e}^y + 2 - 2y\right)\bigg|_{y=2} = \mathrm{e}^2 - 2.$$

例 8.7　求 $r = \sqrt{x^2 + y^2 + z^2}$ 的偏导数.

解　把 y 和 z 都看成常量，对 x 求导，得

$$\frac{\partial r}{\partial x} = \frac{1}{2\sqrt{x^2 + y^2 + z^2}} \cdot 2x = \frac{x}{r}.$$

由于所给函数关于自变量的对称性，得

$$\frac{\partial r}{\partial y} = \frac{y}{r}, \qquad \frac{\partial r}{\partial z} = \frac{z}{r}.$$

例 8.8　设 $z = \mathrm{e}^{-(\frac{1}{x} + \frac{1}{y})}$，证明 $x^2\dfrac{\partial z}{\partial x} + y^2\dfrac{\partial z}{\partial y} = 2z$.

解　对 x 和 y 分别求偏导，得

$$\frac{\partial z}{\partial x} = \mathrm{e}^{-(\frac{1}{x} + \frac{1}{y})} \cdot \frac{1}{x^2},$$

$$\frac{\partial z}{\partial y} = \mathrm{e}^{-(\frac{1}{x} + \frac{1}{y})} \cdot \frac{1}{y^2},$$

所以

$$x^2\frac{\partial z}{\partial x} + y^2\frac{\partial z}{\partial y} = x^2 \cdot \mathrm{e}^{-(\frac{1}{x} + \frac{1}{y})} \cdot \frac{1}{x^2} + y^2 \cdot \mathrm{e}^{-(\frac{1}{x} + \frac{1}{y})} \cdot \frac{1}{y^2} = 2\mathrm{e}^{-(\frac{1}{x} + \frac{1}{y})} = 2z.$$

例 8.9　设 $f(x,y) = \mathrm{e}^{\sqrt{x^2 + y^4}}$，研究函数 $f(x,y)$ 在 $(0,0)$ 处的偏导数是否存在.

解　若直接求导，再将 $(0,0)$ 代入，这里是求不出来的，可以直接利用定义来求偏导，也可以先将 $x = 0$ 和 $y = 0$ 分别代入 $f(x,y)$，得

$$f(x,0) = \mathrm{e}^{\sqrt{x^2}} = \mathrm{e}^{|x|}, \qquad f(0,y) = \mathrm{e}^{\sqrt{y^4}} = \mathrm{e}^{y^2}.$$

由于

$$\lim_{x \to 0^-} \frac{f(x,0) - f(0,0)}{x - 0} = \lim_{x \to 0^-} \frac{\mathrm{e}^{-x} - 1}{x - 0} = -1,$$

$$\lim_{x \to 0^+} \frac{f(x,0) - f(0,0)}{x - 0} = \lim_{x \to 0^+} \frac{\mathrm{e}^{x} - 1}{x - 0} = 1,$$

左右极限不相等，故 $f_x(0,0)$ 不存在. 而

$$f_y(0,0) = \frac{\mathrm{d}f(0,y)}{\mathrm{d}y}\bigg|_{y=0} = 2y\mathrm{e}^{y^2}\bigg|_{y=0} = 0.$$

二元函数 $z = f(x,y)$ 在点 (x_0, y_0) 的偏导数有下述几何意义.

设 $M_0(x_0, y_0, f(x_0, y_0))$ 为曲面 $z = f(x, y)$ 上的一点，过 M_0 作平面 $y = y_0$，截曲面 $z = f(x, y)$ 得一曲线，其方程为

$$\begin{cases} z = f(x, y), \\ y = y_0, \end{cases}$$

此曲线在平面 $y = y_0$ 上可用方程 $z = f(x, y_0)$ 表示. 由于偏导数 $f_x(x_0, y_0)$ 等于一元函数 $f(x, y_0)$ 在 $x = x_0$ 处的导数，故由导数的几何意义可知：

偏导数 $f_x(x_0, y_0)$ 表示曲线 $\begin{cases} z = f(x, y), \\ y = y_0 \end{cases}$ 在点 M_0 处的切线 $M_0 T_x$ 对 x 轴的斜率. 同

理，偏导数 $f_y(x_0, y_0)$ 表示曲面被平面 $x = x_0$ 所截得的曲线 $\begin{cases} z = f(x, y), \\ x = x_0 \end{cases}$ 在点 M_0 处的切线

$M_0 T_y$ 对 y 轴的斜率 (如图 8.4所示).

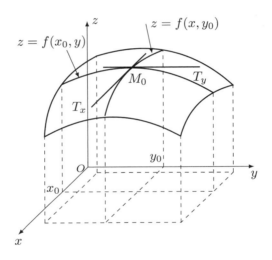

图 8.4

在一元函数中，如果函数在某点可导，则它在该点必连续. 但对于多元函数来说，这个结论未必成立，即使在某点的偏导数都存在，也不能保证函数在该点连续. 这是因为，偏导数的存在只能保证点 $P(x, y)$ 沿着平行于相应坐标轴的方向趋于点 $P_0(x_0, y_0)$ 时，函数 $f(x, y)$ 趋于 $f(x_0, y_0)$，但不能保证点 P 以任意方式趋于 P_0 时，函数 $f(x, y)$ 趋于 $f(x_0, y_0)$.

例 8.10 求函数

$$f(x, y) = \begin{cases} \dfrac{xy}{x^2 + y^2}, & x^2 + y^2 \neq 0, \\ 0, & x^2 + y^2 = 0 \end{cases}$$

的偏导数，并讨论该函数在 $(0, 0)$ 处的连续性.

解 当 $x^2 + y^2 \neq 0$ 时，

$$f_x(x, y) = \frac{y(x^2 + y^2) - xy \cdot 2x}{(x^2 + y^2)^2} = \frac{y(y^2 - x^2)}{(x^2 + y^2)^2},$$

$$f_y(x, y) = \frac{x(x^2 + y^2) - xy \cdot 2y}{(x^2 + y^2)^2} = \frac{x(x^2 - y^2)}{(x^2 + y^2)^2}.$$

当 $x^2 + y^2 = 0$ 时，

$$f_x(0,0) = \frac{\mathrm{d}f(x,0)}{\mathrm{d}x}\bigg|_{x=0} = 0, \quad f_y(0,0) = \frac{\mathrm{d}f(0,y)}{\mathrm{d}y}\bigg|_{y=0} = 0,$$

即 $f(x,y)$ 在 $(0,0)$ 处的两个偏导数均存在. 但是根据例 8.3可知，$f(x,y)$ 在 $(0,0)$ 处极限不存在，也就是说在 $(0,0)$ 处不连续.

一元函数中有高阶导数的概念，多元函数也有高阶偏导数，但是情况比一元的时候要复杂得多.

设函数 $z = f(x,y)$ 在区域 D 内有偏导数 $f_x(x,y)$ 与 $f_y(x,y)$，如果这两个偏导数仍可求偏导，那么称它们的偏导数是函数 $z = f(x,y)$ 的**二阶偏导数**. 按照对变量求导次序的不同，有下列四种不同的二阶偏导数：

$$\frac{\partial}{\partial x}\left(\frac{\partial z}{\partial x}\right) = \frac{\partial^2 z}{\partial x^2} = f_{xx}(x,y), \quad \frac{\partial}{\partial y}\left(\frac{\partial z}{\partial x}\right) = \frac{\partial^2 z}{\partial x \partial y} = f_{xy}(x,y),$$

$$\frac{\partial}{\partial x}\left(\frac{\partial z}{\partial y}\right) = \frac{\partial^2 z}{\partial y \partial x} = f_{yx}(x,y), \quad \frac{\partial}{\partial y}\left(\frac{\partial z}{\partial y}\right) = \frac{\partial^2 z}{\partial y^2} = f_{yy}(x,y),$$

其中 $\dfrac{\partial^2 z}{\partial x \partial y}$，$\dfrac{\partial^2 z}{\partial y \partial x}$ 称为**混合偏导数**. 同理可得三阶、四阶以及 n 阶偏导数. 二阶及二阶以上的偏导数统称为**高阶偏导数**.

例 8.11 设 $z = x\ln(xy)$，求 $\dfrac{\partial^2 z}{\partial x^2}, \dfrac{\partial^2 z}{\partial y^2}, \dfrac{\partial^2 z}{\partial x \partial y}, \dfrac{\partial^2 z}{\partial y \partial x}$.

解 因为

$$\frac{\partial z}{\partial x} = \ln(xy) + x \cdot \frac{y}{xy} = \ln(xy) + 1, \qquad \frac{\partial z}{\partial y} = x \cdot \frac{x}{xy} = \frac{x}{y},$$

因此

$$\frac{\partial^2 z}{\partial x^2} = \frac{\partial}{\partial x}\Big(\ln(xy) + 1\Big) = \frac{y}{xy} = \frac{1}{x},$$

$$\frac{\partial^2 z}{\partial y^2} = \frac{\partial}{\partial y}\Big(\frac{x}{y}\Big) = -\frac{x}{y^2},$$

$$\frac{\partial^2 z}{\partial x \partial y} = \frac{\partial}{\partial y}\Big(\ln(xy) + 1\Big) = \frac{x}{xy} = \frac{1}{y},$$

$$\frac{\partial^2 z}{\partial y \partial x} = \frac{\partial}{\partial x}\Big(\frac{x}{y}\Big) = \frac{1}{y}.$$

例 8.12 设 $f(x,y,z) = xy^2 z + x^3 + z^3 y$，求 $f_{xx}, f_{yz}, f_{zy}, f_{zzy}$.

解 有

$$f_x = y^2 z + 3x^2, \qquad f_{xx} = 6x,$$

$$f_y = 2xyz + z^3, \qquad f_{yz} = 2xy + 3z^2,$$

$$f_z = xy^2 + 3z^2 y, \qquad f_{zy} = 2xy + 3z^2,$$

$$f_{zz} = 6zy, \qquad f_{zzy} = 6z.$$

从例 8.11和例 8.12中可以看出，$\dfrac{\partial^2 z}{\partial x \partial y} = \dfrac{\partial^2 z}{\partial y \partial x}$ 以及 $f_{yz} = f_{zy}$，这并不是偶然的. 对二阶混合偏导数，我们不加证明地给出下述定理.

定理 8.1 如果函数 $z = f(x,y)$ 的两个二阶混合偏导数 $\dfrac{\partial^2 z}{\partial x \partial y}$, $\dfrac{\partial^2 z}{\partial y \partial x}$ 在区域 D 内连续，那么在该区域内这两个二阶混合偏导数必相等.

二、全微分

与一元函数类似，在二元函数 $z = f(x,y)$ 中，我们希望用自变量的增量 Δx 和 Δy 的线性函数来近似表示函数的全增量 Δz.

例如，一矩形的长和宽分别为 x, y，面积 $S = xy$. 如果 x, y 分别有增量 $\Delta x, \Delta y$，那么面积的改变量 ΔS 可以表示为

$$\Delta S = (x + \Delta x)(y + \Delta y) - xy = y \Delta x + x \Delta y + \Delta x \Delta y,$$

其中 $y \Delta x + x \Delta y$ 是自变量增量 $\Delta x, \Delta y$ 的线性表示，当 $(\Delta x, \Delta y) \to (0,0)$ 时，$\Delta x \Delta y$ 是比 $\sqrt{(\Delta x)^2 + (\Delta y)^2}$ 高阶的无穷小，因为

$$0 < \left| \frac{\Delta x \Delta y}{\sqrt{(\Delta x)^2 + (\Delta y)^2}} \right| \leqslant \frac{\dfrac{(\Delta x)^2 + (\Delta y)^2}{2}}{\sqrt{(\Delta x)^2 + (\Delta y)^2}} = \frac{\sqrt{(\Delta x)^2 + (\Delta y)^2}}{2} \to 0.$$

因此，当 $|\Delta x|, |\Delta y|$ 很小时，面积的改变量 ΔS 就可以近似地表示为

$$\Delta S \approx y \Delta x + x \Delta y,$$

我们把 $y \Delta x + x \Delta y$ 叫作面积 S 的微分.

定义 8.5 设函数 $z = f(x,y)$ 在 (x,y) 的某邻域内有定义，如果函数在点 (x,y) 的全增量 Δz 可表示为

$$\Delta z = A \Delta x + B \Delta y + o(\rho), \tag{8.1}$$

其中 A 和 B 不依赖于 $\Delta x, \Delta y$ 而仅与 x, y 有关，$\rho = \sqrt{(\Delta x)^2 + (\Delta y)^2}$，则称函数 $z = f(x,y)$ 在点 (x,y) **可微分**，并称 $A \Delta x + B \Delta y$ 为函数 $z = f(x,y)$ 在点 (x,y) 的**全微分**，记作 $\mathrm{d}z$，即

$$\mathrm{d}z = A \Delta x + B \Delta y.$$

下面，我们讨论一下多元函数可微分与连续、偏导数之间的关系.

定理 8.2 (必要条件) 如果函数 $z = f(x,y)$ 在点 (x,y) 可微分，则

(1) $f(x,y)$ 在点 (x,y) 处连续；

(2) $f(x,y)$ 在点 (x,y) 的偏导数 $\dfrac{\partial z}{\partial x}$ 与 $\dfrac{\partial z}{\partial y}$ 存在，且

$$\mathrm{d}z = \frac{\partial z}{\partial x} \Delta x + \frac{\partial z}{\partial y} \Delta y.$$

证 (1) 设函数 $z = f(x,y)$ 在点 (x,y) 可微分，根据可微分的定义，其全增量 Δz 可以表示为

$$\Delta z = A \Delta x + B \Delta y + o(\sqrt{(\Delta x)^2 + (\Delta y)^2}),$$

则有

$$\lim_{(\Delta x, \Delta y) \to (0,0)} \Delta z = 0,$$

上式等价于

$$\lim_{(\Delta x, \Delta y) \to (0,0)} f(x + \Delta x, y + \Delta y) = \lim_{(\Delta x, \Delta y) \to (0,0)} (f(x,y) + \Delta z) = f(x,y).$$

因此函数 $z = f(x,y)$ 在点 (x,y) 连续.

(2)　设函数 $z = f(x,y)$ 在点 (x,y) 可微分, 根据可微分的定义, 在公式 (8.1) 中令 $\Delta y = 0$, 得到

$$f(x + \Delta x, y) - f(x,y) = A\Delta x + o(|\Delta x|).$$

等式两边同除以 Δx, 并令 $\Delta x \to 0$, 得

$$\lim_{\Delta x \to 0} \frac{f(x + \Delta x, y) - f(x,y)}{\Delta x} = \lim_{\Delta x \to 0} \left(A + \frac{o(|\Delta x|)}{\Delta x} \right) = A,$$

所以偏导数 $\dfrac{\partial z}{\partial x}$ 存在, 且等于 A. 同理可证偏导数 $\dfrac{\partial z}{\partial y} = B$. 证毕.

在一元函数中, 某点导数存在是微分存在的充分必要条件. 但对于多元函数来说, 这个结论不一定成立. 当函数的各偏导数都存在时, 虽然能形式地写出 $\dfrac{\partial z}{\partial x}\Delta x + \dfrac{\partial z}{\partial y}\Delta y$, 但它与 Δz 之差不一定是比 ρ 高阶的无穷小, 因此不一定是函数的全微分. 换句话说, 各偏导数存在只是全微分存在的必要条件而非充分条件.

例如, 函数

$$f(x,y) = \begin{cases} \dfrac{xy}{\sqrt{x^2 + y^2}}, & x^2 + y^2 \neq 0, \\[2mm] 0, & x^2 + y^2 = 0 \end{cases}$$

在点 $(0,0)$ 处有 $f_x(0,0) = f_y(0,0) = 0$, 但

$$\frac{\Delta z - [f_x(0,0)\Delta x + f_y(0,0)\Delta y]}{\rho} = \frac{\dfrac{\Delta x \Delta y}{\sqrt{(\Delta x)^2 + (\Delta y)^2}}}{\rho} = \frac{\Delta x \Delta y}{(\Delta x)^2 + (\Delta y)^2},$$

由例 8.3可知, 该极限不存在, 说明当 $\rho \to 0$ 时,

$$\Delta z - [f_x(0,0)\Delta x + f_y(0,0)\Delta y]$$

并不是比 ρ 高阶的无穷小, 因此该函数在点 $(0,0)$ 处的全微分不存在, 即函数在点 $(0,0)$ 处不可微.

定理 8.3 (充分条件)　如果函数 $z = f(x,y)$ 的偏导数 $\dfrac{\partial z}{\partial x}, \dfrac{\partial z}{\partial y}$ 在点 (x,y) 连续, 那么函数在该点可微分.

证　设 $f(x,y)$ 在点 x, y 分别有增量 $\Delta x, \Delta y$, 则函数的全增量

$$\begin{aligned} \Delta z &= f(x + \Delta x, y + \Delta y) - f(x,y) \\ &= [f(x + \Delta x, y + \Delta y) - f(x, y + \Delta y)] + [f(x, y + \Delta y) - f(x,y)], \end{aligned}$$

由一元函数的微分中值定理得

$$f(x + \Delta x, y + \Delta y) - f(x, y + \Delta y) = f_x(\xi, y + \Delta y)\Delta x,$$

$$f(x, y + \Delta y) - f(x, y) = f_y(x, \eta)\Delta y,$$

其中 ξ 介于 x 与 $x + \Delta x$ 之间，η 介于 y 与 $y + \Delta y$ 之间. 又因为偏导数 $f_x(x, y), f_y(x, y)$ 在点 (x, y) 连续，因而当 $\rho = \sqrt{\Delta x^2 + \Delta y^2} \to 0$ 时，有

$$\lim_{\rho \to 0} f_x(\xi, y + \Delta y) = f_x(x, y), \qquad \lim_{\rho \to 0} f_y(x, \eta) = f_y(x, y),$$

即

$$f_x(\xi, y + \Delta y) = f_x(x, y) + \alpha, \qquad f_y(x, \eta) = f_y(x, y) + \beta,$$

其中 α, β 为 $\rho \to 0$ 时的无穷小. 所以有

$$\Delta z = f_x(x, y)\Delta x + f_y(x, y)\Delta y + \alpha\Delta x + \beta\Delta y,$$

又由

$$\frac{|\alpha\Delta x + \beta\Delta y|}{\rho} = \frac{|\alpha\Delta x + \beta\Delta y|}{\sqrt{\Delta x^2 + \Delta y^2}} \leqslant \frac{|\alpha||\Delta x|}{\sqrt{\Delta x^2 + \Delta y^2}} + \frac{|\beta||\Delta y|}{\sqrt{\Delta x^2 + \Delta y^2}} \leqslant |\alpha| + |\beta| \to 0,$$

可知，当 $\rho \to 0$ 时，$\alpha\Delta x + \beta\Delta y$ 是比 ρ 高阶的无穷小，因此有

$$\Delta z = f_x(x, y)\Delta x + f_y(x, y)\Delta y + o(\rho),$$

于是 $f(x, y)$ 在点 (x, y) 可微，且

$$\mathrm{d}z = f_x(x, y)\Delta x + f_y(x, y)\Delta y.$$

综上讨论，多元函数微分学中，可微分、偏导数与连续之间具有如下的关系：

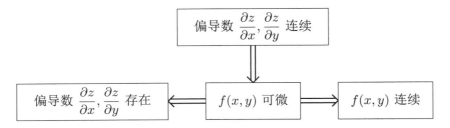

以上均为单向箭头，反之不一定成立.

习惯上，我们记 $\Delta x = \mathrm{d}x$，$\Delta y = \mathrm{d}y$，因此，全微分可改写为

$$\mathrm{d}z = \frac{\partial z}{\partial x}\mathrm{d}x + \frac{\partial z}{\partial y}\mathrm{d}y.$$

以上关于二元函数全微分的相关知识可以推广到三元及三元以上的多元函数. 例如三元函数 $u = \varphi(x, y, z)$ 可微，那么它的全微分可以表示为

$$\mathrm{d}u = \frac{\partial u}{\partial x}\mathrm{d}x + \frac{\partial u}{\partial y}\mathrm{d}y + \frac{\partial u}{\partial z}\mathrm{d}z.$$

例 8.13　求函数 $z = x^3 y^2$ 在点 $(-1, 2)$ 处，当 $\Delta x = 0.01, \Delta y = -0.01$ 时的全微分和全增量.

解　$\dfrac{\partial z}{\partial x} = 3x^2 y^2, \qquad \dfrac{\partial z}{\partial y} = 2x^3 y,$

$\dfrac{\partial z}{\partial x}\Big|_{(-1,2)} = 12, \ \dfrac{\partial z}{\partial y}\Big|_{(-1,2)} = -4,$

全微分　$\mathrm{d}z = 12\Delta x - 4\Delta y = 12 \times 0.01 - 4 \times (-0.01) = 0.16,$

全增量　$\Delta z = (-1 + 0.01)^3 \times (2 - 0.01)^2 - (-1)^3 \times 2^2 \approx 0.1575.$

例 8.14　计算函数 $u = (2x - y)^z$ 的全微分.

解　$\dfrac{\partial u}{\partial x} = 2z(2x - y)^{z-1},$

$\dfrac{\partial u}{\partial y} = -z(2x - y)^{z-1},$

$\dfrac{\partial u}{\partial z} = (2x - y)^z \ln(2x - y),$

全微分为

$$
\begin{aligned}
\mathrm{d}u &= \frac{\partial u}{\partial x}\mathrm{d}x + \frac{\partial u}{\partial y}\mathrm{d}y + \frac{\partial u}{\partial z}\mathrm{d}z \\
&= 2z(2x - y)^{z-1}\mathrm{d}x - z(2x - y)^{z-1}\mathrm{d}y + (2x - y)^z \ln(2x - y)\mathrm{d}z.
\end{aligned}
$$

三、偏导数和全微分的应用

1. 偏边际和偏弹性

与一元经济函数边际分析和弹性分析相类似，可以建立多元经济函数的边际分析和弹性分析，称为**偏边际分析**和**偏弹性分析**.

假设 A, B 两种商品彼此相关，A 与 B 的需求量 Q_A 和 Q_B 分别是这两种商品的价格 P_A 和 P_B 及消费者收入 Y 的三元函数，即

$$
Q_A = F(P_A, P_B, Y), \quad Q_B = G(P_A, P_B, Y), \tag{8.2}
$$

可以得到六个偏导数

$$
\frac{\partial Q_A}{\partial P_A}, \quad \frac{\partial Q_A}{\partial P_B}, \quad \frac{\partial Q_A}{\partial Y}, \quad \frac{\partial Q_B}{\partial P_A}, \quad \frac{\partial Q_B}{\partial P_B}, \quad \frac{\partial Q_B}{\partial Y},
$$

其中 $\dfrac{\partial Q_A}{\partial P_A}$ 称为商品 A 的需求函数**关于其自身价格 P_A 的偏边际需求**，它表示当商品 B 的价格和消费者收入不变的情况下，商品 A 的价格变化 1 个单位时商品 A 的需求量的近似改变量；$\dfrac{\partial Q_A}{\partial Y}$ 称为商品 A 的需求函数**关于消费者收入 Y 的偏边际需求**，它表示当价格 P_A 和 P_B 固定时，消费者的收入变化 1 个单位时商品 A 的需求量的近似改变量. 类似地可以得到其他偏导数的经济意义.

对于一般商品的需求函数，如果 P_B 和 Y 不变而 P_A 增大时，对商品 A 的需求量 Q_A 将减少，即 $\dfrac{\partial Q_A}{\partial P_A} < 0$；当商品价格 P_A 和 P_B 不变时，消费者收入 Y 增加，一般情况下商品 A 的需求量 Q_A 也将增加，即 $\dfrac{\partial Q_A}{\partial Y} > 0$.

如果 $\dfrac{\partial Q_A}{\partial P_B} > 0$ 和 $\dfrac{\partial Q_B}{\partial P_A} > 0$, 说明 A, B 两种商品中任意一个价格上涨都将使其中一种商品的需求量减少, 另一种商品的需求量增加, 这时称 A, B 两种商品为**替代品**. 例如, 鸡肉和猪肉就是替代品. 如果鸡肉价格上涨, 猪肉价格不变, 那么有部分顾客会从买鸡肉转向买猪肉, 从而引起猪肉需求量增加, 对鸡肉的需求量减少.

如果 $\dfrac{\partial Q_A}{\partial P_B} < 0$ 和 $\dfrac{\partial Q_B}{\partial P_A} < 0$, 说明 A, B 两种商品中任意一个价格下跌将使两种商品的需求量同时增加, 这时称 A, B 两种商品为**互补品**. 例如, 汽车和汽油就是互补品. 汽油 (或汽车) 价格的上涨, 不但使自身的需求量减少, 也直接影响汽车 (或汽油) 的销售量减少; 反之, 其中之一价格下跌时, 两者的需求量将同时增加.

如果 $\dfrac{\partial Q_A}{\partial P_B}$ 和 $\dfrac{\partial Q_B}{\partial P_A}$ 的符号相异, 那么这两种商品既不是替代品也不是互补品.

例 8.15 设 A, B 两种商品彼此相关, 它们的需求函数分别为

$$Q_A = \frac{100}{P_A P_B^2}, \qquad Q_B = \frac{20}{P_A^3 \sqrt{P_B}},$$

试确定 A, B 两种商品的关系.

解 求出偏导数

$$\frac{\partial Q_A}{\partial P_A} = -\frac{100}{P_A^2 P_B^2}, \qquad \frac{\partial Q_A}{\partial P_B} = -\frac{200}{P_A P_B^3},$$

$$\frac{\partial Q_B}{\partial P_A} = -\frac{60}{P_A^4 \sqrt{P_B}}, \qquad \frac{\partial Q_B}{\partial P_B} = -\frac{10}{P_A^3 \sqrt{P_B^3}}.$$

因为 $P_A > 0$, $P_B > 0$, 所以

$$\frac{\partial Q_A}{\partial P_B} < 0, \quad \frac{\partial Q_B}{\partial P_A} < 0,$$

说明 A, B 两种商品是互补品.

下面介绍偏弹性分析. 以需求函数的偏弹性为例, 商品 A, B 的需求函数由 (8.2) 式表示.

当消费者收入 Y 和商品 B 的价格 P_B 保持不变时, 给商品 A 的价格 P_A 一个改变量 ΔP_A, 需求量 Q_A 和 Q_B 对价格 P_A 的改变量分别为

$$\Delta_{P_A} Q_A = F(P_A + \Delta P_A, P_B, Y) - F(P_A, P_B, Y),$$

$$\Delta_{P_A} Q_B = G(P_A + \Delta P_A, P_B, Y) - G(P_A, P_B, Y).$$

需求 Q_A, Q_B 对价格 P_A 的偏弹性分别定义为

$$E_{AA} = \lim_{\Delta P_A \to 0} \frac{\Delta_{P_A} Q_A / Q_A}{\Delta P_A / P_A} = \frac{P_A}{Q_A} \lim_{\Delta P_A \to 0} \frac{\Delta_{P_A} Q_A}{\Delta P_A} = \frac{P_A}{Q_A} \frac{\partial Q_A}{\partial P_A},$$

$$E_{BA} = \lim_{\Delta P_A \to 0} \frac{\Delta_{P_A} Q_B / Q_B}{\Delta P_A / P_A} = \frac{P_A}{Q_B} \lim_{\Delta P_A \to 0} \frac{\Delta_{P_A} Q_B}{\Delta P_A} = \frac{P_A}{Q_B} \frac{\partial Q_B}{\partial P_A}.$$

类似地, 可以定义当消费者收入 Y 和商品 A 的价格 P_A 保持不变时, 需求量 Q_A 和 Q_B 对价格 P_B 的偏弹性:

$$E_{AB} = \lim_{\Delta P_B \to 0} \frac{\Delta_{P_B} Q_A / Q_A}{\Delta P_B / P_B} = \frac{P_B}{Q_A} \frac{\partial Q_A}{\partial P_B},$$

$$E_{BB} = \lim_{\Delta P_B \to 0} \frac{\Delta_{P_B} Q_B / Q_B}{\Delta P_B / P_B} = \frac{P_B}{Q_B} \frac{\partial Q_B}{\partial P_B}.$$

上述四个偏弹性中，E_{AA} 和 E_{BB} 表示该商品的需求量对自身价格的偏弹性，称为**需求的自价格弹性**. E_{AB} 和 E_{BA} 表示商品 A，B 的需求量对商品 B，A 的价格的偏弹性，称为**需求的交叉价格偏弹性**，简称**需求的交叉弹性**.

偏弹性具有明确的经济意义. 例如，E_{AA} 表示商品 A 的价格改变 1% 时其需求量改变的百分比；E_{AB} 表示商品 B 的价格改变 1% 时商品 A 的需求量改变的百分比.

一般需求的自价格弹性 $E_{AA} < 0 (E_{BB} < 0)$，因为自身价格的提高会导致其需求量下降. 如果 $|E_{AA}| > 1 (|E_{BB}| > 1)$，表示该商品价格变化的百分比小于需求量变化的百分比，通常可认为这种商品是"奢侈品"；如果 $|E_{AA}| < 1 (|E_{BB}| < 1)$，表示该商品价格变化的百分比大于需求量变化的百分比，则这种商品为"必需品".

需求的交叉弹性可能有正有负，如果 $E_{AB} > 0$，表示商品 B 的价格提高时，商品 A 的需求量也随之增加，说明商品 A 可作为商品 B 的替代品；如果 $E_{AB} < 0$，表示商品 B 的价格提高时，商品 A 的需求量随之减少，说明商品 A 为商品 B 的互补品.

例 8.16　某种数码相机的销售量 Q_A，除了与自身价格 P_A 有关外，还与彩色喷墨打印机的价格 P_B 有关，满足关系

$$Q_A = 120 + \frac{250}{P_A} - 10P_B - P_B^2,$$

当 $P_A = 50$，$P_B = 5$ 时，求 E_{AA} 和 E_{AB}，并判断这种数码相机是奢侈品还是必需品，以及它和彩色喷墨打印机的关系.

解　Q_A 对 P_A 的价格弹性

$$E_{AA} = \frac{P_A}{Q_A} \frac{\partial Q_A}{\partial P_A} = \frac{P_A}{120 + \dfrac{250}{P_A} - 10P_B - P_B^2} \left(-\frac{250}{P_A^2} \right),$$

当 $P_A = 50$，$P_B = 5$ 时，$E_{AA} = -\dfrac{1}{10}$.

Q_A 对 P_B 的价格弹性

$$E_{AB} = \frac{P_B}{Q_A} \frac{\partial Q_A}{\partial P_B} = \frac{P_B}{120 + \dfrac{250}{P_A} - 10P_B - P_B^2} (-10 - 2P_B),$$

当 $P_A = 50$，$P_B = 5$ 时，$E_{AB} = -2$.

因为 $|E_{AA}| < 1$，所以这种数码相机是必需品. 又因为 $E_{AB} < 0$，说明这种数码相机和彩色喷墨打印机是互补品的关系.

2. 全微分在近似计算中的应用

如果函数 $z = f(x, y)$ 在点 (x, y) 处可微分，并且当 $|\Delta x|$，$|\Delta y|$ 很小时，有以下近似计算公式：

$$\Delta z \approx \mathrm{d}z = f_x(x, y)\Delta x + f_y(x, y)\Delta y,$$

上式也可以写成

$$f(x + \Delta x, y + \Delta y) \approx f(x, y) + f_x(x, y)\Delta x + f_y(x, y)\Delta y.$$

我们可以根据需要选用上述近似计算公式对二元函数进行近似计算和误差估计.

例 8.17 设有一无盖圆柱形容器,容器的壁与底的厚度均为 0.1cm,内高为 20cm,内半径为 4cm. 求容器外壳体积的近似值.

解 设圆柱形容器的内半径为 r,容器内高为 h,则容器的体积 V 为

$$V = \pi r^2 h.$$

假设 r,h 和 V 的增量分别为 Δr,Δh 和 ΔV,根据题意 $r = 4$,$h = 20$,$\Delta r = 0.1$,$\Delta h = 0.1$,则容器外壳体积为

$$\Delta V \approx \mathrm{d}V = V_r \Delta r + V_h \Delta h = 2\pi rh \Delta r + \pi r^2 \Delta h$$
$$= 2\pi \times 4 \times 20 \times 0.1 + \pi \times 4^2 \times 0.1 = 17.6\pi(\mathrm{cm}^3),$$

即该容器外壳体积约为 $17.6\pi\mathrm{cm}^3$.

例 8.18 计算 $(1.01)^{1.97}$ 的近似值.

解 设函数 $f(x, y) = x^y$,取 $x_0 = 1$,$y_0 = 2$,$\Delta x = 0.01$,$\Delta y = -0.03$,由全微分的近似计算公式,得

$$f(x_0 + \Delta x, y_0 + \Delta y) \approx f(x_0, y_0) + f_x(x_0, y_0)\Delta x + f_y(x_0, y_0)\Delta y$$
$$= x_0^{y_0} + y_0 x_0^{y_0 - 1}\Delta x + x_0^{y_0} \ln x_0 \Delta y,$$

所以 $(1.01)^{1.97} \approx 1^2 + 2 \times 1^{2-1} \times 0.01 + 1^2 \times \ln 1 \times (-0.03) = 1.01$.

例 8.19 利用公式 $S = xy$ 计算矩形面积,现测得 $x = 12.5 \pm 0.01$,$y = 8 \pm 0.02$,求计算面积时的绝对误差 (真实值与近似值之差的绝对值).

解 设 δ_x,δ_y 和 δ_S 分别表示 x,y 和 S 的绝对误差,根据题意 $\delta_x = 0.01$,$\delta_y = 0.02$. 若设 $S = f(x, y) = xy$,则面积 S 的绝对误差可以利用全微分得到

$$\delta_S = |f(x + \delta_x, y + \delta_y) - f(x, y)| \approx |f_x(x, y)\delta_x + f_y(x, y)\delta_y|,$$

所以,当 $x = 12.5$,$y = 8$ 时,有

$$\delta_S \approx |8 \times 0.01 + 12.5 \times 0.02| = 0.33.$$

习 题 8.2

1. 求下列函数的偏导数:

(1) $z = x^2 y - \dfrac{x}{y^2} + 4$;

(2) $z = x^y + \ln|xy|$;

(3) $z = y\sqrt{4x - y^2}$;

(4) $z = \arctan \dfrac{x + y}{1 - xy}$;

(5) $z = \mathrm{e}^{xy} \sin x$;

(6) $z = (xy + 1)^x$;

(7) $u = \mathrm{e}^{x^2 + y^2 + z^2}$;

(8) $u = \arcsin(x - y)^z$.

2. 计算下列各题:

(1) 设 $f(x,y) = \dfrac{x\cos y - y\cos x}{1 + \sin x + \sin y}$, 求 $f_x(0,0)$ 和 $f_y(0,0)$;

(2) 设 $z = \mathrm{e}^{x^2 y} + (y-2)\arccos\dfrac{1}{x+y}$, 求 $z_x(1,2)$;

(3) 设 $f(x,y) = \displaystyle\int_0^{xy} \mathrm{e}^{-t^2}\mathrm{d}t$, 求 $f_{xy}(1,1)$;

(4) 设 $f(x,y) = \ln(y + |x\sin y|)$, 求 $f_x(0,1)$ 和 $f_y(0,1)$.

3. 求下列函数的二阶偏导数 $\dfrac{\partial^2 z}{\partial x^2}, \dfrac{\partial^2 z}{\partial y^2}, \dfrac{\partial^2 z}{\partial x \partial y}$:

(1) $z = x^4 + x^3 y^2 - 4xy$; 　　　　　(2) $z = x\ln(x+y)$;

(3) $z = \arccos\dfrac{x}{\sqrt{x^2+y^2}}\ (y>0)$; 　　(4) $z = \dfrac{x^2-y^2}{x^2+y^2}$.

4. 求下列函数的全微分:

(1) $z = x^3 - 3x^2 y + y^3 + 2$; 　　　(2) $z = \arctan\dfrac{x-y}{x+y}$;

(3) $z = \dfrac{x}{\sqrt{x^2+y^2}}$; 　　　　　(4) $z = \ln\sqrt{x^2+y^2}$;

(5) $u = \left(\dfrac{x}{y}\right)^z$; 　　　　　　(6) $u = z\mathrm{e}^{-(\frac{1}{x}+\frac{1}{y})}$.

5. 求函数 $z = \ln(1 + x^2 + y^2)$ 在点 $(-1,1)$ 处, 当 $\Delta x = 0.01$, $\Delta y = -0.02$ 时的全微分和全增量.

6. 求函数 $z = x\mathrm{e}^{x+y} + (x+1)\ln(y+1)$ 在点 $(1,0)$ 处的全微分.

7. 证明: 函数 $f(x,y) = \sqrt{|xy|}$ 在点 $(0,0)$ 处连续且偏导数存在, 但在此点不可微.

8. 讨论函数 $f(x,y) = \begin{cases} (x^2+y^2)\sin\dfrac{1}{\sqrt{x^2+y^2}}, & x^2+y^2 \neq 0, \\ 0, & x^2+y^2 = 0 \end{cases}$ 在点 $(0,0)$ 处的连续性和可微性.

9. 如果两种商品的需求函数分别为

$$Q_A = a\mathrm{e}^{P_B - P_A}, \qquad Q_B = b\mathrm{e}^{P_A - P_B} \quad (a>0,\ b>0),$$

求四个边际需求函数, 并确定这两种商品间的关系.

10. 若某商场的空调机需求函数为 $Q = 5000 - 0.1P_1 + P_2 + 0.1Y$, 当消费者收入为 $Y = 10000$, 空调价格 $P_1 = 2300$, 相关电风扇价格 $P_2 = 300$ 时, 求空调机需求的价格偏弹性和交叉价格偏弹性, 并说明它们的经济意义.

11. 已知长方体的长宽高分别为 10cm、15cm 和 20cm, 要在长方体表面均匀地镀上一层厚度为 0.1cm 的黄铜, 问需要准备多少克黄铜? (黄铜的密度为 8.9g/cm³)

12. 测得三角形两边长分别为 11 ± 0.02, 15 ± 0.01, 它们的夹角为 $30° \pm 0.1°$, 求利用公式 $S = \dfrac{1}{2}ab\sin C$ 计算三角形面积时的绝对误差.

13. 利用全微分计算下列数的近似值:

(1) $0.98^{2.03}$; 　　　　(2) $\sqrt{\dfrac{1.01}{0.96}}$; 　　　　(3) $4.02\arctan 1.03$.

8.3 多元复合函数的求导法则

本节要将一元函数微分学中复合函数的求导法则推广到多元复合函数的情形.

一、多元复合函数的求导法则

定理 8.4 如果函数 $u = \varphi(t)$ 及 $v = \psi(t)$ 都在点 t 可导，函数 $z = f(u,v)$ 在对应点 (u,v) 具有连续偏导数，那么复合函数 $z = f[\varphi(t), \psi(t)]$ 在点 t 可导，且有

$$\frac{\mathrm{d}z}{\mathrm{d}t} = \frac{\partial z}{\partial u}\frac{\mathrm{d}u}{\mathrm{d}t} + \frac{\partial z}{\partial v}\frac{\mathrm{d}v}{\mathrm{d}t}, \tag{8.3}$$

此式称为**全导数公式**.

证 设 t 取增量 Δt，则相应中间变量有增量 $\Delta u, \Delta v$. 由假设，函数 $z = f(u,v)$ 在点 (u,v) 具有连续偏导数，则函数的全增量 Δz 可表示为

$$\Delta z = \frac{\partial z}{\partial u}\Delta u + \frac{\partial z}{\partial v}\Delta v + o(\rho),$$

其中 $\rho = \sqrt{(\Delta u)^2 + (\Delta v)^2}$. 将上式两边同时除以 Δt 得

$$\frac{\Delta z}{\Delta t} = \frac{\partial z}{\partial u}\frac{\Delta u}{\Delta t} + \frac{\partial z}{\partial v}\frac{\Delta v}{\Delta t} + \frac{o(\rho)}{\Delta t},$$

因为函数 $u = \varphi(t)$ 及 $v = \psi(t)$ 都在点 t 可导，又

$$\lim_{\Delta t \to 0} \frac{\rho}{|\Delta t|} = \lim_{\Delta t \to 0} \sqrt{\left(\frac{\Delta u}{\Delta t}\right)^2 + \left(\frac{\Delta v}{\Delta t}\right)^2} = \sqrt{\left(\frac{\mathrm{d}u}{\mathrm{d}t}\right)^2 + \left(\frac{\mathrm{d}v}{\mathrm{d}t}\right)^2},$$

即当 $\Delta t \to 0$ 时，$\dfrac{\rho}{|\Delta t|}$ 是一个有界变量，所以当 $\Delta t \to 0$ 时，有

$$\lim_{\Delta t \to 0} \frac{\Delta z}{\Delta t} = \frac{\partial z}{\partial u}\lim_{\Delta t \to 0}\frac{\Delta u}{\Delta t} + \frac{\partial z}{\partial v}\lim_{\Delta t \to 0}\frac{\Delta v}{\Delta t} + \lim_{\Delta t \to 0}\frac{o(\rho)}{\rho}\frac{\rho}{\Delta t}$$
$$= \frac{\partial z}{\partial u}\frac{\mathrm{d}u}{\mathrm{d}t} + \frac{\partial z}{\partial v}\frac{\mathrm{d}v}{\mathrm{d}t}.$$

故复合函数 $z = f[\varphi(t), \psi(t)]$ 在点 t 可导.

注：此定理可推广到复合函数的中间变量多于两个的情形. 例如设 $z = f(u,v,w), u = \varphi(t), v = \psi(t), w = \omega(t)$ 复合而得到复合函数 $z = f[\varphi(t), \psi(t), \omega(t)]$，则在与定理类似的条件下，复合函数在点 t 可导，且全导数为

$$\frac{\mathrm{d}z}{\mathrm{d}t} = \frac{\partial z}{\partial u}\frac{\mathrm{d}u}{\mathrm{d}t} + \frac{\partial z}{\partial v}\frac{\mathrm{d}v}{\mathrm{d}t} + \frac{\partial z}{\partial w}\frac{\mathrm{d}w}{\mathrm{d}t}. \tag{8.4}$$

定理 8.5 如果函数 $u = \varphi(x,y)$ 及 $v = \psi(x,y)$ 都在点 (x,y) 具有对 x 及对 y 的偏导数，函数 $z = f(u,v)$ 在对应点 (u,v) 具有连续偏导数，那么复合函数 $z = f[\varphi(x,y), \psi(x,y)]$ 在点 (x,y) 的两个偏导数都存在，且有

$$\frac{\partial z}{\partial x} = \frac{\partial z}{\partial u}\frac{\partial u}{\partial x} + \frac{\partial z}{\partial v}\frac{\partial v}{\partial x}, \tag{8.5}$$

$$\frac{\partial z}{\partial y} = \frac{\partial z}{\partial u}\frac{\partial u}{\partial y} + \frac{\partial z}{\partial v}\frac{\partial v}{\partial y}. \tag{8.6}$$

事实上，求 $\dfrac{\partial z}{\partial x}$ 时，将 y 看作常量，因此 $u = \varphi(x, y)$ 及 $v = \psi(x, y)$ 仍可看作一元函数而应用定理 8.4. 但由于复合函数 $z = f[\varphi(x, y), \psi(x, y)]$ 以及 $u = \varphi(x, y)$ 和 $v = \psi(x, y)$ 都是 x, y 的二元函数，所以应把公式(8.3)中的 d 改为 ∂，再把 t 换成 x，便可得到公式(8.5). 同理可得到公式(8.6).

类似地，此定理也可推广到复合函数的中间变量多于两个的情形. 下面我们给出定理 8.5 的几种特殊情形.

(1) 如果函数 $u = \varphi(x, y)$ 在点 (x, y) 具有对 x 及对 y 的偏导数，函数 $v = \psi(y)$ 在点 y 可导，函数 $z = f(u, v)$ 在对应点 (u, v) 具有连续偏导数，那么复合函数 $z = f[\varphi(x, y), \psi(y)]$ 在点 (x, y) 的两个偏导数都存在，且有

$$\frac{\partial z}{\partial x} = \frac{\partial z}{\partial u} \frac{\partial u}{\partial x},$$

$$\frac{\partial z}{\partial y} = \frac{\partial z}{\partial u} \frac{\partial u}{\partial y} + \frac{\partial z}{\partial v} \frac{\mathrm{d}v}{\mathrm{d}y}.$$

(2) $z = f(u), u = u(x, y)$ 对于复合函数 $z = f(u(x, y))$，其偏导数为

$$\frac{\partial z}{\partial x} = \frac{\mathrm{d}z}{\mathrm{d}u} \frac{\partial u}{\partial x}, \quad \frac{\partial z}{\partial y} = \frac{\mathrm{d}z}{\mathrm{d}u} \frac{\partial u}{\partial y}.$$

(3) 复合函数的某些中间变量本身又是复合函数的自变量.

设 $z = f(x, v)$ 具有连续偏导数，而 $v = \psi(x, y)$ 具有偏导数，则复合函数 $z = f[x, \psi(x, y)]$ 可看作定理 8.5 中 $u = x$ 的特殊情形. 因此 $\dfrac{\partial u}{\partial x} = 1, \dfrac{\partial u}{\partial y} = 0$. 从而复合函数 $z = f[x, \psi(x, y)]$ 具有对 x 及 y 的偏导数，且由公式(8.5)、(8.6)得到

$$\frac{\partial z}{\partial x} = \frac{\partial f}{\partial x} + \frac{\partial f}{\partial v} \frac{\partial v}{\partial x},$$

$$\frac{\partial z}{\partial y} = \frac{\partial f}{\partial v} \frac{\partial v}{\partial y}.$$

注：这里 $\dfrac{\partial z}{\partial x}$ 与 $\dfrac{\partial f}{\partial x}$ 不同，$\dfrac{\partial z}{\partial x}$ 表示 $f[x, \psi(x, y)]$ 固定 y 对 x 求导，$\dfrac{\partial f}{\partial x}$ 表示 $f(x, v)$ 固定 v 对 x 求导. 有时为了表达简便，引入以下记号：

$$f_1' = f_u(u, v), \quad f_2' = f_v(u, v), \quad f_{12}'' = f_{uv}(u, v),$$

这里，下标 1 表示对第一个变量 u 求偏导数，下标 2 表示对第二个变量 v 求偏导数. 同理有 $f_{11}'', f_{22}'', f_{21}''$.

例 8.20 设 $z = \mathrm{e}^u \sin v, u = xy, v = x + y$. 求 $\dfrac{\partial z}{\partial x}$ 和 $\dfrac{\partial z}{\partial y}$.

解

$$\begin{aligned}
\frac{\partial z}{\partial x} &= \frac{\partial z}{\partial u} \frac{\partial u}{\partial x} + \frac{\partial z}{\partial v} \frac{\partial v}{\partial x} = \mathrm{e}^u \sin v \cdot y + \mathrm{e}^u \cos v \cdot 1 \\
&= \mathrm{e}^{xy}[y \sin(x + y) + \cos(x + y)], \\
\frac{\partial z}{\partial y} &= \frac{\partial z}{\partial u} \frac{\partial u}{\partial y} + \frac{\partial z}{\partial v} \frac{\partial v}{\partial y} = \mathrm{e}^u \sin v \cdot x + \mathrm{e}^u \cos v \cdot 1 \\
&= \mathrm{e}^{xy}[x \sin(x + y) + \cos(x + y)].
\end{aligned}$$

例 8.21 设 $z = f(x, y, z) = \mathrm{e}^{x^2 + y^2 + z^2}$，而 $z = x^2 \sin y$. 求 $\dfrac{\partial z}{\partial x}$ 和 $\dfrac{\partial z}{\partial y}$.

解

$$\frac{\partial u}{\partial x} = \frac{\partial f}{\partial x} + \frac{\partial f}{\partial z}\frac{\partial z}{\partial x} = 2x\mathrm{e}^{x^2+y^2+z^2} + 2z\mathrm{e}^{x^2+y^2+z^2} \cdot 2x \sin y$$
$$= 2x(1 + 2x^2 \sin^2 y)\mathrm{e}^{x^2+y^2+x^4 \sin^2 y},$$
$$\frac{\partial u}{\partial y} = \frac{\partial f}{\partial y} + \frac{\partial f}{\partial z}\frac{\partial z}{\partial y} = 2y\mathrm{e}^{x^2+y^2+z^2} + 2z\mathrm{e}^{x^2+y^2+z^2} \cdot x^2 \cos y$$
$$= 2(y + x^4 \sin y \cos y)\mathrm{e}^{x^2+y^2+x^4 \sin^2 y}.$$

例 8.22 设 $z = f(u, v, t) = uv + \sin t$，而 $u = \mathrm{e}^t$，$v = \cos t$. 求全导数 $\dfrac{\mathrm{d}z}{\mathrm{d}t}$.

解

$$\frac{\mathrm{d}z}{\mathrm{d}t} = \frac{\partial f}{\partial u}\frac{\mathrm{d}u}{\mathrm{d}t} + \frac{\partial f}{\partial v}\frac{\mathrm{d}v}{\mathrm{d}t} + \frac{\partial f}{\partial t} = v\mathrm{e}^t - u \sin t + \cos t$$
$$= \mathrm{e}^t \cos t - \mathrm{e}^t \sin t + \cos t = \mathrm{e}^t(\cos t - \sin t) + \cos t.$$

例 8.23 求复合函数的导数：$z = \ln(x^2 - y^2), y = 3^x$.

解 令 $u = x^2 - y^2$，则 $z = \ln u$. 由复合函数求导法则得

$$\frac{\mathrm{d}z}{\mathrm{d}x} = \frac{\mathrm{d}z}{\mathrm{d}u}\frac{\mathrm{d}u}{\mathrm{d}x} = \frac{1}{u}\left(2x - 2y\frac{\mathrm{d}y}{\mathrm{d}x}\right)$$
$$= \frac{1}{x^2 - y^2}(2x - 2y3^x \ln 3)$$
$$= 2\frac{x - 3^{2x} \ln 3}{x^2 - 3^{2x}},$$

也可从 $z = \ln(x^2 - 3^{2x})$ 直接求导得到.

例 8.24 设 $w = f(x + y + z, xyz)$，f 具有二阶连续偏导数，求 $\dfrac{\partial w}{\partial x}$ 及 $\dfrac{\partial^2 w}{\partial x \partial z}$.

解 令 $u = x + y + z, v = xyz$，则 $w = f(u, v)$. 由复合函数求导法则得

$$\frac{\partial w}{\partial x} = \frac{\partial f}{\partial u}\frac{\partial u}{\partial x} + \frac{\partial f}{\partial v}\frac{\partial v}{\partial x} = f_1' + yzf_2',$$
$$\frac{\partial^2 w}{\partial x \partial z} = \frac{\partial}{\partial z}(f_1' + yzf_2') = \frac{\partial f_1'}{\partial z} + yf_2' + yz\frac{\partial f_2'}{\partial z}.$$

求 $\dfrac{\partial f_1'}{\partial z}$ 及 $\dfrac{\partial f_2'}{\partial z}$ 时，应注意到 $f_1'(u, v)$ 及 $f_2'(u, v)$ 中 u, v 是中间变量，再根据复合函数求导法则有

$$\frac{\partial f_1''}{\partial z} = f_{11}'' + xyf_{12}'', \quad \frac{\partial f_2'}{\partial z} = f_{21}'' + xyf_{22}'',$$

于是

$$\frac{\partial^2 w}{\partial x \partial z} = f_{11}'' + y(x + z)f_{12}'' + xy^2 zf_{22}'' + yf_2'.$$

二、多元复合函数的微分法则

全微分形式不变性 设函数 $z = f(u, v)$ 具有连续偏导数，则有全微分

$$\mathrm{d}z = \frac{\partial z}{\partial u}\mathrm{d}u + \frac{\partial z}{\partial v}\mathrm{d}v.$$

如果 u 和 v 又是中间变量，即 $u = \varphi(x, y), v = \psi(x, y)$，且这两个函数也具有连续偏导数，那么复合函数

$$z = f[\varphi(x, y), \psi(x, y)]$$

的全微分为

$$\mathrm{d}z = \frac{\partial z}{\partial x}\mathrm{d}x + \frac{\partial z}{\partial y}\mathrm{d}y,$$

其中 $\dfrac{\partial z}{\partial x}$ 及 $\dfrac{\partial z}{\partial y}$ 分别由公式(8.5) 及(8.6)给出. 将 $\dfrac{\partial z}{\partial x}$ 及 $\dfrac{\partial z}{\partial y}$ 的表达式代入上式，得

$$\begin{aligned}
\mathrm{d}z &= \left(\frac{\partial z}{\partial u}\frac{\partial u}{\partial x} + \frac{\partial z}{\partial v}\frac{\partial v}{\partial x}\right)\mathrm{d}x + \left(\frac{\partial z}{\partial u}\frac{\partial u}{\partial y} + \frac{\partial z}{\partial v}\frac{\partial v}{\partial y}\right)\mathrm{d}y, \\
&= \frac{\partial z}{\partial u}\left(\frac{\partial u}{\partial x}\mathrm{d}x + \frac{\partial u}{\partial y}\mathrm{d}y\right) + \frac{\partial z}{\partial v}\left(\frac{\partial v}{\partial x}\mathrm{d}x + \frac{\partial v}{\partial y}\mathrm{d}y\right) \\
&= \frac{\partial z}{\partial u}\mathrm{d}u + \frac{\partial z}{\partial v}\mathrm{d}v.
\end{aligned}$$

由此可见，无论 u 和 v 是自变量还是中间变量，函数 $z = f(u, v)$ 的全微分形式是一样的. 这个性质叫作**全微分形式不变性**.

例 8.25 求下列函数的全微分：

(1)　$z = \arctan \dfrac{x}{y}$,　　　　(2)　$z = f(2x + 3y, \mathrm{e}^{xy})$.

解 (1) 设 $u = \dfrac{x}{y}$，则 $z = \arctan u$，所以

$$\begin{aligned}
\mathrm{d}z &= (\arctan u)'\mathrm{d}u = \frac{1}{1 + u^2}\mathrm{d}u \\
&= \frac{1}{1 + \left(\frac{x}{y}\right)^2}\frac{y\mathrm{d}x - x\mathrm{d}y}{y^2} = \frac{y\mathrm{d}x - x\mathrm{d}y}{x^2 + y^2}.
\end{aligned}$$

(2) 设 $u = 2x + 3y, v = \mathrm{e}^{xy}$，　则 $z = f(u, v)$，而

$$\mathrm{d}u = 2\mathrm{d}x + 3\mathrm{d}y,$$

$$\mathrm{d}v = \mathrm{e}^{xy}\mathrm{d}(xy) = \mathrm{e}^{xy}(y\mathrm{d}x + x\mathrm{d}y),$$

所以

$$\begin{aligned}
\mathrm{d}z &= f_u'\mathrm{d}u + f_v'\mathrm{d}v \\
&= f_u'(2\mathrm{d}x + 3\mathrm{d}y) + f_v'\mathrm{e}^{xy}(y\mathrm{d}x + x\mathrm{d}y) \\
&= (2f_u' + y\mathrm{e}^{xy}f_v')\mathrm{d}x + (3f_u' + x\mathrm{e}^{xy}f_v')\mathrm{d}y.
\end{aligned}$$

习　题　8.3

1. 设 $z = u^2 \ln v$，　而 $u = \dfrac{x}{y}, v = 3x - 2y$，　求 $\dfrac{\partial z}{\partial x}, \dfrac{\partial z}{\partial y}$.

2. 设 $z = \mathrm{e}^{x-2y}$，而 $x = \sin t, y = t^3$，　求 $\dfrac{\mathrm{d}z}{\mathrm{d}t}$.

3. 求下列函数的一阶偏导数 (其中 f 具有一阶连续偏导数)：

(1) $u = f(x^2 - y^2, \mathrm{e}^{xy})$; (2) $u = f\left(\dfrac{x}{y}, \dfrac{y}{z}\right)$;

(3) $u = f(x, xy, xyz)$.

4. 设 $z = \arctan xy$, 而 $x = u + v, y = u - v$, 验证

$$\frac{\partial z}{\partial u} + \frac{\partial z}{\partial v} = \frac{u - v}{u^2 + v^2}.$$

5. 设 $z = xy + xF(u)$, 而 $u = \dfrac{y}{x}$, $F(u)$ 为可导函数, 证明

$$x\frac{\partial z}{\partial x} + y\frac{\partial z}{\partial y} = z + xy.$$

6. 求下列函数的 $\dfrac{\partial^2 z}{\partial x^2}, \dfrac{\partial^2 z}{\partial x \partial y}, \dfrac{\partial^2 z}{\partial y^2}$ (其中 f 具有二阶连续偏导数):

(1) $z = f(xy, y)$; (2) $z = f\left(x, \dfrac{x}{y}\right)$;

(3) $z = f(x^2 + y^2)$; (4) $z = f(\sin x, \cos y, \mathrm{e}^{x+y})$.

7. 设 $z = f(x + y, x - y, xy)$, 其中 f 具有二阶连续偏导数, 求 $\mathrm{d}z$ 与 $\dfrac{\partial^2 z}{\partial x \partial y}$.

8. 设函数 $u = f(x, y)$ 具有二阶连续偏导数, 且满足等式 $4\dfrac{\partial^2 u}{\partial x^2} + 12\dfrac{\partial^2 u}{\partial x \partial y} + 5\dfrac{\partial^2 u}{\partial y^2} = 0$, 确定 a, b 的值, 使等式在变换 $\xi = x + ay, \eta = x + by$ 下简化为 $\dfrac{\partial^2 u}{\partial \xi \partial \eta} = 0$.

9. 设函数 $f(u)$ 可导, $z = yf\left(\dfrac{y^2}{x}\right)$, 求 $2x\dfrac{\partial z}{\partial x} + y\dfrac{\partial z}{\partial y}$.

10. 设 $z = \arctan[xy + \sin(x + y)]$, 求 $\mathrm{d}z|_{(0,\pi)}$.

8.4 隐函数及其求导法则

一、一个方程的情形

在许多实际问题中, 变量之间的函数关系往往不是用显式表示, 而是通过一个 (也可以是多个) 方程

$$F(x, y) = 0 \tag{8.7}$$

来确定. 先介绍在什么条件下由方程(8.7)可以确定一个隐函数.

隐函数存在定理 1 设函数 $F(x, y)$ 在点 $P(x_0, y_0)$ 的某一个邻域内具有连续的偏导数, 且 $F(x_0, y_0) = 0, F_y(x_0, y_0) \neq 0$, 则方程 $F(x, y) = 0$ 在点 (x_0, y_0) 的某一邻域内恒能唯一确定一个连续且具有连续导数的函数 $y = y(x)$, 它满足条件 $y_0 = y(x_0)$, 并有

$$\frac{\mathrm{d}y}{\mathrm{d}x} = -\frac{F_x}{F_y} \quad (F_y \neq 0). \tag{8.8}$$

定理证明忽略, 我们仅推导公式(8.8).

隐函数 $y = y(x)$ 在其定义域内应满足恒等式

$$F(x, y(x)) \equiv 0.$$

两边对 x 求导，由多元复合函数求导法则，可得

$$\frac{\partial F}{\partial x} + \frac{\partial F}{\partial y}\frac{\mathrm{d}y}{\mathrm{d}x} = 0.$$

因为 F_y 连续，且 $F_y(x_0, y_0) \neq 0$，所以存在 (x_0, y_0) 的一个邻域，在这个邻域内 $F_y \neq 0$，由此即得式(8.8).

注：定理说明即使方程 $F(x, y) = 0$ 不能求出它所确定的隐函数 $y = y(x)$ 的显式，在一定条件下仍可求出 $y(x)$ 的导数或微分.

例 8.26 设 $\sin y + \mathrm{e}^x - xy^2 = 0$，　求 y'.

解 设 $F(x, y) = \sin y + \mathrm{e}^x - xy^2$，则 $F_x = \mathrm{e}^x - y^2, F_y = \cos y - 2xy$，故

$$y' = -\frac{F_x}{F_y} = -\frac{\mathrm{e}^x - y^2}{\cos y - 2xy}.$$

例 8.27 设 $\ln\sqrt{x^2 + y^2} = \arctan\dfrac{y}{x}$，　求 $\mathrm{d}y$.

解 我们不用先求导数 y' 再计算微分 $\mathrm{d}y$，而利用微分形式不变性，对上式两边求全微分：

$$\frac{1}{2}\frac{1}{x^2 + y^2}\mathrm{d}(x^2 + y^2) = \frac{1}{1 + \left(\frac{y}{x}\right)^2}\mathrm{d}\left(\frac{y}{x}\right),$$

即

$$\frac{x\mathrm{d}x + y\mathrm{d}y}{x^2 + y^2} = \frac{x^2}{x^2 + y^2}\frac{x\mathrm{d}y - y\mathrm{d}x}{x^2}.$$

化简得

$$\frac{x\mathrm{d}x + y\mathrm{d}y}{x^2 + y^2} = \frac{x\mathrm{d}y - y\mathrm{d}x}{x^2 + y^2}.$$

所以 $x\mathrm{d}x + y\mathrm{d}y = x\mathrm{d}y - y\mathrm{d}x$，　即

$$(x - y)\mathrm{d}y = (x + y)\mathrm{d}x.$$

由此可知

$$\mathrm{d}y = \frac{x + y}{x - y}\mathrm{d}x.$$

隐函数存在定理可推广到多元函数. 我们给出三元函数

$$F(x, y, z) = 0 \tag{8.9}$$

所确定的二元函数 $z = f(x, y)$ 的存在性以及这个函数的性质.

隐函数存在定理 2　设函数 $F(x, y, z)$ 在点 $P(x_0, y_0, z_0)$ 的某一个邻域内具有连续的偏导数，且 $F(x_0, y_0, z_0) = 0, F_z(x_0, y_0, z_0) \neq 0$，则方程 $F(x, y, z) = 0$ 在点 (x_0, y_0, z_0) 的某一邻域内恒能唯一确定一个连续且具有连续偏导数的函数 $z = f(x, y)$，它满足条件 $z_0 = f(x_0, y_0)$，并有

$$\frac{\partial z}{\partial x} = -\frac{F_x}{F_z}, \quad \frac{\partial z}{\partial y} = -\frac{F_y}{F_z} \quad (F_z \neq 0). \tag{8.10}$$

定理证明忽略，我们仅推导公式(8.10).

由于 $F(x, y, f(x, y)) \equiv 0$，应用复合函数求导法则，两边分别对 x 和 y 求偏导，得

$$\frac{\partial F}{\partial x} + \frac{\partial F}{\partial z}\frac{\partial z}{\partial x} = 0, \quad \frac{\partial F}{\partial y} + \frac{\partial F}{\partial z}\frac{\partial z}{\partial y} = 0.$$

因为 F_z 连续，且 $F_z(x_0, y_0, z_0) \neq 0$，所以存在点 (x_0, y_0, z_0) 的一个邻域，在这个邻域内 $F_z \neq 0$，由此即得式(8.10).

也可利用微分形式的不变性，对方程 $F(x, y, z) = 0$ 两边求全微分，得

$$\frac{\partial F}{\partial x}\mathrm{d}x + \frac{\partial F}{\partial y}\mathrm{d}y + \frac{\partial F}{\partial z}\mathrm{d}z = 0,$$

所以当 $F_z \neq 0$ 时

$$\mathrm{d}z = -\frac{F_x}{F_z}\mathrm{d}x - \frac{F_y}{F_z}\mathrm{d}y, \tag{8.11}$$

由此即得式(8.10).

式(8.10)和(8.11)称为隐函数 $z = f(x, y)$ 的**求导法则和微分法则**.

例 8.28 设 $\mathrm{e}^{-xy} - 2z + \mathrm{e}^z = 0$，求 z_x, z_y.

解 设 $F(x, y, z) = \mathrm{e}^{-xy} - 2z + \mathrm{e}^z$，则 $F_x = -y\mathrm{e}^{-xy}, F_y = -x\mathrm{e}^{-xy}, F_z = -2 + \mathrm{e}^z$，故

$$z_x = -\frac{F_x}{F_z} = -\frac{-y\mathrm{e}^{-xy}}{-2 + \mathrm{e}^z} = \frac{y\mathrm{e}^{-xy}}{\mathrm{e}^z - 2},$$

$$z_y = -\frac{F_y}{F_z} = -\frac{-x\mathrm{e}^{-xy}}{-2 + \mathrm{e}^z} = \frac{x\mathrm{e}^{-xy}}{\mathrm{e}^z - 2}.$$

例 8.29 求由方程 $\frac{x}{z} = \ln\frac{z}{y}$ 确定的隐函数 $z = z(x, y)$ 的全微分.

解 方程可改写为

$$\frac{x}{z} = \ln z - \ln y.$$

用微分形式的不变性和微分法则，对上式两边求全微分，得

$$\frac{z\mathrm{d}x - x\mathrm{d}z}{z^2} = \frac{1}{z}\mathrm{d}z - \frac{1}{y}\mathrm{d}y,$$

即 $z\mathrm{d}x - x\mathrm{d}z = z\mathrm{d}z - \frac{z^2}{y}\mathrm{d}y$. 所以

$$\mathrm{d}z = \frac{z}{z + x}\left(\mathrm{d}x + \frac{z}{y}\mathrm{d}y\right).$$

二、方程组的情形

我们将隐函数存在定理作另一方面的推广. 我们不仅增加方程中变量的个数，而且增加方程的个数. 考虑方程组

$$\begin{cases} F(x, y, u, v) = 0, \\ G(x, y, u, v) = 0. \end{cases} \tag{8.12}$$

在四个变量中，一般只能有两个变量独立变化，因此方程组(8.12)就有可能确定两个二元函数. 在这种情况下，我们可以由函数 F, G 的性质来判定方程组所确定的两个二元函数的存在性以及它们的性质.

隐函数存在定理 3 设函数 $F(x, y, z), G(x, y, z)$ 在点 $P(x_0, y_0, u_0, v_0)$ 的某一个邻域内具有对各个变量的连续偏导数, 且 $F(x_0, y_0, u_0, v_0) = 0, G(x_0, y_0, u_0, v_0) = 0$, 且偏导数所组成的函数行列式 (或称雅可比 (Jacobi) 式)

$$J = \frac{\partial(F, G)}{\partial(u, v)} = \begin{vmatrix} \dfrac{\partial F}{\partial u} & \dfrac{\partial F}{\partial v} \\ \dfrac{\partial G}{\partial u} & \dfrac{\partial G}{\partial v} \end{vmatrix}$$

在点 $P(x_0, y_0, u_0, v_0)$ 不等于零, 则方程组 $F(x, y, u, v) = 0, G(x, y, u, v) = 0$ 在点 (x_0, y_0, u_0, v_0) 的某一邻域内恒能唯一确定一组连续且具有连续偏导数的函数 $u = u(x, y), v = v(x, y)$, 它们满足条件 $u_0 = u(x_0, y_0), v_0 = v(x_0, y_0)$, 并有定理证明忽略, 我们仅推导公式(8.4).

由于

$$F(x, y, u(x, y), v(x, y)) \equiv 0, \quad G(x, y, u(x, y), v(x, y)) \equiv 0,$$

将恒等式两边分别对 x 求导, 应用复合函数求导法则得

$$\begin{cases} F_x + F_u \dfrac{\partial u}{\partial x} + F_v \dfrac{\partial v}{\partial x} = 0, \\ G_x + G_u \dfrac{\partial u}{\partial x} + G_v \dfrac{\partial v}{\partial x} = 0. \end{cases}$$

这是关于 $\dfrac{\partial u}{\partial x}$ 和 $\dfrac{\partial v}{\partial x}$ 的线性方程组, 由假设可知在点 $P(x_0, y_0, u_0, v_0)$ 的一个邻域内, 系数行列式

$$J = \begin{vmatrix} F_u & F_v \\ G_u & G_v \end{vmatrix} \neq 0,$$

$$\frac{\partial u}{\partial x} = -\frac{1}{J} \frac{\partial(F, G)}{\partial(x, v)} = -\frac{\begin{vmatrix} F_x & F_v \\ G_x & G_v \end{vmatrix}}{\begin{vmatrix} F_u & F_v \\ G_u & G_v \end{vmatrix}},$$

$$\frac{\partial v}{\partial x} = -\frac{1}{J} \frac{\partial(F, G)}{\partial(u, x)} = -\frac{\begin{vmatrix} F_u & F_x \\ G_u & G_x \end{vmatrix}}{\begin{vmatrix} F_u & F_v \\ G_u & G_v \end{vmatrix}}, \tag{8.13}$$

$$\frac{\partial u}{\partial y} = -\frac{1}{J} \frac{\partial(F, G)}{\partial(y, v)} = -\frac{\begin{vmatrix} F_y & F_v \\ G_y & G_v \end{vmatrix}}{\begin{vmatrix} F_u & F_v \\ G_u & G_v \end{vmatrix}},$$

$$\frac{\partial v}{\partial y} = -\frac{1}{J}\frac{\partial(F,G)}{\partial(u,y)} = -\frac{\begin{vmatrix} F_u & F_y \\ G_u & G_y \end{vmatrix}}{\begin{vmatrix} F_u & F_v \\ G_u & G_v \end{vmatrix}}.$$

从而可解出 $\dfrac{\partial u}{\partial x}, \dfrac{\partial v}{\partial x}$，得

$$\frac{\partial u}{\partial x} = -\frac{1}{J}\frac{\partial(F,G)}{\partial(x,v)}, \quad \frac{\partial v}{\partial x} = -\frac{1}{J}\frac{\partial(F,G)}{\partial(u,x)}.$$

同理，可得

$$\frac{\partial u}{\partial y} = -\frac{1}{J}\frac{\partial(F,G)}{\partial(y,v)}, \quad \frac{\partial v}{\partial y} = -\frac{1}{J}\frac{\partial(F,G)}{\partial(u,y)}.$$

例 8.30 设 $xu - yv = 0, yu + xv = 1$，求 $\dfrac{\partial u}{\partial x}, \dfrac{\partial u}{\partial y}, \dfrac{\partial v}{\partial x}$ 和 $\dfrac{\partial v}{\partial y}$.

解 可直接利用公式，也可依照推导公式的方法来求解. 将所给方程的两边对 x 求导并移项，得

$$\begin{cases} x\dfrac{\partial u}{\partial x} - y\dfrac{\partial v}{\partial x} = -u, \\ y\dfrac{\partial u}{\partial x} + x\dfrac{\partial v}{\partial x} = -v. \end{cases}$$

在 $J = \begin{vmatrix} x & -y \\ y & x \end{vmatrix} = x^2 + y^2 \neq 0$ 的条件下，

$$\frac{\partial u}{\partial x} = \frac{\begin{vmatrix} -u & -y \\ -v & x \end{vmatrix}}{\begin{vmatrix} x & -y \\ y & x \end{vmatrix}} = -\frac{xu + yv}{x^2 + y^2},$$

$$\frac{\partial v}{\partial x} = \frac{\begin{vmatrix} x & -u \\ y & -v \end{vmatrix}}{\begin{vmatrix} x & -y \\ y & x \end{vmatrix}} = \frac{yu - xv}{x^2 + y^2}.$$

将所给方程的两边对 y 求导. 用同样方法在 $J = x^2 + y^2 \neq 0$ 的条件下可得

$$\frac{\partial u}{\partial y} = \frac{xv - yu}{x^2 + y^2}, \quad \frac{\partial v}{\partial y} = -\frac{xu + yv}{x^2 + y^2}.$$

例 8.31 设 $u = f(x,y,z)$ 有连续的一阶偏导数，又 $y = y(x)$ 和 $z = z(x)$ 依次由方程 $\mathrm{e}^{xy} - xy = 2$，$\mathrm{e}^x = \displaystyle\int_0^{x-z} \frac{\sin t}{t}\mathrm{d}t$ 确定，求 $\dfrac{\mathrm{d}u}{\mathrm{d}x}$.

解 将两个方程分别对 x 求导，得

$$e^{xy}(y + xy') - (y + xy') = 0,$$

$$e^x = \frac{\sin(x - z)}{x - z}(1 - z').$$

从而 $y' = -\dfrac{y}{x}, z' = 1 - \dfrac{e^x(x - z)}{\sin(x - z)}$. 所以

$$\frac{\mathrm{d}u}{\mathrm{d}x} = f_x + f_y y' + f_z z'$$

$$= f_x - \frac{y}{x}f_y + \left(1 - \frac{e^x(x - z)}{\sin(x - z)}\right)f_z.$$

<h2 style="text-align:center">习 题 8.4</h2>

1. 设 $y = y(x)$ 为下列方程确定的隐函数，求 $\dfrac{\mathrm{d}y}{\mathrm{d}x}$.

(1) $xy + \ln y - \ln x = 0$;　　　　　(2) $x^y - y^x = 0$.

2. 设 $y = y(x)$ 是由方程 $\sin(xy) - \dfrac{1}{y - x} = 1$ 所确定的隐函数，求 $\dfrac{\mathrm{d}y}{\mathrm{d}x}\Big|_{x=0}$.

3. 设 $x + 2y + 2z - 2\sqrt{xyz} = 0$，求 $\dfrac{\partial z}{\partial x}, \dfrac{\partial z}{\partial y}$.

4. 求由下列方程确定的隐函数的微分或者全微分.

(1) $e^{xy} - \arctan yx = 0$，求 $\mathrm{d}y$.

(2) $2xz - 2xyz + \ln xyz = 0$，求 $\mathrm{d}z|_{x=1,y=1}$.

(3) $F\left(x + \dfrac{z}{y}, y + \dfrac{z}{x}\right) = 0, F(u, v)$ 可微，求 $\mathrm{d}z$.

5. 设 $z = z(x,y)$ 是由方程 $2\sin(x+2y-3z) = x+2y-3z$ 确定的隐函数，证明 $\dfrac{\partial z}{\partial x} + \dfrac{\partial z}{\partial y} = 1$.

6. 设 $e^z - xyz = 0$，求 $\dfrac{\partial^2 z}{\partial x^2}$.

7. 设 $z^3 - 3xyz = a^3$，求 $\dfrac{\partial^2 z}{\partial x \partial y}$.

8. 求由下列方程组所确定的函数的导数或偏导数：

(1) 设 $\begin{cases} z = x^2 + y^2, \\ x^2 + 2y^2 + 3z^2 = 20, \end{cases}$ 求 $\dfrac{\mathrm{d}y}{\mathrm{d}x}, \dfrac{\mathrm{d}z}{\mathrm{d}x}$.

(2) 设 $\begin{cases} x = e^u + u\sin v, \\ y = e^u - u\cos v, \end{cases}$ 求 $\dfrac{\partial u}{\partial x}, \dfrac{\partial u}{\partial y}, \dfrac{\partial v}{\partial x}, \dfrac{\partial v}{\partial y}$.

9. 设函数 $z = z(x,y)$ 由方程 $\ln z + e^{z-1} = xy$ 确定，求 $\dfrac{\partial z}{\partial x}\Big|_{(2,\frac{1}{2})}$.

10. 设函数 $z = z(x,y)$ 由方程 $(x+1)z + y\ln z - \arctan(2xy) = 1$ 确定，求 $\dfrac{\partial z}{\partial x}\Big|_{(0,2)}$.

8.5 多元函数的极值

一、二元函数的极值及其判别法

前面已经借助一元函数微分学,讨论过一元函数的极值和最值问题.但很多问题往往受到多个元素的影响和制约,因此有必要讨论多元函数的极值和最值问题.以二元函数为例,首先引入多元函数极值的概念.

定义 8.6 设函数 $z = f(x, y)$ 在点 $P_0(x_0, y_0)$ 的某个邻域内有定义,若函数在点 P_0 处的函数值大于 (或小于) 在此邻域内其他点处函数值,即

$$f(x_0, y_0) > f(x, y)(\text{或} f(x_0, y_0) < f(x, y)),$$

则称函数在点 P_0 取得**极大值** (或**极小值**)$f(x_0, y_0)$.

函数的极大值与极小值统称为**极值**,使函数取得极大 (或极小) 值的点称为**极值点**.

例如,函数 $f(x, y) = x^2 + y^4$ 在点 $(0, 0)$ 取到极小值 0,因为在任何点处都有 $x^2 + y^4 \geqslant 0$ 成立.

定理 8.6 (极值存在的必要条件) 设函数 $z = f(x, y)$ 在点 (x_0, y_0) 的两个偏导数存在,若点 (x_0, y_0) 是函数的极值点,则这两个一阶偏导数在点 (x_0, y_0) 处的值为零,即

$$f_x(x_0, y_0) = 0, \quad f_y(x_0, y_0) = 0.$$

证 因为 $z = f(x, y)$ 在点 (x_0, y_0) 处取得极值,所以当 $y = y_0$ 时,一元函数 $z = f(x, y_0)$ 在 $x = x_0$ 处取得极值.根据一元函数极值存在的必要条件,有

$$\left.\frac{\partial z}{\partial x}\right|_{(x_0, y_0)} = f_x(x_0, y_0) = 0.$$

同理,当 $x = x_0$ 时,一元函数 $z = f(x_0, y)$ 在 $y = y_0$ 处取得极值,故也有

$$\left.\frac{\partial z}{\partial y}\right|_{(x_0, y_0)} = f_y(x_0, y_0) = 0.$$

使二元函数 $z = f(x, y)$ 的两个一阶偏导数都为零的点,称为该二元函数的**驻点**.定理 8.6 表明:在偏导数存在的条件下,函数的极值点必是驻点.故此定理给出了极值点的必要条件,但应该注意,驻点不一定是极值点.

因此函数的极值点一定包含在驻点和偏导数不存在的点之中.对于驻点是不是极值点,有下面的定理.

定理 8.7 (极值存在的充分条件) 设函数 $z = f(x, y)$ 在点 (x_0, y_0) 的一个邻域内连续且有一阶及二阶连续偏导数,且

$$f_x(x_0, y_0) = 0, \quad f_y(x_0, y_0) = 0,$$

并记

$$f_{xx}(x_0, y_0) = A, f_{xy}(x_0, y_0) = B, f_{yy}(x_0, y_0) = C,$$

则在点 (x_0, y_0) 有

(1) $AC - B^2 > 0$ 时函数有极值,且当 $A < 0$ 时有极大值,$A > 0$ 时有极小值;

(2) $AC - B^2 < 0$ 时函数没有极值;

(3) $AC - B^2 = 0$ 时函数可能有极值, 也可能没有极值, 需另作讨论.

定理 8.7 给出了判断驻点是否为极值点的充分条件, 证明从略.

例 8.32 求函数 $z = x^3 + y^3 - 3xy$ 的极值.

解 先解联立方程组

$$\begin{cases} \dfrac{\partial z}{\partial x} = 3x^2 - 3y = 0, \\ \dfrac{\partial z}{\partial y} = 3y^2 - 3x = 0, \end{cases}$$

即

$$\begin{cases} x^2 - y = 0, \\ y^2 - x = 0, \end{cases}$$

得出驻点 $(0,0), (1,1)$.

再求出二阶偏导数:

$$\frac{\partial^2 z}{\partial x^2} = 6x, \frac{\partial^2 z}{\partial x \partial y} = -3, \frac{\partial^2 z}{\partial y^2} = 6y.$$

在点 $(0,0)$ 处, $B^2 - AC = (-3)^2 - 0 = 9 > 0$, 所以点 $(0,0)$ 不是极值点.

在点 $(1,1)$ 处, $B^2 - AC = (-3)^2 - 6 \times 6 = -27 < 0$, 且 $A = 6 > 0$, 所以点 $(1,1)$ 是极小值点. 将 $x = 1, y = 1$ 代入 $z = x^3 + y^3 - 3xy$ 得到极小值为 $z|_{(1,1)} = -1$.

根据二元连续函数的性质, 若函数 $f(x,y)$ 在有界区域 D 上连续, 则 $f(x,y)$ 在 D 上必定能取到最大值和最小值, 而最大值和最小值点可能在 D 的内部, 也可能在 D 的边界上. 因此, 求在有界闭区域 D 上的连续函数的最大值和最小值的一般方法是: 将函数 $f(x,y)$ 在 D 内所有驻点处和偏导数不存在的点处的函数值及在 D 的边界上的最大值和最小值加以比较, 这些数值中的最大者和最小者就是所求函数的最大值和最小值. 在求解实际问题的最值时, 若从问题的实际意义知道所求函数的最值存在, 且只有一个驻点, 则该驻点就是所求函数的最值点, 可以不再判别.

例 8.33 设某企业在两个市场上出售同一种产品, 两个市场的需求函数分别为

$$P_1 = 120 - 5Q_1, P_2 = 200 - 20Q_2,$$

其中 P_1 和 P_2 分别表示该产品在两个市场的价格, Q_1 和 Q_2 分别表示在两个市场的销售量, 且企业生产该产品的总成本函数为

$$C = 40Q + 35,$$

即 $Q = Q_1 + Q_2$, 其中 Q 表示该产品在两个市场的销售总量.

若该企业实行价格差别策略, 试确定两个市场上该产品的销售量和价格, 以使该企业获得最大利润, 并求出最大利润.

解 依题意, 总利润函数为

$$\begin{aligned} L &= P_1 Q_1 + P_2 Q_2 - (40Q + 35) \\ &= (120 - 5Q_1)Q_1 + (200 - 20Q_2)Q_2 - 40(Q_1 + Q_2) - 35 \\ &= -5Q_1^2 - 20Q_2^2 + 80Q_1 + 160Q_2 - 35, \end{aligned}$$

令

$$\begin{cases} L_{Q_1} = -10Q_1 + 80 = 0, \\ L_{Q_2} = -40Q_2 + 160 = 0, \end{cases}$$

解得 $Q_1 = 8, Q_2 = 4$，则 $P_1 = 80, P_2 = 120$.

因驻点唯一，且实际问题中一定存在最大利润，所以当 $Q_1 = 8, Q_2 = 4$，价格 $P_1 = 80, P_2 = 120$ 时利润最大，最大利润为 $L = 605$.

二、条件极值与拉格朗日乘数法

上面讨论的极值问题，对于函数的自变量，除了限制在函数的定义域内，并无其他条件，所以有时候称为**无条件极值**. 但在实际问题中，有时会遇到对函数的自变量还有附加条件 (称为**约束条件**) 的极值问题.

例如，求表面积为 a^2 而体积最大的长方体的体积问题. 设长方体的三棱长为 x, y, z，则体积 $V = xyz$. 又因为表面积为 a^2，所以自变量 x, y, z 还需满足约束条件 $2(xy + yz + xz) = a^2$. 像这种对自变量有约束条件的极值称为**条件极值**. 对于有些实际问题，可以把条件极值化为无条件极值，然后加以解决. 上述问题，可由条件极值 $2(xy + yz + xz) = a^2$，将 z 表示为 x, y 的函数

$$z = \frac{a^2 - 2xy}{2(x + y)},$$

再把它代入 $V = xyz$ 中，于是问题就化为求

$$V = \frac{xy(a^2 - 2xy)}{2(x + y)}$$

的无条件极值.

但在很多情况下，将条件极值化为无条件极值并不这样简单. 我们另有一种直接寻求条件极值的方法，可以不用先把问题化为无条件极值的问题，这就是下面介绍的**拉格朗日乘数法**.

用拉格朗日乘数法求函数 $z = f(x, y)$ 在约束条件 $\varphi(x, y) = 0$ 下极值的步骤：

第一步：设拉格朗日函数为三元函数

$$L(x, y, \lambda) = f(x, y) + \lambda\varphi(x, y),$$

其中，λ 为待定常数.

第二步：求 $F(x, y, \lambda)$ 的驻点，即求解方程组

$$\begin{cases} L_x(x, y, \lambda) = f_x(x, y) + \lambda\varphi_x(x, y) = 0, \\ L_y(x, y, \lambda) = f_y(x, y) + \lambda\varphi_y(x, y) = 0, \\ L_\lambda(x, y, \lambda) = \varphi(x, y) = 0, \end{cases}$$

得到可能取极值的点. 一般解法是消去 λ，解出 x_0 和 y_0，则点 (x_0, y_0) 就可能是条件极值的极值点.

第三步：判断 (x_0, y_0) 为何种极值点，可以根据实际问题的具体情况来判定，即若是实际问题中有极大 (小) 值点，而求得了可能取条件极值的唯一点 (x_0, y_0)，则点 (x_0, y_0) 就是条件极值的极大 (小) 值点.

这种求条件极值的方法可以推广到三元和三元以上的情形.

例 8.34 求表面积为 a^2 而体积最大的长方体的体积.

解 设长方体的三棱长分别为 x, y, z，则有约束条件 $2(xy+yz+xz) = a^2$，体积为 $V = xyz(x > 0, y > 0, z > 0)$，故拉格朗日函数为

$$L(x, y, z, \lambda) = xyz + \lambda(2xy + 2yz + 2xz - a^2),$$

求偏导，并使之为零，得

$$\begin{cases} yz + 2\lambda(y + z) = 0, \\ xz + 2\lambda(x + z) = 0, \\ xy + 2\lambda(x + y) = 0, \\ 2xy + 2yz + 2xz - a^2 = 0, \end{cases}$$

解得 $x = y = z = \dfrac{\sqrt{6}}{6}a$，这是唯一可能的极值点，又因为最大值一定存在，所以当三棱长相等的时候，表面积为 a^2 的长方体体积最大，最大体积为 $V = \left(\dfrac{\sqrt{6}}{6}a\right)^3 = \dfrac{\sqrt{6}}{36}a^3$.

例 8.35 设某工厂生产 A 和 B 两种产品，产量分别为 x 和 y(单位：千件)，总利润函数 (单位：万元) 为

$$L(x, y) = 6x - x^2 + 16y - 4y^2 - 2.$$

已知生产这两种产品时，每千件产品均需消耗某种原料 2000 千克. 现有该原料 5000 千克，问两种产品各生产多少千件时，总利润最大？最大利润是多少？

解 约束条件为 $2000x + 2000y = 5000$，即 $x + y = 2.5$. 因此，问题是在 $x + y = 2.5$ 的条件下，求总利润函数 $L(x, y)$ 的最大值.

设拉格朗日函数为

$$F(x, y, \lambda) = 6x - x^2 + 16y - 4y^2 - 2 + \lambda(x + y - 2.5),$$

令

$$\begin{cases} F_x(x, y, \lambda) = 6 - 2x + \lambda = 0, \\ F_y(x, y, \lambda) = 16 - 8y + \lambda = 0, \\ F_\lambda(x, y, \lambda) = x + y - 2.5 = 0, \end{cases}$$

消去 λ，得

$$\begin{cases} -x + 4y = 5, \\ x + y = 2.5, \end{cases}$$

解得 $x = 1, y = 1.5$.

因为只有唯一一个驻点 $(1, 1.5)$，且实际问题的最大值是存在的,所以驻点 $(1, 1.5)$ 是 $L(x, y)$ 的最大值点，其最大值为 $L(1, 1.5) = 18$(万元). 即当 A 种产品生产 1 千件，B 种产品生产 1.5 千件时，总利润最大，最大利润为 18 万元.

例 8.36 求旋转抛物面 $z = x^2 + y^2$ 与平面 $x + 2y - 2z = 2$ 之间的最短距离.

解 设 $P(x, y, z)$ 为抛物面 $z = x^2 + y^2$ 上任一点，则 P 到平面 $x + 2y - 2z = 2$ 的距离为

$$d = \frac{1}{3}|x + 2y - 2z - 2|.$$

$\left(\text{定点 } (\bar{x}, \bar{y}, \bar{z}) \text{ 到平面 } Ax + By + Cz + D = 0 \text{ 的距离为 } \dfrac{|A\bar{x} + B\bar{y} + C\bar{z} + D|}{\sqrt{A^2 + B^2 + C^2}}\right)$

本题转化为求一点 $P(x, y, z)$，使得 x, y, z 满足 $z - x^2 - y^2 = 0$ 且使 d(或 d^2) 最小. 令

$$L(x, y, z, \lambda) = \frac{1}{9}(x + 2y - 2z - 2)^2 + \lambda(z - x^2 - y^2),$$

解方程组

$$\begin{cases} L_x = \dfrac{2}{9}(x + 2y - 2z - 2) - 2\lambda x = 0, \\[2mm] L_y = \dfrac{4}{9}(x + 2y - 2z - 2) - 2\lambda y = 0, \\[2mm] L_z = -\dfrac{4}{9}(x + 2y - 2z - 2) + \lambda = 0, \\[2mm] L_\lambda = z - x^2 - y^2 = 0, \end{cases}$$

得 $x = \dfrac{1}{4}, y = \dfrac{1}{2}, z = \dfrac{5}{16}$，即得唯一驻点 $\left(\dfrac{1}{4}, \dfrac{1}{2}, \dfrac{5}{16}\right)$. 由题意知，在点 $\left(\dfrac{1}{4}, \dfrac{1}{2}, \dfrac{5}{16}\right)$ 处距离取得最小值，且

$$d_{\min} = \frac{1}{3}\left|\frac{1}{4} + 1 - \frac{5}{8} - 2\right| = \frac{11}{24}.$$

习 题 8.5

1. 求下列函数的极值:

(1) $z = x^2 - xy + y^2 + 9x - 6y + 20$;

(2) $z = (6x - x^2)(4y - y^2)$;

(3) $f(x, y) = x^2(2 + y^2) + y\ln y$.

2. 用拉格朗日乘数法计算下列各题:

(1) 用 a 元购料，建造一个宽与深相同的长方体水池，已知四周的单位面积材料费为底面单位面积材料费的 1.2 倍，求水池长与宽 (深) 各多少，才能使容积最大?

(2) 设生产某种产品的数量与所用两种材料 A, B 的数量 x, y 间有关系式 $P(x, y) = 0.005x^2 y$，已知 A, B 的单价分别为 1 元、2 元，用 150 元购料，问购进两种原料各多少，可使生产的数量最多?

3. 某工厂生产甲、乙两种型号的机床，其产量分别为 x 台和 y 台，成本函数 (单位：万元) 为

$$C(x, y) = x^2 + 2y^2 - xy.$$

(1) 若这两种机床的售价分别为 4 万元和 5 万元，则这两种机床产量分别为多少时利润最大? 最大利润是多少?

(2) 若市场调查分析，两种机床共需 8 台，则如何安排生产，总成本最小? 最小成本为多少?

4. 已知函数 $f(x) = \begin{cases} x^{2x}, & x > 0 \\ x\mathrm{e}^x + 1, & x \leqslant 0 \end{cases}$，求 $f'(x)$，并求 $f(x)$ 的极值.

5. 求函数 $z = x^2 + y^2 + 2xy - 2x$ 在闭区域 $x^2 + y^2 \leqslant 1$ 上的最值.

8.6　二重积分的概念与性质

前面讨论了一元函数的积分学，这一节要将一元函数 $y = f(x)$ 在闭区间 $[a, b]$ 上的定积分推广到二元函数 $z = f(x, y)$ 在 xOy 平面的有界闭区域 D 上的二重积分. 二重积分的定义与定积分的定义类似，仍从几何上的实例出发引入二重积分的概念.

一、二重积分的概念

1. 曲顶柱体的体积

设 $z = f(x, y)$ 是定义在有界闭区域 D 上的非负连续函数，称以 D 为底，以 D 的边界曲线为准线，母线平行于 z 轴，$z = f(x, y)$，$(x, y) \in D$ 为顶部的立体图形为曲顶柱体 (如图 8.5所示)，求此曲顶柱体的体积 V.

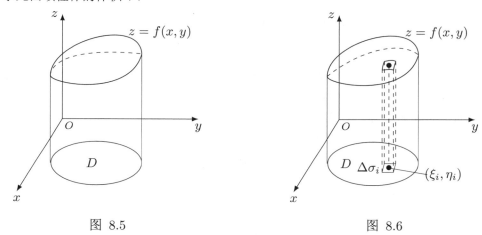

图 8.5　　　　　　　　　　图 8.6

若柱体的顶是平行于底面的平面，则平顶柱体的体积可以用公式

$$\text{体积} = \text{底面积} \times \text{高}$$

来计算.

对于曲顶柱体，由于柱体的高是变化的，可仿照定积分中计算曲边梯形面积的思想来计算曲顶柱体的体积，具体步骤如下：

将区域 D 任意分成 n 个小闭区域 $\Delta\sigma_1$, $\Delta\sigma_2$, $\cdots$, $\Delta\sigma_n$，它们两两没有公共内点，并用 $\Delta\sigma_i$, $(i = 1, 2, \cdots, n)$ 表示第 i 个小闭区域的面积，相应地，所给曲顶柱体也被分成 n 个小曲顶柱体 (如图 8.6所示)，设其体积为 ΔV_i $(i = 1, 2, \cdots, n)$，则

$$V = \sum_{i=1}^{n} \Delta V_i.$$

由于 $f(x, y)$ 连续，所以当 $\Delta\sigma_i$ 的直径很小时，曲顶的变化也很小，在每个小闭区域 $\Delta\sigma_i$ $(i = 1, 2, \cdots, n)$ 上任取一点 (ξ_i, η_i)，以 $\Delta\sigma_i$ 为底，$f(\xi_i, \eta_i)$ 为高的小平顶柱体的体积 $f(\xi_i, \eta_i)\Delta\sigma_i$ 近似代替第 i 个小曲顶柱体的体积，即

$$\Delta V_i \approx f(\xi_i, \eta_i)\Delta\sigma_i,\ i = 1, 2, \cdots, n.$$

求和得到曲顶柱体体积的近似值

$$V = \sum_{i=1}^{n} \Delta V_i \approx \sum_{i=1}^{n} f(\xi_i, \eta_i) \Delta \sigma_i.$$

记 λ_i 为第 i $(i = 1, 2, \cdots, n)$ 个小闭区域的直径，并记 $\lambda = \max\{\lambda_1, \lambda_2, \cdots, \lambda_n\}$，当 $\lambda \to 0$ 时，有 $\sum_{i=1}^{n} f(\xi_i, \eta_i) \Delta \sigma_i \to V$，即曲顶柱体的体积为

$$V = \lim_{\lambda \to 0} \sum_{i=1}^{n} f(\xi_i, \eta_i) \Delta \sigma_i.$$

2. 平面薄片的质量

设有一平面薄片占有 xOy 面上的闭区域 D，它在点 (x, y) 处的面密度为 $\mu(x, y)$，这里 $\mu(x, y) > 0$ 且在 D 上连续. 现在要计算该薄片的质量 M.

如果薄片是均匀的，即面密度是常数，那么薄片的质量可以用公式

$$质量 = 面密度 \times 面积$$

来计算. 现在面密度 $\mu(x, y)$ 是变量，薄片的质量不能直接利用上式来计算. 但是用来处理曲顶柱体体积的方法完全适用于本问题.

由于面密度 $\mu(x, y)$ 连续，把薄片分成若干个小块后，只要小块所占的小闭区域 $\Delta \sigma_i$ 的直径很小，这些小块就可以近似地看作均匀薄片，在 $\Delta \sigma_i$ 上任取一点 (ξ_i, η_i)，则

$$\mu(\xi_i, \eta_i) \Delta \sigma_i, \ (i = 1, 2, \cdots, n)$$

可看作第 i 个小块质量的近似值，如图 8.7所示. 通过求和、取极限，即可得到该平面薄片的质量

$$M = \lim_{\lambda \to 0} \sum_{i=1}^{n} \mu(\xi_i, \eta_i) \Delta \sigma_i,$$

λ 为 n 个小闭区域直径中的最大者.

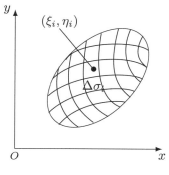

图 8.7

上述两个问题的实际意义虽然不同，但所求量都可归结为同一形式的和的极限. 还有许多实际问题都可以转化为上述形式的和的极限. 因此我们要一般地研究这种和的极限，并从中抽象概括出下述二重积分的定义.

定义 8.7 设二元函数 $f(x, y)$ 在有界闭区域 D 上有定义，将区域 D 任意分成 n 个小闭区域

$\Delta\sigma_1, \Delta\sigma_2, \cdots, \Delta\sigma_n$,并令 $\Delta\sigma_i, \lambda_i$ 分别表示第 i 个小闭区域的面积和直径,$\lambda = \max\{\lambda_1, \lambda_2, \cdots, \lambda_n\}$,在每个小闭区域 $\Delta\sigma_i$ 上任取一点 (ξ_i, η_i) $(i = 1, 2, \cdots, n)$,作乘积并求和 $\sum_{i=1}^{n} f(\xi_i, \eta_i)\Delta\sigma_i$.

当 $\lambda \to 0$ 时，上述和式的极限 $\lim_{\lambda\to 0}\sum_{i=1}^{n} f(\xi_i, \eta_i)\Delta\sigma_i$ 存在，则称函数 $f(x,y)$ 在闭区域 D 上可积，并称此极限值为函数 $f(x,y)$ 在闭区域 D 上的**二重积分**，记作 $\iint\limits_{D} f(x,y)\mathrm{d}\sigma$，即

$$\iint\limits_{D} f(x,y)\mathrm{d}\sigma = \lim_{\lambda\to 0}\sum_{i=1}^{n} f(\xi_i, \eta_i)\Delta\sigma_i,$$

其中 $f(x,y)$ 称为**被积函数**，$f(x,y)\mathrm{d}\sigma$ 称为**被积表达式**，$\mathrm{d}\sigma$ 称为**面积元素**，x 与 y 称为**积分变量**，D 称为**积分区域**，$\sum_{i=1}^{n} f(\xi_i, \eta_i)\Delta\sigma_i$ 称为**积分和**.

由二重积分的定义可知，曲顶柱体的体积和平面薄片的质量分别表示为

$$V = \iint\limits_{D} f(x,y)\mathrm{d}\sigma, \ M = \iint\limits_{D} \mu(x,y)\mathrm{d}\sigma.$$

关于二重积分的几点说明：

(1) 极限 $\lim_{\lambda\to 0}\sum_{i=1}^{n} f(\xi_i, \eta_i)\Delta\sigma_i$ 存在，指对区域 D 的任意分割和任意取点 (ξ_i, η_i)，极限都存在且相等，即极限值与 D 的分割和取点无关.

(2) 二重积分 $\iint\limits_{D} f(x,y)\mathrm{d}\sigma$ 只与被积函数和积分区域有关，而与积分变量无关，即

$$\iint\limits_{D} f(x,y)\mathrm{d}\sigma = \iint\limits_{D} f(u,v)\mathrm{d}\sigma.$$

(3) 一般地，当 $f(x,y) \geqslant 0$ 时，**二重积分** $\iint\limits_{D} f(x,y)\mathrm{d}\sigma$ **的几何意义**就是曲顶柱体的体积.

当 $f(x,y) \leqslant 0$ 时，曲顶柱体在 xOy 平面的下方，二重积分的值是负的，其绝对值仍为曲顶柱体的体积. 如果 $f(x,y)$ 在 D 的若干部分区域上是正的，而在其他的部分区域上是负的，则 $f(x,y)$ 在 D 上的二重积分就等于 xOy 面上方的柱体体积减去 xOy 面下方的柱体体积，即体积的代数和.

特别地，当 $f(x,y) \equiv 1$ 时，二重积分 $\iint\limits_{D} \mathrm{d}\sigma$ 在数值上等于区域 D 的面积，记为 S，即

$$S = \iint\limits_{D} \mathrm{d}\sigma,$$

此公式可用来计算平面区域的面积.

关于二元函数 $f(x,y)$ 的**可积性**，有以下结论：

(1) 若函数 $f(x,y)$ 在有界闭区域 D 上有界，则 $f(x,y)$ 在 D 上可积；

(2) 若函数 $f(x,y)$ 在有界闭区域 D 上连续，则 $f(x,y)$ 在 D 上可积.

二、二重积分的性质

比较定积分与二重积分的定义可以得到，二者具有类似的形成过程，都是特定和式的极限. 因此，二重积分具有和定积分类似的性质.

性质 8.4 若 $f(x,y)$ 在区域 D 上可积，k 为任一常数，则 $kf(x,y)$ 在区域 D 上也可积，且

$$\iint\limits_D kf(x,y)\mathrm{d}\sigma = k\iint\limits_D f(x,y)\mathrm{d}\sigma.$$

性质 8.5 若函数 $f(x,y)$ 和 $g(x,y)$ 在闭区域 D 上都可积，则

$$\iint\limits_D [af(x,y)+bg(x,y)]\mathrm{d}\sigma = a\iint\limits_D f(x,y)\mathrm{d}\sigma + b\iint\limits_D g(x,y)\mathrm{d}\sigma,$$

其中 a,b 为任意实数.

性质 8.6 (**二重积分对闭区域 D 的可加性**) 若积分闭区域 D 被一曲线分成两个部分闭区域 D_1 和 D_2，则

$$\iint\limits_D f(x,y)\mathrm{d}\sigma = \iint\limits_{D_1} f(x,y)\mathrm{d}\sigma + \iint\limits_{D_2} f(x,y)\mathrm{d}\sigma.$$

性质 8.7 若在闭区域 D 上，恒有 $f(x,y) \leqslant g(x,y)$，则

$$\iint\limits_D f(x,y)\mathrm{d}\sigma \leqslant \iint\limits_D g(x,y)\mathrm{d}\sigma.$$

特别地，有

$$\left|\iint\limits_D f(x,y)\mathrm{d}\sigma\right| \leqslant \iint\limits_D |f(x,y)|\,\mathrm{d}\sigma.$$

性质 8.8 若 M 和 m 分别是函数 $f(x,y)$ 在闭区域 D 上的最大值和最小值，S 是闭区域 D 的面积，则

$$mS \leqslant \iint\limits_D f(x,y)\mathrm{d}\sigma \leqslant MS.$$

例 8.37 估计二重积分 $I = \iint\limits_D (x^2+4y^2+9)\mathrm{d}\sigma$ 的值，D 是圆域 $x^2+y^2 \leqslant 4$.

解 函数 $f(x,y) = x^2+4y^2+9$ 在区域 D 内可能的极值点满足

$$\begin{cases} f_x' = 2x = 0, \\ f_y' = 8y = 0, \end{cases}$$

求得驻点 $(0,0)$，由极值存在的充分条件，函数在 $(0,0)$ 点取得极小值 $f(0,0) = 9$.

在边界 $x^2+y^2 = 4$ 上有

$$f(x,y) = x^2+4(4-x^2)+9 = 25-3x^2\ (-2 \leqslant x \leqslant 2),$$

可知函数在边界上的最大值为 25，最小值为 13，即

$$13 \leqslant f(x,y) \leqslant 25,$$

所以函数在区域 D 上的最大值和最小值分别为

$$M = 25, \ m = 9.$$

由估值不等式得

$$36\pi = 9 \times 4\pi \leqslant I \leqslant 25 \times 4\pi = 100\pi.$$

性质 8.9 （**二重积分的中值定理**）设函数 $f(x,y)$ 在有界闭区域 D 上连续，S 是闭区域 D 的面积，则在 D 内至少存在一点 (ξ, η)，使得

$$\iint\limits_{D} f(x,y)\mathrm{d}\sigma = f(\xi, \eta)S.$$

此性质说明，当 $f(x,y)$ 为连续函数时，曲顶柱体的体积等于以 $f(\xi, \eta)$ 为高的同底平顶柱体的体积，因此

$$f(\xi, \eta) = \frac{1}{S} \iint\limits_{D} f(x,y)\mathrm{d}\sigma$$

为 $f(x,y)$ 在闭区域 D 上的平均值.

习 题 8.6

1. 比较下列二重积分的大小.

(1) $\displaystyle\iint\limits_{D} xy^3 \mathrm{d}\sigma$ 与 $\displaystyle\iint\limits_{D} (xy^3)^2 \mathrm{d}\sigma$，其中 $D = \left\{(x,y)\middle|\ x^2 + y^2 \leqslant \dfrac{1}{2},\ x \geqslant 0,\ y \geqslant 0\right\}$；

(2) $\displaystyle\iint\limits_{D} (x+y)^2 \mathrm{d}\sigma$ 与 $\displaystyle\iint\limits_{D} (x+y)^3 \mathrm{d}\sigma$，其中 $D = \{(x,y)|\ x+y \leqslant 1,\ x \geqslant 0,\ y \geqslant 0\}$；

(3) $\displaystyle\iint\limits_{D} \ln(x+y)\mathrm{d}\sigma$ 与 $\displaystyle\iint\limits_{D} [\ln(x+y)]^2 \mathrm{d}\sigma$，其中 $D = \{(x,y)|\ 3 \leqslant x \leqslant 5,\ 0 \leqslant y \leqslant 1\}$；

(4) $J_i = \displaystyle\iint\limits_{D_i} \sqrt[3]{x-y}\ \mathrm{d}x\mathrm{d}y,\ i = 1,2,3$，其中 $D_1 = \{(x,y)|\ 0 \leqslant x \leqslant 1,\ 0 \leqslant y \leqslant 1\}$，$D_2 = \{(x,y)|\ 0 \leqslant x \leqslant 1,\ 0 \leqslant y \leqslant \sqrt{x}\}$，$D_3 = \{(x,y)|\ 0 \leqslant x \leqslant 1,\ x^2 \leqslant y \leqslant 1\}$.

2. 估计下列二重积分的值.

(1) $\displaystyle\iint\limits_{D} (x-y)^2 \mathrm{d}x\mathrm{d}y$，其中 D 是由直线 $x = 0,\ x = 2,\ y = 0,\ y = 2$ 所围成的闭区域；

(2) $\displaystyle\iint\limits_{D} \mathrm{e}^{x^2+y^2} \mathrm{d}x\mathrm{d}y$，其中 D 是由圆周 $x^2 + y^2 = 4$ 所围成的闭区域；

(3) $\displaystyle\iint\limits_{D} xy(x+y+1)\mathrm{d}x\mathrm{d}y$，其中 $D = \{(x,y)|\ 0 \leqslant x \leqslant 1,\ 0 \leqslant y \leqslant 2\}$；

(4) $\displaystyle\iint\limits_{D} (x^2 + 4y^2 + 9)\mathrm{d}x\mathrm{d}y$，其中 $D = \{(x,y)|\ x^2 + y^2 \leqslant 4\}$；

(5) $\displaystyle\iint\limits_{D} \frac{1}{100 + \cos^2 x + \cos^2 y}\mathrm{d}x\mathrm{d}y$，其中 $D = \{(x,y)|\ |x| + |y| \leqslant 10\}$.

3. 试确定积分区域 D，使二重积分 $\iint\limits_{D}(1-2x^2-y^2)\mathrm{d}x\mathrm{d}y$ 达到最大值.

4. 利用二重积分的定义证明：

(1) $\iint\limits_{D}\mathrm{d}\sigma = \sigma$（其中 σ 为 D 的面积）；

(2) $\iint\limits_{D}kf(x,y)\mathrm{d}\sigma = k\iint\limits_{D}f(x,y)\mathrm{d}\sigma$（其中 k 为常数）.

8.7 直角坐标系下计算二重积分

计算二重积分的主要方法是将其化为两次定积分，或称为累次积分. 计算二重积分的关键是根据积分区域的边界来确定两个定积分的上下限.

由二重积分的定义可以看出，当 $f(x)$ 在积分区域 D 上可积时，其积分值与积分区域的分割方式无关. 因此，可选用平行于坐标轴的直线网来分割 D，这时每个小闭区域的面积 $\Delta\sigma = \Delta x \cdot \Delta y$. 这样，在直角坐标系下，面积元素 $\mathrm{d}\sigma = \mathrm{d}x\mathrm{d}y$，从而有

$$\iint\limits_{D}f(x,y)\mathrm{d}\sigma = \iint\limits_{D}f(x,y)\mathrm{d}x\mathrm{d}y.$$

设 $f(x,y) \geqslant 0$ 在有界闭区域 D 上连续，下面就积分区域 D 的不同形状讨论二重积分的计算.

1. X 型区域

若积分区域 D 是由两条直线 $x=a$, $x=b\,(a\leqslant b)$，两条曲线 $y=\varphi_1(x)$, $y=\varphi_2(x)\,(\varphi_1(x)\leqslant\varphi_2(x))$ 围成，那么 D 可以表示为

$$D = \{(x,y)\mid a\leqslant x\leqslant b,\ \varphi_1(x)\leqslant y\leqslant\varphi_2(x)\},$$

其中函数 $\varphi_1(x)$, $\varphi_2(x)$ 在区间 $[a,b]$ 上连续，则称 D 为 **X 型区域**，如图 8.8所示.

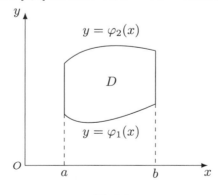

图 8.8

由二重积分的几何意义可知，$\iint\limits_{D}f(x,y)\mathrm{d}\sigma$ 表示以 D 为底，曲面 $z=f(x,y)$ 为顶的曲顶柱体的体积 V，下面通过 V 的计算来说明这种情况下二重积分的计算方法.

对任意取定的 $x_0\in[a,b]$，过点 $(x_0,0,0)$ 作垂直于 x 轴的平面 $x=x_0$，该平面与曲顶柱体

相交所得截面是以区间 $[\varphi_1(x_0), \varphi_2(x_0)]$ 为底，$z = f(x_0, y)$ 为曲边的曲边梯形 (如图 8.9所示)，显然这一截面的面积为

$$S(x_0) = \int_{\varphi_1(x_0)}^{\varphi_2(x_0)} f(x_0, y)\mathrm{d}y.$$

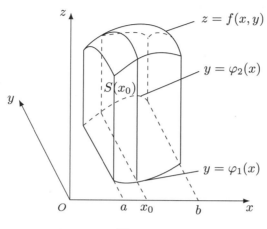

图 8.9

由于 x_0 的任意性，对区间 $[a, b]$ 上任意点 x，过点 $(x, 0, 0)$ 作垂直于 x 轴的平面，该平面与曲顶柱体相交所得截面的面积为

$$S(x) = \int_{\varphi_1(x)}^{\varphi_2(x)} f(x, y)\mathrm{d}y,$$

其中 y 是积分变量，在积分过程中将 x 看作常量.

由以上分析可知，上述曲顶柱体可看成平行截面面积为 $S(x)$ 的立体，由定积分应用可知，所求曲顶柱体的体积为

$$V = \int_a^b S(x)\mathrm{d}x = \int_a^b \left[\int_{\varphi_1(x)}^{\varphi_2(x)} f(x, y)\mathrm{d}y \right] \mathrm{d}x,$$

从而得到二重积分的计算公式

$$\iint\limits_D f(x, y)\mathrm{d}\sigma = \int_a^b \left[\int_{\varphi_1(x)}^{\varphi_2(x)} f(x, y)\mathrm{d}y \right] \mathrm{d}x = \int_a^b \mathrm{d}x \int_{\varphi_1(x)}^{\varphi_2(x)} f(x, y)\mathrm{d}y.$$

上述将二重积分的计算化成先对 y 后对 x 的两次定积分的计算，通常称为化二重积分为**二次积分**或**累次积分**.

2. Y 型区域

类似地，若积分区域 D 为

$$D = \{(x, y)|\ \psi_1(y) \leqslant x \leqslant \psi_2(y),\ c \leqslant y \leqslant d\},$$

其中函数 $\psi_1(y)$，$\psi_2(y)$ 在区间 $[c, d]$ 上连续，则称 D 为 **Y 型区域**，如图 8.10所示.

此时可采用先对 x 后对 y 积分的积分次序，将二重积分化为累次积分

$$\iint\limits_{D} f(x,y)\mathrm{d}\sigma = \int_c^d \left[\int_{\psi_1(y)}^{\psi_2(y)} f(x,y)\mathrm{d}x \right] \mathrm{d}y = \int_c^d \mathrm{d}y \int_{\psi_1(y)}^{\psi_2(y)} f(x,y)\mathrm{d}x.$$

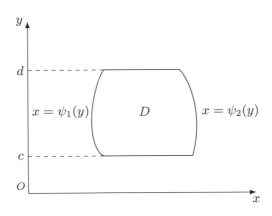

图 8.10

由此可见，化二重积分为累次积分的关键是确定积分限，而积分限是由积分区域 D 的几何形状确定的.

(1) 若积分区域 D 为 X 型区域，则先对 y 积分，对 y 积分时将 x 看作常量，y 的积分限为关于 x 的函数或常数，x 的积分限为常数. 由此可在积分区域 D 内画一条平行于 y 轴的由下向上的直线，与积分区域 D 先交的边界线就是 y 的积分下限，与积分区域 D 后交的边界线为 y 的积分上限；x 的下限为积分区域 D 边界线上 x 的最小值，x 的上限为积分区域 D 边界线上 x 的最大值.

(2) 若积分区域 D 为 Y 型区域，则先对 x 积分，对 x 积分时将 y 看作常量，x 的积分限为关于 y 的函数或常数，y 的积分限为常数. 由此可在积分区域 D 内画一条平行于 x 轴的由左向右的直线，与积分区域 D 先交的边界线就是 x 的积分下限，与积分区域 D 后交的边界线为 x 的积分上限；y 的下限为积分区域 D 边界线上 y 的最小值，y 的上限为积分区域 D 边界线上 y 的最大值.

(3) 若积分区域 D 既不是 X 型区域也不是 Y 型区域，则应先将 D 分成若干个小的标准型区域 (X 型区域或 Y 型区域). D 的划分一般以分块数越少越好为原则.

(4) 若积分区域 D 既是 X 型区域也是 Y 型区域，将二重积分化成两种不同顺序的累次积分. 这两种不同顺序的累次积分的计算结果是相同的. 但在实际计算时，不同的积分顺序可能影响到计算的繁简，甚至有的积分顺序无法计算出结果. 因此，还要根据被积函数的特点，结合积分区域来选择积分次序.

例 8.38 计算 $\iint\limits_{D}(1-x^2)\mathrm{d}\sigma$，其中 D 是由直线 $x=-1$, $x=1$, $y=0$, $y=2$ 所围成的区域.

解 积分区域 D 如图 8.11所示，用不等式表示为

$$-1 \leqslant x \leqslant 1,\ 0 \leqslant y \leqslant 2.$$

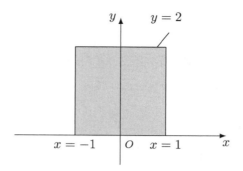

图 8.11

这是一个矩形区域，既可以看作 X 型区域也可以看作 Y 型区域，因此有

$$\iint\limits_{D}(1-x^2)\mathrm{d}\sigma = \int_{-1}^{1}\mathrm{d}x\int_{0}^{2}(1-x^2)\mathrm{d}y = \int_{-1}^{1}2(1-x^2)\mathrm{d}x$$

$$= \left[2x-\frac{2}{3}x^3\right]_{-1}^{1} = \frac{8}{3}.$$

例 8.39 计算 $\iint\limits_{D}xy\mathrm{d}\sigma$，其中 D 是由抛物线 $x=y^2$ 及直线 $y=x-2$ 所围成的区域.

解 积分区域 D 既可以看作 X 型区域也可以看作 Y 型区域.

若将区域看作 Y 型，如图 8.12所示，则用不等式表示为

$$-1\leqslant y\leqslant 2,\ y^2\leqslant x\leqslant y+2,$$

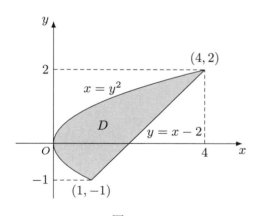

图 8.12

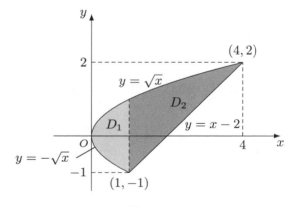

图 8.13

所以有

$$\iint\limits_{D}xy\mathrm{d}\sigma = \int_{-1}^{2}\mathrm{d}y\int_{y^2}^{y+2}xy\mathrm{d}x = \frac{1}{2}\int_{-1}^{2}\left[x^2y\right]_{y^2}^{y+2}\mathrm{d}y$$

$$= \frac{1}{2}\int_{-1}^{2}\left[y(y+2)^2-y^5\right]\mathrm{d}y = \frac{1}{2}\left[\frac{y^4}{4}+\frac{4y^3}{3}+2y^2-\frac{y^6}{6}\right]_{-1}^{2} = \frac{45}{8}.$$

若将区域看作 X 型，如图 8.13所示，则需将 D 分成 D_1 和 D_2 两部分，用不等式表示分别为

$$D_1 : 0 \leqslant x \leqslant 1, \ -\sqrt{x} \leqslant y \leqslant \sqrt{x},$$

$$D_2 : 1 \leqslant x \leqslant 4, \ x - 2 \leqslant y \leqslant \sqrt{x},$$

则

$$\iint\limits_{D} xy\mathrm{d}\sigma = \iint\limits_{D_1} xy\mathrm{d}\sigma + \iint\limits_{D_2} xy\mathrm{d}\sigma$$

$$= \int_0^1 x\mathrm{d}x \int_{-\sqrt{x}}^{\sqrt{x}} y\mathrm{d}y + \int_1^4 x\mathrm{d}x \int_{x-2}^{\sqrt{x}} y\mathrm{d}y = \frac{45}{8}.$$

显然，将积分区域看作 X 型的计算比看作 Y 型的计算要繁琐. 由本题可见，将积分区域看作 X 型还是看作 Y 型，会对二重积分计算的繁简产生影响.

3. 交换二次积分的次序

从以上例子可以看出，将积分区域看作 X 型还是 Y 型，不仅影响到计算的繁简，而且可能影响到能否得到最后的结果. 因此，如果将二重积分化为二次积分后计算较繁或不易算出，则可以考虑交换积分次序. 交换二次积分的次序，一般有以下步骤：

(1) 根据给定的二次积分的积分限，用不等式组写出变量的变化范围，并判断积分区域被看作的类型 (X 型或 Y 型)，画出积分区域；

(2) 根据积分区域的图形，将积分区域看作另一类型 (Y 型或 X 型)，并用不等式组表示；

(3) 写出新次序的二次积分.

例 8.40 交换二次积分 $\int_0^1 \mathrm{d}y \int_0^y f(x,y)\mathrm{d}x$ 的积分次序.

解 由给定的二次积分可以判断该积分区域被看作 Y 型 (如图 8.14所示)，用不等式组表示积分区域为

$$0 \leqslant y \leqslant 1, \ 0 \leqslant x \leqslant y.$$

将积分区域看作 X 型，用不等式组表示为

$$0 \leqslant x \leqslant 1, \ x \leqslant y \leqslant 1,$$

因此

$$\int_0^1 \mathrm{d}y \int_0^y f(x,y)\mathrm{d}x = \int_0^1 \mathrm{d}x \int_x^1 f(x,y)\mathrm{d}y.$$

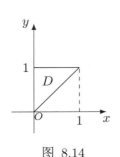

图 8.14

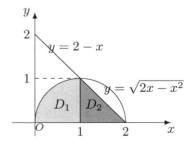

图 8.15

例 8.41 交换二次积分 $\int_0^1 \mathrm{d}x \int_0^{\sqrt{2x-x^2}} f(x,y)\mathrm{d}y + \int_1^2 \mathrm{d}x \int_0^{2-x} f(x,y)\mathrm{d}y$ 的积分次序.

解 由给定的二次积分可以判断该积分区域被看作 X 型，并且由两块小区域构成，如图 8.15所示，用不等式组表示积分区域为

$$D_1 : 0 \leqslant x \leqslant 1,\ 0 \leqslant y \leqslant \sqrt{2x-x^2},$$
$$D_2 : 1 \leqslant x \leqslant 2,\ 0 \leqslant y \leqslant 2-x.$$

将积分区域看作 Y 型，用不等式组表示为

$$D : 0 \leqslant y \leqslant 1,\ 1 - \sqrt{1-y^2} \leqslant x \leqslant 2 - y,$$

因此

$$\int_0^1 \mathrm{d}x \int_0^{\sqrt{2x-x^2}} f(x,y)\mathrm{d}y + \int_1^2 \mathrm{d}x \int_0^{2-x} f(x,y)\mathrm{d}y = \int_0^1 \mathrm{d}y \int_{1-\sqrt{1-y^2}}^{2-y} f(x,y)\mathrm{d}x.$$

4. 二重积分的对称性

在计算二重积分时，常利用对称性化简计算. 使用对称性时应注意：

(1) 积分区域关于坐标轴的对称性；

(2) 被积函数在积分区域上的奇偶性.

I. 如果积分区域 D 关于 x 轴对称，D_1 是 D 中对应于 $y \geqslant 0$ 的部分，则

(1) 若被积函数 $f(x,y)$ 关于 y 是偶函数，即 $f(x,-y) = f(x,y)$，则

$$\iint\limits_D f(x,y)\mathrm{d}\sigma = 2\iint\limits_{D_1} f(x,y)\mathrm{d}\sigma.$$

(2) 若被积函数 $f(x,y)$ 关于 y 是奇函数，即 $f(x,-y) = -f(x,y)$，则

$$\iint\limits_D f(x,y)\mathrm{d}\sigma = 0.$$

II. 如果积分区域 D 关于 y 轴对称，D_1 是 D 中对应于 $x \geqslant 0$ 的部分，则

(1) 若被积函数 $f(x,y)$ 关于 x 是偶函数，即 $f(-x,y) = f(x,y)$，则

$$\iint\limits_D f(x,y)\mathrm{d}\sigma = 2\iint\limits_{D_1} f(x,y)\mathrm{d}\sigma.$$

(2) 若被积函数 $f(x,y)$ 关于 x 是奇函数，即 $f(-x,y) = -f(x,y)$，则

$$\iint\limits_D f(x,y)\mathrm{d}\sigma = 0.$$

例 8.42 计算 $\iint\limits_D x^2 \mathrm{e}^{-y^2} \mathrm{d}x\mathrm{d}y$，其中 $D = \{(x,y)|\ |x| \leqslant y \leqslant 1,\ -1 \leqslant x \leqslant 1\}$.

解 积分区域 D 如图 8.16所示，D 关于 y 轴对称，记 $D_1 = \{(x,y)|\ x \leqslant y \leqslant 1,\ 0 \leqslant x \leqslant 1\}$. 被

积函数关于 x 是偶函数, 由对称性知

$$\iint\limits_{D} x^2 \mathrm{e}^{-y^2} \mathrm{d}x\mathrm{d}y = 2 \iint\limits_{D_1} x^2 \mathrm{e}^{-y^2} \mathrm{d}x\mathrm{d}y = 2\int_0^1 \mathrm{d}y \int_0^y x^2 \mathrm{e}^{-y^2}\mathrm{d}x$$

$$= \frac{2}{3}\int_0^1 y^3 \mathrm{e}^{-y^2}\mathrm{d}y \xrightarrow{y^2=t} \frac{1}{3}\int_0^1 t\mathrm{e}^{-t}\mathrm{d}t$$

$$= -\frac{1}{3}\left[t\mathrm{e}^{-t}\right]_0^1 + \frac{1}{3}\int_0^1 \mathrm{e}^{-t}\mathrm{d}t$$

$$= \frac{1}{3} - \frac{2}{3\mathrm{e}}.$$

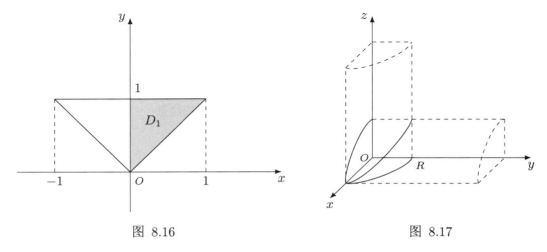

图 8.16　　　　　　　　　　　图 8.17

例 8.43 求两个底圆半径相等的直交圆柱面 $x^2 + y^2 = R^2$ 与 $x^2 + z^2 = R^2$ 所围成的立体的体积.

解 由对称性知, 所求立体的体积 V 是该立体位于第一卦限部分的体积的 8 倍. 立体位于第一卦限的部分可看作一曲顶柱体, 如图 8.17所示, 它的底为

$$D = \left\{ (x,y)\mid 0 \leqslant y \leqslant \sqrt{R^2 - x^2},\ 0 \leqslant x \leqslant R \right\},$$

顶为 $z = \sqrt{R^2 - x^2}$, 因而所求体积

$$V = 8\iint\limits_{D} \sqrt{R^2 - x^2}\mathrm{d}x\mathrm{d}y = 8\int_0^R \mathrm{d}x \int_0^{\sqrt{R^2-x^2}} \sqrt{R^2 - x^2}\mathrm{d}y$$

$$= 8\int_0^R (R^2 - x^2)\mathrm{d}x = \frac{16}{3}R^3.$$

例 8.44 某地区受地理限制呈直角三角形分布, 斜边临一条河. 由于交通关系, 地区发展不太均衡, 这一点可从税收状况反映出来. 若以两直角边为坐标轴建立直角坐标系, 则位于 x 轴和 y 轴上的地区长度各为 16 km 和 12 km, 且税收情况与地理位置的关系大体为

$$R(x,y) = 20x + 10y \text{ (万元/平方千米)},$$

试计算该地区总的税收收入.

解　这是一个二重积分的应用问题. 其中积分区域 D 由 x 轴、y 轴及直线 $\dfrac{x}{16} + \dfrac{y}{12} = 1$ 围成，可表示为 $D = \left\{(x, y)\mid 0 \leqslant y \leqslant 12 - \dfrac{3}{4}x, \ 0 \leqslant x \leqslant 16\right\}$，因此所求总税收收入为

$$
\iint\limits_{D} R(x, y)\mathrm{d}\sigma = \int_0^{16} \mathrm{d}x \int_0^{12 - \frac{3}{4}x} (20x + 10y)\mathrm{d}y
$$

$$
= \int_0^{16} \left(720 + 150x - \frac{195}{16}x^2\right) \mathrm{d}x
$$

$$
= 14080 \ (\text{万元}),
$$

故该地区总的税收收入为 14080 万元.

习 题 8.7

1. 利用直角坐标计算下列二重积分.

(1) $\displaystyle\iint\limits_{D} \mathrm{e}^{x+y}\mathrm{d}\sigma$，其中 $D = \{(x, y)\mid |x| \leqslant 1, \ |y| \leqslant 1\}$；

(2) $\displaystyle\iint\limits_{D} (x + 2y)\mathrm{d}\sigma$，其中 D 是由 $y = 2x^2$, $y = 1 + x^2$ 围成的区域；

(3) $\displaystyle\iint\limits_{D} \dfrac{2x}{y^3}\mathrm{d}\sigma$，其中 D 是由 $xy = 1$, $y = \sqrt{x}$, $x = 4$ 围成的区域；

(4) $\displaystyle\iint\limits_{D} \dfrac{\sin x}{x}\mathrm{d}\sigma$，其中 D 是由 $y = x^2$, $y = 0$, $x = 1$ 围成的区域；

(5) $\displaystyle\iint\limits_{D} y^2 \mathrm{e}^{-x^2}\mathrm{d}\sigma$，其中 D 是由 $y = 0$, $y = x$, $x = 1$ 围成的区域；

(6) $\displaystyle\iint\limits_{D} y\mathrm{e}^{x^2 y^2}\mathrm{d}\sigma$，其中 D 是由 $x = 1$, $x = 2$, $y = 0$, $xy = 1$ 围成的区域；

(7) $\displaystyle\iint\limits_{D} x^2 y\mathrm{d}\sigma$，其中 D 是由 $x^2 - y^2 = 1$, $y = 0$, $y = 1$ 围成的区域；

(8) $\displaystyle\iint\limits_{D} x^3 \sin y^3\mathrm{d}\sigma$，其中 D 是由 $x = \sqrt{y}$, $y = 1$, $x = 0$ 围成的区域；

(9) $\displaystyle\iint\limits_{D} |\sin(x + y)|\mathrm{d}\sigma$，其中 D 是由 $x = 0$, $x = \pi$, $y = 0$, $y = \pi$ 围成的区域；

(10) $\displaystyle\iint\limits_{D} \dfrac{y}{x}\mathrm{d}\sigma$，其中 D 是由 $y = \ln x$, $x = \mathrm{e}$, $y = 0$ 围成的区域.

2. 交换下列二次积分的次序.

(1) $\displaystyle\int_0^1 \mathrm{d}y \int_{\mathrm{e}^y}^{\mathrm{e}} f(x, y)\mathrm{d}x$；

(2) $\displaystyle\int_{-1}^0 \mathrm{d}x \int_{x+1}^{\sqrt{1-x^2}} f(x, y)\mathrm{d}y$；

(3) $\displaystyle\int_0^1 \mathrm{d}x \int_{-\sqrt{x}}^{\sqrt{x}} f(x, y)\mathrm{d}y + \int_1^4 \mathrm{d}x \int_{x-2}^{\sqrt{x}} f(x, y)\mathrm{d}y$；

(4) $\displaystyle\int_0^1 \mathrm{d}y \int_y^{\sqrt{2-y^2}} f(x, y)\mathrm{d}x$.

3. 求由平面 $x=0$, $y=0$, $z=0$, $x+y=1$, $z=1+x+y$ 所围成的在第一卦限的立体的体积.

4. 求由平面 $y=1-x$, $y=x-1$, $x=0$, $z=0$, $2x+3y+z=6$ 所围成的立体的体积.

5. 设平面薄片所占的闭区域 D 由直线 $x+y=2$, $y=x$ 和 x 轴所围成，它的面密度 $\mu(x,y)=x^2+y^2$，求该薄片的质量.

8.8 极坐标系下计算二重积分

二重积分的计算除考虑被积函数外，还要考虑积分区域，有许多二重积分依靠直角坐标系下化为累次积分的方法难以达到简化和求解的目的. 当积分区域为圆域、环域、扇域等，或被积函数为 $f\left(x^2+y^2\right)$，$f\left(\dfrac{y}{x}\right)$，$f\left(\dfrac{x}{y}\right)$ 等形式时，采用极坐标计算会更方便.

在直角坐标系 xOy 中，取原点作为极坐标的极点，取 x 轴正方向为极轴，则点 P 的直角坐标 (x,y) 与极坐标 (r,θ) 之间有关系式 (如图 8.18所示)

$$\begin{cases} x=r\cos\theta, \\ y=r\sin\theta, \end{cases} \quad \begin{cases} r=\sqrt{x^2+y^2}, \\ \tan\theta=\dfrac{y}{x}. \end{cases}$$

在极坐标系下计算二重积分 $\displaystyle\iint\limits_{D} f(x,y)\mathrm{d}\sigma$，需将被积函数 $f(x,y)$、积分区域 D 以及面积元素 $\mathrm{d}\sigma$ 都用极坐标表示，函数 $f(x,y)$ 的极坐标形式为 $f(r\cos\theta, r\sin\theta)$.

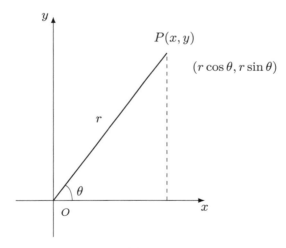

图 8.18

与直角坐标系不同，在极坐标系下，用极坐标曲线网去分割积分区域 D，如图 8.19所示，即用 $r=$ 常数 (以 O 为圆心的圆) 和 $\theta=$ 常数 (以 O 为起点的射线) 去分割 D，设 $\Delta\sigma$ 是从 r 到 $r+\mathrm{d}r$ 和 θ 到 $\theta+\mathrm{d}\theta$ 之间的小区域，则其面积为

$$\Delta\sigma=\frac{1}{2}(r+\mathrm{d}r)^2\mathrm{d}\theta-\frac{1}{2}r^2\mathrm{d}\theta=r\mathrm{d}r\mathrm{d}\theta+\frac{1}{2}(\mathrm{d}r)^2\mathrm{d}\theta.$$

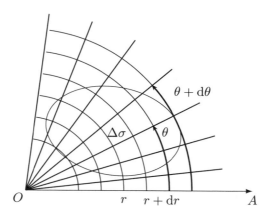

图 8.19

当 $\mathrm{d}r$ 和 $\mathrm{d}\theta$ 都充分小时，略去比 $\mathrm{d}r\mathrm{d}\theta$ 更高阶的无穷小，得到 $\Delta\sigma$ 的近似公式

$$\Delta\sigma \approx r\mathrm{d}r\mathrm{d}\theta,$$

于是得到极坐标下的**面积元素**

$$\mathrm{d}\sigma = r\mathrm{d}r\mathrm{d}\theta.$$

一般来说，极坐标系下二重积分的积分次序是先对 r 积分，再对 θ 积分，即

$$\iint\limits_{D} f(x,y)\mathrm{d}\sigma = \iint\limits_{D} f(x,y)\mathrm{d}x\mathrm{d}y = \int_{\alpha}^{\beta} \mathrm{d}\theta \int_{r_1(\theta)}^{r_2(\theta)} f(r\cos\theta, r\sin\theta)r\mathrm{d}r,$$

此式称为二重积分由直角坐标变换为极坐标的变换公式.

极坐标系下的二重积分，同样需要化为二次积分来计算. 根据极点 O 与积分区域 D 的相对位置分为以下三种情况：

(1) 极点 O 在积分区域 D 内，如图 8.20所示，D 的边界是连续封闭曲线 $r = r(\theta)$，则

$$\iint\limits_{D} f(r\cos\theta, r\sin\theta)r\mathrm{d}r\mathrm{d}\theta = \int_{0}^{2\pi} \mathrm{d}\theta \int_{0}^{r(\theta)} f(r\cos\theta, r\sin\theta)r\mathrm{d}r.$$

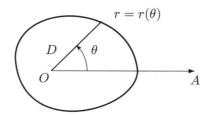

图 8.20

(2) 极点 O 在积分区域 D 外，如图 8.21所示，且区域 D 由两条射线 $\theta = \alpha$, $\theta = \beta$，以及两条连续曲线 $r = r_1(\theta)$, $r = r_2(\theta)$ 围成，则

$$\iint\limits_{D} f(r\cos\theta, r\sin\theta)r\mathrm{d}r\mathrm{d}\theta = \int_{\alpha}^{\beta} \mathrm{d}\theta \int_{r_1(\theta)}^{r_2(\theta)} f(r\cos\theta, r\sin\theta)r\mathrm{d}r.$$

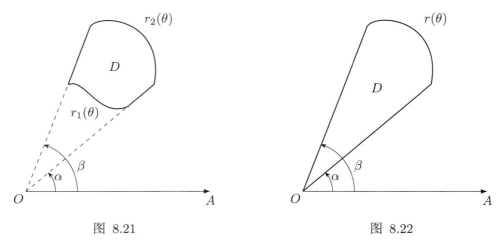

图 8.21   图 8.22

(3) 极点 O 在积分区域 D 的边界上，如图 8.22所示，则

$$\iint\limits_{D} f(r\cos\theta, r\sin\theta)r\mathrm{d}r\mathrm{d}\theta = \int_{\alpha}^{\beta} \mathrm{d}\theta \int_{0}^{r(\theta)} f(r\cos\theta, r\sin\theta)r\mathrm{d}r,$$

其中 $r = r(\theta)$ 在区间 $[\alpha, \beta]$ 上连续.

几种常见的积分区域：

(1) 积分区域为圆心在坐标原点的圆域，如图 8.23所示，则积分区域为

$$D = \{(x, y)|\ x^2 + y^2 \leqslant a^2\},\ a > 0,$$

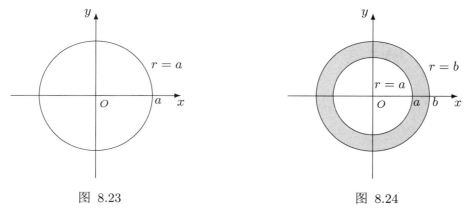

图 8.23   图 8.24

积分区域 D 的边界极坐标方程为 $r = a$，则

$$\iint\limits_{D} f(x, y)\mathrm{d}\sigma = \int_{0}^{2\pi} \mathrm{d}\theta \int_{0}^{a} f(r\cos\theta, r\sin\theta)r\mathrm{d}r.$$

(2) 积分区域为圆心在坐标原点的环域，如图 8.24所示，则积分区域为

$$D = \{(x, y)|\ a^2 \leqslant x^2 + y^2 \leqslant b^2\},\ 0 < a < b,$$

积分区域 D 的边界极坐标方程为 $r = a,\ r = b$，则

$$\iint\limits_{D} f(x, y)\mathrm{d}\sigma = \int_{0}^{2\pi} \mathrm{d}\theta \int_{a}^{b} f(r\cos\theta, r\sin\theta)r\mathrm{d}r.$$

(3) 积分区域为圆心在坐标轴上，并且过原点的圆域.

① 如图 8.25所示，则积分区域为

$$D = \{(x,y)|\ (x-a)^2 + y^2 \leqslant a^2\},\ a > 0,$$

积分区域 D 的边界极坐标方程为 $r = 2a\cos\theta$，则

$$\iint\limits_{D} f(x,y)\mathrm{d}\sigma = \int_{-\frac{\pi}{2}}^{\frac{\pi}{2}} \mathrm{d}\theta \int_{0}^{2a\cos\theta} f(r\cos\theta, r\sin\theta)r\mathrm{d}r.$$

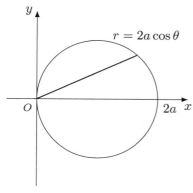

图 8.25

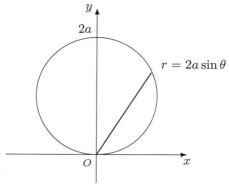

图 8.26

② 如图 8.26所示，则积分区域为

$$D = \{(x,y)|\ x^2 + (y-a)^2 \leqslant a^2\},\ a > 0,$$

积分区域 D 的边界极坐标方程为 $r = 2a\sin\theta$，则

$$\iint\limits_{D} f(x,y)\mathrm{d}\sigma = \int_{0}^{\pi} \mathrm{d}\theta \int_{0}^{2a\sin\theta} f(r\cos\theta, r\sin\theta)r\mathrm{d}r.$$

例 8.45 计算二重积分 $\displaystyle\iint\limits_{D} \sqrt{x^2 + y^2}\mathrm{d}x\mathrm{d}y$，其中 D 是

(1) 由曲线 $x^2 + y^2 = 1$ 与 $x^2 + y^2 = 4$ 所围成的圆环形区域；

(2) 由曲线 $x^2 + y^2 = 2x$ 所围成的平面区域；

(3) 由区域 $x^2 + y^2 \geqslant 1$ 和 $x^2 + y^2 \leqslant 2x$ 在第一象限的公共部分.

解 (1) 在极坐标系下，如图 8.27所示，积分区域 D 可表示为

$$0 \leqslant \theta \leqslant 2\pi,\ \ 1 \leqslant r \leqslant 2,$$

因此

$$\iint\limits_{D} \sqrt{x^2 + y^2}\mathrm{d}x\mathrm{d}y = \int_{0}^{2\pi} \mathrm{d}\theta \int_{1}^{2} r^2\mathrm{d}r = 2\pi \cdot \frac{7}{3} = \frac{14}{3}\pi.$$

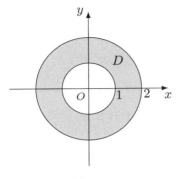

图 8.27   图 8.28

(2) 该圆的极坐标方程为 $r = 2\cos\theta$，在极坐标系下，如图 8.28所示，积分区域 D 可表示为

$$-\frac{\pi}{2} \leqslant \theta \leqslant \frac{\pi}{2}, \quad 0 \leqslant r \leqslant 2\cos\theta,$$

因此

$$\iint\limits_{D} \sqrt{x^2 + y^2}\mathrm{d}x\mathrm{d}y = \int_{-\frac{\pi}{2}}^{\frac{\pi}{2}} \mathrm{d}\theta \int_0^{2\cos\theta} r^2 \mathrm{d}r = \frac{8}{3}\int_{-\frac{\pi}{2}}^{\frac{\pi}{2}} \cos^3\theta \mathrm{d}\theta$$

$$= \frac{8}{3}\int_{-\frac{\pi}{2}}^{\frac{\pi}{2}} (1 - \sin^2\theta)\mathrm{d}(\sin\theta)$$

$$= \frac{8}{3}\left[\sin\theta\right]_{-\frac{\pi}{2}}^{\frac{\pi}{2}} - \frac{8}{3}\left[\frac{\sin^3\theta}{3}\right]_{-\frac{\pi}{2}}^{\frac{\pi}{2}} = \frac{32}{9}.$$

(3) 在极坐标系下，积分区域 D 如图 8.29所示，两个圆的极坐标方程分别为 $r = 1$，$r = 2\cos\theta$。求两个圆在第一象限的交点，令

$$2\cos\theta = 1,$$

解得

$$\theta = \frac{\pi}{3}.$$

因此，积分区域 D 可表示为

$$0 \leqslant \theta \leqslant \frac{\pi}{3}, \quad 1 \leqslant r \leqslant 2\cos\theta,$$

所以

$$\iint\limits_{D} \sqrt{x^2 + y^2}\mathrm{d}x\mathrm{d}y = \int_0^{\frac{\pi}{3}} \mathrm{d}\theta \int_1^{2\cos\theta} r^2 \mathrm{d}r$$

$$= \frac{8}{3}\int_0^{\frac{\pi}{3}} \cos^3\theta \mathrm{d}\theta - \frac{1}{3}\int_0^{\frac{\pi}{3}} \mathrm{d}\theta$$

$$= \left[\frac{8}{3}\sin\theta\right]_0^{\frac{\pi}{3}} - \left[\frac{8}{3}\cdot\frac{\sin^3\theta}{3}\right]_0^{\frac{\pi}{3}} - \frac{\pi}{9}$$

$$= \sqrt{3} - \frac{\pi}{9}.$$

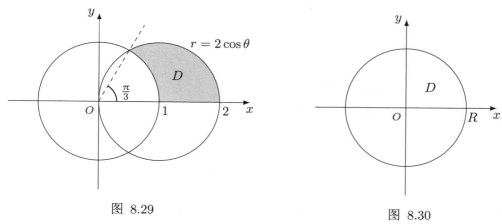

图 8.29

图 8.30

例 8.46 计算二重积分 $\iint\limits_{D} \mathrm{e}^{-x^2-y^2}\mathrm{d}x\mathrm{d}y$，其中 D 是由中心在原点、半径为 R 的圆周所围成的闭区域.

解 在极坐标系下，闭区域 D (如图 8.30所示) 可以表示为

$$0 \leqslant \theta \leqslant 2\pi, \quad 0 \leqslant r \leqslant R.$$

因此

$$\iint\limits_{D} \mathrm{e}^{-x^2-y^2}\mathrm{d}x\mathrm{d}y = \iint\limits_{D} \mathrm{e}^{-r^2} r\mathrm{d}r\mathrm{d}\theta = \int_0^{2\pi} \mathrm{d}\theta \int_0^R r\mathrm{e}^{-r^2}\mathrm{d}r$$

$$= 2\pi \left[-\frac{1}{2}\mathrm{e}^{-r^2} \right]_0^R = \pi \left(1 - \mathrm{e}^{-R^2} \right).$$

例 8.47 计算二重积分 $\iint\limits_{D} \dfrac{(x-y)^2}{x^2+y^2}\mathrm{d}x\mathrm{d}y$，其中平面区域 $D = \{(x,y)|\ y-2 \leqslant x \leqslant \sqrt{4-y^2},\ 0 \leqslant y \leqslant 2\}$.

解 在极坐标系下，闭区域 D (如图 8.31所示) 可以表示为

第一象限部分 D_1，$D_1 = \left\{ (r,\theta)|\ 0 \leqslant r \leqslant 2,\ 0 \leqslant \theta \leqslant \dfrac{\pi}{2} \right\}$；

第二象限部分 D_2，$D_2 = \left\{ (r,\theta)|\ 0 \leqslant r \leqslant \dfrac{2}{\sin\theta-\cos\theta},\ \dfrac{\pi}{2} \leqslant \theta \leqslant \pi \right\}$.

$$\iint\limits_{D} \frac{(x-y)^2}{x^2+y^2}\mathrm{d}x\mathrm{d}y = \iint\limits_{D} r^2 \frac{(\cos\theta-\sin\theta)^2}{r^2} r\mathrm{d}r\mathrm{d}\theta = \iint\limits_{D} (\cos\theta-\sin\theta)^2 r\mathrm{d}r\mathrm{d}\theta$$

$$= \int_0^{\frac{\pi}{2}} (\cos\theta-\sin\theta)^2\mathrm{d}\theta \int_0^2 r\mathrm{d}r + \int_{\frac{\pi}{2}}^{\pi} (\cos\theta-\sin\theta)^2\mathrm{d}\theta \int_0^{\frac{2}{\sin\theta-\cos\theta}} r\mathrm{d}r$$

$$= 2\int_0^{\frac{\pi}{2}} (1-2\sin\theta\cos\theta)\mathrm{d}\theta + \int_{\frac{\pi}{2}}^{\pi} (\cos\theta-\sin\theta)^2 \cdot \frac{2}{(\sin\theta-\cos\theta)^2}\mathrm{d}\theta$$

$$= 2\left(\frac{\pi}{2} - \left[\sin^2\theta\right]_0^{\frac{\pi}{2}} \right) + 2\int_{\frac{\pi}{2}}^{\pi} \mathrm{d}\theta$$

$$= 2\left(\frac{\pi}{2} - 1 \right) + \pi = 2\pi - 2.$$

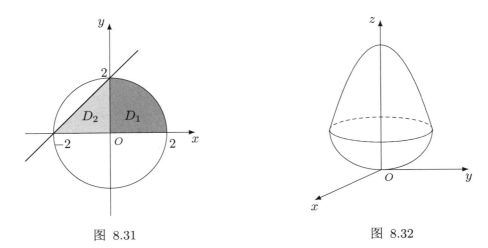

图 8.31　　　　　　　　　　　　　　　　图 8.32

例 8.48 求由曲面 $z = x^2 + 2y^2$ 及 $z = 6 - 2x^2 - y^2$ 所围成的立体的体积.

解 该立体如图 8.32所示. 先求两曲面的交线, 消去变量 z 得 $x^2 + y^2 = 2$. 这是一个以 z 轴为中心的圆柱面, 立体在 xOy 面的投影区域就是该柱面在 xOy 面上所围成的区域 $D : x^2 + y^2 \leqslant 2$, 用极坐标表示为 $0 \leqslant \theta \leqslant 2\pi, 0 \leqslant r \leqslant \sqrt{2}$.

所求立体的体积可以看作以 $z = 6 - 2x^2 - y^2$ 为顶、以 D 为底的曲顶柱体的体积与以 $z = x^2 + 2y^2$ 为顶、以 D 为底的曲顶柱体的体积的差, 即

$$V = \iint\limits_{D} \left[(6 - 2x^2 - y^2) - (x^2 + 2y^2) \right] \mathrm{d}\sigma$$

$$= 6 \iint\limits_{D} \mathrm{d}\sigma - 3 \iint\limits_{D} (x^2 + y^2) \mathrm{d}\sigma.$$

而

$$\iint\limits_{D} \mathrm{d}\sigma = 2\pi, \quad \iint\limits_{D} (x^2 + y^2) \mathrm{d}x\mathrm{d}y = \int_0^{2\pi} \mathrm{d}\theta \int_0^{\sqrt{2}} r^3 \mathrm{d}r = 2\pi,$$

因此, 所求立体的体积为

$$V = 12\pi - 6\pi = 6\pi.$$

例 8.49 设 $D = \left\{ (x,y) \mid x^2 + y^2 \leqslant 1, \, 0 \leqslant y \right\}$, 连续函数 $f(x,y)$ 满足

$$f(x,y) = y\sqrt{1 - x^2} + x \iint\limits_{D} f(x,y) \mathrm{d}x\mathrm{d}y,$$

求 $\iint\limits_{D} x f(x,y) \mathrm{d}x\mathrm{d}y.$

解 记 $\iint\limits_{D} f(x,y) \mathrm{d}x\mathrm{d}y = A$, 对 $f(x,y) = y\sqrt{1 - x^2} + x \iint\limits_{D} f(x,y) \mathrm{d}x\mathrm{d}y$ 两边积分得

$$A = \iint\limits_{D} y\sqrt{1 - x^2} \mathrm{d}x\mathrm{d}y + A \iint\limits_{D} x \mathrm{d}x\mathrm{d}y.$$

因为积分区域关于 y 轴对称，所以 $\iint\limits_D x\mathrm{d}x\mathrm{d}y = 0$，从而

$$A = \iint\limits_D y\sqrt{1-x^2}\mathrm{d}x\mathrm{d}y + 0 = 2\int_0^1 \mathrm{d}x \int_0^{\sqrt{1-x^2}} y\sqrt{1-x^2}\mathrm{d}y$$

$$= \int_0^1 (1-x^2)^{\frac{3}{2}}\mathrm{d}x = \int_0^{\frac{\pi}{2}} \cos^4\theta\mathrm{d}\theta = \frac{3}{16}\pi.$$

因此可得 $f(x,y) = y\sqrt{1-x^2} + \dfrac{3}{16}\pi x$.

$$\iint\limits_D xf(x,y)\mathrm{d}x\mathrm{d}y = \iint\limits_D xy\sqrt{1-x^2}\mathrm{d}x\mathrm{d}y + \frac{3}{16}\pi\iint\limits_D x^2\mathrm{d}x\mathrm{d}y.$$

因为积分区域关于 y 轴对称，所以 $\iint\limits_D xy\sqrt{1-x^2}\mathrm{d}x\mathrm{d}y = 0$，因此

$$\iint\limits_D xf(x,y)\mathrm{d}x\mathrm{d}y = 0 + \frac{3}{16}\pi\iint\limits_D x^2\mathrm{d}x\mathrm{d}y = \frac{3}{16}\pi\int_0^\pi \mathrm{d}\theta \int_0^1 r^2\cos^2\theta r\mathrm{d}r$$

$$= \frac{3}{64}\pi\int_0^\pi \cos^2\theta\mathrm{d}\theta = \frac{3}{64}\pi\int_0^\pi \frac{1+\cos 2\theta}{2}\mathrm{d}\theta$$

$$= \frac{3}{64}\pi\left[\frac{\theta}{2} + \frac{\sin 2\theta}{4}\right]_0^\pi = \frac{3}{128}\pi^2.$$

习　题　8.8

1. 画出下列积分区域，把积分 $\iint\limits_D f(x,y)\mathrm{d}x\mathrm{d}y$ 表示为极坐标形式的二次积分.

(1) $D = \{(x,y)|\ x^2 + y^2 \leqslant 4,\ x \geqslant 0\}$；　　(2) $D = \{(x,y)|\ x^2 + y^2 \leqslant 2y\}$；

(3) $D = \{(x,y)|\ x^2 + y^2 \leqslant 2x,\ y \geqslant 0\}$；　　(4) $D = \{(x,y)|\ 0 \leqslant x \leqslant 1,\ 0 \leqslant y \leqslant x\}$.

2. 化下列二次积分为极坐标形式的二次积分.

(1) $\displaystyle\int_0^1 \mathrm{d}y \int_0^{\sqrt{1-y^2}} f(x,y)\mathrm{d}x$；　　　　　(2) $\displaystyle\int_0^1 \mathrm{d}x \int_{1-x}^{\sqrt{1-x^2}} f(x,y)\mathrm{d}y$.

3. 计算下列二重积分.

(1) $\iint\limits_D \left(x^2 + y^2\right)\mathrm{d}x\mathrm{d}y$，其中 D 是由曲线 $x^2 + y^2 = 2x$ 与 x 轴所围成的上半部分闭区域.

(2) $\iint\limits_D \mathrm{e}^{x^2+y^2}\mathrm{d}x\mathrm{d}y$，其中 D 是由曲线 $x^2 + y^2 = 4$ 围成的闭区域.

(3) $\iint\limits_D \ln\left(1 + x^2 + y^2\right)\mathrm{d}x\mathrm{d}y$，其中 D 是由曲线 $x^2 + y^2 = 4$ 及坐标轴所围成的第一象限部分.

(4) $\iint\limits_D \arctan\dfrac{y}{x}\mathrm{d}x\mathrm{d}y$，其中 D 是由曲线 $x^2 + y^2 = 1$，$x^2 + y^2 = 4$，直线 $x = 0$，$y = 0$ 所围成的第一象限部分.

(5) $\iint\limits_{D} x^2 \mathrm{d}x\mathrm{d}y$，其中 D 是由曲线 $y=\sqrt{3(1-x^2)}$，直线 $y=\sqrt{3}$ 及 y 轴所围成的区域.

4. 计算由旋转抛物面 $z=3-x^2-y^2$ 和圆柱面 $x^2+y^2=1$ 及平面 $z=0$ 所围成立体的体积.

5. 计算由旋转抛物面 $z=1-x^2-y^2$ 和平面 $y=x$，$y=\sqrt{3}x$，$z=0$ 所围成在第一卦限的立体的体积.

第 9 章　微分方程

　　函数是客观事物的内部联系在数量方面的反映，利用函数关系又可以对客观事物的规律性进行研究. 因此研究如何寻求函数关系，在实践中具有重要意义. 在许多问题中，往往不能直接找出所需要的函数关系，但是根据问题所提供的情况，有时可以列出含有要找的函数及其导数关系式. 这样的关系式就是所谓的**微分方程**. 微分方程建立以后，对它进行研究，找出未知函数，这就是**解微分方程**. 本章主要介绍微分方程的一些基本概念和几种常见类型微分方程的解法.

9.1　微分方程的基本概念

　　下面通过几何、力学及物理中的几个具体例题来说明微分方程的基本概念.

例 9.1　一曲线通过点 $(1,2)$，且在该曲线上任一点 $M(x,y)$ 处的切线的斜率为 $2x$，求这曲线的方程.

解　设所求曲线的方程为 $y = \varphi(x)$. 根据导数的几何意义，可知未知函数 $y = \varphi(x)$ 应满足关系式

$$\frac{\mathrm{d}y}{\mathrm{d}x} = 2x. \tag{9.1}$$

此外，未知函数 $y = \varphi(x)$ 还应满足下列条件：

$$x = 1时, y = 2. \tag{9.2}$$

对(9.1)式两端积分，得

$$y = \int 2x\mathrm{d}x, \quad 即 \quad y = x^2 + C, \tag{9.3}$$

其中 C 是任意常数. 把条件"$x = 1$时，$y = 2$"代入(9.3)式，得

$$2 = 1^2 + C,$$

由此定出 $C = 1$. 把 $C = 1$ 代入(9.3)式，即得所求曲线方程

$$y = x^2 + 1. \tag{9.4}$$

例 9.2　列车在平直线路上以 $20\mathrm{m/s}$(相当于 $72\mathrm{km/h}$) 的速度行驶，当制动时列车获得加速度 $-0.4\mathrm{m/s^2}$. 问开始制动后多少时间列车才能停住，以及列车在这段时间里行驶了多少路程?

解　设列车在开始制动后 t s 时行驶了 s m. 根据题意，反映制动阶段列车运动规律的函数 $s = s(t)$ 应满足关系式

$$\frac{\mathrm{d}^2 s}{\mathrm{d}t^2} = -0.4. \tag{9.5}$$

此外，未知函数 $s = s(t)$ 还应满足下列条件：

$$t = 0时, s = 0, v = \frac{\mathrm{d}s}{\mathrm{d}t} = 20. \tag{9.6}$$

把(9.5)式两端积分一次，得

$$v = \frac{\mathrm{d}s}{\mathrm{d}t} = -0.4t + C_1, \tag{9.7}$$

再积分一次，得

$$s = -0.2t^2 + C_1 t + C_2, \tag{9.8}$$

这里 C_1, C_2 都是任意常数. 把条件 "$t = 0时, v = 20$" 代入(9.7)式，得

$$20 = C_1,$$

把条件 "$t = 0时，s = 0$" 代入式(9.8)，得

$$0 = C_2.$$

把 C_1, C_2 的值代入(9.7)及(9.8)式，得

$$v = -0.4t + 20, \tag{9.9}$$

$$s = -0.2t^2 + 20t. \tag{9.10}$$

在(9.9)式中令 $v = 0$，得到列车从开始制动到完全停住所需要的时间

$$t = \frac{20}{0.4} = 50(\mathrm{s}).$$

再把 $t = 50$ 代入(9.10)式，得到列车在制动阶段行驶的路程

$$s = -0.2 \times 50^2 + 20 \times 50 = 500(\mathrm{m}).$$

上述两个例子中的关系式(9.1)和(9.5)都包含有未知函数的导数，它们都是微分方程. 一般地，凡表示未知函数、未知函数的导数与自变量之间的关系的方程，叫作**微分方程**，有时也简称**方程**.

微分方程中所出现的未知函数的最高阶导数的阶数，叫作**微分方程的阶**. 例如，方程(9.1)是一阶微分方程，方程(9.5)是二阶微分方程. 又如，方程

$$x^3 y''' + x^2 y'' - 4xy' = 3x^2$$

是三阶微分方程，方程

$$y^{(4)} - 4y''' + 10y'' - 12y' + 5y = \sin 2x$$

是四阶微分方程.

一般地，n 阶微分方程的形式是

$$F(x, y, y', \cdots, y^{(n)}) = 0. \tag{9.11}$$

这里必须指出，在方程(9.11)中，$y^{(n)}$ 是必须出现的，而 $x, y, y', \cdots, y^{(n-1)}$ 等变量则可以不出现. 例如 n 阶微分方程

$$y^{(n)} + 1 = 0$$

中，除 $y^{(n)}$ 外，其他变量都没有出现.

如果能从方程(9.11)中解出最高阶导数，则可得到微分方程

$$y^{(n)} = f(x, y, y', \cdots, y^{(n-1)}).$$

以后我们讨论的微分方程都是已解出最高阶导数的方程或能解出最高阶导数的方程.

由前面的例子我们看到，在研究某些实际问题时，首先要建立微分方程，然后找出满足微分方程的函数（解微分方程），就是说，找出这样的函数，把这个函数代入微分方程能使该方程成为恒等式. 这个函数就叫作该**微分方程的解**. 确切地说，设函数 $y = \varphi(x)$ 在区间 I 上有 n 阶连续导数，如果区间 I 上，

$$F[x, \varphi(x), \varphi'(x), \cdots, \varphi^{(n)}(x)] \equiv 0,$$

那么函数 $y = \varphi(x)$ 就叫作微分方程(9.11)在区间 I 上的解.

例如，函数(9.3)和(9.4)都是微分方程(9.1)的解，函数(9.8)和(9.10)都是微分方程(9.5)的解.

如果微分方程的解中含有任意常数，且任意常数的个数与微分方程的阶数相同[1]，这样的解叫作**微分方程的通解**. 例如，函数(9.3)是方程(9.1)的解，它含有一个任意常数，而方程(9.1)是一阶的，所以函数(9.3)是方程(9.1)的通解. 又如，函数(9.8)是方程(9.5)的解，它含有两个任意常数，而方程(9.5)是二阶的，所以函数(9.8)是方程(9.5)的通解.

由于通解中含有任意常数，所以它还不能完全确定地反映某一客观事物的规律性. 要完全确定地反映客观事物的规律性，必须确定这些常数的值. 为此，要根据问题的实际情况，提出确定这些常数的条件. 例如，例 9.1 中的条件(9.2)及例 9.2 中的条件(9.6)便是这样的条件.

设微分方程中的未知函数为 $y = \varphi(x)$，如果微分方程是一阶的，通常用来确定任意常数的条件是

$$x = x_0 时, y = y_0,$$

或写成

$$y|_{x=x_0} = y_0,$$

其中 x_0, y_0 都是给定的值；如果微分方程是二阶的，通常用来确定任意常数的条件是

$$x = x_0 时, y = y_0, y' = y_0',$$

或写成

$$y|_{x=x_0} = y_0, y'|_{x=x_0} = y_0',$$

其中 x_0, y_0 和 y_0' 都是给定的值. 上述这种条件叫作**初值条件**.

确定了通解中的任意常数以后，就得到**微分方程的特解**. 例如(9.4)式是方程(9.1)满足条件(9.2)的特解，(9.10)式是方程(9.5)满足条件(9.6)的特解.

求微分方程 $y' = f(x, y)$ 满足初值条件 $y|_{x=x_0} = y_0$ 的特解这样一个问题，叫作一阶微分方程的**初值问题**，记作

$$\begin{cases} y' = f(x, y), \\ y|_{x=x_0} = y_0. \end{cases} \tag{9.12}$$

微分方程的解的图形是一条曲线，叫作**微分方程的积分曲线**. 初值问题(9.12)的几何意义，就

---

[1]　这里所说的任意常数是相互独立的，就是说，它们不能合并而使得任意常数的个数减少.

是求微分方程通过点 (x_0, y_0) 的那条积分曲线. 二阶微分方程的初值问题

$$\begin{cases} y'' = f(x, y, y'), \\ y|_{x=x_0} = y_0, y'|_{x=x_0} = y_0' \end{cases}$$

的几何意义，是求微分方程通过点 (x_0, y_0) 且在该点处的切线斜率为 y_0' 的那条积分曲线.

例 9.3 验证：函数

$$x = C_1 \cos kt + C_2 \sin kt \tag{9.13}$$

是微分方程

$$\frac{\mathrm{d}^2 x}{\mathrm{d}t^2} + k^2 x = 0 \tag{9.14}$$

的解.

解 求出所给函数(9.13)的导数

$$\frac{\mathrm{d}x}{\mathrm{d}t} = -kC_1 \sin kt + kC_2 \cos kt, \tag{9.15}$$

$$\frac{\mathrm{d}^2 x}{\mathrm{d}t^2} = -k^2 C_1 \cos kt - k^2 C_2 \sin kt = -k^2 (C_1 \cos kt + C_2 \sin kt).$$

把 $\dfrac{\mathrm{d}^2 x}{\mathrm{d}t^2}$ 及 x 的表达式代入方程(9.14)，得

$$-k^2 (C_1 \cos kt + C_2 \sin kt) + k^2 (C_1 \cos kt + C_2 \sin kt) \equiv 0.$$

函数(9.13)及其二阶导数代入方程(9.14)后成为一个恒等式，因此函数(9.13)是微分方程(9.14)的解.

例 9.4 已知函数(9.13)当 $k \neq 0$ 时是微分方程(9.14)的通解，求满足初值条件

$$x|_{t=0} = A, \left. \frac{\mathrm{d}x}{\mathrm{d}t} \right|_{t=0} = 0$$

的特解.

解 将条件"$t = 0$时，$x = A$"代入式(9.13)得

$$C_1 = A.$$

将条件"$t = 0$时，$\dfrac{\mathrm{d}x}{\mathrm{d}t} = 0$"代入式(9.15)，得

$$C_2 = 0.$$

把 C_1, C_2 的值代入式(9.13)，就得所求的特解

$$x = A \cos kt.$$

习 题 9.1

1. 试说出下列各微分方程的阶数：

(1) $x(y')^2 - 2yy' + x = 0$;

(2) $x^2 y'' - xy' + y = 0$;

(3) $xy''' + 2y'' + x^2 y = 0$;

(4) $(7x - 6y)\mathrm{d}x + (x + y)\mathrm{d}y = 0$;

(5) $L\dfrac{\mathrm{d}^2Q}{\mathrm{d}t^2} + R\dfrac{\mathrm{d}Q}{\mathrm{d}t} + \dfrac{Q}{C} = 0$;　　　　　(6) $\dfrac{\mathrm{d}\rho}{\mathrm{d}\theta} + \rho = \sin^2\theta$.

2. 指出下列各题中的微分方程的解是否为所给函数:

(1) $xy' = 2y, y = 5x^2$;

(2) $y'' + y = 0, y = 3\sin x - 4\cos x$;

(3) $y'' - 2y' + y = 0, y = x^2\mathrm{e}^x$;

(4) $y'' - (\lambda_1 + \lambda_2)y' + \lambda_1\lambda_2 y = 0, y = C_1\mathrm{e}^{\lambda_1 x} + C_2\mathrm{e}^{\lambda_2 x}$.

3. 在下列各题中, 验证下列微分方程的解是否为所给二元方程:

(1) $(x - 2y)y' = 2x - y, x^2 - xy + y^2 = C$;

(2) $(xy - x)y'' + xy'^2 + yy' - 2y' = 0, y = \ln(xy)$.

4. 在下列各题中, 确定函数关系式中所含的参数, 使函数满足所给的初值条件.

(1) $x^2 - y^2 = C, y|_{x=0} = 5$;

(2) $y = (C_1 + C_2 x)\mathrm{e}^{2x}, y|_{x=0} = 0, y'|_{x=0} = 1$;

(3) $y = C_1\sin(x - C_2), y|_{x=\pi} = 1, y'|_{x=\pi} = 0$.

5. 写出由下列条件确定的曲线所满足的微分方程:

(1) 曲线在点 (x, y) 处的切线的斜率等于该点横坐标的平方;

(2) 曲线上点 $P(x, y)$ 处的法线与 x 轴的交点为 Q, 且线段 PQ 被 y 轴平分.

6. 用微分方程表示一物理命题: 某种气体的压强 p 对于温度 T 的变化率与压强成正比, 与温度的平方成反比.

7. 一个半球体形状的雪堆, 其体积融化率与半球面面积 A 成正比, 比例系数 $k > 0$. 假设在融化过程中雪堆始终保持半球体状, 已知半径为 r_0 的雪堆在开始融化的 3 小时内, 融化了其体积的 $\dfrac{7}{8}$, 问雪堆全部融化需要多少小时?

9.2　一阶微分方程

一、可分离变量的微分方程

本节我们首先讨论一阶微分方程

$$y' = f(x, y)$$

的一些解法.

一阶微分方程有时也写成如下的对称形式:

$$P(x, y)\mathrm{d}x + Q(x, y)\mathrm{d}y = 0. \tag{9.16}$$

在方程(9.16)中, 变量 x 与 y 对称, 它既可看作是以 x 为自变量、y 为因变量的方程

$$\frac{\mathrm{d}y}{\mathrm{d}x} = -\frac{P(x, y)}{Q(x, y)}, \quad (Q(x, y) \neq 0),$$

也可看作是以 y 为自变量、x 为因变量的方程

$$\frac{\mathrm{d}x}{\mathrm{d}y} = -\frac{Q(x,y)}{P(x,y)}, \quad (P(x,y) \neq 0).$$

在第一节的例 9.1 中，我们遇到一阶微分方程

$$\frac{\mathrm{d}y}{\mathrm{d}x} = 2x,$$

或

$$\mathrm{d}y = 2x\mathrm{d}x.$$

把上式两端积分就得到这个方程的通解

$$y = x^2 + C.$$

但是并不是所有的一阶微分方程都能这样求解. 例如，对于一阶微分方程

$$\frac{\mathrm{d}y}{\mathrm{d}x} = 2xy^2, \tag{9.17}$$

就不能像上面那样用直接对两端积分的方法求出它的通解. 这是什么缘故呢？原因是方程(9.17)的右端含有与 x 存在函数关系的变量 y，积分

$$\int 2xy^2 \mathrm{d}x$$

求不出来，这是困难所在. 为了解决这个困难，在方程(9.17)的两端同时乘 $\dfrac{\mathrm{d}x}{y^2}$，使方程(9.17)变成

$$\frac{\mathrm{d}y}{y^2} = 2x\mathrm{d}x,$$

这样，变量 x 与 y 已分离在等式的两端，然后两端积分得

$$-\frac{1}{y} = x^2 + C,$$

或

$$y = -\frac{1}{x^2 + C}, \tag{9.18}$$

其中 C 是任意常数.

可以验证,函数(9.18)确实满足一阶微分方程(9.17),且含有一个任意常数,所以它是方程(9.17)的通解.

一般地，如果一个一阶微分方程能写成

$$g(y)\mathrm{d}y = f(x)\mathrm{d}x \tag{9.19}$$

的形式，就是说，能把微分方程写成一端只含 y 的函数和 $\mathrm{d}y$，另一端只含 x 的函数和 $\mathrm{d}x$，那么原方程就称为**可分离变量的微分方程**.

假定方程(9.19)中的函数 $g(y)$ 和 $f(x)$ 是连续的. 设 $y = \varphi(x)$ 是方程(9.19)的解，将它代入(9.19)中得到恒等式

$$g[\varphi(x)]\varphi'(x)\mathrm{d}x = f(x)\mathrm{d}x,$$

将上式两端积分，并由 $y = \varphi(x)$ 引进变量 y，得

$$\int g(y)\mathrm{d}y = \int f(x)\mathrm{d}x.$$

设 $G(y)$ 及 $F(x)$ 依次为 $g(x)$ 及 $f(x)$ 的原函数，于是有

$$G(y) = F(x) + C. \tag{9.20}$$

因此，方程(9.19)的解满足关系式(9.20). 反之，如果 $y = \Phi(x)$ 是由关系式(9.20)所确定的隐函数，那么在 $g(y) \neq 0$ 的条件下，$y = \Phi(x)$ 也是方程(9.19)的解. 事实上，由隐函数的求导法可知，当 $g(y) \neq 0$ 时，

$$\Phi'(x) = \frac{F'(x)}{G'(y)} = \frac{f(x)}{g(y)},$$

这就表示函数 $y = \Phi(x)$ 满足方程(9.19). 所以，如果已分离变量的方程(9.19)中，$g(y)$ 和 $f(x)$ 是连续的，且 $g(y) \neq 0$，那么(9.19)式两端积分后得到的关系式(9.20)，就用隐式给出了方程(9.19)的解，(9.20)式就叫作微分方程(9.19)的**隐式解**. 又由关系式(9.20)中含有任意常数，因此(9.20)式所确定的隐函数是方程(9.19)的通解，所以(9.20)式叫作微分方程(9.19)的**隐式通解** (当 $f(x) \neq 0$ 时，(9.20)式所确定的隐函数 $x = \Psi(y)$ 也可认为是方程(9.19)的解).

例 9.5 求微分方程

$$\frac{\mathrm{d}y}{\mathrm{d}x} = 2xy \tag{9.21}$$

的通解.

解 方程(9.21)是可分离变量的，分离变量后得

$$\frac{\mathrm{d}y}{y} = 2x\mathrm{d}x,$$

两端积分

$$\int \frac{\mathrm{d}y}{y} = \int 2x\mathrm{d}x,$$

得

$$\ln|y| = x^2 + C_1,$$

从而

$$y = \pm \mathrm{e}^{x^2+C_1} = \pm \mathrm{e}^{C_1}\mathrm{e}^{x^2}.$$

因 $\pm \mathrm{e}^{C_1}$ 是任意非零常数，又 $y \equiv 0$ 也是方程(9.21)的解，故得方程(9.21)的通解

$$y = C\mathrm{e}^{x^2}.$$

例 9.6 放射性元素铀由于不断地有原子放射出微粒子而变成其他元素，铀的含量就不断减少，这种现象叫作**衰变**. 由原子物理学知道，铀的衰变速度与当时未衰变的铀原子的含量 M 成正比. 已知 $t = 0$ 时铀的含量为 M_0，求在衰变过程中铀含量 $M(t)$ 随时间 t 变化的规律.

解 铀的衰变速度就是 $M(t)$ 对时间 t 的导数 $\dfrac{\mathrm{d}M}{\mathrm{d}t}$. 由于铀的衰变速度与其含量成正比，故得微分方程

$$\frac{\mathrm{d}M}{\mathrm{d}t} = -\lambda M, \tag{9.22}$$

其中 $\lambda(\lambda > 0)$ 是常数，叫作**衰变系数**，λ 前置负号是由于当 t 增加时 M 单调减少，即 $\dfrac{\mathrm{d}M}{\mathrm{d}t} < 0$.

按题意，初值条件为

$$M|_{t=0} = M_0.$$

方程(9.22)是可分离变量的，分离变量后得

$$\frac{\mathrm{d}M}{M} = -\lambda\mathrm{d}t.$$

两端积分

$$\int \frac{\mathrm{d}M}{M} = \int (-\lambda)\mathrm{d}t,$$

以 $\ln C$ 表示任意常数，考虑到 $M > 0$，得

$$\ln M = -\lambda t + \ln C,$$

即

$$M = Ce^{-\lambda t}.$$

这就是方程(9.22)的通解. 以初值条件代入上式，得

$$M_0 = Ce^0 = C,$$

所以

$$M = M_0 e^{-\lambda t},$$

这就是所求铀的衰变规律. 由此可见，铀的含量随时间的增加而按指数规律衰减.

例 9.7 设降落伞从跳伞塔下落后，所受空气阻力与速度成正比，并设降落伞离开跳伞塔时 ($t = 0$) 速度为零，求降落伞下落速度与时间的函数关系.

解 设降落伞下落速度为 $v(t)$. 降落伞在空中下落时，同时受到重力 P 与阻力 R 的作用. 重力大小为 $mg(m$为质量,g为重力加速度)，方向与 v 一致；阻力大小为 $kv(k$ 为比例系数)，方向与 v 相反，从而降落伞所受外力为

$$F = mg - kv.$$

根据牛顿第二运动定律

$$F = ma,$$

其中 a 为加速度，得函数 $v(t)$ 应满足的方程为

$$m\frac{\mathrm{d}v}{\mathrm{d}t} = mg - kv. \tag{9.23}$$

按题意，初值条件为

$$v|_{t=0} = 0.$$

方程(9.23)是可分离变量的,分离变量后得

$$\frac{\mathrm{d}v}{mg - kv} = \frac{\mathrm{d}t}{m},$$

两端积分

$$\int \frac{\mathrm{d}v}{mg - kv} = \int \frac{\mathrm{d}t}{m},$$

考虑到 $mg - kv > 0$，得

$$-\frac{1}{k} \ln (mg - kv) = \frac{t}{m} + C_1,$$

即

$$mg - kv = \mathrm{e}^{-\frac{k}{m}t - kC_1},$$

或

$$v = \frac{mg}{k} + C\mathrm{e}^{-\frac{k}{m}t} \quad \left(C = -\frac{\mathrm{e}^{-kC_1}}{k} \right), \tag{9.24}$$

这就是方程(9.23)的通解. 将初值条件 $v|_{t=0} = 0$ 代入(9.24)式，得

$$C = -\frac{mg}{k}.$$

于是所求的特解为

$$v = \frac{mg}{k}(1 - \mathrm{e}^{-\frac{k}{m}t}). \tag{9.25}$$

由(9.25)式可以看出，随着时间 t 的增大，速度 v 逐渐接近于常数 $\frac{mg}{k}$，且不会超过 $\frac{mg}{k}$，也就是说，跳伞后开始阶段是加速运动，但以后逐渐接近于匀速运动.

二、齐次方程

形如

$$\frac{\mathrm{d}y}{\mathrm{d}x} = f\left(\frac{y}{x}\right) \tag{9.26}$$

的一阶微分方程称为**齐次微分方程**，简称为**齐次方程**.

求解齐次方程的常用方法是变量替换法. 通过变量替换将其化为可分离变量的微分方程，再求解. 令

$$u = \frac{y}{x}, \quad \text{或} u = \frac{x}{y},$$

其中 u 是新的未知函数 $u = u(x)$，对 $y = ux$ 关于 x 的导数有

$$\frac{\mathrm{d}y}{\mathrm{d}x} = u + x\frac{\mathrm{d}u}{\mathrm{d}x},$$

代入方程(9.26)中得到可分离变量的微分方程

$$u + x\frac{\mathrm{d}u}{\mathrm{d}x} = f(u),$$

分离变量并积分，得

$$\int \frac{\mathrm{d}u}{f(u) - u} = \int \frac{\mathrm{d}x}{x} + C, \tag{9.27}$$

求出式(9.27)中的原函数后将 $u = \frac{y}{x}$ 回代，即得原方程(9.26)的通解.

例 9.8 求微分方程 $\dfrac{\mathrm{d}y}{\mathrm{d}x} = \dfrac{x^2 + y^2}{xy}$ 的通解.

解 原方程可化为

$$\frac{\mathrm{d}y}{\mathrm{d}x} = \frac{1 + \left(\dfrac{y}{x}\right)^2}{\dfrac{y}{x}} = \frac{x}{y} + \frac{y}{x},$$

这是一个齐次方程，令 $u = \dfrac{y}{x}$，则方程化为

$$u + x\frac{\mathrm{d}u}{\mathrm{d}x} = \frac{1}{u} + u,$$

化简并分离变量，得

$$u\mathrm{d}u = \frac{1}{x}\mathrm{d}x,$$

两边积分，得

$$\frac{u^2}{2} = \ln|x| + \frac{C}{2},$$

其中 C 为任意常数，即

$$u^2 = 2\ln|x| + C,$$

将 $u = \dfrac{y}{x}$ 回代，即得原方程的通解为

$$y^2 = x^2(\ln|x| + C),$$

其中 C 为任意常数.

例 9.9 求初值问题 $(y + \sqrt{x^2 + y^2})\mathrm{d}x = x\mathrm{d}y,\quad y(1) = 0$ 的解.

解 原方程可化为

$$\frac{\mathrm{d}y}{\mathrm{d}x} = \frac{y + \sqrt{x^2 + y^2}}{x}.$$

这是一个齐次方程，令 $u = \dfrac{y}{x}$，则方程化为

$$x\frac{\mathrm{d}u}{\mathrm{d}x} = \sqrt{1 + u^2},$$

分离变量，得

$$\frac{\mathrm{d}u}{\sqrt{1 + u^2}} = \frac{1}{x}\mathrm{d}x.$$

两边积分，得

$$\ln|u + \sqrt{1 + u^2}| = \ln|x| + \ln|C|.$$

整理后，将 $u = \dfrac{y}{x}$ 回代，即得原方程的通解为

$$\frac{y}{x} + \sqrt{1 + \frac{y^2}{x^2}} = Cx.$$

由初始条件 $y(1) = 0$ 可得 $C = 1$. 故初始值问题的解为

$$y = \frac{1}{2}(x^2 - 1).$$

例 9.10 求微分方程

$$\frac{\mathrm{d}y}{\mathrm{d}x} = \frac{x + y - 1}{x - y + 3}$$

的通解.

解 方程右端函数不是齐次的，分子与分母各多了一个常数. 利用坐标平移可消去这两个常数.
令

$$x = u - 1,\quad y = v + 2.$$

则原方程可化为

$$\frac{\mathrm{d}v}{\mathrm{d}u} = \frac{u+v}{u-v}.$$

这是一个齐次方程，令 $v = uz$，则齐次方程化为变量可分离方程

$$u\frac{\mathrm{d}z}{\mathrm{d}u} = \frac{1+z^2}{1-z},$$

分离变量，得

$$\frac{(1-z)\mathrm{d}z}{\sqrt{1+u^2}} = \frac{\mathrm{d}u}{u}.$$

两边积分，得

$$\arctan z - \frac{1}{2}\ln(1+z^2) = \ln|u| + C.$$

将变量还原，整理即得原方程的通解

$$\arctan\frac{y-2}{x+1} = \ln\sqrt{(x+1)^2 + (y-2)^2} + C.$$

三、一阶线性微分方程

形如

$$\frac{\mathrm{d}y}{\mathrm{d}x} + p(x)y = q(x) \tag{9.28}$$

的微分方程称为**一阶线性微分方程**，其中 $p(x)$ 和 $q(x)$ 都是 x 的已知函数，方程中未知函数 y 及其导数都是一次式.

当 $q(x) = 0$ 时，方程为

$$\frac{\mathrm{d}y}{\mathrm{d}x} + p(x)y = 0,$$

称为**一阶线性齐次微分方程**；当 $q(x) \neq 0$ 时，方程(9.28)称为**一阶线性非齐次微分方程**.

1. 一阶线性齐次微分方程的解法

一阶线性齐次微分方程

$$\frac{\mathrm{d}y}{\mathrm{d}x} + p(x)y = 0$$

实际上是可分离变量的微分方程，分离变量后，得

$$\frac{\mathrm{d}y}{y} = -p(x)\mathrm{d}x,$$

两边积分，得

$$\ln|y| = -\int p(x)\mathrm{d}x + \ln C,$$

故通解为

$$y = C\mathrm{e}^{-\int p(x)\mathrm{d}x},$$

其中 $\int p(x)\mathrm{d}x$ 表示 $p(x)$ 的一个原函数，C 为任意常数.

2. 一阶线性非齐次微分方程的解法

一阶线性非齐次微分方程

$$\frac{\mathrm{d}y}{\mathrm{d}x} + p(x)y = q(x),$$

我们用常数变易法进行求解.

先求出对应的齐次方程

$$\frac{\mathrm{d}y}{\mathrm{d}x} + p(x)y = 0$$

的通解 $y = Ce^{-\int p(x)\mathrm{d}x}$，将式中的任意常数 C 换成待定函数 $C(x)$，即设

$$y = C(x)e^{-\int p(x)\mathrm{d}x} \tag{9.29}$$

为非齐次方程的通解，再将式(9.29)代入非齐次方程来确定 $C(x)$.

$$[C(x)e^{-\int p(x)\mathrm{d}x}]' + p(x)C(x)e^{-\int p(x)\mathrm{d}x} = q(x),$$

$$C'(x)e^{-\int p(x)\mathrm{d}x} + C(x)e^{-\int p(x)\mathrm{d}x}[-p(x)] + p(x)C(x)e^{-\int p(x)\mathrm{d}x} = q(x),$$

化简，得

$$C'(x) = q(x)e^{\int p(x)\mathrm{d}x},$$

即

$$C(x) = \int q(x)e^{\int p(x)\mathrm{d}x}\mathrm{d}x + C.$$

所以非齐次方程的通解为

$$y = e^{-\int p(x)\mathrm{d}x}\left[\int q(x)e^{\int p(x)\mathrm{d}x}\mathrm{d}x + C\right]. \tag{9.30}$$

将式(9.30)改写为两项之和

$$y = Ce^{-\int p(x)\mathrm{d}x} + e^{-\int p(x)\mathrm{d}x}\int q(x)e^{\int p(x)\mathrm{d}x}\mathrm{d}x.$$

上式右端第一项是对应的齐次线性方程的通解，第二项是线性非齐次方程的一个特解 (在通解(9.30)中取 $C = 0$ 便得到这个特解). 由此可见，一阶线性非齐次方程的特解等于对应的齐次方程的通解与非齐次方程的一个特解之和.

上述方法称为**常数变易法**. 在解一阶线性非齐次方程时，也可以直接套用公式(9.30)进行求解.

例 9.11 求微分方程 $(x+1)\dfrac{\mathrm{d}y}{\mathrm{d}x} - 2y = (x+1)^4$ 的通解.

解 原方程可化为一阶线性微分方程

$$\frac{\mathrm{d}y}{\mathrm{d}x} - \frac{2y}{x+1} = (x+1)^3.$$

法一 (常数变易法) 这是一个线性非齐次微分方程，对应的齐次方程为

$$\frac{\mathrm{d}y}{\mathrm{d}x} - \frac{2y}{x+1} = 0,$$

分离变量，两边积分，得 $\ln y = 2\ln(x+1) + \ln C$, 即 $y = C(x+1)^2$. 用常数变易法，令 $y = C(x)(x+1)^2$，则

$$\frac{\mathrm{d}y}{\mathrm{d}x} = C'(x)(x+1)^2 + 2 = C(x)(x+1),$$

代入原方程，得 $C'(x) = x+1$，两端积分得 $C(x) = \dfrac{1}{2}(x+1)^2 + C$，故原方程的通解为

$$y = (x+1)^2\left[\frac{1}{2}(x+1)^2 + C\right].$$

法二 (公式法) 由所给方程知 $p(x) = -\dfrac{2}{x+1}, q(x) = (x+1)^3$，代入公式(9.30)，得

$$y = e^{\int \frac{2}{x+1} dx} \left[\int (x+1)^3 e^{-\int \frac{2}{x+1} dx} dx + C \right] = (x+1)^2 \left[\frac{1}{2}(x+1)^2 + C \right].$$

例 9.12 求微分方程

$$\cos x \frac{dy}{dx} = y \sin x + \cos^2 x$$

的通解.

解 (**常数变易法**) 对应的齐次方程为

$$\cos x \frac{dy}{dx} = y \sin x,$$

其通解为

$$y = \frac{C}{\cos x}.$$

令 $y = \dfrac{C(x)}{\cos x}$，则原方程化为

$$C'(x) = \cos^2 x,$$

两边积分得

$$C(x) = \frac{1}{2}x + \frac{1}{4}\sin 2x + C,$$

故原方程的通解为

$$y = \frac{1}{\cos x}\left(\frac{1}{2}x + \frac{1}{4}\sin 2x + C \right).$$

例 9.13 求微分方程

$$\frac{dy}{dx} = \frac{y}{2x - y^2}$$

的通解.

解 (**公式法**) 转换变量位置

$$\frac{dx}{dy} = \frac{2x - y^2}{y} = \frac{2}{y}x - y.$$

代入公式得通解为

$$x = e^{2\int \frac{1}{y} dy}\left(C + \int (-y) e^{-2\int \frac{1}{y} dy} dy \right)$$

$$= y^2 \left(C - \int \frac{1}{y} dy \right) = Cy^2 - y^2 \ln |y|.$$

另 $y = 0$ 也是解.

注意：有时方程关于 $y, \dfrac{dy}{dx}$ 不是线性的，但如果视 x 为 y 的函数，方程关于 $x, \dfrac{dx}{dy}$ 是线性的，仍可以用上面的方法求解.

习　题　9.2

1. 求下列微分方程的通解：

(1) $xy' - y\ln y = 0$;

(2) $3x^2 + 5x - 5y' = 0$;

(3) $\sqrt{1-x^2}y' = \sqrt{1-y^2}$;

(4) $y' - xy' = a(y^2 + y')$;

(5) $\sec^2 x\tan y\mathrm{d}x + \sec^2 y\tan x\mathrm{d}y = 0$;

(6) $\dfrac{\mathrm{d}y}{\mathrm{d}x} = 10^{x+y}$;

(7) $(\mathrm{e}^{x+y} - \mathrm{e}^x)\mathrm{d}x + (\mathrm{e}^{x+y} + \mathrm{e}^y)\mathrm{d}y = 0$;

(8) $\cos x\sin y\mathrm{d}x + \sin x\cos y\mathrm{d}y = 0$;

(9) $(y+1)^2\dfrac{\mathrm{d}y}{\mathrm{d}x} + x^3 = 0$;

(10) $y\mathrm{d}x + (x^2 - 4x)\mathrm{d}y = 0$;

(11) $y' = \dfrac{y}{x}\left(1 + \ln\dfrac{y}{x}\right)$;

(12) $(xy + x^3 y)\mathrm{d}y - (1 + y^2)\mathrm{d}x = 0$.

2. 求下列微分方程满足所给初值条件的特解:

(1) $y' = \mathrm{e}^{2x-y}, y|_{x=0} = 0$;

(2) $\cos x\sin y\mathrm{d}y = \cos y\sin x\mathrm{d}x, y|_{x=0} = \dfrac{\pi}{4}$;

(3) $y'\sin x = y\ln y, y|_{x=\frac{\pi}{2}} = \mathrm{e}$;

(4) $\cos y\mathrm{d}x + (1 + \mathrm{e}^{-x})\sin y\mathrm{d}y = 0, y|_{x=0} = \dfrac{\pi}{4}$;

(5) $xy' - y = 2, y|_{x=1} = 3$;

(6) $(t+1)\dfrac{\mathrm{d}x}{\mathrm{d}t} + x = 2\mathrm{e}^{-t}, x|_{t=1} = 0$;

(7) $x\mathrm{d}y + 2y\mathrm{d}x = 0, y|_{x=2} = 1$.

3. 有一盛满了水的圆锥形漏斗,高为 10cm,顶角为 $60°$,漏斗下面有面积为 $0.5\mathrm{cm}^2$ 的孔,求水面高度变化的规律及水流完所需的时间.

4. 质量为 1g 的质点受外力作用做直线运动,外力和时间成正比,和质点运动的速度成反比. 在 $t = 10\mathrm{s}$ 时,速度等于 $50\mathrm{cm/s}$,外力为 $4\mathrm{g}\cdot\mathrm{cm/s}^2$,问从运动开始经过了 $1\mathrm{min}$ 后的速度是多少?

5. 镭的衰变有如下的规律:镭的衰变速度与它的现存量 R 成正比. 由经验材料得知,镭经过 1600 年后,只余原始量 R_0 的一半. 试求镭的现存量 R 与时间 t 的函数关系.

6. 一曲线通过点 $(2,3)$,它在两坐标轴间的任一切线线段均被切点所平分,求曲线方程.

7. 小船从河边点 O 处出发驶向对岸 (两岸为平行直线). 设船速为 a,船行驶方向始终与河岸垂直,又设河宽为 h,河中任一点处的水流速度与该点到两岸距离的乘积成正比 (比例系数为 k). 求小船的航行路线.

8. 某商品的需求量 Q 对价格 P 的弹性为 $P\ln 3$,已知该商品的最大需求量为 1200(即当 $P = 0$ 时,$Q = 1200$),求需求量 Q 对价格 P 的函数关系.

9.3　二阶常系数线性微分方程

形如

$$ay'' + by' + cy = f(x)$$

的微分方程称为**二阶常系数非齐次线性微分方程**，而形如

$$ay'' + by' + cy = 0 \tag{9.31}$$

的微分方程称为**二阶常系数齐次线性微分方程**.

下面先介绍齐次方程解的性质，再借助这些性质去构造它的通解，最后利用齐次方程的通解去构造对应非齐次方程的解.

定理 9.1　设 $y_1(x)$，$y_2(x)$ 是二阶常系数齐次微分方程的解，k_1, k_2 是任意常数，则 $k_1 y_1(x) + k_2 y_2(x)$ 也是它的解.

证　将 $y = k_1 y_1(x) + k_2 y_2(x)$ 代入方程(9.31)左端，得

$$[k_1 y_1'' + k_2 y_2''] + \frac{b}{a}[k_1 y_1' + k_2 y_2'] + \frac{c}{a}[k_1 y_1 + k_2 y_2]$$

$$= k_1 [y_1'' + \frac{b}{a} y_1' + \frac{c}{a} y_1] + k_2 [y_2'' + \frac{b}{a} y_2' + \frac{c}{a} y_2].$$

由于 y_1 与 y_2 是方程(9.31)的解，上式右端方括号中的表达式都恒为零，因而整个式子恒为零，所以 $y = k_1 y_1(x) + k_2 y_2(x)$ 是齐次方程(9.31)的解.

上述定理经常表述为常系数齐次线性微分方程解的线性组合仍是它的解.

定理 9.2　设 $y_1(x), y_2(x)$ 是常系数齐次线性微分方程的两个线性无关的特解，则它们的线性组合 $c_1 y_1(x) + c_2 y_2(x)$ 是它的通解，其中 c_1, c_2 是任意常数.

例如，方程 $y'' + y = 0$ 是二阶齐次线性方程. 容易验证，$y_1 = \cos x$ 与 $y_2 = \sin x$ 是所给方程的两个解，且 $\dfrac{y_2}{y_1} = \dfrac{\sin x}{\cos x} = \tan x \neq$ 常数，即它们是线性无关的. 因此方程 $y'' + y = 0$ 的通解为

$$y = c_1 \cos x + c_2 \sin x.$$

上述定理称为常系数齐次线性微分方程解的结构定理.

因此，求常系数齐次线性微分方程的通解的关键是求它的两个线性无关的特解. 可以按以下方法寻找它的特解：设它具有指数型函数 e^{rx} 的解，代回原方程，用待定系数法求出 r 的值，从而求出了原方程的特解.

定理 9.3　对任意的 $x \in \mathbf{R}$，$\mathrm{e}^{rx} \neq 0$，要使 $y = \mathrm{e}^{rx}$ 是方程的解，则 r 必须是一元二次方程 $ar^2 + br + c = 0$ 的根.

证　将 $y = \mathrm{e}^{rx}$ 求导，得到

$$y' = r\mathrm{e}^{rx}, \quad y'' = r^2 \mathrm{e}^{rx}$$

把 y, y', y'' 代入式(9.31)，得

$$(ar^2 + br + c)\mathrm{e}^{rx} = 0.$$

由于 $\mathrm{e}^{rx} \neq 0$，所以

$$ar^2 + br + c = 0.$$

定理 9.4　$y = \mathrm{e}^{rx}$ 是常系数齐次线性微分方程的解的充要条件是 r 必须是一元二次方程 $ar^2 + br + c = 0$ 的根.

定义 9.1 称上述代数方程是常系数齐次线性微分方程的**特征方程**，它的根称为常系数齐次线性微分方程的**特征根**或**特征值**.

这样，求常系数齐次线性微分方程的特解转化为求它的特征方程的根.

一元二次方程的根可能是有两个不等的实根、有两个相等的实重根或有一对互为共轭的复根，所以常系数齐次线性微分方程的通解也有三种形式：

(1) 有两个不等的实特征根，此时，$c_1 e^{r_1 x} + c_2 e^{r_2 x}$ 是其通解；

(2) 有两个相等的实重特征根，由于两个重特征根给出的对应指数函数是同一个函数，因此，需要去再找一个与 $y = e^{r_1 x}$ 线性无关的特解，此时容易验证，$y = x e^{r_1 x}$ 也是它的一个特解. 因此，该微分方程的通解是

$$c_1 e^{r_1 x} + c_2 x e^{r_1 x} = e^{r_1 x}(c_1 + c_2 x).$$

(3) 有两个共轭复特征根，设 $r_1 = \alpha + \mathrm{i}\beta$, $r_2 = \alpha - \mathrm{i}\beta$. 虽然 $e^{r_1 x}$, $e^{r_2 x}$ 是它的解，且它们线性无关，但是，这两个函数中含有复数，而在高等数学中，一般都仅在实数范围内讨论. 因此，希望将这两个函数转化为仅含实数的函数. 为此，根据欧拉公式，

$$e^{r_1 x} = e^{(\alpha + \mathrm{i}\beta)x} = e^{\alpha x}(\cos \beta x + \mathrm{i} \sin \beta x),$$

$$e^{r_2 x} = e^{(\alpha - \mathrm{i}\beta)x} = e^{\alpha x}(\cos \beta x - \mathrm{i} \sin \beta x).$$

令

$$y_1 = \frac{e^{(\alpha + \mathrm{i}\beta)x} + e^{(\alpha - \mathrm{i}\beta)x}}{2} = e^{\alpha x} \cos \beta x,$$

$$y_2 = \frac{e^{(\alpha + \mathrm{i}\beta)x} - e^{(\alpha - \mathrm{i}\beta)x}}{2\mathrm{i}} = e^{\alpha x} \sin \beta x,$$

总结上述讨论，得到下列定理.

定理 9.5 设常系数齐次线性微分方程的特征根是 r_1, r_2，且 c_1, c_2 为任意常数，则

(1) 若 r_1, $r_2 \in \mathbf{R}$ 且 $r_1 \neq r_2$，则该方程的通解是

$$c_1 e^{r_1 x} + c_2 e^{r_2 x};$$

(2) 若 r_1, $r_2 \in \mathbf{R}$ 且 $r_1 = r_2 = r_0$，则该方程的通解是

$$(c_1 + c_2 x) e^{r_0 x};$$

(3) 若 $r_1 = \alpha + \mathrm{i}\beta$, $r_2 = \alpha - \mathrm{i}\beta$，则该方程的通解是

$$e^{\alpha x}(c_1 \cos \beta x + c_2 \sin \beta x).$$

证 (1) 可知 $y_1 = e^{r_1 x}$, $y_2 = e^{r_2 x}$ 是齐次微分方程的两个解，并且 $\dfrac{y_2}{y_1} = \dfrac{e^{r_2 x}}{e^{r_1 x}} = e^{(r_2 - r_1)x}$ 不是常数，因此齐次微分方程的通解为

$$y = c_1 e^{r_1 x} + c_2 e^{r_2 x}.$$

(2) 若 $r_1 = r_2 = r_0$, 这时，只得到齐次微分方程的一个解

$$y_1 = e^{r_0 x}.$$

为了得出齐次微分方程的通解，还需要求出另一个解 y_2，并且要求 $\dfrac{y_2}{y_1}$ 不是常数. 设 $\dfrac{y_2}{y_1} = u(x)$,

即 $y_2 = \mathrm{e}^{r_0 x} u(x)$. 下面来求 $u(x)$. 将 y_2 求导，得

$$y_2' = \mathrm{e}^{r_0 x}(u' + r_0 u),$$

$$y_2'' = \mathrm{e}^{r_0 x}(u'' + 2r_0 u' + r_0^2 u),$$

将 y_1，y_2'，y_2'' 代入齐次微分方程，得

$$\mathrm{e}^{r_0 x}[a(u'' + 2r_0 u' + r_0^2 u) + b(u' + r_0 u) + cu] = 0,$$

约去 $\mathrm{e}^{r_0 x}$，并合并同类项，得

$$au'' + (2ar_0 + b)u' + (ar_0^2 + br_0 + c)u = 0.$$

由于 $r_0 = r_1 = r_2$ 是特征方程 $ar'' + br' + c = 0$ 的二重根，因此 $r_0 = -\dfrac{b}{2a}$，且 $ar_0^2 + br_0 + c = 0$，于是得

$$u'' = 0.$$

因为这里只要得到一个不为常数的解，所以不妨选取 $u = x$，由此得到齐次微分方程的另一个解

$$y_2 = x\mathrm{e}^{r_0 x}.$$

从而齐次微分的通解为

$$y = (c_1 + c_2 x)\mathrm{e}^{r_0 x}.$$

(3) 由条件得，$y_1 = \mathrm{e}^{(\alpha + \mathrm{i}\beta)x}$，$y_2 = \mathrm{e}^{(\alpha - \mathrm{i}\beta)x}$ 是齐次微分方程的两个解，但它们是复值函数形式. 为了得出实值函数形式的解，先利用欧拉公式把 y_1，y_2 改写成

$$y_1 = \mathrm{e}^{(\alpha + \mathrm{i}\beta)x} = \mathrm{e}^{\alpha x}(\cos \beta x + \mathrm{i} \sin \beta x),$$

$$y_2 = \mathrm{e}^{(\alpha - \mathrm{i}\beta)x} = \mathrm{e}^{\alpha x}(\cos \beta x - \mathrm{i} \sin \beta x).$$

由于复值函数 y_1 与 y_2 之间成共轭关系，因此，取它们的和除以 2 就得到它们的实部，取它们的差除以 2i 就得到它们的虚部. 由于方程解符合叠加原理，所以实值函数

$$\overline{y}_1 = \frac{1}{2}(y_1 + y_2) = \mathrm{e}^{\alpha x}(\cos \beta x),$$

$$\overline{y}_2 = \frac{1}{2\mathrm{i}}(y_1 - y_2) = \mathrm{e}^{\alpha x}(\sin \beta x).$$

还是齐次微分方程的解，且 $\dfrac{\overline{y}_1}{\overline{y}_2} = \dfrac{\mathrm{e}^{\alpha x}(\cos \beta x)}{\mathrm{e}^{\alpha x}(\sin \beta x)} = \cot \beta x$ 不是常数，所以齐次微分方程的通解为

$$y = \mathrm{e}^{\alpha x}(c_1 \cos \beta x + c_2 \sin \beta x).$$

例 9.14 求微分方程 $y'' + 2y' + y = 0$ 满足初始条件 $y|_{x=0} = 2, y'|_{x=0} = 0$ 的特解.

解 该微分方程的特征方程是

$$r^2 + 2r + 1 = 0,$$

它的特征根

$$r_1 = r_2 = -1,$$

是二重特征根，因此该微分方程的通解为

$$y = \mathrm{e}^{-x}(c_1 + c_2 x),$$

所以 $y' = \mathrm{e}^{-x}(c_2 - c_1 - c_2 x)$. 将初始条件代入，得到

$$c_1 = 2, c_2 = -1,$$

所以，所求特解为

$$y = \mathrm{e}^{-x}(2 - x).$$

例 9.15 求微分方程 $y'' - 6y' + 8y = 0$ 的通解.

解 该微分方程的特征方程是

$$r^2 - 6r + 8 = 0,$$

它的特征根是

$$r_1 = 3 + 2\mathrm{i}, r_2 = 3 - 2\mathrm{i},$$

所以它的通解为

$$y = \mathrm{e}^{3x}(c_1 \cos 2x + c_2 \sin 2x).$$

例 9.16 求微分方程 $y'' - 2y' + 5y = 0$ 的通解.

解 该微分方程的特征方程是

$$r^2 - 2r + 5 = 0,$$

它的特征根是

$$r_1 = 1 + 2\mathrm{i}, r_2 = 1 - 2\mathrm{i},$$

所以它的通解为

$$y = \mathrm{e}^{x}(c_1 \cos 2x + c_2 \sin 2x).$$

习 题 9.3

1. 求下列微分方程的通解：

(1) $3y'' - 2y' - 8y = 0$;

(2) $y'' + y = 0$;

(3) $y^3 y'' - 1 = 0$;

(4) $yy'' - y'^2 - y^2 y' = 0$;

(5) $y'' + y' - 2y = 0$;

(6) $y'' + 6y' + 13y = 0$;

(7) $4\dfrac{\mathrm{d}^2 x}{\mathrm{d}t^2} - 20\dfrac{\mathrm{d}x}{\mathrm{d}t} + 25x = 0$;

(8) $y'' - 4y' + 5y = 0$.

2. 求下列微分方程满足初始条件的特解：

(1) $4y'' + 4y' + y = 0, y|_{x=0} = 2, y'|_{x=0} = 0$;

(2) $y'' + 4y = 0, y|_{x=0} = 2, y'|_{x=0} = 6$;

(3) $y'' - ay'^2 = 0, y|_{x=0} = 0, y'|_{x=0} = -1(a \neq 0)$;

(4) $y' - 3y' - 4y = 0, y|_{x=0} = 0, y'|_{x=0} = -5$;

(5) $y'' + 4y + 29y = 0, y|_{x=0} = 0, y'|_{x=0} = 15$;

(6) $y'' + 25y = 0, y|_{x=0} = 2, y'|_{x=0} = 5$;

(7) $y'' - 4y' + 13y = 0, y|_{x=0} = 2, y'|_{x=0} = 3$.

3. 设圆柱形浮筒的底面直径为 0.5 m，将它铅直放在水中，当稍向下压后突然放开，浮筒在水中上下振动的周期是 2 s，求浮筒的质量.

9.4　二阶常系数非齐次线性微分方程的通解结构

定理 9.6　设 $y_1(x), y_2(x)$ 是常系数线性非齐次微分方程的解，$y_0(x)$ 是二阶常系数线性齐次微分方程的解，则

(1)　$y_1(x) + y_0(x)$ 是常系数线性非齐次微分方程的解；

(2)　$y_1(x) - y_2(x)$ 是常系数线性齐次微分方程的解.

根据上述定理，可以很容易地得到常系数线性非齐次方程的通解.

定理 9.7　设 $y_1(x)$ 是常系数线性非齐次微分方程的一个解，$y_0(x)$ 是对应齐次方程的通解，则 $y_1(x) + y_0(x)$ 是常系数线性非齐次微分方程的通解.

上述定理常称为常系数线性非齐次微分方程解的结构定理，给出了求常系数线性非齐次微分方程的通解的基本步骤：

(1) 求常系数线性非齐次微分方程所对应的齐次微分方程的通解；

(2) 求常系数线性非齐次微分方程的一个特解；

(3) 相加得常系数线性非齐次微分方程的通解.

常系数线性齐次微分方程的通解求法已在 9.2 节中给出，因此，现在求常系数线性非齐次微分方程的解的关键是求它的一个特解.

定理 9.8　设 $y_1(x), y_2(x)$ 分别是下列常系数线性非齐次微分方程的通解：

$$ay'' + by' + cy = f_1(x),$$
$$ay'' + by' + cy = f_2(x),$$

则 $y_1(x) + y_2(x)$ 是下列常系数线性非齐次微分方程的通解：

$$ay'' + by' + cy = f_1(x) + f_2(x).$$

求常系数非齐次线性微分方程的特解通常需要根据非齐次项 $f(x)$ 的不同类型采用不同的方法，下面给出两种常见的非齐次项对应特解的求法.

(1)　$f(x) = e^{\lambda x} P_m(x)$ 型，其中 $P_m(x)$ 表示 m 次多项式. 可以设常系数非齐次线性微分方程有一个形如

$$y^* = x^k Q_m(x) e^{\lambda x}$$

的特解，其中 $Q_m(x)$ 表示 m 次多项式，根据 λ 不是特征方程的根、是特征方程的单根、是特征方程的重根，k 依次取 0，1，2. 然后设

$$Q_m(x) = b_0 x^m + b_1 x^{m-1} + \cdots + b_{m-1} x + b_m,$$

代入原方程，用待定系数法确定 $b_0, b_1, \cdots, b_m$ 的值，即可求出常系数线性非齐次微分方程的一个特解.

例 9.17 求微分方程 $y'' - 2y' - 3y = \mathrm{e}^{-x}$ 的一个特解.

解 该方程对应齐次方程为

$$y'' - 2y' - 3y = 0,$$

它的特征方程为

$$r^2 - 2r - 3 = (r-3)(r+1) = 0,$$

特征根是 $r_1 = 3, r_2 = -1$.

该方程是非齐次项为 $f(x) = \mathrm{e}^{\lambda x} P_m(x)$ 的二阶常系数线性非齐次微分方程, 其中, $\lambda = -1, P_m(x) = 1$ 是 0 次多项式, 且由于 r_1, r_2 是单特征根, 设

$$Q_0(x) = a,$$

则所设特解为

$$y^* = xQ_0(x)\mathrm{e}^{-x} = ax\mathrm{e}^{-x},$$

则

$$y^{*\prime} = a\mathrm{e}^{-x} + ax\mathrm{e}^{-x}(-1) = a\mathrm{e}^{-x}(1-x),$$

$$y^{*\prime\prime} = -a\mathrm{e}^{-x}(1-x) - a\mathrm{e}^{-x} = -a\mathrm{e}^{-x}(2-x),$$

代入原方程, 得

$$y^{*\prime\prime} - 2y^{*\prime} - 3y^* = -a\mathrm{e}^{-x}(2-x) - 2a\mathrm{e}^{-x}(1-x) - 3ax\mathrm{e}^{-x} = \mathrm{e}^{-x},$$

解得 $a = -\dfrac{1}{4}$, 所以原方程的一个特解为

$$y^* = -\frac{1}{4}x\mathrm{e}^{-x}.$$

例 9.18 求微分方程 $y'' + 6y' + 9y = 5x\mathrm{e}^{-3x}$ 的通解.

解 该方程对应齐次方程为

$$y'' + 6y' + 9y = 0,$$

它的特征方程为

$$r^2 + 6r + 9 = 0,$$

特征根是 $r_1 = r_2 = -3$, 所以对应的齐次方程的通解为

$$y_0 = (c_1 + c_2 x)\mathrm{e}^{-3x}.$$

再求非齐次方程的一个特解. 该方程是非齐次项为 $f(x) = \mathrm{e}^{\lambda x} P_m(x)$ 的二阶常系数线性非齐次微分方程, 其中, $\lambda = -3, P_m(x) = 5x$ 是 1 次多项式, 且由于 $r_1 = r_2 = -3$ 是二重特征根, 故设特解为

$$y^* = x^2(ax + b)\mathrm{e}^{-3x},$$

求导, 得

$$y^{*\prime} = \mathrm{e}^{-3x}[-3ax^3 + (3a - 3b)x^2 + 2bx],$$

$$y^{*\prime\prime} = \mathrm{e}^{-3x}[9ax^3 + (-18a + 9b)x^2 + (6a - 12b)x + 2b],$$

代入原方程，整理得

$$6ax + 2b = 5x,$$

比较同类项系数，得

$$a = \frac{5}{6}, b = 0,$$

故 $y^* = \frac{5}{6}x^3 \mathrm{e}^{-3x}$，所以原方程通解为

$$y = y_0 + y^* = \left(c_1 + c_2 x + \frac{5}{6}x^3\right)\mathrm{e}^{-3x}.$$

例 9.19 求微分方程 $y'' - 6y' + 5y = -3\mathrm{e}^x + 5x^2$ 的通解.

解 先求对应齐次方程 $y'' - 6y' + 5y = 0$ 的通解. 这里的特征方程 $r^2 - 6r + 5 = 0$ 有两个根 $r_1 = 1, r_2 = 5$. 因此，它的通解为 $y = c_1 \mathrm{e}^x + c_2 \mathrm{e}^{5x}$. 因为原方程右端由两项组成，根据解的叠加原理，可分别求下述两个方程：

$$y'' - 6y' + 5y = -3\mathrm{e}^x$$

与

$$y'' - 6y' + 5y = 5x^2$$

的特解，这两个特解之和即为原方程的一个特解.

第一个方程有形如 $y_1^* = ax\mathrm{e}^x$ 特解，代入第一个方程求得 $a = \frac{3}{4}$. 第二个方程的特解形式为 $y_2^* = b_0 + b_1 x + b_2 x^2$，代入第二个方程求得 $b_0 = \frac{62}{25}, b_1 = \frac{12}{5}, b_2 = 1$. 因此原方程的特解为

$$y^* = y_1^* + y_2^* = \frac{3}{4}x\mathrm{e}^x + x^2 + \frac{12}{5}x + \frac{62}{25},$$

原方程的通解为

$$y = \frac{3}{4}x\mathrm{e}^x + x^2 + \frac{12}{5}x + \frac{62}{25} + c_1 \mathrm{e}^x + c_2 \mathrm{e}^{5x}.$$

(2) $f(x) = \mathrm{e}^{\alpha x}[P_l(x)\cos\beta x + P_n(x)\sin\beta x]$ 型，其中 $P_l(x), P_n(x)$ 分别表示 l, n 次多项式. 设特解为

$$y^* = x^k \mathrm{e}^{\alpha x}[P_m^{(1)}(x)\cos\beta x + P_m^{(2)}(x)\sin\beta x], \tag{9.29}$$

其中 $P_m^{(1)}(x), P_m^{(2)}(x)$ 是 m 次多项式，$m = \max\{l, n\}$，根据 $\alpha + \mathrm{i}\beta$(或 $\alpha - \mathrm{i}\beta$) 不是特征方程的根或是特征方程的单根，k 依次取 0 或 1.

例 9.20 求微分方程 $y'' + y = x\cos 2x$ 的一个特解.

解 该方程对应齐次方程为

$$y'' + y = 0,$$

它的特征方程为

$$r^2 + 1 = 0,$$

特征根是 $r_1 = \mathrm{i}, r_2 = -\mathrm{i}$. 该方程是非齐次项为 $f(x) = \mathrm{e}^{\alpha x}[P_l(x)\cos\beta x + P_n(x)\sin\beta x]$ 的二阶常系数线性非齐次微分方程，其中，$\alpha = 0, \beta = 2, P_l(x) = x, P_n(x) = 0$，且由于 $\alpha + \mathrm{i}\beta = 2\mathrm{i}$ 不是特征根，故 $k = 0$，设特解为

$$y^* = (ax + b)\cos 2x + (cx + d)\sin 2x,$$

代入原方程，得

$$(-3ax - 3b + 4c)\cos 2x - (3cx + 3d + 4a)\sin 2x = x\cos 2x,$$

比较两端同类项的系数，得

$$a = -\frac{1}{3}, b = 0, c = 0, d = \frac{4}{9},$$

所以原方程的一个特解为

$$y^* = -\frac{1}{3}x\cos 2x + \frac{4}{9}\sin 2x.$$

例 9.21 求微分方程 $y'' + y = 2\sin x$ 的通解.

解 该方程是非齐次项为 $f(x) = \mathrm{e}^{\alpha x}[P_l(x)\cos\beta x + P_n(x)\sin\beta x]$ 的二阶常系数线性非齐次微分方程，其中，$\alpha = 0, \beta = 1, P_l(x) = 0, P_n(x) = 2$. 该方程对应齐次方程为

$$y'' + y = 0,$$

它的特征方程为

$$r^2 + 1 = 0,$$

特征根是 $r_1 = \mathrm{i}, r_2 = -\mathrm{i}$，所以它的齐次方程的通解为

$$y_0 = c_1\cos x + c_2\sin x.$$

由于 $\alpha + \mathrm{i}\beta = 0 + \mathrm{i}$ 是特征根，故 $k = 1$，设原方程有特解

$$y^* = x(a\cos x + b\sin x),$$

代入原方程，得

$$2b\cos x - 2a\sin x = 2\sin x.$$

比较两端 $\cos x, \sin x$ 的系数可得

$$a = -1, b = 0,$$

故原方程有一个特解为

$$y^* = -x\cos x,$$

所以原方程的通解为

$$y = y_0 + y^* = -x\cos x + c_1\cos x + c_2\sin x.$$

二阶线性微分方程解的一些性质可以推广到 n 阶线性方程

$$y^{(n)} + a_1(x)y^{(n-1)} + \cdots + a_{n-1}(x)y' + a_n(x)y = f(x).$$

它对应的齐次线性微分方程为

$$y^{(n)} + a_1(x)y^{(n-1)} + \cdots + a_{n-1}(x)y' + a_n(x)y = 0.$$

推论 1 如果 $y_1(x), y_2(x), \ldots, y_n(x)$ 是上述齐次线性微分方程的基本解组，则该齐次线性微分方程的通解为

$$y(x) = c_1y_1(x) + c_2y_2(x) + \cdots + c_ny_n(x),$$

其中 $c_1, c_2, \ldots, c_n$ 是任意常数.

推论 2　如果 $y_1(x), y_2(x), \dots, y_n(x)$ 是上述齐次线性微分方程的基本解组，而 $y^*(x)$ 是对应非齐次线性微分方程的一个特解，则对应非齐次线性微分方程的通解可表示为

$$y(x) = c_1 y_1(x) + c_2 y_2(x) + \cdots + c_n y_n(x) + y^*(x).$$

例 9.22　求微分方程 $y' - 5y = (x-1)\sin x + (x+1)\cos x$ 的一个特解.

解　该方程是非齐次项为 $f(x) = \mathrm{e}^{\alpha x}[P_l(x)\cos\beta x + P_n(x)\sin\beta x]$ 的一阶常系数线性非齐次微分方程，其中，$\alpha = 0, \beta = 1, P_l(x) = x+1, P_n(x) = x-1$，故 $m = \max\{l, n\} = 1$. 它对应的特征方程的特征根是 $r = 5$. 由于 $\alpha + \mathrm{i}\beta = 0 + \mathrm{i}$ 不是特征根，故 $k = 0$，设原方程有特解

$$y^* = (ax+b)\cos x + (cx+d)\sin x,$$

对 y^* 求导，得

$$y^{*\prime} = (cx+d+a)\cos x + (-ax-b+c)\sin x,$$

代入原方程，得

$$[cx+d+a - 5(ax+b)]\cos x + [-ax-b+c - 5(cx+d)]\sin x = (x-1)\sin x + (x+1)\cos x.$$

比较同类项的系数，得

$$a = -\frac{3}{13}, b = -\frac{69}{338}, c = -\frac{2}{13}, d = \frac{71}{338},$$

所以原方程有一个特解为

$$y^* = -\left(\frac{3}{13}x + \frac{69}{338}\right)\cos x + \left(-\frac{2}{13}x + \frac{71}{338}\right)\sin x.$$

例 9.23　求微分方程 $y^{(4)} + 2y'' + y = 18\sin 2x + 8\cos 3x$ 的一个特解.

解　该方程对应的特征方程的特征根是 $r_{1,2} = r_{3,4} = \pm\mathrm{i}$. 它可以分解为如下两个四阶常系数线性非齐次微分方程：

$$y^{(4)} + 2y'' + y = 18\sin 2x$$

与

$$y^{(4)} + 2y'' + y = 8\cos 3x,$$

其中，$\alpha = 0$，在第一个方程中 $\beta = 2, P_l(x) = 0, P_n(x) = 18$，由于 $0 + 2\mathrm{i}$ 不是特征根，故 $k = 0$；在第二个方程中 $\beta = 3, P_l(x) = 8, P_n(x) = 0$，由于 $0 + 3\mathrm{i}$ 不是特征根，故 $k = 0$，根据解的叠加原理，设原方程有特解

$$y^* = (a_1 x + a_2)\cos 2x + (b_1 x + b_2)\sin 2x + (c_1 x + c_2)\cos 3x + (d_1 x + d_2)\sin 3x,$$

代入原方程，整理可得

$$3(3a_1 x + 3a_2 - 8b_1)\cos 2x + (24a_1 + 9b_1 x + 9b_2)\sin 2x$$

$$+ 32(2c_1 x + 2c_2 - 3d_1)\cos 3x + (96c_1 + 64d_1 x + 64d_2)\sin 3x = 18\sin 2x + 8\cos 3x.$$

比较同类项的系数，得

$$a_1 = a_2 = b_1 = c_1 = d_1 = d_2 = 0, b_2 = 2, c_2 = \frac{1}{8},$$

所以原方程有一个特解为

$$y^* = 2\sin 2x + \frac{1}{8}\cos 3x.$$

习 题 9.4

1. 求下列微分方程的通解:

(1) $y'' = y' + x$;

(2) $y'' = \dfrac{1}{x}y'$;

(3) $2y'' + 5y' = 5x^2 - 2x - 1$;

(4) $y'' + y = (2x^2 - 3) + 4\sin x$;

(5) $y'' + y = \mathrm{e}^x + \cos x$;

(6) $y'' + 3y' + 2y = 3x\mathrm{e}^{-x}$.

2. 求下列微分方程满足初始条件的特解:

(1) $y'' + y'^2 = 1, y|_{x=0} = 0, y'|_{x=0} = 0$;

(2) $(1 + x^2)y'' = 2xy', y|_{x=0} = 1, y'|_{x=0} = 3$;

(3) $y'' - 3y' + 2y = \mathrm{e}^{3x}, y|_{x=0} = 1, y'|_{x=0} = 0$;

(4) $y'' + y = -\sin 2x, y|_{x=\pi} = 1, y'|_{x=\pi} = 1$.

3. 写出下列微分方程的特解形式,并求通解:

(1) $y'' + 5y' + 4y = 3x^2 + 1$;

(2) $y'' + 3y' = (3x^2 + 1)\mathrm{e}^{-3x}$;

(3) $2y'' + y' - y = 4\mathrm{e}^x$;

(4) $y'' - 2y' + 5y = \mathrm{e}^x \sin 2x$;

(5) $y'' + 4y' = \cos x$.

4. 若二阶常系数线性齐次微分方程 $y'' + ay' + by = 0$ 的通解为 $y = (C_1 + C_2 x)\mathrm{e}^x$,则非齐次方程 $y'' + ay' + by = x$ 满足条件 $y(0) = 2, y'(0) = 0$ 的解是?

第 10 章　无穷级数

10.1　常数项级数的概念和性质

无穷级数是高等数学的一个重要组成部分,作为数学理论研究与实际应用中的重要工具,无穷级数在表示函数、研究函数性质以及进行数值计算中都起到了不可或缺的作用.

一、常数项级数的概念

下面用一个例子介绍无穷级数的概念:

例 10.1　某地区向每个消费者发放了 6 张面值为满 100 减 50 的消费券. 消费者在使用消费券后,商家可能会部分储蓄所得款项,而将其余部分用于进一步的消费支出. 这种做法将有助于促进消费,推动经济增长. 所有这些额外的消费支出都将刺激市场需求,也将对制造业公司等产生积极影响. 事实上,这种影响不仅仅限于此.

假设一家商户收到了 600 元的消费券,并将其中的 15%(90 元) 进行储蓄,而将其余的 510 元用于装修房屋. 这样,装修工人将得到额外的 510 元收入. 进一步假设装修工人将 15%(76.50 元) 储蓄,而将其余资金用于购买汽车. 这将为汽车产业带来额外的资金,推动更多的储蓄和消费,这样的循环效应会继续扩展.

这些发放的消费券价值总计 300 元,实际将推动的消费会远远超过 600 元的初始消费额. 为了评估 600 元的消费对整体经济的影响,我们可以做出以下假设. 每家商店老板会储蓄收到的款项的 15%,而将其余的 85% 用于后续消费. 通过追踪 600 元在经济中的流动,我们可以得出以下结果. 尽管每个个体可能会将钱款用于多个项目,但假设每个收到原始 600 元的人将消费 85%. 因此,第一个人会花费 510 元 (0.85 × 600 元). 其中,15% 被储蓄,而 85% 则被消费,而 85% 中的 386.475 元再次被消费,以此类推.

基于以上假设,每个人都会储蓄 15% 的资金,并将其余的 85% 用于消费. 因此,第一个人将消费 510 元,其中 15%(76.50 元) 被储蓄,而剩下的 85%(433.50 元) 用于消费. 接收了 433.50 元的人继续将 15% 储蓄,将 85% 用于消费,这个循环将持续下去. 通过遵循这种模式,每个 600 元的消费将对整体经济产生远远大于 600 元的影响,因为这笔资金在经济中不断循环流动,提高了销售额,对制造业公司等产生了积极的影响. 如果用公式来表达这个例子,则带动的消费总量是

$$510 + 433.50 + 368.475 + \cdots = 0.85 \times 600 + 0.85 \times (0.85 \times 600) +$$
$$0.85 \times [0.85 \times (0.85 \times 600)] + \cdots$$
$$= 600(0.85 + 0.85^2 + 0.85^3 + \cdots).$$

现在就需要解决上述例子中发现的一个数学问题,计算下面这个式子的求和结果

$$0.85 + 0.85^2 + 0.85^3 + \cdots.$$

在没有求和数目限制的情况下，可以知道序列 0.85^n 会非常快地趋近于零，但由于是对任意多个项求和，不能保证其总和是有限的，其求和结果可以通过下述部分序列的和来计算

$$S_1 = 0.85,$$
$$S_2 = 0.85 + 0.85^2,$$
$$S_3 = 0.85 + 0.85^2 + 0.85^3,$$
$$\vdots$$

为了求部分和数列的极限，可以计算极限的值为

$$\lim_{n \to \infty} = S_n = 0.85 + 0.85^2 + 0.85^3 + \cdots \approx 5.667.$$

这也说明，发放实际价值 300 元的消费券将以数倍于其面额的消费额

$$300 \times 2 \times 5.667 \approx 3400.2$$

来提振市场.

基于上述例子，对任何数列的元素进行求和的一般表示法如下：

定义 10.1 给定数列 $y_1, y_2, y_3, \cdots$，与该数列相关的**常数项无穷级数**表示为

$$\sum_{n=1}^{\infty} y_n = y_1 + y_2 + y_3 + \cdots,$$

以下数列

$$S_1 = y_1,$$
$$S_2 = y_1 + y_2,$$
$$S_3 = y_1 + y_2 + y_3,$$
$$\vdots$$
$$S_n = \sum_{k=1}^{n} y_k,$$
$$\vdots$$

称为**级数的部分和数列**，$\displaystyle\sum_{n=1}^{\infty} y_n$ 称为**数列和的极限**，即

$$\sum_{n=1}^{\infty} y_n = \lim_{n \to \infty} S_n = \lim_{n \to \infty} \sum_{k=1}^{n} y_k.$$

定义 10.2 已知级数 $\displaystyle\sum_{n=1}^{\infty} y_n$ 其前 n 项部分和为 S_n. 若极限 $\displaystyle\lim_{n \to \infty} S_n = S$ (有限值), 则称级数 $\displaystyle\sum_{n=1}^{\infty} y_n$ **收敛**，并称它的**和**等于 S, 记作 $\displaystyle\sum_{n=1}^{\infty} y_n = S$; 若极限 $\displaystyle\lim_{n \to \infty} S_n$ 不存在, 则称级数 $\displaystyle\sum_{n=1}^{\infty} y_n$ **发散**.

根据这个定义，讨论级数的敛散性就可以归结为讨论部分和数列的极限是否存在.

　　下面用定理阐述收敛级数的一般项具有的性质.

定理 10.1　如果级数 $\sum\limits_{n=1}^{\infty} y_n$ 收敛，则一般项 y_n 的极限为零，即 $\lim\limits_{n\to\infty} y_n = 0$.

证　由于级数 $\sum\limits_{n=1}^{\infty} y_n$ 收敛，不妨设它的和等于有限值 S，从而有极限 $\lim\limits_{n\to\infty} S_n = S$ 与 $\lim\limits_{n\to\infty} S_{n-1} = S$，又由于前 n 项部分和

$$S_n = y_1 + y_2 + \cdots + y_{n-1} + y_n,$$

前 $n-1$ 项部分和

$$S_{n-1} = y_1 + y_2 + \cdots + y_{n-1},$$

因此一般项 y_n 可以表示为

$$y_n = S_n - S_{n-1},$$

所以一般项 y_n 的极限

$$\lim_{n\to\infty} y_n = \lim_{n\to\infty} (S_n - S_{n-1}) = S - S = 0.$$

推论 10.2　如果一般项 y_n 的极限 $\lim\limits_{n\to\infty} y_n$ 不存在，或虽然存在但不为零，则级数 $\sum\limits_{n=1}^{\infty} y_n$ 发散. 当然，如果一般项 y_n 的极限 $\lim\limits_{n\to\infty} y_n = 0$，则级数 $\sum\limits_{n=1}^{\infty} y_n$ 可能收敛，也可能发散，需进一步判别.

例 10.2　判别级数

$$\sum_{n=1}^{\infty} \frac{1}{n(n+1)}$$

的敛散性.

解　由于级数一般项 $y_n = \dfrac{1}{n(n+1)}$ 的极限

$$\lim_{n\to\infty} \frac{1}{n(n+1)} = 0,$$

因而级数 $\sum\limits_{n=1}^{\infty} \dfrac{1}{n(n+1)}$ 可能收敛，也可能发散，需进一步判别. 注意到级数前 n 项部分和

$$\begin{aligned}
S_n &= \frac{1}{1\times 2} + \frac{1}{2\times 3} + \frac{1}{3\times 4} + \cdots + \frac{1}{(n-1)n} + \frac{1}{n(n+1)} \\
&= \frac{2-1}{1\times 2} + \frac{3-2}{2\times 3} + \frac{4-3}{3\times 4} + \cdots + \frac{n-(n-1)}{(n-1)n} + \frac{(n+1)-n}{n(n+1)} \\
&= 1 - \frac{1}{n+1},
\end{aligned}$$

因此部分和数列的极限

$$\lim_{n\to\infty} S_n = \lim_{n\to\infty} \left(1 - \frac{1}{n+1}\right) = 1,$$

所以级数 $\sum\limits_{n=1}^{\infty} \dfrac{1}{n(n+1)}$ 收敛，它的和等于 1，即级数

$$\sum_{n=1}^{\infty} \frac{1}{n(n+1)} = 1.$$

例 10.3 判别级数

$$\sum_{n=1}^{\infty} \ln \frac{n}{n+1}$$

的敛散性.

解 因为

$$\lim_{n \to \infty} \ln \frac{n}{n+1} = \ln 1 = 0,$$

注意到级数前 n 项部分和

$$S_n = \ln \frac{1}{2} + \ln \frac{2}{3} + \ln \frac{3}{4} + \cdots + \ln \frac{n-1}{n} + \ln \frac{n}{n+1}$$

$$= (\ln 1 - \ln 2) + (\ln 2 - \ln 3) + (\ln 3 - \ln 4) + \cdots + [\ln(n-1) - \ln n]$$

$$\quad + [\ln n - \ln(n+1)]$$

$$= -\ln(n+1),$$

其极限

$$\lim_{n \to \infty} S_n = \lim_{n \to \infty} [-\ln(n+1)] = -\infty,$$

因此级数 $\displaystyle\sum_{n=1}^{\infty} \ln \frac{n}{n+1}$ 发散.

例 10.4 讨论**调和级数**

$$\sum_{n=1}^{\infty} \frac{1}{n} = 1 + \frac{1}{2} + \frac{1}{3} + \cdots + \frac{1}{n} + \cdots$$

敛散性.

解 一般项的极限 $\displaystyle\lim_{n \to \infty} y_n = \lim_{n \to \infty} \frac{1}{n} = 0$. 不妨设调和级数收敛，有

$$\lim_{n \to \infty} (S_{2n} - S_n) = 0,$$

但

$$S_{2n} - S_n = \frac{1}{n+1} + \frac{1}{n+2} + \cdots + \frac{1}{2n} > \frac{1}{2n} + \frac{1}{2n} + \cdots + \frac{1}{2n} = \frac{n}{2n} = \frac{1}{2},$$

故与假设矛盾，调和级数发散.

例 10.5 判别级数

$$\sum_{n=1}^{\infty} \sqrt[n]{0.01} = 0.01 + \sqrt{0.01} + \sqrt[3]{0.01} + \sqrt[4]{0.01} + \cdots$$

的敛散性.

解 由于级数一般项 $y_n = \sqrt[n]{0.01}$ 的极限

$$\lim_{n \to \infty} \sqrt[n]{0.01} = \lim_{n \to \infty} (0.01)^{\frac{1}{n}} = (0.01)^0 = 1 \neq 0,$$

根据推论 10.2，所以级数 $\displaystyle\sum_{n=1}^{\infty} \sqrt[n]{0.01}$ 发散.

下面讨论另一类非常重要的**几何级数**

$$\sum_{n=1}^{\infty} aq^{n-1} = a + aq + aq^2 + aq^3 + \cdots (a \neq 0)$$

的敛散性.

几何级数有一个独特的特点, 就是其中的每一项都与变量 n 的指数函数相关. 这意味着相邻两项的比值总是相等, 这个比值被称为公比 q. 可以理解几何级数为公比为 q 的等比数列的所有项相加. 公比 q 有不同的取值范围, 我们可以分为三种情况来讨论:

1. $|q| < 1$ 时

级数的通项可以表示为 $y_n = aq^{n-1}$. 当 n 很大时, 这个通项趋近于零, 也就是说项越来越接近于零. 我们可以进一步观察级数的部分和数列. 将等比数列的前 n 项相加, 得到部分和

$$S_n = a + aq + aq^2 + \cdots + aq^{n-1} = \frac{a(1-q^n)}{1-q},$$

随着 n 的增大, q^n 会趋近于零, 因此部分和的极限是

$$\lim_{n \to \infty} S_n = \frac{a}{1-q},$$

所以当 $|q| < 1$ 时, 几何级数 $\sum_{n=1}^{\infty} aq^{n-1}$ 收敛, 其和为 $\frac{a}{1-q}$.

2. $|q| > 1$ 时

级数的通项为 $y_n = aq^{n-1}$. 随着 n 增大, q^{n-1} 会趋近于正无穷大, 也就是说项会越来越大. 因此, 在这种情况下, 几何级数 $\sum_{n=1}^{\infty} aq^{n-1}$ 发散.

3. $|q| = 1$ 时

当 $q = -1$ 时, 级数的通项为 $y_n = aq^{n-1}$, 但由于每一项在正负之间交替变化, 不存在一个确定的极限. 所以当 $q = -1$ 时, 几何级数 $\sum_{n=1}^{\infty} aq^{n-1}$ 发散.

当 $q = 1$ 时, 级数的通项为 $y_n = aq^{n-1}$, 每一项都等于常数 a, 也没有趋向于零. 因此, 当 $q = 1$ 时, 几何级数 $\sum_{n=1}^{\infty} aq^{n-1}$ 也发散.

综合上面的讨论, 得到几何级数

$$\sum_{n=1}^{\infty} aq^{n-1}(a \neq 0) \begin{cases} \text{收敛且和为} \dfrac{a}{1-q}, & |q| < 1, \\ \text{发散}, & |q| \geqslant 1. \end{cases}$$

二、级数基本运算法则

法则 1 如果级数 $\sum_{n=1}^{\infty} u_n$ 与 $\sum_{n=1}^{\infty} v_n$ 都收敛, 则级数 $\sum_{n=1}^{\infty} (u_n \pm v_n)$ 也收敛, 且级数

$$\sum_{n=1}^{\infty} (u_n \pm v_n) = \sum_{n=1}^{\infty} u_n \pm \sum_{n=1}^{\infty} v_n.$$

法则 2 如果级数 $\sum\limits_{n=1}^{\infty} v_n$ 收敛，k 为常数，则级数 $\sum\limits_{n=1}^{\infty} kv_n$ 也收敛，且级数

$$\sum_{n=1}^{\infty} kv_n = k \sum_{n=1}^{\infty} v_n.$$

如果级数 $\sum\limits_{n=1}^{\infty} v_n$ 发散，k 为非零常数，则级数 $\sum\limits_{n=1}^{\infty} kv_n$ 也发散.

法则 3 对原级数进行有限项的添加或删除，可以得到一个新的级数. 如果原级数是收敛的，那么这个新级数也会是收敛的，并且它的和将等于原级数的和加上或减去所添加或删除的有限项的和. 如果原级数是发散的，那么这个新级数也会是发散的.

例 10.6 求级数 $\sum\limits_{n=1}^{\infty}\left(\dfrac{1}{4^n}+\dfrac{1}{5^n}\right)$ 的和.

解 要求级数 $\sum\limits_{n=1}^{\infty}\left(\dfrac{1}{4^n}+\dfrac{1}{5^n}\right)$ 的和，可以将其拆分为两个部分：$\sum\limits_{n=1}^{\infty}\dfrac{1}{4^n}$ 和 $\sum\limits_{n=1}^{\infty}\dfrac{1}{5^n}$. 然后分别计算这两个级数的和，最后将它们相加即可.

第一个级数 $\sum\limits_{n=1}^{\infty}\dfrac{1}{4^n}$ 是一个几何级数，其通项为 $\dfrac{1}{4^n}$. 几何级数的和公式为 $\dfrac{a}{1-r}$，其中 a 是首项，r 是公比. 在这里，$a=\dfrac{1}{4}$ 和 $r=\dfrac{1}{4}$，因为每一项都是前一项的 $\dfrac{1}{4}$. 因此，第一个级数的和为

$$\sum_{n=1}^{\infty}\frac{1}{4^n} = \frac{\dfrac{1}{4}}{1-\dfrac{1}{4}} = \frac{1}{3}.$$

类似地，第二个级数 $\sum\limits_{n=1}^{\infty}\dfrac{1}{5^n}$ 也是一个几何级数，其通项为 $\dfrac{1}{5^n}$. 根据几何级数的和公式，我们有

$$\sum_{n=1}^{\infty}\frac{1}{5^n} = \frac{\dfrac{1}{5}}{1-\dfrac{1}{5}} = \frac{1}{4}.$$

现在将这两个级数的和相加：

$$\sum_{n=1}^{\infty}\left(\frac{1}{4^n}+\frac{1}{5^n}\right) = \frac{1}{3}+\frac{1}{4} = \frac{7}{12}.$$

因此，级数 $\sum\limits_{n=1}^{\infty}\left(\dfrac{1}{4^n}+\dfrac{1}{5^n}\right)$ 的和为 $\dfrac{7}{12}$.

例 10.7 若 $|p|>1$，求级数 $\sum\limits_{n=1}^{\infty}\dfrac{1}{p^{n-10}}$ 的和.

解 对于级数 $\sum\limits_{n=1}^{\infty}\dfrac{1}{p^{n-10}}$，其中 p 是一个常数，且 $|p|>1$. 可以对这个级数进行变换以求其和.

首先，可以将指数进行适当的变换，将级数变为从 $n=1$ 开始：

$$\sum_{n=1}^{\infty}\frac{1}{p^{n-10}}=\sum_{n=1}^{\infty}\frac{1}{p^{n-1}\cdot p^9}=\frac{1}{p^9}\sum_{n=1}^{\infty}\frac{1}{p^{n-1}}.$$

现在可以使用几何级数的和公式来计算 $\sum_{n=1}^{\infty}\frac{1}{p^{n-1}}$. 几何级数的和公式为 $\frac{a}{1-r}$，其中 a 是首项，r 是公比. 在这里，$a=1$ 和 $r=\frac{1}{p}$，因为每一项都是前一项的 $\frac{1}{p}$. 由于题目给出 $|p|>1$，所以 $\frac{1}{p}$ 的绝对值小于 1，因此公比满足 $|r|<1$.

根据几何级数的和公式，我们得到

$$\sum_{n=1}^{\infty}\frac{1}{p^{n-1}}=\frac{1}{1-\frac{1}{p}}=\frac{p}{p-1}.$$

将这个结果代入前面的变换中：

$$\frac{1}{p^9}\sum_{n=1}^{\infty}\frac{1}{p^{n-1}}=\frac{1}{p^9}\cdot\frac{p}{p-1}=\frac{1}{p^8(p-1)}.$$

因此，级数 $\sum_{n=1}^{\infty}\frac{1}{p^{n-10}}$ 的和为 $\frac{1}{p^8(p-1)}$.

习　题　10.1

1. 已知级数 $\sum_{n=1}^{\infty}y_n$ 的部分和 $S_n=\frac{2n}{n+1}$，试写出 y_1,y_n，并求级数的和.

2. 如果级数 $\sum_{n=1}^{\infty}a_n$ 收敛，那么级数 $\sum_{n=1}^{\infty}(a_{n+1}-a_n)$ 是否收敛？为什么？

3. 如果级数 $\sum_{n=1}^{\infty}a_n$ 收敛，且 $\lim_{n\to\infty}na_n=0$，那么级数 $\sum_{n=1}^{\infty}n(a_n-a_{n+1})$ 是否收敛？如果收敛，试求出该级数的和.

4. 用级数收敛的定义判别下列级数的敛散性；若收敛，并求其和.

(1) $\sum_{n=1}^{\infty}\frac{1}{\sqrt{n+1}-\sqrt{n}}$;

(2) $\sum_{n=2}^{\infty}\ln\left(1-\frac{1}{n^2}\right)$;

(3) $\sum_{n=1}^{\infty}\frac{n}{(n+1)!}$;

(4) $\sum_{n=1}^{\infty}\frac{1}{n^3+3n^2+2n}$.

5. 判别下列级数的敛散性：

(1) $\sum_{n=1}^{\infty}\frac{1}{2^n}$;

(2) $\sum_{n=1}^{\infty}\frac{2^n}{3^{n-1}}$;

(3) $\sum_{n=1}^{\infty}\left(\frac{n+1}{n}\right)^n$;

(4) $\sum_{n=1}^{\infty}\frac{\ln^n 2+(-1)^n}{3^n}$;

(5) $\displaystyle\sum_{n=0}^{\infty} 4 \cdot 2^n$;

(6) $\displaystyle\sum_{n=1}^{\infty} \left(\frac{\pi}{2^n} + \frac{2}{n+1} \right)$;

(7) $\displaystyle\sum_{n=1}^{\infty} \frac{2^n + (-3)^n}{6^n}$;

(8) $\displaystyle\sum_{n=1}^{\infty} \frac{(-1)^n n}{3n-1}$.

10.2 常数项级数的判别法

一、正项级数

定义 10.3 若 $y_n > 0 (n = 1, 2, \cdots)$, 则称级数

$$\sum_{n=1}^{\infty} y_n = y_1 + y_2 + y_3 + y_4 + \cdots$$

为**正项级数**.

正项级数是基本而重要的一类级数, 其特征是各项取值皆为正. 正项级数有许多性质, 如无论加括号或去括号都不改变其敛散性.

要判别正项级数的敛散性, 需要使用**达朗贝尔 (D'Alembert) 判别法则**.

定理 10.3 (达朗贝尔判别法则) 设 $\displaystyle\sum_{n=1}^{\infty} y_n$ 为正项级数, 且极限 $\displaystyle\lim_{n\to\infty} \frac{y_{n+1}}{y_n} = l$, 那么当 $l < 1$ 时, 正项级数 $\displaystyle\sum_{n=1}^{\infty} y_n$ 收敛; 当 $l > 1$ 时, 正项级数 $\displaystyle\sum_{n=1}^{\infty} y_n$ 发散.

例 10.8 判别正项级数 $\displaystyle\sum_{n=1}^{\infty} \frac{n}{7^n}$ 的敛散性.

解 对于级数 $\displaystyle\sum_{n=1}^{\infty} \frac{n}{7^n}$, 可以使用达朗贝尔判别法则来判定其敛散性. 计算相邻项的比值:

$$\lim_{n\to\infty} \frac{a_{n+1}}{a_n} = \lim_{n\to\infty} \frac{\frac{(n+1)}{7^{n+1}}}{\frac{n}{7^n}} = \lim_{n\to\infty} \frac{n+1}{7} \cdot \frac{7^n}{n} = \frac{1}{7} \lim_{n\to\infty} \frac{n+1}{n}.$$

根据极限的性质, $\displaystyle\lim_{n\to\infty} \frac{n+1}{n} = 1$, 所以

$$\lim_{n\to\infty} \frac{a_{n+1}}{a_n} = \frac{1}{7}.$$

由于比值小于 1, 根据达朗贝尔判别法则, 原级数 $\displaystyle\sum_{n=1}^{\infty} \frac{n}{7^n}$ 收敛.

例 10.9 判别正项级数 $\displaystyle\sum_{n=1}^{\infty} \frac{1}{n!}$ 的敛散性.

解 计算极限

$$\lim_{n\to\infty} \frac{y_{n+1}}{y_n} = \lim_{n\to\infty} \frac{\frac{1}{(n+1)!}}{\frac{1}{n!}} = \lim_{n\to\infty} \frac{1}{n+1} = 0 < 1,$$

根据达朗贝尔判别法则，正项级数 $\displaystyle\sum_{n=1}^{\infty} \frac{1}{n!}$ 收敛.

例 10.10 判别正项级数 $\displaystyle\sum_{n=1}^{\infty} \frac{3^n}{(3n+1)!}$ 的敛散性.

解 要判别正项级数 $\displaystyle\sum_{n=1}^{\infty} \frac{3^n}{(3n+1)!}$ 的敛散性，可以使用达朗贝尔判别法则来进行判定. 计算相邻项的比值：

$$\lim_{n\to\infty} \frac{a_{n+1}}{a_n} = \lim_{n\to\infty} \frac{\dfrac{3^{n+1}}{(3(n+1)+1)!}}{\dfrac{3^n}{(3n+1)!}} = \lim_{n\to\infty} \frac{3^{n+1}}{(3n+4)!} \cdot \frac{(3n+1)!}{3^n}.$$

分子和分母中的阶乘项可以进行简化：

$$\lim_{n\to\infty} \frac{3^{n+1}}{(3n+4)!} \cdot \frac{(3n+1)!}{3^n} = \lim_{n\to\infty} \frac{3^{n+1}}{3^n} \cdot \frac{(3n+1)!}{(3n+4)!} = 3\lim_{n\to\infty} \frac{(3n+1)!}{(3n+4)!}.$$

由于分子的阶乘项包含了分母的一部分，我们可以将分母中的项进行约分：

$$3\lim_{n\to\infty} \frac{(3n+1)!}{(3n+4)!} = 3\lim_{n\to\infty} \frac{1}{(3n+2)(3n+3)(3n+4)} = 0.$$

由于极限结果是 0，因此，根据达朗贝尔判别法则，级数 $\displaystyle\sum_{n=1}^{\infty} \frac{3^n}{(3n+1)!}$ 是收敛的.

例 10.11 判别正项级数 $\displaystyle\sum_{n=1}^{\infty} \frac{8^n}{n^8}$ 的敛散性.

解 要判定正项级数 $\displaystyle\sum_{n=1}^{\infty} \frac{8^n}{n^8}$ 的敛散性，关键在于计算相邻项之间的比值的极限：

$$\lim_{n\to\infty} \frac{a_{n+1}}{a_n} = \lim_{n\to\infty} \frac{\dfrac{8^{n+1}}{(n+1)^8}}{\dfrac{8^n}{n^8}} = \lim_{n\to\infty} \frac{8^{n+1}}{8^n} \cdot \frac{n^8}{(n+1)^8} = \lim_{n\to\infty} \frac{8n^8}{(n+1)^8}.$$

可以简化这个极限：

$$\lim_{n\to\infty} \frac{8n^8}{(n+1)^8} = \lim_{n\to\infty} \frac{8}{\left(1+\dfrac{1}{n}\right)^8} = \lim_{n\to\infty} \frac{8}{1} = 8 > 1.$$

由于极限结果是 $8 > 1$，根据达朗贝尔判别法则，正项级数 $\displaystyle\sum_{n=1}^{\infty} \frac{8^n}{n^8}$ 发散.

例 10.12 讨论级数 $\displaystyle\sum_{n=1}^{\infty} nx^{n-1}(x>0)$ 的敛散性.

解 因为

$$\lim_{n\to\infty} \frac{u_{n+1}}{u_n} = \lim_{n\to\infty} \frac{(n+1)x^n}{nx^{n-1}} = x,$$

根据达朗贝尔判别法则，可知，当 $0 < x < 1$ 时，级数收敛；当 $x > 1$ 时，级数发散；当 $x = 1$ 时，级数 $\sum\limits_{n=1}^{\infty} n$ 发散.

在应用达朗贝尔判别法则判别正项级数 $\sum\limits_{n=1}^{\infty} y_n \, (y_n > 0; n = 1, 2, \cdots)$ 的敛散性时，如果极限 $\lim\limits_{n \to \infty} \dfrac{y_{n+1}}{y_n} = 1$，则正项级数 $\sum\limits_{n=1}^{\infty} y_n$ 可能收敛，也可能发散，这时应该考虑应用比较判别法则判别它的敛散性.

定理 10.4 (比较判别法则) 已知正项级数 $\sum\limits_{n=1}^{\infty} u_n$ 与 $\sum\limits_{n=1}^{\infty} v_n$，且 $u_n \leqslant v_n (n = 1, 2, \cdots)$，那么：

(1) 如果正项级数 $\sum\limits_{n=1}^{\infty} v_n$ 收敛，则正项级数 $\sum\limits_{n=1}^{\infty} u_n$ 也收敛；

(2) 如果正项级数 $\sum\limits_{n=1}^{\infty} u_n$ 发散，则正项级数 $\sum\limits_{n=1}^{\infty} v_n$ 也发散.

接下来我们将讨论另一类非常重要的**广义调和级数**：

$$\sum_{n=1}^{\infty} \frac{1}{n^p} = 1 + \frac{1}{2^p} + \frac{1}{3^p} + \frac{1}{4^p} + \cdots.$$

关于这种级数的敛散性，我们有如下讨论. 广义调和级数的特点在于一般项是变量 n 的幂函数的倒数，它是正项级数.

1. $p \leqslant 1$

因为对任意 $n \geqslant 1$，有

$$\frac{1}{n^p} \geqslant \frac{1}{n},$$

而调和级数 $\sum\limits_{n=1}^{\infty} \frac{1}{n}$ 发散，由比较判别法则可知广义调和级数 $\sum\limits_{n=1}^{\infty} \frac{1}{n^p}$ 发散.

2. $p > 1$

因为当 $n - 1 \leqslant x \leqslant n$ 时，$\dfrac{1}{n^p} \leqslant \dfrac{1}{x^p}$，故

$$\frac{1}{n^p} = \int_{n-1}^{n} \frac{1}{n^p} \mathrm{d}x$$

$$\leqslant \int_{n-1}^{n} \frac{1}{x^p} \mathrm{d}x = \frac{1}{p-1} \left[\frac{1}{(n-1)^{p-1}} - \frac{1}{n^{p-1}} \right],$$

而级数 $\sum\limits_{n=1}^{\infty} \left[\dfrac{1}{n^{p-1}} - \dfrac{1}{(n+1)^{p-1}} \right]$ 的部分和

$$S_n = \sum_{k=1}^{n} \left[\frac{1}{k^{p-1}} - \frac{1}{(k+1)^{p-1}} \right] = 1 - \frac{1}{(n+1)^{p-1}} \to 1 (n \to \infty),$$

由比较判别法则可知广义调和级数 $\sum\limits_{n=1}^{\infty} \frac{1}{n^p}$ 收敛.

综上，我们可以得出广义调和级数的敛散性结果：

$$\sum_{n=1}^{\infty} \frac{1}{n^p} \begin{cases} 发散, & p \leqslant 1, \\ 收敛, & p > 1. \end{cases}$$

作为广义调和级数的特例，我们可以得出以下结论：正项级数 $\sum_{n=1}^{\infty} \frac{1}{n\sqrt{n}} = \sum_{n=1}^{\infty} \frac{1}{n^{\frac{3}{2}}}$ 是 $p = \frac{3}{2} > 1$ 的广义调和级数，因此收敛；正项级数 $\sum_{n=1}^{\infty} \frac{1}{n^2}$ 是 $p = 2 > 1$ 的广义调和级数，同样收敛；正项级数 $\sum_{n=1}^{\infty} \frac{1}{\sqrt{n}} = \sum_{n=1}^{\infty} \frac{1}{n^{\frac{1}{2}}}$ 是 $p = \frac{1}{2} < 1$ 的广义调和级数，因此发散.

调和级数

$$\sum_{n=1}^{\infty} \frac{1}{n} = 1 + \frac{1}{2} + \frac{1}{3} + \frac{1}{4} + \cdots$$

是 $p = 1$ 的广义调和级数，是发散的.

接下来，我们讨论与调和级数 $\sum_{n=1}^{\infty} \frac{1}{n}$ 密切相关的正项级数 $\sum_{n=1}^{\infty} \frac{1}{2n}$ 和 $\sum_{n=1}^{\infty} \frac{1}{2n-1}$ 的敛散性. 由于调和级数 $\sum_{n=1}^{\infty} \frac{1}{n}$ 是发散的，根据级数基本运算法则 2，正项级数 $\sum_{n=1}^{\infty} \frac{1}{2n}$ 也是发散的；由于对于任意 n 都有不等式 $2n - 1 < 2n$，因此 $\frac{1}{2n-1} > \frac{1}{2n}$(对于 $n = 1, 2, \cdots$)，因此正项级数 $\sum_{n=1}^{\infty} \frac{1}{2n-1}$ 也是发散的.

当正项级数的一般项与广义调和级数的一般项容易进行比较时，我们应以广义调和级数作为比较标准，使用比较判别法来判定其敛散性. 特别地，如果给定的正项级数 $\sum_{n=1}^{\infty} y_n$ 的一般项 y_n 是关于 n 的有理分式，并且分母最高幂次减分子最高幂次的差为 α，那么这个正项级数的一般项 y_n 需要与分式 $\frac{1}{n^a}$ 进行比较.

例 10.13 判定正项级数 $\sum_{n=1}^{\infty} \frac{1}{n^2 + 1}$ 的敛散性.

解 考虑给定的正项级数的一般项 $y_n = \frac{1}{n^2 + 1}$，这是一个有理分式，分母最高幂次减去分子最高幂次的差为 $\alpha = 2 - 0 = 2$. 因此，我们需要将这个一般项 $y_n = \frac{1}{n^2 + 1}$ 与分式 $\frac{1}{n^2}$ 进行比较. 由于我们有不等式 $n^2 + 1 > n^2$，因此可以得到

$$\frac{1}{n^2 + 1} < \frac{1}{n^2} \quad (n = 1, 2, \cdots).$$

另一方面，正项级数 $\sum_{n=1}^{\infty} \frac{1}{n^2}$ 是 $p = 2 > 1$ 的广义调和级数，因此收敛. 根据比较判别法则，我们可以得出结论，正项级数 $\sum_{n=1}^{\infty} \frac{1}{n^2 + 1}$ 也是收敛的.

例 10.14 判定正项级数 $\displaystyle\sum_{n=1}^{\infty}\frac{1+n^2}{1+n^3}$ 的敛散性.

解 考虑给定的正项级数的一般项 $y_n=\dfrac{1+n^2}{1+n^3}$, 同样是一个有理分式, 分母最高幂次减去分子最高幂次的差为 $\alpha=3-2=1$. 因此, 我们需要将这个一般项 $y_n=\dfrac{1+n^2}{1+n^3}$ 与分式 $\dfrac{1}{n}$ 进行比较. 我们可以轻易得到不等式 $1+n^3 \leqslant n+n^3 = n(1+n^2)$, 从而得到

$$\frac{1}{1+n^3} \geqslant \frac{1}{n(1+n^2)},$$

因此有

$$\frac{1+n^2}{1+n^3} \geqslant \frac{1}{n} \quad (n=1,2,\cdots),$$

另一方面, 正项级数 $\displaystyle\sum_{n=1}^{\infty}\frac{1}{n}$ 是调和级数, 显然发散. 根据比较判别法则, 我们可以得出结论, 正项级数 $\displaystyle\sum_{n=1}^{\infty}\frac{1+n^2}{1+n^3}$ 也是发散的.

为应用方便, 我们还给出比较判别法则的极限形式.

定理 10.5 (比较判别法则的极限形式) 已知正项级数 $\displaystyle\sum_{n=1}^{\infty}u_n$ 与 $\displaystyle\sum_{n=1}^{\infty}v_n$, 且 $\displaystyle\lim_{n\to\infty}\frac{u_n}{v_n}=l$, 那么:

(1) 如果 $0<l<+\infty$, 则级数 $\displaystyle\sum_{n=1}^{\infty}u_n$ 与 $\displaystyle\sum_{n=1}^{\infty}v_n$ 同时收敛或者同时发散;

(2) 如果 $l=0$, 则当级数 $\displaystyle\sum_{n=1}^{\infty}v_n$ 收敛时, 级数 $\displaystyle\sum_{n=1}^{\infty}u_n$ 收敛;

(3) 如果 $l=+\infty$, 则当级数 $\displaystyle\sum_{n=1}^{\infty}v_n$ 发散时, 级数 $\displaystyle\sum_{n=1}^{\infty}u_n$ 发散.

例 10.15 判别级数 $\displaystyle\sum_{n=1}^{\infty}\frac{1}{n\cdot\sqrt[n]{n}}$ 的敛散性.

解 因为

$$\lim_{n\to\infty}\frac{\dfrac{1}{n\cdot\sqrt[n]{n}}}{\dfrac{1}{n}}=\lim_{n\to\infty}\frac{1}{\sqrt[n]{n}}=\lim_{n\to\infty}\frac{1}{\mathrm{e}^{\frac{\ln n}{n}}}=1,$$

而级数 $\displaystyle\sum_{n=1}^{\infty}\frac{1}{n}$ 发散, 故级数 $\displaystyle\sum_{n=1}^{\infty}\frac{1}{n\cdot\sqrt[n]{n}}$ 发散.

二、交错级数

各项具有任意正负号的级数称为**任意项级数**, 那么如何判别其收敛性与发散性呢? 这就是绝对值判别法则的用途.

定理 10.6 (绝对值判别法则) 对于任意项级数 $\displaystyle\sum_{n=1}^{\infty}y_n$, 如果其各项绝对值组成的正项级数 $\displaystyle\sum_{n=1}^{\infty}|y_n|$ 收敛, 那么原级数 $\displaystyle\sum_{n=1}^{\infty}y_n$ 也收敛.

证　令

$$x_n = \frac{1}{2}(y_n + |y_n|) \ (n = 1, 2, \cdots),$$

显然 $x_n \geqslant 0$ 且 $x_n \leqslant |y_n|$，因为级数 $\sum\limits_{n=1}^{\infty} |y_n|$ 收敛，由比较判别法则知，级数 $\sum\limits_{n=1}^{\infty} x_n$ 收敛，从而级数 $\sum\limits_{n=1}^{\infty} 2x_n$ 也收敛．又因为

$$\sum_{n=1}^{\infty} y_n = \sum_{n=1}^{\infty} 2x_n - \sum_{n=1}^{\infty} |y_n|,$$

由级数基本运算法则 1，可知级数原级数 $\sum\limits_{n=1}^{\infty} y_n$ 收敛．

当然，如果正项级数 $\sum\limits_{n=1}^{\infty} |y_n|$ 发散，那么任意项级数 $\sum\limits_{n=1}^{\infty} y_n$ 可能收敛，也可能发散，需要进一步判别．

定义 10.4　已知任意项级数 $\sum\limits_{n=1}^{\infty} y_n$，如果其正项级数 $\sum\limits_{n=1}^{\infty} |y_n|$ 收敛，那么称级数 $\sum\limits_{n=1}^{\infty} y_n$ **绝对收敛**；如果正项级数 $\sum\limits_{n=1}^{\infty} |y_n|$ 发散，但任意项级数 $\sum\limits_{n=1}^{\infty} y_n$ 收敛，那么称级数 $\sum\limits_{n=1}^{\infty} y_n$ **条件收敛**．

绝对收敛级数有许多性质，比如级数项的任意交换都不改变其收敛性质，而条件收敛级数则不具有这个性质，因此有必要区分一个级数是绝对收敛还是条件收敛．

任意项级数有两种特殊类型：一种是正项级数，另一种是交错级数．

定义 10.5　如果 $y_n > 0 \ (n = 1, 2, \cdots)$，那么称级数

$$\sum_{n=1}^{\infty} (-1)^{n-1} y_n = y_1 - y_2 + y_3 - y_4 + \cdots$$

为**交错级数**．

交错级数是一类重要的级数，其特点是各项的正负号交替出现．那么如何判定交错级数的收敛性呢？当然可以应用绝对值判别法则，即：如果正项级数 $\sum\limits_{n=1}^{\infty} y_n (y_n > 0; n = 1, 2, \cdots)$ 收敛，那么交错级数 $\sum\limits_{n=1}^{\infty} (-1)^{n-1} y_n$ 也收敛，且为绝对收敛．

显然，判定正项级数收敛性的达朗贝尔判别法则与比较判别法则都可以用于判定交错级数是否绝对收敛．

例 10.16　判定交错级数 $\sum\limits_{n=1}^{\infty} (-1)^{n-1} \dfrac{2n-1}{2^n}$ 的敛散性．

解　首先判定正项级数 $\sum\limits_{n=1}^{\infty} \dfrac{2n-1}{2^n}$ 的收敛性．级数一般项为 $y_n = \dfrac{2n-1}{2^n}$，计算极限

$$\lim_{n \to \infty} \frac{y_{n+1}}{y_n} = \lim_{n \to \infty} \frac{\dfrac{2n+1}{2^{n+1}}}{\dfrac{2n-1}{2^n}} = \lim_{n \to \infty} \frac{2n+1}{2(2n-1)} = \frac{1}{2} < 1.$$

根据达朗贝尔判别法则，正项级数 $\displaystyle\sum_{n=1}^{\infty}\frac{2n-1}{2^n}$ 收敛. 其次，根据绝对值判别法则，交错级数 $\displaystyle\sum_{n=1}^{\infty}(-1)^{n-1}\frac{2n-1}{2^n}$ 也收敛，且为绝对收敛.

在判定交错级数 $\displaystyle\sum_{n=1}^{\infty}(-1)^{n-1}y_n(y_n>0;n=1,2,\cdots)$ 的收敛性时，如果正项级数 $\displaystyle\sum_{n=1}^{\infty}y_n$ 发散，那么说明交错级数 $\displaystyle\sum_{n=1}^{\infty}(-1)^{n-1}y_n$ 不是绝对收敛. 这时应用莱布尼茨判别法则来判定是否条件收敛.

定理 10.7 (莱布尼茨判别法则) 已知交错级数 $\displaystyle\sum_{n=1}^{\infty}(-1)^{n-1}y_n(y_n>0;n=1,2,\cdots)$，如果极限 $\displaystyle\lim_{n\to\infty}y_n=0$，且 $y_{n+1}\leqslant y_n(n=1,2,\cdots)$，那么交错级数 $\displaystyle\sum_{n=1}^{\infty}(-1)^{n-1}y_n$ 收敛.

下面讨论一个重要的交错级数

$$\sum_{n=1}^{\infty}(-1)^{n-1}\frac{1}{n}=1-\frac{1}{2}+\frac{1}{3}-\frac{1}{4}+\cdots$$

的收敛性. 首先，由于正项级数 $\displaystyle\sum_{n=1}^{\infty}\frac{1}{n}$ 为调和级数，显然发散，因此交错级数 $\displaystyle\sum_{n=1}^{\infty}(-1)^{n-1}\frac{1}{n}$ 不是绝对收敛. 其次，判定其是否条件收敛，注意到 $y_n=\dfrac{1}{n}$，$y_{n+1}=\dfrac{1}{n+1}$，有

$$\lim_{n\to\infty}y_n=\lim_{n\to\infty}\frac{1}{n}=0,$$
$$\frac{1}{n+1}<\frac{1}{n}\quad\text{即}\quad y_{n+1}<y_n\quad(n=1,2,\cdots).$$

根据莱布尼茨判别法则，交错级数 $\displaystyle\sum_{n=1}^{\infty}(-1)^{n-1}\frac{1}{n}$ 收敛，且为条件收敛.

例 10.17 判定交错级数 $\displaystyle\sum_{n=1}^{\infty}(-1)^{n-1}\frac{1}{\sqrt{n}}$ 的敛散性.

解 首先，由于正项级数 $\displaystyle\sum_{n=1}^{\infty}\frac{1}{\sqrt{n}}$ 是 $p=\dfrac{1}{2}<1$ 的广义调和级数，发散. 因此交错级数 $\displaystyle\sum_{n=1}^{\infty}(-1)^{n-1}\frac{1}{\sqrt{n}}$ 不是绝对收敛. 其次，判定其是否条件收敛，注意到 $y_n=\dfrac{1}{\sqrt{n}}$，$y_{n+1}=\dfrac{1}{\sqrt{n+1}}$，有

$$\lim_{n\to\infty}y_n=\lim_{n\to\infty}\frac{1}{\sqrt{n}}=0,$$
$$\frac{1}{\sqrt{n+1}}<\frac{1}{\sqrt{n}}\quad\text{即}\quad y_{n+1}<y_n\quad(n=1,2,\cdots).$$

根据莱布尼茨判别法则，交错级数 $\displaystyle\sum_{n=1}^{\infty}(-1)^{n-1}\frac{1}{\sqrt{n}}$ 收敛，且为条件收敛.

显然，对于交错级数 $\displaystyle\sum_{n=1}^{\infty}(-1)^{n-1}y_n(y_n>0;n=1,2,\cdots)$，如果极限 $\displaystyle\lim_{n\to\infty}y_n$ 不存在，或者

虽然存在但不为零，那么交错级数的一般项 $(-1)^{n-1}y_n$ 的极限 $\lim\limits_{n\to\infty}(-1)^{n-1}y_n$ 也不存在，根据推论 10.2，交错级数 $\sum\limits_{n=1}^{\infty}(-1)^{n-1}y_n$ 发散.

例 10.18 判断交错级数 $\sum\limits_{n=1}^{\infty}(-1)^{n-1}\dfrac{n}{2n-1}$ 的敛散性.

解 注意到 $y_n=\dfrac{n}{2n-1}$，由于其极限

$$\lim_{n\to\infty}y_n=\lim_{n\to\infty}\frac{n}{2n-1}=\frac{1}{2}\neq 0,$$

因此交错级数 $\sum\limits_{n=1}^{\infty}(-1)^{n-1}\dfrac{n}{2n-1}$ 发散.

习　题　10.2

1. 用达朗贝尔判别法则判断下列级数的敛散性：

(1) $\sum\limits_{n=1}^{\infty}\dfrac{n^2}{2^n}$;

(2) $\sum\limits_{n=1}^{\infty}\dfrac{3^n}{n!}$;

(3) $\sum\limits_{n=1}^{\infty}\dfrac{2^n}{3^n+1}$;

(4) $\sum\limits_{n=1}^{\infty}(n+1)^2\tan\dfrac{\pi}{3^n}$;

(5) $\sum\limits_{n=1}^{\infty}\dfrac{n!}{2^n}\sin\dfrac{\pi}{n}$;

(6) $\sum\limits_{n=2}^{\infty}\dfrac{n!2^n}{n^n}$.

2. 用比较判别法则判断下列级数的敛散性：

(1) $\sum\limits_{n=1}^{\infty}\dfrac{3\sin^2 n}{2^n}$;

(2) $\sum\limits_{n=1}^{\infty}\dfrac{1}{\sqrt{n(n+1)}}$;

(3) $\sum\limits_{n=1}^{\infty}\dfrac{\ln n}{\sqrt{n}}$;

(4) $\sum\limits_{n=1}^{\infty}\dfrac{\ln n}{n^3}$;

(5) $\sum\limits_{n=1}^{\infty}(n+1)\tan\dfrac{1}{n^3}$;

(6) $\sum\limits_{n=1}^{\infty}\dfrac{2n-1}{\sqrt{n^3+1}}$.

3. 判断下列级数是否收敛，如果收敛，是绝对收敛还是条件收敛.

(1) $\sum\limits_{n=1}^{\infty}(-1)^n\dfrac{1}{n}$;

(2) $\sum\limits_{n=1}^{\infty}(-1)^n\dfrac{n}{n^2+1}$;

(3) $\sum\limits_{n=1}^{\infty}(-1)^n\dfrac{2^n}{3^n+1}$;

(4) $\sum\limits_{n=1}^{\infty}\dfrac{n^2\sin n}{3^n}$;

(5) $\sum\limits_{n=1}^{\infty}(-1)^n\ln\left(1+\dfrac{1}{n}\right)$;

(6) $\sum\limits_{n=1}^{\infty}(-1)^n\dfrac{n+2}{(n+1)\sqrt{n}}$.

10.3 幂级数

一、幂级数的概念和收敛域

定义 10.6 若 $a_n(n = 0, 1, 2, \cdots)$ 为常数，则称级数

$$\sum_{n=0}^{\infty} a_n x^n = a_0 + a_1 x + a_2 x^2 + a_3 x^3 + \cdots$$

为**幂级数**.

在幂级数 $\sum_{n=0}^{\infty} a_n x^n$ 中，常数 $a_n(n = 0, 1, 2, \cdots)$ 称为**系数**. 当自变量 x 取一个确定数值 x_0 时，幂级数 $\sum_{n=0}^{\infty} a_n x^n$ 化为相应的常数项级数 $\sum_{n=0}^{\infty} a_n x_0^n$，可以判别其敛散性，使得幂级数 $\sum_{n=0}^{\infty} a_n x^n$ 收敛的自变量 x 取值的集合称为**收敛域**.

自然地引出一个问题：n 次多项式的定义域为全体实数，即开区间 $(-\infty, +\infty)$，而幂级数的收敛域是否也为开区间 $(-\infty, +\infty)$？由于 n 次多项式是有限项相加，而幂级数是无限项相加，从有限项相加到无限项相加，不仅在数量上有增加，而且有了质的变化. 因此，一个幂级数的收敛域不一定为开区间 $(-\infty, +\infty)$.

容易看出：无论系数 $a_n(n = 0, 1, 2, \cdots)$ 等于多少，幂级数 $\sum_{n=0}^{\infty} a_n x^n$ 在原点 $x = 0$ 处一定收敛. 因而主要讨论 $x \neq 0$ 时幂级数 $\sum_{n=0}^{\infty} a_n x^n$ 的收敛性问题.

例 10.19 求幂级数 $\sum_{n=0}^{\infty} \dfrac{(-1)^n 2^n}{\sqrt{n}} x^n$ 的收敛域.

解 当 $x \neq 0$ 时，由

$$\lim_{n \to \infty} \frac{|y_{n+1}(x)|}{|y_n(x)|} = \lim_{n \to \infty} \left| \frac{\dfrac{2^{n+1} x^{n+1}}{\sqrt{n+1}}}{\dfrac{2^n x^n}{\sqrt{n}}} \right| = \lim_{n \to \infty} \frac{2\sqrt{n}}{\sqrt{n+1}} |x| = 2|x|,$$

可知，当 $2|x| < 1$ 时，级数 $\sum_{n=0}^{\infty} \dfrac{(-1)^n 2^n}{\sqrt{n}} x^n$ 收敛；当 $2|x| > 1$ 时，级数 $\sum_{n=0}^{\infty} \dfrac{(-1)^n 2^n}{\sqrt{n}} x^n$ 发散；当 $2x = 1$ 时，原级数成为 $\sum_{n=0}^{\infty} \dfrac{(-1)^n}{\sqrt{n}}$，由莱布尼茨定理知其收敛；当 $2x = -1$ 时，原级数成为 $\sum_{n=0}^{\infty} \dfrac{1}{\sqrt{n}}$，由广义调和级数知其发散.

综上，幂级数 $\sum_{n=0}^{\infty} \dfrac{(-1)^n 2^n}{\sqrt{n}} x^n$ 的收敛域为 $\left(-\dfrac{1}{2}, \dfrac{1}{2} \right]$.

上例表明，这里幂级数的收敛域是一个对称的区间 (不考虑区间端点的对称性). 事实上，对于一般的幂级数，我们有如下定理.

定理 10.8 (阿贝尔定理)　如果幂级数 $\sum\limits_{n=0}^{\infty} a_n x^n$ 在 $x_0(x_0 \neq 0)$ 处收敛, 则在满足不等式 $|x| < |x_0|$ 的一切 x 处, 幂级数 $\sum\limits_{n=0}^{\infty} a_n x^n$ 绝对收敛; 如果幂级数 $\sum\limits_{n=0}^{\infty} a_n x^n$ 在 $x_0(x_0 \neq 0)$ 处发散, 则在满足不等式 $|x| > |x_0|$ 的一切 x 处, 幂级数 $\sum\limits_{n=0}^{\infty} a_n x^n$ 发散.

证　设 x_0 是收敛点, 即幂级数 $\sum\limits_{n=0}^{\infty} a_n x_0^n$, 根据定理 10.1 有

$$\lim_{n \to \infty} a_n x_0^n = 0,$$

所以存在 $M > 0$, 使得 $|a_n x_0^n| \leqslant M$, 且

$$|a_n x^n| = \left| a_n x_0^n \frac{x^n}{x_0^n} \right| \leqslant M \left| \frac{x}{x_0} \right|^n.$$

因为当 $|x| < |x_0|$ 时, 等比级数 $\sum\limits_{n=0}^{\infty} M \left| \frac{x}{x_0} \right|^n$ 收敛, 所以根据比较判别法则, 幂级数 $\sum\limits_{n=0}^{\infty} |a_n x^n|$ 收敛, 即幂级数 $\sum\limits_{n=0}^{\infty} a_n x^n$ 绝对收敛.

设 x_0 是发散点, 利用反证法, 若存在 x_1 满足 $|x_1| > |x_0|$ 而使级数 $\sum\limits_{n=0}^{\infty} a_n x^n$ 收敛, 则根据本定理的第一部分可知, 对满足 $|x| < |x_1|$ 的一切 x, 级数 $\sum\limits_{n=0}^{\infty} a_n x^n$ 收敛, 故级数也应该在 x_0 处收敛, 与假设矛盾, 定理得证.

阿贝尔定理告诉我们, 幂级数 $\sum\limits_{n=0}^{\infty} a_n x^n$ 的收敛域是一个以原点为中心的区间 (可以是开区间, 也可以是闭区间或半开半闭区间), 若以 $2R$ 表示该区间的长度, 则称 R 为幂级数 $\sum\limits_{n=0}^{\infty} a_n x^n$ 的**收敛半径**, 称开区间 $(-R, R)$ 为幂级数 $\sum\limits_{n=0}^{\infty} a_n x^n$ 的**收敛区间**, 收敛域则由幂级数在 $x = \pm R$ 处的收敛性来决定.

特别地, 若幂级数 $\sum\limits_{n=0}^{\infty} a_n x^n$ 仅在原点 $x = 0$ 处收敛, 则认为收敛半径 $R = 0$; 若幂级数 $\sum\limits_{n=0}^{\infty} a_n x^n$ 在区间 $(-\infty, +\infty)$ 内收敛, 则认为收敛半径 $R = +\infty$. 在收敛域内, 幂级数 $\sum\limits_{n=0}^{\infty} a_n x^n$ 绝对收敛, 代表一个函数 $S(x)$, 称这个函数 $S(x)$ 为**和函数**, 即

$$\sum_{n=0}^{\infty} a_n x^n = S(x).$$

在收敛域外, 幂级数 $\sum\limits_{n=0}^{\infty} a_n x^n$ 发散, 不代表任何函数.

如何求幂级数的收敛半径 R? 有下面的定理.

定理 10.9　已知幂级数 $\sum\limits_{n=0}^{\infty} a_n x^n$ 的系数 $a_n (n = 0, 1, 2, \cdots)$ 中至多有限个等于零, 如果极限

$\lim\limits_{n\to\infty}\dfrac{|a_n|}{|a_{n+1}|}$ 存在或为 $+\infty$，则收敛半径

$$R=\lim_{n\to\infty}\frac{|a_n|}{|a_{n+1}|}.$$

在求出幂级数 $\sum\limits_{n=0}^{\infty}a_nx^n$ 的收敛半径 R 后，如何确定收敛域？根据收敛半径 R 的取值范围，分下列三种情况讨论：

1. $R=0$

这时幂级数 $\sum\limits_{n=0}^{\infty}a_nx^n$ 仅在原点 $x=0$ 处收敛，因而收敛域缩为原点 $x=0$；

2. $R=+\infty$

这时幂级数 $\sum\limits_{n=0}^{\infty}a_nx^n$ 在区间 $(-\infty,+\infty)$ 内收敛，因而收敛域为 $(-\infty,+\infty)$；

3. $0<R<+\infty$

这时幂级数 $\sum\limits_{n=0}^{\infty}a_nx^n$ 在开区间 $(-R,R)$ 内一定收敛，至于在端点 $x=-R$ 与 $x=R$ 处是

否收敛，则需判别常数项级数 $\sum\limits_{n=0}^{\infty}a_n(-R)^n$ 与 $\sum\limits_{n=0}^{\infty}a_nR^n$ 的敛散性，从而得到收敛域.

例 10.20 已知幂级数 $\sum\limits_{n=0}^{\infty}a_nx^n$ 的收敛半径为 $r(0<r<+\infty)$，若 $b_n=(n+2)a_n(n=0,1,2,\cdots)$，求幂级数 $\sum\limits_{n=0}^{\infty}b_nx^n$ 的收敛半径 R.

解 由于幂级数 $\sum\limits_{n=0}^{\infty}a_nx^n$ 的收敛半径为 r，从而有极限

$$\lim_{n\to\infty}\frac{|a_n|}{|a_{n+1}|}=r.$$

又所求幂级数中 x^n 系数的绝对值 $|b_n|=(n+2)|a_n|$，从而 $|b_{n+1}|=(n+3)|a_{n+1}|$，得到所求收敛半径

$$R=\lim_{n\to\infty}\frac{|b_n|}{|b_{n+1}|}=\lim_{n\to\infty}\frac{(n+2)|a_n|}{(n+3)|a_{n+1}|}=r.$$

例 10.21 求幂级数 $\sum\limits_{n=0}^{\infty}n!x^n$ 的收敛半径 R.

解 幂级数中 x^n 系数的绝对值 $|a_n|=n!$，从而 $|a_{n+1}|=(n+1)!$，得到收敛半径

$$R=\lim_{n\to\infty}\frac{|a_n|}{|a_{n+1}|}=\lim_{n\to\infty}\frac{n!}{(n+1)!}=\lim_{n\to\infty}\frac{1}{n+1}=0.$$

例 10.22 求幂级数 $\sum\limits_{n=0}^{\infty}\dfrac{(-1)^n}{2^n}x^n$ 的收敛域.

解 幂级数中 x^n 系数的绝对值 $|a_n|=\dfrac{1}{2^n}$，从而 $|a_{n+1}|=\dfrac{1}{2^{n+1}}$，得到收敛半径

$$R=\lim_{n\to\infty}\frac{|a_n|}{|a_{n+1}|}=\lim_{n\to\infty}\frac{\dfrac{1}{2^n}}{\dfrac{1}{2^{n+1}}}=\lim_{n\to\infty}2=2.$$

说明幂级数 $\sum\limits_{n=0}^{\infty} \dfrac{(-1)^n}{2^n} x^n$ 在开区间 $(-2,2)$ 内一定收敛.

在端点 $x = -2$ 处，幂级数 $\sum\limits_{n=0}^{\infty} \dfrac{(-1)^n}{2^n} x^n$ 化为常数项级数

$$\sum_{n=0}^{\infty} \frac{(-1)^n}{2^n}(-2)^n = \sum_{n=0}^{\infty} 1.$$

由于级数一般项的极限 $\lim\limits_{n \to \infty} 1 = 1 \neq 0$，因而这个常数项级数发散，即幂级数 $\sum\limits_{n=0}^{\infty} \dfrac{(-1)^n}{2^n} x^n$ 在端点 $x = -2$ 处发散；

在端点 $x = 2$ 处，幂级数 $\sum\limits_{n=0}^{\infty} \dfrac{(-1)^n}{2^n} x^n$ 化为常数项级数

$$\sum_{n=0}^{\infty} \frac{(-1)^n}{2^n} 2^n = \sum_{n=0}^{\infty} (-1)^n.$$

由于级数一般项的极限 $\lim\limits_{n \to \infty} (-1)^n$ 不存在，因而这个常数项级数发散，即幂级数 $\sum\limits_{n=0}^{\infty} \dfrac{(-1)^n}{2^n} x^n$ 在端点 $x = 2$ 处发散.

综上，幂级数 $\sum\limits_{n=0}^{\infty} \dfrac{(-1)^n}{2^n} x^n$ 的收敛域为开区间 $(-2,2)$.

例 10.23 已知级数 $\sum\limits_{n=1}^{\infty} \dfrac{a^n}{n^2 3^n}$ 收敛，求常数 a 的取值范围.

解 可以把级数 $\sum\limits_{n=1}^{\infty} \dfrac{a^n}{n^2 3^n}$ 看作幂级数 $\sum\limits_{n=1}^{\infty} \dfrac{1}{n^2 3^n} x^n$ 在变量 x 取值为 a 时而得到的常数项级数，级数 $\sum\limits_{n=1}^{\infty} \dfrac{a^n}{n^2 3^n}$ 收敛意味着幂级数 $\sum\limits_{n=1}^{\infty} \dfrac{1}{n^2 3^n} x^n$ 在 $x = a$ 处收敛，因而在级数 $\sum\limits_{n=1}^{\infty} \dfrac{a^n}{n^2 3^n}$ 收敛情况下求 a 的取值范围，就是求幂级数 $\sum\limits_{n=1}^{\infty} \dfrac{1}{n^2 3^n} x^n$ 的收敛域.

幂级数中 x^n 系数的绝对值 $|a_n| = \dfrac{1}{n^2 3^n}$，从而 $|a_{n+1}| = \dfrac{1}{(n+1)^2 3^{n+1}}$，得到收敛半径

$$R = \lim_{n \to \infty} \frac{|a_n|}{|a_{n+1}|} = \lim_{n \to \infty} \frac{\dfrac{1}{n^2 3^n}}{\dfrac{1}{(n+1)^2 3^{n+1}}} = \lim_{n \to \infty} \frac{3(n+1)^2}{n^2} = 3.$$

说明幂级数 $\sum\limits_{n=1}^{\infty} \dfrac{1}{n^2 3^n} x^n$ 在开区间 $(-3,3)$ 内一定收敛.

在端点 $x = -3$ 处，幂级数 $\sum\limits_{n=1}^{\infty} \dfrac{1}{n^2 3^n} x^n$ 化为常数项级数

$$\sum_{n=1}^{\infty} \frac{1}{n^2 3^n}(-3)^n = \sum_{n=1}^{\infty} (-1)^n \frac{1}{n^2}.$$

由于广义调和级数 $\sum\limits_{n=1}^{\infty} \dfrac{1}{n^2}$ 收敛，因而这个交错级数绝对收敛，即幂级数 $\sum\limits_{n=1}^{\infty} \dfrac{1}{n^2 3^n} x^n$ 在端点

$x = -3$ 处收敛.

在端点 $x = 3$ 处，幂级数 $\sum\limits_{n=1}^{\infty} \dfrac{1}{n^2 3^n} x^n$ 化为常数项级数

$$\sum_{n=1}^{\infty} \frac{1}{n^2 3^n} 3^n = \sum_{n=1}^{\infty} \frac{1}{n^2}.$$

由于这个广义调和级数收敛，因而幂级数 $\sum\limits_{n=1}^{\infty} \dfrac{1}{n^2 3^n} x^n$ 在端点 $x = 3$ 处收敛.

综上，幂级数 $\sum\limits_{n=1}^{\infty} \dfrac{1}{n^2 3^n} x^n$ 的收敛域为闭区间 $[-3, 3]$，所以在级数 $\sum\limits_{n=1}^{\infty} \dfrac{a^n}{n^2 3^n}$ 收敛情况下，常数 a 的取值范围为闭区间 $[-3, 3]$.

例 10.24 求幂级数 $\sum\limits_{n=1}^{\infty} \dfrac{n}{2^n} x^{2n}$ 的收敛区间.

解 级数缺少奇次幂的项，不能直接应用定理 10.9 求收敛半径. 根据达朗贝尔判别法则，

$$\lim_{n \to \infty} \left| \frac{y_{n+1}(x)}{y_n(x)} \right| = \lim_{n \to \infty} \left| \frac{\dfrac{n+1}{2^{n+1}} x^{2(n+1)}}{\dfrac{n}{2^n} x^{2n}} \right| = \lim_{n \to \infty} \frac{n+1}{2n} x^2 = \frac{x^2}{2},$$

当 $\dfrac{x^2}{2} < 1$ 时，级数收敛，因此级数 $\sum\limits_{n=1}^{\infty} \dfrac{n}{2^n} x^{2n}$ 的收敛区间为 $(-\sqrt{2}, \sqrt{2})$.

二、幂级数的基本性质

性质 10.1 幂级数 $\sum\limits_{n=0}^{\infty} a_n x^n$ 的和函数 $S(x)$ 在其收敛域上是连续的.

性质 10.2 幂级数 $\sum\limits_{n=0}^{\infty} a_n x^n$ 的和函数 $S(x)$ 在收敛区间 $(-R, R)$ 内任意阶可导，且有逐项求导公式，即

$$S'(x) = \left(\sum_{n=0}^{\infty} a_n x^n \right)' = \sum_{n=0}^{\infty} (a_n x^n)' = \sum_{n=1}^{\infty} n a_n x^{n-1} \quad (-R < x < R).$$

性质 10.3 幂级数 $\sum\limits_{n=0}^{\infty} a_n x^n$ 的和函数 $S(x)$ 在其收敛域上可积，并有逐项积分公式，即

$$\int_0^x S(x) \mathrm{d}x = \int_0^x \left(\sum_{n=0}^{\infty} a_n x^n \right) \mathrm{d}x = \sum_{n=0}^{\infty} \int_0^x a_n x^n \, \mathrm{d}x = \sum_{n=0}^{\infty} \frac{a_n}{n+1} x^{n+1}.$$

例 10.25 求幂级数 $\sum\limits_{n=1}^{\infty} \dfrac{n}{2^n} x^{n-1}$ 的收敛域及和函数.

解 因为

$$R = \lim_{n \to \infty} \frac{\dfrac{n}{2^n}}{\dfrac{n+1}{2^{n+1}}} = \lim_{n \to \infty} \frac{2n}{n+1} = 2.$$

当 $x = -2$ 时, 级数 $\sum\limits_{n=1}^{\infty} \dfrac{n}{2^n}(-2)^{n-1} = \sum\limits_{n=1}^{\infty} \dfrac{(-1)^{n-1}}{2}$ 发散; 当 $x = 2$ 时, 级数 $\sum\limits_{n=1}^{\infty} \dfrac{n}{2^n}2^{n-1} = \sum\limits_{n=1}^{\infty} \dfrac{n}{2}$ 发散. 综上, 级数 $\sum\limits_{n=1}^{\infty} \dfrac{n}{2^n}x^{n-1}$ 的收敛域为 $(-2, 2)$.

在 $(-2, 2)$ 上, 和函数

$$S(x) = \sum_{n=1}^{\infty} \frac{n}{2^n}x^{n-1} = \frac{1}{2}\sum_{n=1}^{\infty} n\left(\frac{x}{2}\right)^{n-1} = \sum_{n=1}^{\infty}\left[\left(\frac{x}{2}\right)^n\right]'$$

$$= \left[\sum_{n=1}^{\infty}\left(\frac{x}{2}\right)^n\right]' = \left[\frac{\dfrac{x}{2}}{1 - \dfrac{x}{2}}\right]' = \frac{2}{(2-x)^n}.$$

例 10.26 求幂级数 $\sum\limits_{n=1}^{\infty} \dfrac{(-1)^{n-1}}{2n-1}x^{2n}$ 的收敛域、和函数, 并求级数 $\sum\limits_{n=1}^{\infty} \dfrac{(-1)^{n-1}}{2n-1}$ 的和.

解 因为
$$\lim_{n\to\infty}\left|\frac{y_{n+1}(x)}{y_n(x)}\right| = \lim_{n\to\infty}\frac{2n-1}{2n+1}x^2 = x^2,$$

当 $x^2 < 1$, 即 $|x| < 1$ 时, 幂级数收敛; 当 $x^2 > 1$, 即 $|x| > 1$ 时, 幂级数发散; 当 $x = \pm 1$ 时, 幂级数为 $\sum\limits_{n=1}^{\infty} \dfrac{(-1)^{n-1}}{2n-1}$, 是交错级数, 收敛. 故所求幂级数的收敛域为 $[-1, 1]$.

在 $[-1, 1]$ 上, 和函数

$$S(x) = \sum_{n=1}^{\infty} \frac{(-1)^{n-1}}{2n-1}x^{2n} = x\sum_{n=1}^{\infty} \frac{(-1)^{n-1}}{2n-1}x^{2n-1} = x\sum_{n=1}^{\infty}(-1)^{n-1}\int_0^x x^{2n-2}\mathrm{d}x$$

$$= x\int_0^x \sum_{n=1}^{\infty}(-x^2)^{n-1}\mathrm{d}x = x\int_0^x \frac{1}{1+x^2}\mathrm{d}x = x\arctan x,$$

令 $x = 1$, 得级数 $\sum\limits_{n=1}^{\infty} \dfrac{(-1)^{n-1}}{2n-1} = 1 \cdot \arctan 1 = \dfrac{\pi}{4}$.

习 题 10.3

1. 若幂级数 $\sum\limits_{n=0}^{\infty} a_n x^n$ 的收敛半径为 R, 求下列幂级数的收敛半径:

(1) $\sum\limits_{n=0}^{\infty} \dfrac{a_n}{n+1}x^{n+1}$;　　　　　　(2) $\sum\limits_{n=0}^{\infty} a_n x^{n+1}$;

(3) $\sum\limits_{n=0}^{\infty} a_n x^{2n}$;　　　　　　　　(4) $\sum\limits_{n=0}^{\infty} \dfrac{a_n}{n!}x^n$.

2. 已知幂级数 $\sum\limits_{n=0}^{\infty} a_n(x-2)^n$ 在点 $x = 0$ 处收敛, 在点 $x = 4$ 处发散, 求幂级数 $\sum\limits_{n=0}^{\infty} a_n x^n$ 的收敛域.

3. 若幂级数 $\sum\limits_{n=1}^{\infty} a_n(x-1)^n$ 在 $x=-1$ 处收敛，讨论此级数在 $x=2$ 处的敛散性；若幂级数 $\sum\limits_{n=1}^{\infty} a_n(x-1)^n$ 在 $x=-1$ 处条件收敛，讨论此级数在 $x=4$ 处的敛散性.

4. 求下列幂级数的收敛半径和收敛域：

(1) $\sum\limits_{n=0}^{\infty} \dfrac{x^n}{n!}$;

(2) $\sum\limits_{n=0}^{\infty} \dfrac{x^n}{n^2}$;

(3) $\sum\limits_{n=0}^{\infty} \dfrac{2^n}{n!} x^n$;

(4) $\sum\limits_{n=0}^{\infty} \dfrac{(-1)^n}{n+1}(x-3)^n$;

(5) $\sum\limits_{n=1}^{\infty} \dfrac{x^n}{3^n+(-2)^n}$;

(6) $\sum\limits_{n=1}^{\infty} \dfrac{\ln n}{n} x^n$.

5. 求下列幂级数的和函数：

(1) $\sum\limits_{n=1}^{\infty} n x^{n-1}$;

(2) $\sum\limits_{n=0}^{\infty} \dfrac{1}{3^{n+1}} x^n$;

(3) $\sum\limits_{n=0}^{\infty} \dfrac{x^{2n+1}}{2n+1}$;

(4) $\sum\limits_{n=0}^{\infty} (n+1) x^{2n}$;

(5) $\sum\limits_{n=1}^{\infty} n^2 x^n$;

(6) $\sum\limits_{n=1}^{\infty} \dfrac{5^n+(-3)^n}{n} x^n$.

6. 求幂级数 $\sum\limits_{n=1}^{\infty} \dfrac{(-1)^{n-1}}{2n-1} x^{2n-1}$ 的和函数，并计算级数 $\sum\limits_{n=1}^{\infty} \dfrac{(-1)^n}{2n-1}\left(\dfrac{3}{4}\right)^n$ 的和.

7. 求数项级数 $\sum\limits_{n=1}^{\infty} \dfrac{2n-1}{2^n}$ 的和.

10.4　泰勒级数

现在提出与前面相反的问题：若给出一个函数 $f(x)$，能否找到一个幂级数 $\sum\limits_{n=0}^{\infty} a_n x^n$，使得这个幂级数在收敛域内的和函数就是给出的函数 $f(x)$，即

$$f(x) = \sum_{n=0}^{\infty} a_n x^n.$$

若等式成立，则称幂级数 $\sum\limits_{n=0}^{\infty} a_n x^n$ 为函数 $f(x)$ 的幂级数展开式，这个问题称为函数的幂级数展开.

假设函数 $f(x)$ 展开为幂级数 $\sum\limits_{n=0}^{\infty} a_n x^n$，即

$$f(x) = \sum_{n=0}^{\infty} a_n x^n = a_0 + a_1 x + \cdots + a_n x^n + a_{n+1} x^{n+1} + \cdots,$$

那么幂级数 $\sum\limits_{n=0}^{\infty} a_n x^n$ 的系数 $a_n(n = 0, 1, 2, \cdots)$ 与已知函数 $f(x)$ 有什么关系? 根据幂级数性质 10.2, 作为幂级数 $\sum\limits_{n=0}^{\infty} a_n x^n$ 的和函数 $f(x)$ 在收敛区间内具有任意阶导数; 又注意 $(x^n)^{(n)} = n!, (x^m)^{(n)} = 0$ (正整数 $m < n$), 容易得到 n 阶导数

$$f^{(n)}(x) = n!a_n + (n+1)n \cdots 2a_{n+1}x + \cdots.$$

由于原点 $x = 0$ 一定在收敛区间内, 不妨规定函数 $f(x)$ 在原点 $x = 0$ 处的零阶导数值为函数值 $f(0)$, 于是函数 $f(x)$ 在原点 $x = 0$ 处的 n 阶导数值为

$$f^{(n)}(0) = n!a_n \quad (n = 0, 1, 2, \cdots),$$

即有

$$a_n = \frac{f^{(n)}(0)}{n!} \quad (n = 0, 1, 2, \cdots).$$

由此可知: 当函数 $f(x)$ 在原点 $x = 0$ 处存在任意阶导数值时, 它才有可能展开为幂级数; 如果函数 $f(x)$ 能够展开为幂级数, 则这个幂级数一定是

$$\sum_{n=0}^{\infty} \frac{f^{(n)}(0)}{n!} x^n = f(0) + \frac{f'(0)}{1!} x + \frac{f''(0)}{2!} x^2 + \frac{f'''(0)}{3!} x^3 + \cdots.$$

定义 10.7　若函数 $f(x)$ 在原点 $x = 0$ 处存在任意阶导数值, 则称幂级数 $\sum\limits_{n=0}^{\infty} \frac{f^{(n)}(0)}{n!} x^n$ 为函数 $f(x)$ 的**麦克劳林 (Maclaurin) 级数**. 一般地, 称幂级数 $\sum\limits_{n=0}^{\infty} \frac{f^{(n)}(x_0)}{n!} (x - x_0)^n$ 为函数 $f(x)$ 的**泰勒 (Taylor) 级数**.

显然, 当 $x = 0$ 或 $x = x_0$ 时, $f(x)$ 的麦克劳林级数和泰勒级数收敛于 $f(0)$ 或 $f(x_0)$. 在 $x = 0$ 或 $x = x_0$ 点以外, 幂级数 $\sum\limits_{n=0}^{\infty} \frac{f^{(n)}(0)}{n!} x^n$ 和 $\sum\limits_{n=0}^{\infty} \frac{f^{(n)}(x_0)}{n!} (x - x_0)^n$ 是否收敛? 如果收敛, 是否收敛到 $f(x)$? 我们不加证明地给出下面的定理.

定理 10.10　设函数 $f(x)$ 在 x_0 的某一邻域内具有任意阶导数, 则 $f(x)$ 在该邻域内能展开成泰勒级数的充分必要条件是 $f(x)$ 的泰勒公式的余项 $R_n(x) = \frac{f^{(n+1)}(\xi)}{(n+1)!} (x - x_0)^{n+1}$ 当 $n \to \infty$ 时的极限为零, 即

$$\lim_{n \to \infty} R_n(x) = 0.$$

下面讨论指数函数 $f(x) = \mathrm{e}^x$ 的麦克劳林级数. 因为

$$f^{(n)}(x) = \mathrm{e}^x, \quad f^{(n)}(0) = 1 \quad (n = 0, 1, 2, \cdots),$$

于是函数 $f(x) = \mathrm{e}^x$ 的麦克劳林级数为

$$\sum_{n=0}^{\infty} \frac{f^{(n)}(0)}{n!} x^n = \sum_{n=0}^{\infty} \frac{x^n}{n!}.$$

此幂级数的收敛半径

$$R = \lim_{n\to\infty} \frac{|a_n|}{|a_{n+1}|} = \lim_{n\to\infty} \frac{\dfrac{1}{n!}}{\dfrac{1}{(n+1)!}} = \lim_{n\to\infty} (n+1) = +\infty,$$

说明收敛域为 $(-\infty, +\infty)$. 又因为余项的绝对值

$$|R_n(x)| = \left| \frac{e^\xi}{(n+1)!} x^{n+1} \right| < e^{|x|} \frac{|x|^{n+1}}{(n+1)!}, \quad (\xi在0与x之间),$$

因 $e^{|x|}$ 有界, 而 $\dfrac{|x|^{n+1}}{(n+1)!}$ 是收敛级数 $\displaystyle\sum_{n=0}^{\infty} \frac{|x|^{n+1}}{(n+1)!}$ 的一般项, 所以当 $n \to \infty$ 时, $\dfrac{|x|^{n+1}}{(n+1)!} \to 0$, 因此

$$\lim_{n\to\infty} R_n(x) = 0.$$

从而有

$$e^x = \sum_{n=0}^{\infty} \frac{x^n}{n!} = 1 + x + \frac{x^2}{2!} + \cdots + \frac{x^n}{n!} + \cdots \quad (-\infty < x < +\infty).$$

继续考虑幂级数 $\displaystyle\sum_{n=0}^{\infty} x^n$, 可以看作是首项 $a = 1$, 公比 $q = x$ 的几何级数, 当 $|x| < 1$ 时, 它是收敛的, 有

$$\sum_{n=0}^{\infty} x^n = \frac{1}{1-x} \quad (-1 < x < 1).$$

所以分式函数 $f(x) = \dfrac{1}{1-x}$ 能够展开为幂级数, 即

$$\frac{1}{1-x} = \sum_{n=0}^{\infty} x^n = 1 + x + x^2 + x^3 + \cdots \quad (-1 < x < 1).$$

综合上面的讨论, 得到两个重要函数的幂级数展开式:

1. 指数函数

$$e^x = \sum_{n=0}^{\infty} \frac{x^n}{n!} \quad (-\infty < x < +\infty).$$

2. 分式函数

$$\frac{1}{1-x} = \sum_{n=0}^{\infty} x^n \quad (-1 < x < 1).$$

其他一些函数的幂级数展开, 可以利用这两个重要函数的展开式间接得到.

例 10.27 将指数函数 $f(x) = e^{3x}$ 展开为 $(x-1)$ 的幂级数.

解 因为 $f(x) = e^{3x} = e^3 \cdot e^{3(x-1)}$, 考虑到指数函数 e^x 的幂级数展开式为

$$e^x = \sum_{n=0}^{\infty} \frac{x^n}{n!}. \quad (-\infty < x < +\infty)$$

在此展开式中, 把自变量 x 换成中间变量 $3(x-1)$, 得到

$$f(x) = e^{3x} = e^3 \cdot e^{3(x-1)} = e^3 \cdot \sum_{n=0}^{\infty} \frac{[3(x-1)]^n}{n!} = e^3 \cdot \sum_{n=0}^{\infty} \frac{3^n}{n!} (x-1)^n,$$

其中自变量 x 取值满足不等式

$$-\infty < 3(x-1) < +\infty, \quad 即 -\infty < x < +\infty,$$

所以指数函数 $f(x) = \mathrm{e}^{3x}$ 的幂级数展开式为

$$f(x) = \mathrm{e}^{3x} = \mathrm{e}^3 \cdot \sum_{n=0}^{\infty} \frac{3^n}{n!}(x-1)^n \quad (-\infty < x < +\infty).$$

例 10.28 将分式函数 $f(x) = \dfrac{1}{2+x}$ 展开为 x 的幂级数.

解 注意到所给分式函数

$$f(x) = \frac{1}{2+x} = \frac{1}{2} \cdot \frac{1}{1+\dfrac{x}{2}} = \frac{1}{2} \cdot \frac{1}{1-\left(-\dfrac{x}{2}\right)}.$$

考虑到分式函数 $\dfrac{1}{1-x}$ 的幂级数展开式为

$$\frac{1}{1-x} = \sum_{n=0}^{\infty} x^n \quad (-1 < x < 1),$$

在此展开式中，把自变量 x 换成中间变量 $-\dfrac{x}{2}$，得到

$$f(x) = \frac{1}{2+x} = \frac{1}{2} \cdot \frac{1}{1-\left(-\dfrac{x}{2}\right)} = \frac{1}{2} \sum_{n=0}^{\infty} \left(-\frac{x}{2}\right)^n$$

$$= \frac{1}{2} \sum_{n=0}^{\infty} \frac{(-1)^n}{2^n} x^n = \sum_{n=0}^{\infty} \frac{(-1)^n}{2^{n+1}} x^n,$$

其中自变量 x 取值满足不等式

$$-1 < -\frac{x}{2} < 1, \quad 即 -2 < x < 2,$$

且当 $x = \pm 2$ 时，级数 $\displaystyle\sum_{n=0}^{\infty} \frac{(-1)^n}{2^{n+1}} x^n$ 均发散，收敛域为 $(-2, 2)$，从而分式函数 $f(x) = \dfrac{1}{2+x}$ 的幂级数展开式为

$$f(x) = \frac{1}{2+x} = \sum_{n=0}^{\infty} \frac{(-1)^n}{2^{n+1}} x^n \quad (-2 < x < 2).$$

例 10.29 将函数 $f(x) = \ln(1 + x - 2x^2)$ 展开成 x 的幂级数.

解 因为 $f(x) = \ln(1 + x - 2x^2) = \ln(1-x) + \ln(1+2x)$，又

$$\ln(1-x) = -\int_0^x \frac{1}{1-x}\mathrm{d}x = -\sum_{n=0}^{\infty} \int_0^x x^n \mathrm{d}x = -\sum_{n=0}^{\infty} \frac{x^{n+1}}{n+1} \quad (-1 \leqslant x < 1),$$

$$\ln(1+2x) = -\sum_{n=0}^{\infty} \frac{(-2x)^{n+1}}{n+1} = -\sum_{n=0}^{\infty} \frac{(-2)^{n+1}}{n+1} x^{n+1} \quad \left(-\frac{1}{2} < x \leqslant \frac{1}{2}\right),$$

因此

$$f(x) = -\sum_{n=0}^{\infty} \frac{x^{n+1}}{n+1} - \sum_{n=0}^{\infty} \frac{(-2)^{n+1}}{n+1} x^{n+1} = -\sum_{n=0}^{\infty} \frac{1 + (-2)^{n+1}}{n+1} x^{n+1} \quad \left(-\frac{1}{2} < x \leqslant \frac{1}{2}\right).$$

例 10.30 求正项级数 $\displaystyle\sum_{n=0}^{\infty} \dfrac{2^n}{n!}$ 的和.

解 根据指数函数 e^x 的幂级数展开式

$$\sum_{n=0}^{\infty} \frac{x^n}{n!} = e^x \quad (-\infty < x < +\infty).$$

可以把正项级数 $\displaystyle\sum_{n=0}^{\infty} \dfrac{2^n}{n!}$ 看作幂级数 $\displaystyle\sum_{n=0}^{\infty} \dfrac{x^n}{n!}$ 在自变量 x 取值为 2 时而得到的常数项级数,因此有

$$\sum_{n=0}^{\infty} \frac{2^n}{n!} = e^2.$$

函数的幂级数展开式在近似计算中也有应用,如将展开式仅保留前 $n+1$ 项,得到函数的 n 阶近似表达式,如在指数函数 e^x 的幂级数展开式中仅保留前 $n+1$ 项,同时令自变量 x 取值为 1,得到无理数 e 的 n 阶近似计算公式

$$e \approx 1 + \frac{1}{1!} + \frac{1}{2!} + \frac{1}{3!} + \cdots + \frac{1}{n!}.$$

习 题 10.4

1. 将下列函数展开成麦克劳林级数,并指出成立的区间:

(1) $\sin x$;

(2) $\ln(a + x)$ $(a > 0)$;

(3) $\arctan x$;

(4) $\dfrac{1}{x^2 - 3x + 2}$;

(5) $\ln(2 + x - 3x^2)$;

(6) $\arctan \dfrac{1+x}{1-x}$.

2. 将函数 $f(x) = \dfrac{1}{x-1}$ 展开成 $x-4$ 的幂级数,并指出其收敛域.

3. 将函数 $f(x) = \dfrac{x}{x^2 - 5x + 6}$ 展开成 $x-5$ 的幂级数.

4. 将函数 $f(x) = 3^x$ 展开成 $x-2$ 的幂级数.

5. 将函数 $f(x) = \begin{cases} \dfrac{1+x^2}{x} \arctan x, & x \neq 0, \\ 1, & x = 0 \end{cases}$ 展开成 x 的幂级数.

6. 求数项级数 $\displaystyle\sum_{n=1}^{\infty} \dfrac{n^2}{n!2^n}$ 的和.

全书习题 参考答案